# Eugen A. Meier
# Verträumtes Basel

*Nachwehen der Straßennumerierung*

Wer möchte heutzutage (1878) auch nur noch Straßenbenennungkommissionsmitglied sein! Allen Leuten kann man die Sache nicht recht machen. Hält man an dem sich vorgenommenen Schema fest, so wird man des einseitigen Standpunktes beschuldigt und auf beiden Seiten zu hinken, ist nicht Jedermanns Sache. Am Besten wäre es, man würde die Straßennamen den darin wohnenden Leuten anpassen, oder umgekehrt die Leute in die entsprechend benannten Straßen weisen. Freilich ist dies leichter gesagt als gethan, immerhin wird es nicht uninteressant sein, einmal zu untersuchen, in welche Straßen die verschiedenen Stände eigentlich gehören. Was sagt der Leser zu folgender Klassifizierung:

Die Reichen gehören in's Münzgäßchen,
Die Armen in's Rappengäßchen,
Die Freien in die Freienstraße,
Adelige an die Rittergasse,
Schneider auf den Nadelberg
Hübsche Mädchen in den Engelhof,
Tagdiebe in den Werkhof,
Stallknechte in den Roßhof,
Lumpen in die Papiermühle,
Kahlköpfige in die Hutgasse,
Halbnarren an die Sporengasse,
Blödsinnige an die Ochsengasse,
Bierbrauer an die Malzgasse,
Landstreicher an den Schnapphahnweg,
Bacchusbrüder an die Rebgasse,
Metzger an den Rindermarkt,
Hungrige an die Brodlaube,
Durstige an's Brunngäßlein,
Müller an die Weiße Gasse,
Verdorbene Mägen in den Rumpel,
Ungläubige an die Missionsstraße,
Hartherzige in die Steinen,
Verliebte in den Kreuzgang,
Hebammen auf den Fischmarkt,
Lehenleute auf den Gotterbarm,
Schlosser an den Schlüsselberg,
Wascher in die Aeschenvorstadt,
Unreinliche auf den Säuplatz,
Gärtner an den Blumenrain,
Alte Jungfern in's Gantlokal,
Alte Weiber in die Fröschgasse,
Böse Mäuler in die Schleife,
Einfältige in die Friedensgasse,
Kaminfeger in's Rußgäßlein,
Schwätzer in die Schnabelgasse,
Junge Eheleute in's Ringgäßlein,
Holzhacker in's Sägergäßlein,
Schmierige in's Badergäßlein,
Astronomen in's Sternengäßlein,
Advokaten in's Trillengäßlein,
Dumme in's Schafgäßlein,
Ehrgeizige in's Kronengäßlein,
Artilleristen in die Kanonengasse,
Unfruchtbare an den Nonnenweg,
Betrunkene in's Fahnengäßlein,
Räuber und Mörder in's Henkergäßlein,
Theologen in's Kirchgäßlein,
Hoffärtige in's Spiegelgäßlein,
Langhalsige in die Schwanengasse,
Zänkische in die Streitgasse,
Klappermäuler in die Storchengasse,
Windbeutel in's Luftgäßlein,
Bandfabrikanten an die Webergasse,
Schuhmacher an die Gerbergasse,
Gewürzkrämer in's Imbergäßlein,
Lohnkutscher auf den Heuberg,
Fremde an die Herberggasse,
Hitzige in's Kellergäßlein,
Nachtbuben in die Lottergasse,
Bäcker in die Hohlegasse,
Höfliche in's Reverenzengäßlein,
Messerschmiede in's Klingenthal,
Arbeitslose in's Platzgäßlein,
Grabmacher in's Todtengäßlein,
Feinschmecker in's Kuttelngäßlein,
Kavalleristen in die Sattelgasse,
Lebenssatte an den Rheinsprung,
Haarkräusler in die Langen Erlen,
Weinhändler in die Mostackerstraße,
Invalide in die Spitalgasse,
Übelhörige an den Klingelberg,
Neubürger an die Heumattstraße,
Schwindsüchtige auf den Todtentanz,
Zöllner und Sünder in die Breitestraße,
Schwachsichtige an die Gasstraße,
Kleinviehzüchter an die Frobenstraße,
Straßenpflästerer an den Steinengraben,
Griesgrämige an den Schnurrenweg,
Zartfühlende an den Lindenberg,
Zopfbürger an die Stadthausgasse,
Naturfreunde an den hintern Bach;
Schwemmsystemler in's Sanitätsgäßlein.
Verlumpte in die Schneidergasse,
Juden auf den Roßmarkt,
Heilige an den Klosterberg,
Ökonomen in's Pfluggäßlein,
Schmiede in die Eisengasse,
Langfingrige in die Greifengasse,

| | | | |
|---|---|---|---|
| zem Louffen 1401 | Zem Sittkust | Morgenbröblins Hus Erbaut vor 1345 | Zum Megenberg 1305 |
| RAPPEN·FELS· | ZUR AUGENWEIDE | 1400 ZER HOHEN TANNEN | zum Breisach |
| zum dürren Sod 1291 | «zer alte Schmitti» | zum Schauenburg | zum Hag 1422 |
| Hus bym Bryden-Thor 1366 | zum Waldshut 1300 | zem guldin critz 1486 | Zum Luft |
| zum Lindau | Meister Sonnenfros hus 1437 | Dalbehysli 1411 | Bärenfelserhof |
| ZUM EICHBAUM | Zem gelen Chritz | Zum Luchs 1416 1938 | Zum Mohreköpfli |
| Ramsteinerhof | | zum Schönenberg | Hus zur Waltpurg 1438 |
| zum Altdorf 1345 | Zer Hell um 1480 | ZUM CRÜTZ auch Yberg-Hus genannt | 1458 z. kleinen Wind |
| Zum Roggenbach 1284 | zer Fläschen 1303 | selbviert 1531 | Zer Clussen (zur Klause) Erbaut 1300 1517 zum Kreuzberg |
| ZUM INNERN KLÖSTERLI | Zem halben Rad | | ZUR CAPELLE |
| zum Mostacker | | | |

Eugen A. Meier

# Verträumtes BASEL

Fünftausend Häusernamen – ein unbekanntes Kapitel
Basler Stadtgeschichte

Altstadtfotos von Marcel Jenni

Einleitung von Dr. Max Gschwend
Vorwort von Regierungsrat Dr. Edmund Wyss

Birkhäuser Verlag Basel

Vorwort
7
Einleitung
12
Katalog 1, nach Straßennamen geordnet
33
Katalog 2, nach Häusernamen geordnet
139
Technische Hinweise
Quellen und Literaturauswahl
224
Bildverzeichnis
225

ISBN 3-7643-0730-7

Gesamtherstellung: Birkhäuser AG, Basel
Buchgestaltung: Albert Gomm swb/asg
Photolithos: Steiner + Co, Basel
© Birkhäuser Verlag Basel, 1974

Das ‹Verträumte Basel› scheint mir eine gelungene Symbiose von Wort und Bild zu sein – kein trockenes Häusernamenlexikon, sondern eine lebendige, anschauliche Kulturgeschichte.
Das Zusammentragen und Ordnen dieser unglaublichen Fülle von Namen ist das Verdienst von Eugen A. Meier. Meines Wissens gibt es von keiner andern Stadt ein derartig umfangreiches Buch: Also auch beim siebenten Meier-Bildband wieder ein ganz neuer Aspekt im Rahmen unserer Stadtgeschichte.
Beim Durchblättern des Buches genießt man sofort den reizvollen Wechselrahmen von Fotos und kurzweiligem lexikographischem Text. Wie die kleinen Fotos zeigen auch die ganzseitigen Abbildungen die gekonnte eigenwillige Interpretation des Fotografen. Man entdeckt Durchblicke und Häuser, die fremd anmuten, und wird so angeregt, sich wieder intensiver mit unserer Stadt zu beschäftigen.
Soweit man die Häuser nicht bei den zahlreichen Illustrationen findet, wird man in den beiden Katalogen die entsprechenden Hausnamen suchen. Für Liegenschaften, denen die fast achthundertjährige Tradition keine Namen überliefert hat, bietet die Publikation manche Anregung zu einer Neuschöpfung. Daß der Phantasie keine Grenzen gesetzt sind, beweisen die interessanten Details der Einleitung von Dr. Max Gschwend und die vielen Altstadtfotos von Marcel Jenni.
Ich unterstütze die Anregung Eugen A. Meiers, diesen in seiner Vielfalt typisch baslerischen Häuserschmuck wieder vermehrt an den Fassaden anzubringen, und würde mich freuen, wenn dieses Buch Anlaß zur Wiederaufnahme alten Brauchtums wäre und damit auf originelle Art zur Verschönerung unserer Stadt beitragen könnte.

Dr. Edmund Wyss
Regierungsrat

Seit dem Jahr 1862 haben die vielen hundert Häusernamen unserer Stadt keine offizielle Gültigkeit mehr. Das baselstädtische Gemeinwesen platzte damals mit seinen rund 40 000 Einwohnern buchstäblich aus den Nähten. Die Industrialisierung hatte eingesetzt und brachte Bewegung in die althergebrachte bauliche Struktur des Stadtbildes. Die mächtigen Befestigungswerke mit ihren malerischen Türmen und Toren wurden eingerissen, Bahnhöfe gebaut, die Gasbeleuchtung eingeführt, die Überwölbung des Birsigs eingeleitet und Gassen, Straßen und Plätze korrigiert. Aber auch im Wohnungsbau begann sich manches zu regen. Waren die Handwerkerhäuser ursprünglich nur für eine Familie berechnet, so hatten die rund 2400 Liegenschaften plötzlich ein Mehrfaches an Bewohnern aufzunehmen. Und dies mußte zwangsläufig zu Umbauten und Neubauten führen. Man mochte es ‹bedauern, daß dabei die schönen alten Häuser furchtbar mitgenommen worden sind, indem die ehemaligen geschmackvollen Bogen sich öffnender Erdgeschosse durch geschmacklose Devanturen ballhornisiert, indem die geräumigen Hausfluren unterschlagen, die breiten Treppen mit ihren Podesten durch schmale, leiternähnliche Stiegen ersetzt, alte gemalte Tapeten, bunten Öfen und Dessus de porte mit reizenden Landschaften entfernt wurden›. Der Mangel an ‹gesunden und wohlfeilen Wohnungen für die untern Stände› drängte die Gesellschaft für das Gute und Gemeinnützige, auf der Breite 24 Arbeiterwohnungen zu erstellen. Aber auch wohlsituierte Bürger suchten sich in den Vorstädten und Außenbezirken der Stadt neuen Lebensraum. Die ausgedehnte Bautätigkeit und die bevorstehende Einführung eines eigentlichen Grundbuches forderten gebieterisch nach einer Umstrukturierung der üblichen Art der Hausnumerierung. Die fortlaufende Numerierung der Häuser (Großbasel bis Nr. 1759, das Bläsiquartier 1–23 und 195–405, das Riehenquartier 24–192 und 406–439, die Außenquartiere Großbasels bis 348, der Bläsibann bis 88 und der Riehenbann bis 95) vermochte der raschen Entwicklung nicht mehr gerecht zu werden. Besonders auch

1 ‹Komm, durchwandle Basels Gassen,
   Ohne Furcht vor Müdigkeit;
   Sieh Dir an die Häusermassen
   Und verweile, wo's Dich freut:
   Welches Haus ist Dir willkommen,
   Jedes ist hier aufgenommen;
   Alles blickt auf diesem Plan
   Dich so treu und kenntlich an.›

2 ‹Der Rhein theilt die Stadt in zwey ungleiche Theile, groß und klein Basel, welche durch eine auf 7 hölzernen 6 steinernen Jochen ruhende 530 Fuß lange und 28 Fuß breite Brücke miteinander verbunden sind›: Vom Hotel Drei Könige via Peterskirche zum Zeughaus am Petersplatz.

deshalb, weil die rund 1700 sich nicht selten wiederholenden Häusernamen, die noch in Gebrauch waren, ohnehin längst nicht mehr eine klare Bezeichnung aller Liegenschaften gestatteten.

Aus diesen Gründen entschlossen sich die Mitglieder des Baukollegiums Anno 1861, das ‹bisherige System zu verlassen und die einzelnen Straßen und Gassen besonders zu numerieren, wie dieses in Paris, Genf und andern großen Städten seit längerer Zeit eingeführt ist. Als Ausgangspunkt ist für beide Städte die Rheinbrücke zu bezeichnen. Von da aus soll die Numerierung in den sich gleichsam von selbst ergebenden natürlichen Radien straßenweise fortgesetzt werden, und zwar nach dem Grundsatz, daß die ungeraden Zahlen auf die linke, die geraden auf die rechte Häuserreihe kommen, was dem Fremden die Orientierung wesentlich erleichtert.› Der Kleine Rat (Regierungsrat) entsprach ohne Federlesens dem Begehren und stellte den für eine Straßennumerierung notwendigen Kredit von Fr. 8000.– zur Verfügung. Noch bot die Beschaffung der Schilder etwelche Schwierigkeiten, da ‹die aus einer Pariserfabrik bezogenen Muster von emaillirter Lava bei großer Schwerfälligkeit überhaupt zu theuer waren›. Man entschied sich schließlich für 282 Straßentafeln aus Eisenblech mit schwarzer Schrift auf weißem Grund und 2400 blaue Nummerntafeln mit breiter weißer Schrift, die ‹selbst in der Dämmerung oder in größerer Entfernung vom Gaslicht noch recht kenntlich sind›. So vollzog sich im Laufe des Jahres 1862 der Übergang von der Hausnumerierung zur Straßennumerierung ohne große Aufregung.

Die Häusernamen, deren eigentliche Funktion mit dieser Neuordnung dahingefallen ist, aber blieben weiterhin bestehen. Die seit dem frühen 13. Jahrhundert urkundlich nachweisbare Tradition ließ sich nicht auf Befehl auslöschen.

Zu anhänglich sind viele der altüberlieferten Häusernamen ins Volksempfinden eingegangen und bis zum heutigen Tag erhalten geblieben. Was hat den Autor dieses Bildbandes motiviert, Häusernamen zu sammeln und zu katalogisieren?

3  ‹Die große Stadt ist auf zwey Hügeln erbauet, welche durch das Birsigthal von einander getrennt werden; sie besteht aus der eigentlichen Stadt und sechs Vorstädten›: Vom St.-Johann-Schwibbogen und der Predigerkirche gegen den Botanischen Garten.

4  ‹Die innere Stadt hat meistens unregelmäßig gebaute, enge und krumme Straßen. Die Vorstädte sind regelmäßiger und haben breite und gerade Straßen›: Von der Freien Straße via St.-Leonhards-Kirche gegen den Steinengraben.

Die Frage ist einfach zu beantworten: Für die lokale historische Forschung ist ein umfassendes Verzeichnis, das die Identität der einzelnen Liegenschaften klärt, unentbehrlich. Ein solches liegt beispielsweise im Adreßbuch von 1862 vor, doch sind darin nur die um jene Zeit gebräuchlichen Namen aufgenommen. Ältere oder spätere Namen, die in Urkunden und Akten zu vielen Hunderten erscheinen, aber sind nur durch mühsame Kleinarbeit beizuordnen. Ein umfassendes Häusernamenbuch gibt deshalb in erster Linie den Leuten, die sich intensiv mit der Geschichte unserer Stadt beschäftigen, ein wichtiges Hilfsmittel in die Hand. Aber auch dem allgemein interessierten Leser muß ein Gang durch den dichten Wald vielfältigster, phantasievollster Basler Häusernamen reizvoll erscheinen. Auf der andern Seite bietet das ‹Historische Grundbuch› des Basler Staatsarchivs, das mit seinen über 100000 Eintragungen einzigartige, um die letzte Jahrhundertwende von Dr. Karl Stehlin angelegte wissenschaftliche Instrumentarium, eine beinahe unerschöpfliche Quelle topographischer Informationen. Nur so ist es erklärlich, daß es unsere Sammlung auf rund 5000 Namen bringen konnte und damit ihresgleichen nicht findet! Trotz jahrelanger Sammeltätigkeit dürfte es dem Bearbeiter aber nicht gelungen sein, ein vollständiges Register vorzulegen. Dazu bedarf es immer weiteren Spürens und Forscherglücks.

In den Katalog eingeordnet sind nur diejenigen Namen, die eindeutig einer bekannten Liegenschaft zugewiesen werden können, weil der Publikation ein praktischer Wert zukommen soll. Mit diesem Grundsatz sei ein Wunsch an die Hausbesitzer verbunden: Bezeichnen Sie Ihr Haus mit dem historischen Namen, wie er im Register festgehalten ist. Finden Sie mehrere, dann wählen Sie nach Gutdünken. Finden Sie keinen, dann lassen Sie Ihre Phantasie walten. In beiden Fällen dürfen Sie mit einem Rat des Autors rechnen!

‹Isch Basel nit e schöni tolli Stadt?› rätselt Johann Peter Hebel (1760–1826) in seinem feinsinnigen Gedicht ‹Die Vergänglichkeit›.

5 ‹Offene große Plätze sind der Münsterplatz, der Baarfüßerplatz, der Kraut- und Obstmarkt (Kornmarkt) und der Fischmarkt. Außer 8 Hauptstraßen zählt die Stadt noch 103 Verbindungsstraßen›: Von der Hammerstraße via Theodorskirche zum Rhein.

6 ‹Die Stadt hat sich sehr verschönert. Besonders viel hat das Auffüllen der innern Stadtgräben dazu beygetragen, wodurch eine schöne und breite Straße geworden›: Vom Claragraben via Rebgasse und Utengasse zur Rheingasse.

Und weshalb? ‹'s sin Hüser drinn ..., 's isch e Volchspiel, 's wohnt e Richthum drinn ...›
Der empfindsame Dichter aus dem nahen Wiesental dachte beim Ausdruck ‹Reichtum› wohl weniger an materielles Gut als an Gaben der innern Werte der Bevölkerung, die mit Liebe und Opferbereitschaft zu ihrer Stadt Sorge trug, die dem Zauber der Baukunst zugetan war und mit erlesenem Geschmack ihre Häuser hegte und pflegte.
Auch wenn Habsucht und Unverstand und – wir dürfen es nicht verhehlen – dann und wann auch eine gewisse Notwendigkeit in den letzten Jahrzehnten manchen strahlenden Edelstein aus dem harmonischen Gefüge stilvoller Architekturen verschwinden ließen, hat doch ein wesentlicher Teil der baulichen Substanz unserer Stadt den Wandel der Zeit überdauert und unablässiger Erneuerung standgehalten. Mancher Straßenzug, mancher Winkel hat seinen ursprünglichen Charakter bewahrt und vermittelt eindrücklich das Bild jahrhundertealter Beständigkeit. Manches einfache Handwerkerhaus, manches vornehme Bürgerhaus zeugt vom Fleiß und von der Wohlhabenheit ihrer Erbauer. Manches Kleinod und manche Eigenwilligkeit im Weichbild der Stadt offenbart aber auch die schöpferische Kraft und Originalität des Homo Basiliensius. Daß die Summe dieser Eigenheiten schließlich ihren Niederschlag bis ins unscheinbare, nebensächliche Detail gefunden hat, erstaunt nicht. Jeder Großspurigkeit im Grunde des Empfindens abgeneigt, läßt der Basler seinem angebornen Hang zur Bescheidenheit auch bei der Gestaltung seiner Wohnstätten und öffentlichen Gebäude freien Lauf, ohne dabei aber das Auge für elegante Linien und geschmackvolle Dekoration zu verlieren. Solchermaßen ist unsere Stadt zu einem feingeschnittenen Antlitz gekommen, das trotz allen unerfreulichen modernen Umwelteinflüssen sich dem Betrachter mit verträumt umspielten Konturen zeigt.
Diese glückliche Symbiose von zeitloser Architektur und lebenerfülltem Alltag in ausdrucksvollen Bildern festgehalten zu haben, verdanken wir der Photographie Marcel Jennis. Seine Motive

7 Anno 1847 zählte Basel 25 965 (1970: 235 520) Einwohner. Das Kantonsbürgerrecht besaßen 9070 (99 053), das Schweizer Bürgerrecht 10 588 (95 167). 6160 (41 300) waren Ausländer und 147 heimatlos: Von der Hammerstraße via den Vorturm des Bläsitors zum Klingental.

8 Nach Konfessionen aufgeteilt, zeigte das Bevölkerungsbild 21 070 (123 718) Protestanten, 4731 (95 640) Katholiken, 60 Wiedertäufer und 104 (2 217) Juden: Vom neuen Stadttheater via Steinentorstraße zum Steinentor. Rechts der offene Birsig.

liegen weniger in architektonischen Formen als vielmehr im Erfassen ‹verträumter› Stimmungsbilder und im Dokumentieren mannigfaltiger Darstellungen von Häusernamen. Dem ‹verträumten› Thema ‹Häusernamen› eine allgemeine wissenschaftliche Einleitung voranzustellen, setzte sich Dr. Max Gschwend zum Ziel. Der für diesen Beitrag prädestinierte Leiter der Aktion Bauernhausforschung in der Schweiz erhellt Ursprung und Bedeutung der Hauszeichen und verläßt dabei den lokalen Rahmen.

Texte und Bilder zur ausgewogenen Einheit geformt zu haben, ist das Verdienst des Buchherstellers Albert Gomm vom Birkhäuser Verlag. Die bisher von ihm angewandte traditionelle Gestaltung wurde durch eine neuzeitlich-dynamische Konzeption abgelöst, die das nahtlose Ineinandergreifen von Geschichte und Gegenwart überzeugend und ansprechend zum Ausdruck bringt. Der Autor durfte bei der Herausgabe seines siebenten Basler Bildbandes aber auch sonst wieder viele Zeichen selbstloser Mitarbeit und echten Wohlwollens entgegennehmen, und dafür dankt er besonders herzlich: Marisa Meier-Tobler, Hanns U. Christen (-sten), Charles Einsele-Birkhäuser, Hanspeter Hammel (-minu), Roger Junod, Dr. Elisabeth Landolt, Dr. François Maurer, Professor Dr. Andreas Staehelin, Dr. Gustaf Adolf Wanner und Regierungsrat Dr. Edmund Wyß.

So möge das ‹verträumte Basel› mit seiner einzigartigen Fülle von verschiedensten Häusernamen und Hauszeichen über Türstürzen, an Fassaden und Giebeln jenes freundliche und zufriedene Gesicht spiegeln, das unsere Stadt wirklich besitzt, wenn nicht die Unrast unserer Zeit es verdunkelt.

EUGEN A. MEIER

9  Um das Wohl der Einwohner waren 1847 u.a. 43 (1974: 355) Ärzte besorgt, 2 (155) Zahnärzte, 58 (108) Bäckereien, 10 (126) Cafés, 63 (44) Metzgereien, 48 (96 und 235 selbständige Schneiderinnen) Schneidereien, 65 (86) Schuhmachereien und 6 (heute hunderte) Tabakhändler: Vom Rumpelturm und Bläsitor ins Kleinbasler Mühlenviertel. Ochsengasse — Sägergässlein — untere Rheingasse.

10  Die Bildausschnitte sind dem einzigartigen Vogelschauplan der Stadt Basel von Johann Friedrich Mähly entnommen, dessen Bedeutung in der präzisen Aussage über die bauliche Gestalt unserer Stadt um die Mitte des letzten Jahrhunderts liegt (1845): Vom heutigen Wettsteinplatz via Herrenmatte zur Floßlände an der Baar bei der Kartause.

Mehr als 5000 Hausnamen konnten aus der Stadt Basel in der nachfolgenden Zusammenstellung gesammelt werden. Die große Zahl überrascht, man darf aber nicht vergessen, daß einzelne Liegenschaften mit mehreren verschiedenen Namen auftreten und daß die Namen aus unterschiedlichen Zeitabschnitten stammen. Es zeigt sich auch deutlich, daß die Hausnamen in Basel noch bis in die neueste Zeit hinein eine Rolle spielten.

Das mittelalterliche Basel zählte um 1444 nur 2928 Einwohner (inklusive 774 Flüchtlingen), das dürfte etwa 500 Häuser notwendig gemacht haben, da ja vorwiegend in einem Haus nur eine Familie wohnte.

Um 1590 betrug die Gesamtzahl der Häuser nach einem Verzeichnis der Hausbesitzer 1437 Bauten. Wenn 7 Personen pro Haushalt gerechnet werden, ergibt dies rund 10 500 Einwohner, womit Basel damals zu den großen Städten gehörte.

Es ist naheliegend, anzunehmen, das Bedürfnis nach Hausnamen sei in den volksreicheren Städten größer gewesen als in den Kleinstädten, wo jeder jeden kannte und Fremde nur selten anzutreffen waren. Dennoch ist es bemerkenswert, wie in zahlreichen schweizerischen Kleinstädten die Sitte der Hausnamengebung weitverbreitet war, so in Baden, Schaffhausen, Stein am Rhein, Bischofszell, Luzern, Winterthur, Zug usw.

Unser Gebiet gehört zum Bereich der rheinischen Städte, die sich schon früh durch Hausnamen auszeichnen. In Köln erscheinen solche Namen bereits um 1150. In Basel treten die ersten Hausnamen um 1200 auf, im 14. Jahrhundert werden sie allgemein üblich.

Es sind verschiedene Ursachen, die schließlich dazu führten, daß praktisch jedes Haus seinen Namen besaß.

Einen wesentlichen Grund, Häuser mit Namen zu versehen, bildete die Notwendigkeit, bei Eigentumsübertragungen die betreffende Liegenschaft genau festzulegen. Anfänglich behalf man sich, indem man erwähnte, welcher Besitzer oder was für ein anderes Gebäude auf dieser oder jener Seite anschloß. Da Häuser als Kapitalanlagen schon im Mittelalter eine

11 Das Haus zum Tanneck am untern Heuberg 19. Die ausgedehnte Liegenschaft gelangt 1761 in den Besitz von Jakob Christoph Oser. Der spätere Oberst der Basler Miliz errichtet im ‹vordern Höflin› ein Schmelzhaus, um den beim Schlachten von Rindern gewonnenen Talg zu Unschlittkerzen oder Talglichtern zu verarbeiten.

12 Die gotische Spitzbogentür des Hauses zum Rothenburg am untern Heuberg 1.

bedeutende Rolle spielten, insbesondere wegen ihrer Zinserträge, blühten Kauf und Verkauf sehr stark. Die Einführung von Hausnamen erleichterte in den Urkunden die eindeutige Festlegung der Liegenschaft.
Am einfachsten geschah dies nach hervorstechenden Merkmalen oder nach dem Besitzer. In den Städten, so auch in Basel, waren im 13. Jahrhundert die Häuser noch vorwiegend in Holz erbaut. Daher fielen steinerne Bauten besonders auf: ‹Turris› 1261 (Turm), ‹zum roten Turm› 1295, ‹zem Kupherturme› 1277 (zum Kupferturm), ‹novum cellarium› 1236 (neuer Keller), ‹domus dicta Steinchelre› 1258 (das Haus genannt der Steinkeller). Die Keller, in denen wohl vor allem Wein lagerte, bilden denn auch weiterhin ein ganz wichtiges Merkmal: ‹zum schonen Kelre› 1349, ‹zem witen Kelre› 1425, im Verzeichnis sind im ganzen 24 Hausnamen in diesem Sinn aufgeführt. Die zugefügten Eigenschaften sprechen für sich: je sechsmal wird der Keller nach besonders geschätzten Eigenschaften als ‹kalt› oder ‹tief›, fünfmal als ‹schön›, je viermal als ‹neu› oder ‹klein›, dreimal als ‹lang›, zweimal als ‹groß›, je einmal als ‹alt›, ‹hoch›, ‹tief›, ‹liecht›, ‹weit› und ‹steinern› bezeichnet.
Sehr früh erscheinen aber auch Hinweise auf handwerkliche oder gewerbliche Tätigkeit: ‹zir Walchern› 1240 (zur Walke), ‹zu der Zubin› 1256 (vermutlich zum Zuber), ‹zum Sluche› 1258 (zum Schlauch), ‹cim Swerthe› 1258 (zum Schwert), ‹ze der Kannen› 1269 (zur Kanne), ‹zer Kupfersmitten› 1300 (zur Kupferschmiede) usw. Daneben finden sich bereits Angaben von Besitzern: ‹zem Risen› 1259 (Conradus qui dicitur Rise, Konrad genannt der Riese), ‹ad lupum› 1267 (Wernherus dictus Wolf, Werner genannt der Wolf), ‹zem Esel› 1290 (Rudolfus dictus der Esel, Rudolf genannt der Esel), ‹zum Hasen› 1293 (Wernherus dictus Haso, Werner genannt der Hase), ‹zem Lembeli› 1296 (Hugo dictus Lembeli, Hugo genannt Lembeli).
Auch die Natur ist bereits in den ersten Namensgebungen vertreten: ‹ad pinum› 1256 (zur Tanne), ‹ad Rosam› 1261 (zur Rose), ‹zem Einhürne› (zum Einhorn), ‹zim

13 Baselstab an der Rheingasse 33. Das Hoheitszeichen der Stadt zeigt, daß es sich um eine obrigkeitliche Liegenschaft handeln muß. In diesem Fall gehört das Emblem zum Ziegelhof, der bis 1692 im Besitz der Stadt ist und zur Herstellung der weitbekannten Kleinbasler Ziegel jeweils nur an vorzüglich ausgewiesene Fachleute verliehen wird.

14 Das Dalbehysli an der St.-Alban-Vorstadt 46. Die beiden links und rechts anschließenden Häuser tragen keine Namen. Zum schmalen Anwesen mit den feinen kleinen Voluten in den gotischen Fenstergewänden des ersten Stocks, das ‹hinten bis auf den alten Stadtgraben stößt›, gehört 1699 eine Stallung und ein ausgedehnter Garten.

Einchorne› 1283 (dito), ‹zim Nuzpoume› 1281 (zum Nußbaum), ‹zem Kirsbôme› 1297 (zum Kirschbaum), ‹under der Linden› 1298, ‹zum Mulboume› 1299 (zum Maulbeerbaum).

Es ist bemerkenswert, wie früh bereits die Eigenschaft ‹rot› auftritt: ‹zem roten Huse› 1276 (zum roten Haus), ‹zem roten Turne› 1295 (zum roten Turm). Ernst Grohne führt das häufig anzutreffende Beiwort auf den Zusammenhang mit der Gerichtssymbolik zurück. Demnach müßten vom roten Turm aus die armen Sünder nach dem Richtplatz geführt worden sein, und das rote Haus habe in der Nähe eines solchen Turms gestanden. Uns scheint diese Erklärung etwas gesucht, insbesondere wenn man bedenkt, daß unser Verzeichnis 13 Häuser mit dem Namen ‹zum roten Turm› aufführt, die sich nicht um einen einzigen Turm scharen und auch nicht direkt mit der Richtstätte in Verbindung stehen. Außerdem tritt ‹rot› in Verbindung mit zahlreichen andern Hausnamen auf (vgl. unten). Die rote Farbe ist zwar in der Symbolik wichtig, ebenso unbestreitbar ist aber auch ihre häufige Anwendung, da sie eine beliebte Farbe darstellt und leicht herzustellen ist (Ochsenblut). Auch auf dem Land war Rot die meistgebrauchte Farbe, insbesondere wurden die Balken des Fachwerks häufig rot angestrichen.

Schon in viel weiter zurückliegenden Zeiten beobachtet man das Bestreben, das persönliche Eigentum durch eine Besitzermarke zu kennzeichnen, die sicher auch schon früh an Häusern angebracht wurde. Diese Hausmarken betonen die rechtliche Beziehung zwischen Besitzer und Haus, wie sie in unserm Land, insbesondere aus dem Alpengebiet bekannt ist. Die Hauszeichen dagegen ergeben bloß eine individuelle Unterscheidung des Hauses von anderen, ähnlichen. Sie sind daher auch nicht vererblich und können leicht geändert werden. Die Hausnamen gehören grundsätzlich in diese Gruppe.

Einige Beispiele mögen Änderungen der Hausnamen zeigen: Das Haus am Imbergäßlein Nr. 3 hieß um 1391 ‹zum schwarzen Einhorn›, um 1420 ‹zem schwarzen Hirzhorn›, wird in der

15  Das Ballenhaus an der Hebelstraße 11. Die zeitweise mit den Häusern 9–15 vereinigte Liegenschaft diente in seiner ursprünglichen Form dem Spiel und Sport im alten Basel. 1645 fegt ein wütender Sturm ‹auf Peters Platz das Ballenhauß über einen Hauffen›. In der Folge wurde an der heutigen Theaterstraße ein neues Ballspielhaus errichtet.

16  Am Eingang Spalenberg/Heuberg. Im Hintergrund das Haus zum Wolf am Spalenberg 22. Die schwungvollen Jugendstilsgraffiti an der gotischen Fassade hat Burkhard Mangold 1915 entworfen.

zweiten Hälfte des 15. Jahrhunderts umgetauft in ‹zer Fläschen› und erscheint um 1690 als ‹zer schwarzen Fläschen›; heute heißt es wieder ‹zur Flasche›. Aus dem Haus Spalenberg 53, ‹zer Somerave› (zur Sommerau), etwa 1300, wird um 1510 ‹zur Tanne›.

Des ‹Keßlers Hus›, Nadelberg 19, wird um 1380 zu ‹Kutzers Hus›, weil Henmann zum großen Keller, genannt der Kutzer, darin wohnte, um 1452 wird es ‹zem Slitten› genannt, um die Wende vom 15. zum 16. Jahrhundert hatte Mathis Eberler, genannt Grünenzweig, dieses und die Nachbarliegenschaften in Besitz, daher ‹Grünzweigs Häuser›.

Das Haus Totentanz Nr. 16 wird schon 1281 erwähnt, der Predigermönch Johannes ‹zem guldin Ring› vergabt es 1381 an sein Kloster, es weist jetzt den Namen ‹zem guldin Ring› auf, 1685 übernimmt es der Notar Hans Georg Diez unter der Bezeichnung ‹zem goldenen Türkis›.

‹Zer alten Schmitte› hieß das Haus Totentanz Nr. 9 bis zu Beginn des 18. Jahrhunderts, von da an ‹zu der Gens› (zur Gans). Noch manche solcher Änderungen ließen sich aufzählen. Sie alle zeigen, daß Hausnamen nicht unveränderlich am Haus haften. Vielmehr ist es der Besitzer, der den Namen unter Umständen verändert.

Es trifft also nicht zu, was Dejung von Winterthur behauptet: War einmal eine Hausbezeichnung akzeptiert, so brauchte es schon einen starken Modewechsel oder noch eher ein wichtiges geschichtliches Ereignis, bis man sich zu einer Änderung entschloß.

Hier zeigt sich eine volkskundlich bekannte Erscheinung, indem die Häuser zu jenen Dingen gehören, mit denen der Besitzer meist eine engere Beziehung pflegt. Häufig wohnten Familien generationenlang im selben Haus. Der Ausdruck ‹Vaterhaus› ist nicht umsonst mit bestimmten Gefühlen behaftet. Die Gewohnheit, Dinge mit Namen zu versehen, die dem Namensgeber etwas ganz Besonderes bedeuten, beschränkt sich nicht auf die Vergangenheit und auch nicht nur auf Häuser. Denken wir bloß daran, daß auch Schiffe oder modernerweise Autos mit Namen bedacht werden, welche zum

17 Hausinschrift am Münsterplatz 20. Der Namensgeber ist Gawin von Beaufort genannt von Roll, der das Anwesen 1574 erwirbt.

18 Hausinschrift an der Webergasse 5. Der Name erscheint erstmals Anno 1661 in einem Baugerichtsurteil zwischen Ulrich Beyel und Sara Dorschet.

19 Die Häuser zum Sittikust, zum Roggenbach, zum Karren, zur Fortuna und zum untern Schwert an der Webergasse 18–26 (von rechts nach links). Im Juni 1757 wird eines der schmalen Handwerkerhäuser (zur Fortuna!) von einem Brand heimgesucht. Als Ursache vermuten die Behörden einen ‹Kessel, darin Karrensalbe gesotten›, weshalb Seilermeister Jakob Langmesser angewiesen wird, solche Geschäfte inskünftig auf dem nahen Drahtzug zu erledigen.

Teil deutlich zeigen, welche Beziehung den Besitzer mit seinem Fahrzeug verbindet.

Die mittelalterlichen Städte wiesen vom 14. Jahrhundert an eine starke Bevölkerungszunahme auf, die vorwiegend auf Zuwanderung zurückzuführen ist. Die Stadtväter betrieben eine bewußte Bevölkerungspolitik, indem sie Leute, die für das wirtschaftliche oder kulturelle Leben der Stadt wichtig waren, aufnahmen.

So hatten die zahlreichen zugewanderten Handwerker und ebenso seit der Gründung der Universität (1460) Gelehrte von europäischem Rang sowie Glaubensflüchtlinge, die vor allem neue Industrien brachten, in der Stadt Zuflucht gefunden. Arme Leute dagegen wurden wenn möglich ferngehalten.

Es liegt daher nahe, daß mit zunehmender Bevölkerungszahl auch die Notwendigkeit sich aufdrängte, die Häuser mit Namen zu belegen. Meist bürgerte sich diese Sitte von selbst langsam ein, in Freiburg i. Br. wurde dagegen 1565 jeder Bürger verpflichtet, seinem Haus einen Namen zu geben und die Fassade entsprechend bemalen zu lassen.

Die Hausnamen besitzen demnach verschiedenen Ursprung, auch wenn die meisten von ihnen aus einem natürlichen Kennzeichen abgeleitet sind. Immerhin macht sich im Lauf der folgenden Jahrhunderte ein langsames Streben nach Verbildlichung geltend. In diesen Zusammenhang gehört auch die Sitte, den Wappenschild außen am Haus anzubringen.

Das Hauswappen entwickelte sich zum eigentlichen Hauszeichen und wurde unter Umständen von einem neuen Besitzer übernommen. Solche Zusammenhänge konnten in Zürich festgestellt werden, wo z. B. die Familie Escher einen Luchs im Wappen führt und drei Häuser ‹Lux›, ‹gekrönter Lux› und ‹Luxgrueb› mit ihr in Verbindung standen.

Ein aufschlußreiches Bild der Geisteshaltung der betreffenden Stadt und ihrer Bewohner läßt sich aus den Hausnamen ablesen. In verschiedenen Publikationen über die Hausnamen anderer Städte, wurden diese nach Sachgruppen zusammengestellt. Ein Vergleich der Basler

20 Die Einfahrt zum Vesalgäßlein. Rechts das Mueshaus, links die ehemalige Heilbrunnsche Schmiede. Die mit einem prächtigen, von zwei Basilisken gehaltenen Stadtwappen geschmückte Zinne erinnert an die ursprüngliche Eigenständigkeit dieses Bezirks.

21 Das Kötzingers Hus an der St.-Johanns-Vorstadt 60. Heinrich Landerer, der Schiffmann, bittet 1710 die Behörden, sein Haus erhöhen zu dürfen. Weil die Nachbarn befürchten, es würden ‹ihnen ihre hochnotwendigen Seitenliechter hierdurch benommen›, wird dem Gesuchsteller nur erlaubt, ‹mit dem Dach in die Höhe zu fahren›.

Hausnamen mit andern Verzeichnissen läßt bestimmte Besonderheiten erkennen. Ohne Vollständigkeit anstreben zu wollen, seien einige Hinweise gegeben.

Natürlich ist es uns heute nicht immer möglich, eindeutig abzuklären, aus welchen Gründen ein Haus einen ganz bestimmten Namen erhielt. Häufig sind wir auf Vermutungen angewiesen, und da unsere Lebenswelt völlig verschieden ist von der, in welcher die seinerzeitigen Bewohner lebten, sind unsere Interpretationen nicht zuverlässig. Zudem erwähnten wir bereits, daß ein Tiername, wie z. B. Wolf, als Beiname des Besitzers auf das Haus übergehen konnte.

Die meisten Hausnamen nehmen Bezug auf natürliche Gegebenheiten, auf den Besitzer oder die Tier- und Pflanzenwelt. Ganz selten entspringen Namen wirklich schöpferischer Eingebung. Die Verwendung von naheliegenden Vorbildern ist auffällig und zeigt, wie wenig Phantasie bei der Namengebung üblich war. Daher sind eigentliche Spottnamen selten, man wollte wohl auch in dieser Richtung wenig auffallen, und der Mensch bringt selten die Größe auf, über sich selbst zu lachen.

Wurden ursprünglich nur die wichtigeren oder hervorstechenden Häuser mit Namen belegt, so genügten einfache Bezeichnungen, wie ‹zum Löwen›. Mit zunehmender Differenzierung wurden schmückende Eigenschaftswörter beigefügt, manchmal sogar mehrfach. Wir wollen uns nicht auf genaue statistische Auswertungen stützen, aber es ergeben sich in Basel eine Reihe von beliebten und immer wieder angewandten Eigenschaftswörtern, die teilweise zwar auch in andern Städten üblich waren.

Sehr beliebt sind natürlich ‹groß› und ‹klein›, wobei sich der Unterschied nicht nur auf die Größe, sondern vielmehr auf die Bedeutung des Baus bezieht oder die zeitliche Aufeinanderfolge. Auch die Gegenüberstellung von ‹unterer› und ‹oberer›, ‹alter› und ‹neuer›, ‹niederer› und ‹hoher›, ‹vorderer› und ‹hinterer› sowie ‹innerer› und ‹äußerer› sind leichtverständlich und haften meist an nahe beieinander liegenden oder demselben Eigentümer

22 *Die Häuser zum untern Sennenhof, zum kleinen Frieden, zum obern Wind und zum Asyl am Leonhardsberg 10–16. Viele der betont einfachen Handwerkerhäuser am schmalen Gäßchen, das vom Birsigtal steil zur Höhe von St. Leonhard ansteigt, haben ihren gotischen Charakter unverfälscht bewahrt.*

23 *Das Haus zum Paradies am Klosterberg 8. Im Jahr 1423 den gelehrten Klosterfrauen im Maria-Magdalena-Kloster zinspflichtig und von einem Rebmann bewirtschaftet, ist ein Stock des einfachen Vorstadthäuschens auch heute wieder einem ‹christlichen› Kenner erlesener Rebsäfte zugetan!*

gehörenden Bauten. Besonders beliebt sind Farben. Hier herrscht zahlenmäßig ‹rot› eindeutig vor, was wiederum zeigt, daß es die Lieblingsfarbe vieler Menschen ist. Daß es einen ‹roten Knopf›, einen ‹roten Helm›, ‹roten Ochsen›, ‹roten Adler› oder ‹roten Löwen› und einen ‹roten Mann› gibt, ist nichts Besonderes. Aber auch ‹schwarz› und ‹golden›, das wir in diesen Zusammenhang fügen können, sind sehr zahlreich. Daneben gibt es ‹grün›, ‹weiß›, ‹blau›, ‹gelb› und ‹braun›. Weniger häufig sind ‹schön›, ‹wild›, ‹dürr›, ‹scharf›, ‹lang›; vereinzelt treten auf ‹arm›, ‹leer›, ‹fett›, ‹frei›, ‹still›, ‹eisern›, ‹hangend›, ‹halb›, ‹schwer›, ‹gerade›, ‹voll›, ‹lebend›, ‹springend›, ‹froh›, ‹schlafend›, ‹licht›, ‹gut›. Eher seltsam berührt ‹halbes Rad›. In vielen Fällen sind Eigenschaften doppelt oder gar mehrfach angegeben. Beispiele: ‹zur oberen roten Fluh›, ‹zur äußeren lieben Frau›, ‹zum unteren blauen Hammer›, ‹zum kleinen goldenen Löwen›, ‹zum gelben goldenen Stern› usw. Seit dem 17. Jahrhundert kommen zusammengesetzte Namen auf. Besonders beliebt sind in Basel Zusammensetzungen mit -hof, meist verbunden mit einem Besitzernamen oder einem Ortsnamen, aber auch -berg, -burg, -eck, -stein, -haus, sowie -fels und -baum sind nicht selten, dagegen wurden -garten, -brunnen, -turm, -tor, und -weide nur vereinzelt gebraucht.

**Wichtigste Gruppen von Hausnamen**

Hausnamen nach Besitzern: Sehr häufig und schon früh werden den Häusern Namen gegeben, die auf den Bewohner Bezug haben. Des ‹Keßlers Hus›, das schon vor dem Erdbeben existierte, haben wir schon früher erwähnt. Solche Namen konnten Generationen überdauern, sogar wenn in der Zwischenzeit der Beruf der Bewohner gewechselt hatte. Auch die verschiedenen, im 13. Jahrhundert üblichen Zunamen der Besitzer, welche auf das Haus übergingen, wollen wir nicht nochmals aufzählen (vgl. oben).
Unter den Basler Hausnamen finden sich

24 Die Häuser zum Lämmlein, zum Schneck und zum Schliengen an der Webergasse 5–9. In Basel einzigartig ist das Portal des spätgotischen Hauses zum Lämmlein wegen des sogenannten ‹Eselsrückens›, der in doppelter Wellenform den Türsturz bildet. Auch das Haus zum Schliengen ist mit seinem gotischen Torbogen und dem alten Dachaufzug beachtenswert.

25 Hausinschrift am Leonhardsgraben 38. Der Name ist 1534 durch Lienhart Hanis in einem Zinsbuch von St. Clara belegt.
26 Stilvolle Louis-XVI-Kartusche an der Stadthausgasse 13. Der Baselstab deutet auf den öffentlichen Status, der dem Werenfelsischen Bauwerk zusteht: 1775 als Postgebäude der Kaufmannschaft in Betrieb genommen, dient das ‹Stadthaus› seit 1876 der Basler Bürgergemeinde als Amtssitz.

einige, die mit bekannten Familien in Beziehung stehen: ‹Andlauerhof›, ‹Eptingerhof›, ‹Erlacherhof›, ‹Flachsländerhof›, ‹Fußisches Haus›, ‹Ramsteinerhof›, ‹Reichensteinerhof›, ‹zum Wenkenberg›, ‹Zerkindenhof› usw., andere zeigen noch deutlich den alten Besitzer: ‹Stiflerin Hus›, ‹Lapplins Stall›, ‹Zscheggenbürlins Hus›, ‹Eschmanns Hus›, ‹Höferin Hus›, ‹Vizedoms Hus› (des Vizedominus Haus) u.a. Biblische oder religiöse Namen, Zusammenhang mit Kirche und Volksglauben: Hier zeigen sich vor allem die eindrücklichen und aus der biblischen Geschichte bekannten Persönlichkeiten: ‹zum Abel›, ‹zum König David›, ‹Ebenezer›, ‹zum Engel›, ‹zum grünen Engel›, ‹Engelhof›, während die ‹Engelsburg› gleich viermal erscheint. ‹Zum Engelgruß› hat sicher Beziehung zu Maria, deren Statue ja am Spalentor aufgestellt war, wie auch ‹zur äußeren lieben Frau›, die ebenfalls eine Liegenschaft an der Spalenvorstadt betrifft. Der ‹schlafende Jakob› und die ‹drei Könige› fehlten ebensowenig wie ‹Samson›, ‹Susanna› und ‹Tafel Mosis›.
Heiligennamen sind häufig und überdauern auch die Reformationszeit: ‹St. Alban›, ‹St. Andreas›, ‹Augustinerhof›, ‹zum Brigittator›, ‹zum Christoffel›, dem ‹großen› und ‹kleinen›, ist insgesamt sechsmal vertreten. Die hl. Clara, die für Basel auch eine Rolle spielt, erscheint im Clarabad, dem Clarabollwerk, Claraeck, Clarahof, der Claramühle. Alle konzentrieren sich um die alte St.-Clara-Kirche. St. Jacob und St. Johann sind mehrfach genannt. St. Niklaus, St. Peter, St. Theodor, St. Ulrich und St. Ursula treten ebenfalls auf.
An die historisch bedeutsame Zeit der Herrschaft der Bischöfe erinnert der Bischofshof, der Domhof, die Dompropstei, der Mönchhof, Cardinal, zum Abt, aber auch der Papst. Von den ehemaligen Klöstern haben verschiedene Namen bis heute überdauert: St.-Alban-Kloster, ‹zum Klösterlein›, ‹zum vorderen Klösterlein› usw. Aber auch Bezeichnungen wie ‹Almosenmühle›, ‹altes Beginenhaus›, ‹zur Capelle›, ‹Capitelhaus› und dergleichen gehören hieher.

27 *Das Haus zum Rebstock an der Webergasse 25. Der einfache Barockbau mit der schönen Türe und dem markanten Dachaufzug steht im letzten Viertel des 18. Jahrhunderts im Besitz des berühmten Architekten Samuel Werenfels, dem unsere Stadt u.a. den Delphin, das Weiße und das Blaue Haus und das Stadthaus verdankt.*

28 *Die Häuser zum Holzwurm und zum kleinen Widder am Klosterberg 7 und 9. Links außen, vor dem Haus zum Windeck, der Elisabethenbrunnen. Die beiden Liegenschaften ‹im Sturgow› sind in der ersten Hälfte des 16. Jahrhunderts im Besitz von zwei Ostschweizern, dem Karrer Hans Fischer und dem Gärtner Ulrich Appenzeller.*

Daneben befinden sich christliche Symbole, ‹zum Kreuz› (achtmal), dazu noch mit Beifügungen ‹gelb› (zweimal), ‹golden› (einmal), ‹heilig› (zweimal), ‹rot› (einmal), ‹schwarz› (viermal), ‹steinern› (zweimal), ‹weiß› (sechsmal). In Zusammensetzungen erscheinen ‹Kreuzberg› und ‹Kreuztor›.

### Funktion des Hauses

Es ist naheliegend, ein Haus nach der darin ausgeübten Tätigkeit, dem Beruf seiner Bewohner oder dem Gewerbe zu benennen. Da gibt es ‹zum alten Bad›, ‹zum Backofen›, ein ‹Bannwartshaus›, ‹zum Biergarten›, ‹Bierkeller›, ‹zur alten Bleiche›, ‹zum Brauer›, ‹zum Brunnenhaus›, ‹zur Fischwaage›, ‹zur neuen Gießerei›, ‹Goldschmieds Hus›, ‹Hammerschmieds Hus›, ‹zur armen Herberge›, ein ‹Kornhaus›, ‹zum mittleren Laden›, den ‹Lohhof› (Gerberei), ‹zum Marstall›, ‹zum Mehlhaus›, ‹zum Milchhäuslein›, ‹zur alten Münz›, ‹zum Roßhof›, mehrere ‹Salzhäuser›, ‹zur Schäferei›, ein ‹Scheibenhaus›, einen ‹vordern› und ‹hintern Seidenhof›, mehrere ‹Spritzenhäuser›, ‹zum Taubenschlag›, ‹zum Wächterhaus›, ‹zur alten Waage›, ‹zur Wasenmeisterei›, ‹zum Wasserhaus›, ‹zum Weiberbad›, ‹zum Zeughaus›, ‹zum Zwinger›.

Die Bedeutung des Rebbaus für die Stadt dokumentiert sich in den Bezeichnungen ‹zum Rebstock› (neunmal), ‹Rebscheuer›, ‹zur Trotte› (sechsmal), ‹zum Tröttlein›, ‹zum Trottenhaus›, ‹Trottenstein›, ‹zum Traubenkeller›, ‹zur Weinzollstätte›. Wir verweisen auch auf die später angefügten Namen im Zusammenhang mit der Rebe. Auch die zahlreichen Keller dienten sicher vorwiegend der Lagerung von Wein. Neben ‹Rebhäusli›, ‹zum Rebhaus› kommt auch des ‹Rebmanns Hus› vor, auch die Faßdauben sind mehrmals vertreten, zum ‹Däublein›, ‹zur leeren Flasche› und ‹zur Kanne›, ‹zur schwarzen Kanne› ergänzen das Bild. In denselben Zusammenhang gehören natürlich ‹Weinberg›, ‹Weinsperg›, ‹Weingarten› und des ‹Weinmanns Hus›.

---

29 *Am Steinenbachgäßlein: Erinnerungen an die gegen den Kohlenberg gelegene Senfmühle und die Stampfe, deren ächzende Wasserwerke während Jahrhunderten vom sogenannten Rümelinsbach, den die Obrigkeit eigens als Gewerbeteich anlegte, in Gang gehalten wurden.*

30 *Hausinschrift am Schlüsselberg 17. Das im Besitz der Pfleger des Stifts auf Burg, denen die Verwaltung der bischöflichen Güter oblag, stehende Stiftshaus wird seit 1731 Burghof genannt.*

31 *Hausinschrift am Petersplatz 4. Der Name steht im Zusammenhang mit der anstoßenden Liegenschaft zum Rosenberg an der Spalenvorstadt 20.*

Die Landwirtschaft, die ehemals noch innerhalb der Stadt gepflegt wurde, hat verschiedene Hausnamen bestimmt: ‹Heuhäuslein›, ‹Stall›, ‹zum Stall›, ‹Stall zum Wolf›, ‹zur Schüre›, ‹Schürhof›, ‹Schürberg›, ‹zur kleinen Scheuer›, ‹zum Scheunentor›, um nur einige wenige zu nennen. Ein ‹Ofenhaus› (zum Backen) war ebenso vorhanden wie ein ‹Buchhaus› (zum ‹Buchen›, d. h. Waschen).

Es ist unglaublich, wie viele Gewerbebetriebe, die ans Wasser gebunden waren, in Basel festzustellen sind. Neben den sehr zahlreichen Getreidemühlen, die sich längs natürlicher oder künstlich angelegter Wasserläufe ansiedelten, gab es eine ‹Tabakmühle›, ‹zur Tabakstampfe›, ‹zur Säge› (dreimal), ‹zur Sägemühle› (zweimal); auch eine ‹Lohmühle› (Gerberlohe) und ‹Gipsmühlen› (viermal) waren vertreten. Neben zwei Hammerschmitten sind zwei Hammerwerke erwähnt, eine ‹Herrenschmiede› ist neben acht weiteren Schmieden aufgeführt. Auch Pulverstampfen (zwei) und Papiermühlen, Ölstampfe und Walken waren vorhanden.

Selbstverständlich sind auch die Zunfthäuser mit dem Zeichen der entsprechenden Zunft geschmückt und tragen deren Namen: ‹zu Schuhmachern›, ‹zu Spinnwettern›, ‹zu Safran› usw.

### Hausnamen nach Gebäuden oder Hausteilen

Die im Mittelalter in den Städten häufig anzutreffenden Wohntürme adliger Geschlechter sowie die späteren Befestigungsanlagen mit Türmen und Mauern finden ihren Niederschlag in ‹zum Turm› (viermal). Diese Bezeichnung wird häufig durch ein Eigenschaftswort ergänzt: ‹zum grünen›, ‹zum hohen› (dreimal), ‹zum roten› (zwölfmal), ‹zum weißen›, ‹zum schwarzen› (viermal). Im ganzen finden sich 24 Häuser mit diesem Namen, dazu kommen noch fünf weitere mit ‹Turmschale›; ‹zum ‹Schwibbogen› (fünfmal), ‹zum Fallgatter› sowie ‹Kupferthurm› gehören auch hierher. Es ist unmöglich, alle Hausnamen zu erwähnen, die in diese Gruppe gehören, nur einige

32 Handwerkerhäuser an der Riehentorstraße 14–18. Seit 1727 Christoph Knöpff die Liegenschaft links außen mit einem ‹Beckenofen› ausrüstete, werden darin bis heute Brote und Süßigkeiten geformt, trotz harter Konkurrenz im Haus mit der schönen gotischen Stichbogentür, in welchem von 1788 bis um 1805 ebenfalls eine Bäckerei betrieben wird! Das mittlere Haus ist im 18. Jahrhundert mit einem ‹Brennöfelin› ausgestattet.

33 Hausinschrift am Heuberg 30. Anno 1585 erwirbt Anna Barbara, die Witwe von Henman Truchseß von Rheinfelden, den ‹Stouvershoff uff dem Heywberg›, und der Hof bleibt nach 1667 im Besitz der mittlerweile verarmten Adelsfamilie.

34 Hausinschrift an der Hardstraße 52. Sie gilt dem 1903 von Fritz Stehlin erbauten Wohnhaus von Carl Geigy-Hagenbach.

besondere mögen folgen: ‹zur Altane›, ‹zum Docketenkänsterli›, ‹zum Kämmerlein›, ‹zum Känel›, ‹zum grünen Pfahl›, ‹zum schwarzen Pfahl›, ‹zum Sod›. ‹Zum dürren Sod› bedeutet, daß der Sod ausgetrocknet war.

### Hausnamen nach Hoheitszeichen

Der sehr häufig vorhandene Adler sowie der Leu, beides Tiere, die in der Heraldik eine Rolle spielen, können sowohl dort wie hier aufgeführt werden. Der Einfachheit halber besprechen wir sie unter den Tiernamen. Die drei Berge spielen in Wappen eine Rolle, es gibt drei Häuser ‹zu den grünen Bergen› und eines ‹zu den drei roten Bergen›. ‹Zur roten Fahne› und ‹zur Krone›, ‹zur goldenen Krone› sowie ‹zu den alten 13 Kantonen› gehören ebenfalls in diesen Zusammenhang. Auch ‹zum Kaiser› (dreimal), ‹Kaiser Heinrichs Pfrundhaus›, ‹zum Kaiser Sigismund› und das ‹Kaiserschwert› belegen die Verbindungen der reichsfreien Stadt mit ihrem Oberhaupt. Der viermal auftretende ‹Kaiserberg› und der dreimal vorhandene ‹Kaiserstuhl› beziehen sich dagegen auf die Ortschaft im Elsaß und die markante Vulkanruine im Badischen. ‹Zum roten König› und entsprechende Zusammensetzungen sind nur in einzelnen Beispielen vorhanden.

### Hausnamen aus der unbelebten Natur

Namen nach Bestandteilen des Kosmos sind sehr zahlreich: allein zwanzigmal tritt die Sonne auf, dazu kommen noch Zusammensetzungen: ‹zum Sonnenberg› (neunmal), ‹zum Sonnenfroh›, ‹Sonnenhof›, ‹Sonnenlust› und ‹Sonnenrain›. Auch die Sterne sind beliebt: ‹zum Stern›, mit verschiedensten Eigenschaften (23mal), ‹zum Sternen› (23mal) sowie Zusammensetzungen: ‹Sternenberg› (sechsmal), ‹-eck› (fünfmal), ‹-fels› (dreimal), ‹-häuslein›, ‹-mühle›. Aber auch ‹zum Abendstern›, ‹zum Halbmond›, ‹zum Himmel› (fünfmal) und ‹zur Himmelspforte› (zweimal), sogar ‹zur Hölle› (viermal), ‹zur Welt› und ‹zum Wind› (26mal)

35

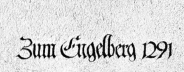

36

37

35  Eines der schönsten Hauszeichen der Stadt: Der Markus-Löwe am Haus zum kleinen Venedig am Schlüsselberg 3. Der spätgotische geflügelte Löwe, das Hoheitszeichen der Republik Venedig, ist vermutlich von venezianischen Kaufleuten angebracht worden, die zur Zeit des Konzils hier ihren Handelsgeschäften nachgingen.

36  Hausinschrift am Heuberg 18. Die Liegenschaft zum Schliengen, erhält 1621 den Namen zum Engelberg.

37  Morgenbrödlins Hus an der Rheingasse 64. Der Name des schon 1345 in einem Zinsbuch des St.-Peters-Stifts genannten Anwesens ‹im minren Basel in der Ringassen an der Stettringkmur› ist 1399 erstmals vermerkt. Noch 1455 ist ein Peterhans Morgenbrötle Besitzer des Hauses.

sind vorhanden, wobei allerdings nicht zu unterscheiden ist, wann der Wind (Luftzug) und wann der Wind (Windhund) gemeint ist. Schon viel poetischer ist ‹zum Sausewind› oder ‹zum Regenbogen›.

Daß in einer reichen Handelsstadt wie Basel Edelsteine beliebt waren, verwundert nicht, daher ‹zum goldenen Türkis›, aber auch ‹zum Gold› (zweimal) oder ‹zum Goldbächlein›, ‹zum Goldbrunnen› (zweimal), ‹zum Goldeck›, ‹zum Goldenfels›, ‹zur Goldgrube› entsprechen menschlichen Träumen.

### Hausnamen nach Lage oder Aussehen

Hier finden wir sehr viele Zusammensetzungen mit -bruck, -eck, -fels, -berg.
Aber auch andere alte Lagebezeichnungen und Flurnamen treten wieder auf: ‹zur oberen Allmend›, ‹zum Blutegelweiher›, ‹zur untern Bruck›, ‹zum Brunnen›, ‹auf Burg› (ältester Teil Basels, am Münsterplatz), ‹zum Byfang›, ‹zum Eckweiher›, ‹zum Gemsberg›, ‹zum Rankhof›, ‹zum Winkeli›.
Die Lage der Häuser prägt sich aus bei ‹zur Aussicht›, ‹zur schönen Aussicht›, ‹zum blauen Berg›, der aber auch ‹grün› oder ‹schön› sein kann. Der Mode des 18. Jahrhunderts entsprechen ‹Bellerive› und andere Namen mit Fremdwörtern.

### Hausnamen nach Ortsbezeichnungen

Es ist naheliegend, Ortsnamen für die Bildung von Hausnamen heranzuziehen. Schon früh war dies üblich und umfaßt eigentlich die meisten Orte der nähern und weiteren Umgebung der Stadt. Teilweise stammten die Besitzer von Stadthäusern aus diesen Ortschaften, teilweise verband sie aber auch eine andere Beziehung, z.B. Heirat, mit dem betreffenden Ort.
Es ist nicht seltsam, daß viele Nachbarstädte vertreten sind: ‹zum Altkirch›, ‹zum Colmar› (dreimal), ‹zum oberen Freiburg›, ‹zur Stadt Mülhausen›, ‹Offenburgerhof›, ‹zum Pruntrut›; aber auch weiter entfernte treten auf: ‹zum

38 Hausinschrift an der Steinenvorstadt 4. Die 1399 erwähnte Liegenschaft wird erst Anno 1500, in einer Verschreibung zwischen Verena Suter und dem Weber Burkart Rädersdorf, ‹zum Widder› genannt.

39 Hausinschrift an der Freien Straße 84. Namensgeber war Goldschmied Fritz Büchler, der das Haus 1898 durch die Baumeister Straub und Büchler hat errichten lassen.

40 Der Augustinerhof an der Augustinergasse 19. Die ‹guten Stuben› des fünfachsigen Spätbarockbaus mit der feingearbeiteten Gitterverkleidung im Parterre sind 1777 mit kostbaren ‹grünlichen und blau und weißen damastenen Tapeten› ausgeschlagen.

großen Constanz›, ‹zu St. Gallen›, ‹zum Neuenburg› (viermal), ‹zum Solothurn›, ‹zum obern Straßburg›, ‹zum Waldshut›. Sogar weit abliegende wie ‹zum großen Mailand›, ‹zum Venedig› oder ‹zur freien Stadt Worms› sind anzutreffen. An Landschaftsbezeichnungen möchten wir erwähnen: ‹Zum Appenzell›, ‹zum Kienberg›, ‹zum Österreich› (siebenmal), ‹zum Weißenstein›, ‹zum Württemberg›.

### Hausnamen nach Körperteilen, Menschen

Körperteile spiegeln sich in ‹zum Arm›, ‹zum Bart›, ‹zum Haupt›, ‹zum gelben, goldenen, roten, schwarzen Kopf›, ‹zum blauen Fuß›, ‹zum Plattfuß›. Ganze Menschen geben ebenfalls Anlaß zu Hausnamen: ‹zum Heiden›, ‹zum Hüter›, ‹zum Jäger›, ‹zum Kilchmann›, ‹zum Landser›, ‹zur Mägd›, ‹zum Mann› sei er nun blau, rot, schön, weiß oder wild, ‹zum gelben Mönch›, ‹zu den Mohren›, ‹zum Narren›, ‹zum Pilger›, ‹zum Ritter›, ‹zum Schüler›, ‹zum Wandersmann›, ‹zum Wilhelm Tell›.

### Hausnamen nach Pflanzen

Man wählte schon früh Namen nach bemerkenswerten Pflanzen, die in der Nähe der Häuser standen: Bereits erwähnt wurden ‹ad pinum› 1256, ‹ad Rosam› 1261, ‹zim Nuzpoume› 1281, ‹zem Kirsebôme› 1297 und ‹unter der Linden› 1298.
Es sind in Basel die auch in anderen Städten anzutreffenden Pflanzen vorhanden. Unter den einheimischen fallen auf: Buche, Eiche, Hasel, Kirsche, Lilie, Linde (achtmal), Mehlbaum, Nußbaum, Rebstock (neunmal), Rose, Tanne, Ulme, Viole, Weide. Aber auch ausländische sind anzutreffen: Feigenbaum, Palmenbaum, Pomeranzenbaum, Maulbeerbaum, Wacholderbaum, Zeder. Allgemein pflanzlicher Natur sind Benennungen wie Baum, Blume, Kränzli, Stamm, Mayen (Blumenstrauß). Auch in größerer Einheit zusammengefaßte Pflanzen, vor allem als Garten, geben die

41 Die Steinenmühle am Steinenbachgäßlein 42. Die vom Rümelinsbach getriebene zweiteilige Mühle aus gotischer Zeit, ursprünglich im Besitz der Nonnen im Maria-Magdalena-Kloster am Steinenberg, erfüllt bis 1908 ihre für die Bevölkerung lebenswichtige Aufgabe.

42 Hausinschrift am Blumenrain 3. Der Name der 1914 neu erbauten Liegenschaft erscheint urkundlich erstmals 1513 anstelle der ursprünglichen Bezeichnung zum roten Sternen an der ehemaligen Schwanengasse 2.

43 Hausinschrift am Heuberg 15. Der Name ‹zum Specht› ist um das Jahr 1300 im Weißen Buch des St.-Leonhards-Stifts, einem Verzeichnis der Zinseinträge der klösterlichen Besitzungen, aufgezeichnet.

Möglichkeit für Hausnamen: Kirschgarten, Nägeligarten, Tannenwald, Obstgarten. Selbstverständlich findet man auch verschiedene Zusammensetzungen. Am Beispiel der Linde seien gezeigt: Lindeneck, Lindenbaum, Lindenfels, Lindenhof, Lindenstein, Lindenturm. Die wichtigste Pflanze für Hausnamen ist in Basel die Rose. ‹Zur Rose› heißen 12 Häuser, fünf tragen ein schmückendes Beiwort (golden, neu, obere, rote, weiße), 41 weitere Häuser weisen Zusammensetzungen auf (Roseneck, -baum, -berg, -burg, -geld, -fels, -garten, -kranz, -staude, -stock, -stöcklein, -tal). Die symbolträchtige Zahl Drei ist auch hier zu finden (‹zu den drei Rosen›) sowie ein ‹Röslein›. Die Bedeutung des Rebbaus, auf die wir früher schon hingewiesen haben, zeigt sich ebenfalls in der Verwendung des Namens der Rebe in verschiedenen Zusammensetzungen: ‹Rebacker›, ‹Rebeneck›, ‹Rebgarten›, ‹Reblaube›, ‹Rebleutenlaube›, ‹Rebholz›, ‹Rebstock› (neunmal).

### Hausnamen nach Tieren

Noch wichtiger und beliebter als Pflanzen sind Tiere, die nächsten Begleiter des Menschen. Nicht nur die Beziehung des Menschen zu seinen Hausgenossen, sondern auch die Bedeutung der Tiere in der Mythologie, der Heraldik und als Fabelwesen sind Gründe für ihr häufiges Auftreten in Hausnamen. Es mag überraschen, daß in Basel der häufig in der Literatur zusammen mit dem Stadtnamen auftauchende Basilisk nur ein Denkmal erhalten hat. Immerhin ist der Drache, der auch am Münster verewigt ist, wenigstens viermal sowie in Zusammensetzungen wie ‹Drachenfeld›, ‹Drachenfels›, ‹Drachenmühle› vorhanden. Ein naher Verwandter, der Vogel Greif, ist im ‹Greifen› achtmal genannt, dazu ‹zur Greifenklaue›, ‹zum Greifennest›, ‹zur Greifenscheune›, ‹zum Greifenstein›. Ganz überwältigend ist aber die Anzahl von Häusern, die sich mit Löwen schmücken. Dieses stolze Tier ist ganz eindeutig der Liebling der Basler. Fünfmal ist es ein

44 Die Häuser zum Hahnenkopf und zur Eiche am Mühlenberg 1 und 3. Im Vordergrund der Schöneckbrunnen. Im schlichten Barockhäuschen wohnt zu Beginn des 19. Jahrhunderts Baron Christian Gottlieb von Bärenfels, letzter männlicher Nachkomme der in Basel zu hohen Würden aufgestiegenen Herren von Bärenfels († 1835).

45 Hausinschrift am Spalenberg 18. Ist 1344 in einer Urkunde des Klosters Klingental nur von ‹Hus und Geseß Wildenstein› die Rede, so ist schon 1355 die Liegenschaft in ein oberes und unteres (niederes) Haus geteilt. Erst 1839 werden die beiden Häuser dann wieder vereinigt.

46 Hausinschrift am Steinengraben 55. Die vor 1880 erbaute Liegenschaft in ehemals parkähnlicher Umgebung wird 1918 zu einem Zweifamilienhaus umgestaltet.

einfacher ‹zum Löwen›, aber 26mal erhält er schmückende Beinamen, z.T. in mehrfacher Zahl: gelb (zweimal), golden (sechsmal), groß, klein, grün, hinterer, oberer, roter (fünfmal) schwarz, weiß. Nicht weniger als 34mal tritt er in den verschiedensten Zusammensetzungen auf (Löwenberg, -burg, -fels, -grube, -kopf, -mühle, -schlößlein, -stein, -zorn usw.). Daß bei diesem niedlichen Tier eine Verkleinerungsform, ‹zum Löwelin›, nicht fehlen darf, ist zu erwarten. Es ist dies eigentlich erstaunlich, wenn man bedenkt, daß der Löwe in unserem Land von den Zürchern als Wappentier gepachtet wurde und Guyer die Beliebtheit dieses Tieres (die sich aber bei weitem nicht in der gleichen Anzahl von Hausnamen äußert) in Zürich dadurch erklärt, daß der ‹Zürileu› als Schildhalter galt. Mit wieviel mehr Recht hätten die Basler den Löwen zu Wappenehren kommen lassen können. Daneben sind Adler 21mal, Bären sogar 31mal, Ochsen 16mal vorhanden, während das Rößlein nur neunmal und dreimal Roß auftritt. Ebensoviele Widder, dazu noch vier ‹Widderlin› und ein Widderhorn sowie 9 Böcke und 2 Böcklein sowie Zusammensetzungen zeigen sich. Es ließe sich wohl viel fabulieren über die Beziehungen zwischen den Stadtbewohnern und den von ihnen bevorzugten Tiernamen, aber uns scheint, man sollte sich davor hüten. Wir wollen nicht alle Tiere erwähnen, die Häusern Namen geben. Immerhin sind außer den üblichen einheimischen (Barbe, Biber, Eber, Eichhorn, Ente, Falke, Fasan, Fuchs, Gans, Hase, Hahn, Henne, Hermelin, Hirsch, Igel, Kauz, Krähe, Kranich, Krebs, Lachs, Lamm, Marder, Meise, Mücke, Mutz [Bär], Nachtigall, Pfau, Rabe, Riedschnepfe, Rüden, Salmen [achtmal], Schaf, Schnecke, Schwalbennest, Schwan, Sperber, Steinbock, Storch, Taube, Wolf, Zeisig, Schneegans usw.) auch einige ausländische, wie Affe, Delphin, Elefant, Kamel, Leopard, Meerkatze, Papagei, Pelikan, Strauß u.a. vorhanden.

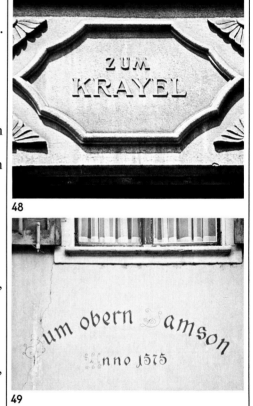

47 Das Haus zum dürren Sod am Gemsberg 6. Durch das in der Neuzeit eingesetzte Garagetor hat der wohlproportionierte Barockbau leider an Ausstrahlung verloren. Um das Jahr 1500 ist der bekannte Buchdrucker und Besitzer eines Mühlwerks Martin Flach Eigner des ‹Huses›. 1512 erwirbt es Martin Lebzelter, der Lebküchler von Memmingen, und läßt im Garten zum Backen seiner ‹Basler› Leckerli einen massiven Holzofen aufstellen.

48 Hauszeichen an der Hutgasse 4. Es ist offenbar beim Bau der neuen Schuhmachernzunft, deren Liegenschaft es eigentlich zusteht, auf das Nachbarhaus übertragen worden. Der Name ‹zum Krewel› ist 1439 erstmals feststellbar und bedeutet Krallen von Katzen oder Vögeln.

49 Hausinschrift am Petersgraben 20. Ein Strebepfeiler gegen das Nachbarhaus zum Samson von 1575 weist auf eine zeitweilige Vereinigung der beiden Liegenschaften.

## Hausnamen nach Allegorien, Tugenden, Mythologie

Diese Gruppe resultiert vorwiegend aus jüngerer Zeit, meist sogar aus dem 19. Jahrhundert. Das Spektrum reicht vom ‹zum Ärger›, ‹zum Zank›, ‹zum Streit› und ‹zum Seufzen› bis ‹zur Augenweide›, ‹zur Freudenquelle› und ‹zum Frieden›, vom ‹Geist› und der ‹Harmonie› bis ‹zum Paradies› (das gleich 16mal auftritt). Der ‹Feierabend›, die ‹frohe Hoffnung›, ‹Sonnenfroh› und ‹Sonnenlust› verbinden sich mit des Baslers liebstem Ausblick: ‹Rheinlust›. Die ‹Treue› ist achtmal als Hausname vertreten, meist alt, aber auch groß und sogar klein. Justitia, Fortuna, Solitüde und Vigilanz zeigen sich ebenfalls.

## Hausnamen nach Waffen, Schmuck, Gerätschaften, Nahrung, Kleidung

Aus dem mittelalterlichen Leben, das in Basel außer von Rittern besonders durch Kaufleute und Handwerker geprägt wurde, sind verschiedene Gegenstände als Hausnamen benützt worden: Anker, Feuerglocke, Flasche, Glocke, Hammer, Kanne, Kerze, Knopf, Körblein, Krippe, Laterne, Laute, Leiter, Leuchter, Nauen (Schiff), Pflug, Rad, Rechen, Ring, Schere, Schaufel, Schiff, Schleife, Schlüssel, Schraube, Schuh, Sessel, Spiegel. Es ist selbstverständlich, daß auch Waffen ihren Beitrag leisten: Eisenhut, Helm, Kaiserschwert, Kugel, Pfeil, Pike, Spieß, Schild, Schwert. Daneben gibt es auch friedlichere Dinge, wie Besenstiel, Glücksrad, Kiel, Mörser, Münze, Pilgerstab, Räpplein, Stab und Stäblein. Der Hut scheint ein wichtiges Kleidungsstück gewesen zu sein. Neben den schon erwähnten Eisenhut und Helm gibt es auch einen ganz gewöhnlichen ‹Hut› neben sechs roten und einem schwarzen. Auch der Seidenhut fehlt nicht sowie der ‹blaue Strumpf› und auch der ‹schwarze Schuh›.
Unter den Nahrungsmitteln waren es natürlich besonders die wertvollen Gewürze, welche in der Namensgebung eine Rolle spielten: Imber (viermal) = Ingwer und Safran. Daneben

50 Das Haus zum Feldberg an der St.-Alban-Vorstadt 39. Rechts Phirters Hus, links das Haus zum Münchenstein. Der Name des entzückenden gotischen Handwerkerhäuschens ist schon 1353 in einem ‹Brief, wie die Herren zu S. Lienhart 10 Schilling järlichs Zins mit Recht zuerkannt sind worden›, vermerkt.

51 Hausinschrift am untern Heuberg 13. Anna Steinhofer überläßt 1415 ‹die zwey Hüser an einander mit dem Gertlin, so man nennet zer Steywand›, dem Metzger Heinrich Zschap. Der Bodenzins steht dem Kapitel von St. Leonhard zu.

52 Hausinschrift an der Bäumleingasse 2. ‹So sich die Hand verwandlet› (bei Handänderung) stehen dem Sankt-Apollinaris-Altar im Münster ab dem ‹Huß zum gulden Ort› 5 Schilling zu (1389).

werden noch das ‹Kernenbrod› und ‹Kornhaus› genannt sowie selbstverständlich die ‹Traube›. Das typische Basler Neujahrsgetränk, der Hypokras, gab 1628 dem alten ‹Kuitzerin Hus› am Imbergäßlein 35 den Namen; es wurde um 1840 abgebrochen.

## Zusammenfassung

Hausnamen charakterisieren nicht nur den Bau, geben ihm die besondere Note und seine Persönlichkeit, sondern kennzeichnen auch deren Bewohner, ihre Vorliebe und ihre inneren Beziehungen. Mancherlei Rückschlüsse auf die Kenntnis unserer Stadt ergeben sich, die in den gemachten Ausführungen nur angedeutet werden konnten.

Es ist unterhaltsam, im Namenregister zu blättern, zu sehen, wie unsere Vorfahren mit Liebe, Sachkenntnis oder auch etwa mit einem gewissen Schalk die Häuser benannten und mit ihren Bewohnern identifizierten. Manchem Leser wird dabei aufgehen, daß ein Hausname etwas Besonderes ist, ein Aushängeschild sozusagen, der dem Vorübergehenden mehr sagt als nur der Besitzername an der Hausglocke. Es ist daher nicht verwunderlich, wenn auch im sachlichen 20. Jahrhundert die Sitte, Häusern einen Namen zu geben, nicht ausgestorben ist. Im Gegenteil paßt sie ganz gut in die Welle der Nostalgie, die heute weite Bereiche unseres städtischen Lebens erfaßt hat und versucht, einen Hauch von Romantik zu erhalten.

Zu den Hausnamen gehörte früher auch ein entsprechender bildlicher Hausschmuck. In dieser Studie wird darauf gar nicht eingegangen, obwohl manche der Verzierungen echte künstlerische Leistungen darstellen und zweifellos im Mittelalter und in der Neuzeit nicht nur das Straßenbild, sondern auch die ganze Stadt verschönerten.

Wir wollen uns nicht vermessen, anhand des Verzeichnisses der Hausnamen zu behaupten, die Basler seien besonders nüchtern gewesen und hätten ihre Namen einfach aus dem täglichen Leben und der näheren Umgebung

53

54

55

56

---

53 Hausinschrift am Steinenbachgäßlein 42. Aebtissin und Konvent des Steinenklosters verleihen 1345 ihre Mühle an Johannes Jungherre von Buus unter der Bedingung, daß dieser am Gewerbe bauliche Veränderungen vornimmt.

54 Hausinschrift am St.-Alban-Berg 2. Der 1955 mit großer Sorgfalt renovierte ‹Pfefferhof› trägt diesen Namen, der an die einstige Gewürzmühle der Safranzunft im vordern St. Albantal erinnert, erst in neuerer Zeit.

55 Hausinschrift an der Leonhardsstraße 2. Schon 1445 ist in Meister Hans Herrens Garten ‹uff S. Lienhartsberg›, des Besitzers des Hauses ‹usserthalb S. Lienhartz Türlin›, ein offenes Gericht gehalten worden.

56 Hausinschrift am Klosterberg 7. Das ehemalige Haus des Kutschers Joseph Vogt ist erst in den letzten Jahren durch seinen nunmehrigen Besitzer, den Antiquitätenschreiner Rudolf Senn, zu einem Namen gekommen.

bezogen. Dies kann man auch in andern Städten beobachten, es scheint demnach eher allgemein menschlich und weitgehend üblich gewesen zu sein. Anderseits ist die Namengebung tatsächlich kennzeichnend für die Bewohner, aber es darf nicht übersehen werden, daß gerade in solchen Sitten volkskundliche Motivationen eine Rolle spielen, welche nicht nur für eine Stadt allein zutreffen, sondern für größere Regionen gelten.

Sicher entsprach das Bild als Kennzeichen eines Hauses dem mittelalterlichen Menschen, der ja häufig des Lesens unkundig war.

Mit feinem dichterischem Gespür hat Gottfried Keller in seiner Novelle ‹Kleider machen Leute› die Häuser des typischen Schweizer Städtchens Goldach mit einer Reihe von sinnvollen Namen ausgezeichnet, die – wie könnte es anders sein? – fast alle auch in Basel erscheinen.

Die Hausnamen verloren im 18. und vollends im 19. Jahrhundert an Bedeutung, wurden doch bald Straßennamen mit Hausnummern eingeführt. Die Möglichkeit, sich auch in den nicht sehr großen Stadtorganismen des vorindustriellen Zeitalters anhand der Hausnamen orientieren zu können, genügte bald nicht mehr.

Die Stadt Frankfurt kannte Hausnummern bereits um 1760 im Zusammenhang mit der französischen Besetzung. Auch die Stadt Feldkirch besaß bereits 1791 Hausnummern, während erst im 19. Jahrhundert in Zürich die Brandassekuranznummern als Hausnummern und seit 1865 die Polizeinummern verwendet wurden. In Winterthur existiert ein erstes Häuserregister mit Nummern seit 1800. In Basel, wo Straßennamen zwar schon länger vorhanden waren, datiert die durchlaufende Numerierung der Häuser erst von 1862. Dennoch hielten sich Hausnamen noch lange. Sogar in jüngster Zeit wurden etwa Häuser mit Namen versehen. Meist sind es persönliche Vornamen, welche benützt werden. Der prosaische Geist, der sich in Nummern und Buchstaben ausdrückt, ist nicht selten wieder durch eine beziehungsträchtige Benennung verscheucht worden. Natürlich eignen sich Hausnamen besser für Einfamilienhäuser individueller Art

57  Das Haus zum Utingen an der Gerbergasse 79. Die in ihrer vielhundertjährigen Geschichte mit verschiedenen Hausnamen bezeichnete Liegenschaft ‹ze oberst an der Gerwergassen› wird 1486 als ‹Huß Utingen› beschrieben.

58  Das ‹weiße Rößlein› an der Spalenvorstadt 37. Das lustige Pferderelief mag um die Mitte des 17. Jahrhunderts angebracht worden sein, als die Bäcker Hans Brotbeck oder Jakob Durst Besitzer des Hauses waren, das seit 1461 ‹zem wissen Rößlin› heißt.

59  Hauszeichen am Heuberg 14. Die ‹Insignien› hat Hutmacher Daniel Geßler 1844 seinem neugebauten Wohnhaus ‹samt Abtritturm› zugeeignet.

als für Mietsbauten. Und da die Hausnamen heute ja gar keine Bedeutung mehr aufweisen, kommt in ihnen der rein menschliche Aspekt vermehrt zum Ausdruck.

Leider haben sich häufig nur dürftige Reste dieser alten Sitte in die Neuzeit gerettet. Zudem setzt die Abklärung der Hausnamen, ihrer Geschichte und ihres Wechsels eine intensive und zeitraubende Arbeit in Archiven voraus, die oftmals nicht den gewünschten Erfolg bringt. Es war daher sicher richtig, die kulturgeschichtlich aufschlußreichen Hausnamen unserer Vaterstadt aufzuzeichnen und zu sammeln. Sie bilden nicht nur ein wertvolles Hilfsmittel zum Verständnis der alten Stadttopographie, sondern verraten eigenartige Kapitel der Hausgeschichte.

Dr. Max Gschwend
Leiter der Aktion Bauernhausforschung in der Schweiz

60

61

▶ 62 Am Kellergäßlein:
Efeuranken an der spätgotischen Südfassade des Ringelhofs.

60 Die Häuser zum Kellerladen, zum Sigkust, zum Lorbeerkranz, zum Tröttlin und zum Benken am Heuberg 13–21. Das spätgotische Haus zum Kellerladen (links im Vordergrund) wird in einer Ratsurkunde von 1401 – welche die obrigkeitliche Verfügung enthält, daß dieses Gebäude kein ‹Gesicht› (Fenster) gegen das Nachbarhaus zum Neuenpfirt haben dürfe – als ‹zum Laufen› bezeichnet.

61 Die Häuser zum schmalen Ritter, zum Spieß und zum Brunnmeistersturm an der Schützenmattstraße 6–10. In der mittleren Liegenschaft wohnte in der zweiten Hälfte des 18. Jahrhunderts Wernhard Herzog-Zwinger, ‹der heiligen Schrift Doctor und Professor›, der, weil er sich einer Reorganisation der Universität widersetzte, als 87jähriger in den Ruhestand ‹befördert› wurde!

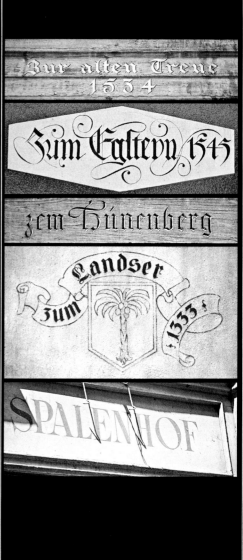

| | | | |
|---|---|---|---|
| Adelberg | siehe Nadelberg | | |
| Hinterer Adelberg | siehe Petersgasse | | |
| Weg hinter dem Aeschemer Bollwerk | siehe Aeschengraben | | |
| Aeschengraben 28/30/32 | zum Kinding | | |
| Aeschenvorstadt 1 | zum Adler | | |
| 1 | Botten- und Milchmännercasino | | |
| 1 | zum Kanzler | | |
| 1 | Sydlers Hus | | |
| 1 | Truchsesserhof | | |
| 2 | zum Ritter St. Georg | | |
| 3 | zum roten Juden | | |
| 4 | zum Argus | | |
| 4 | zum Blanckenfuß | | |
| 4 | zum Brackenfels | | |
| 4 | zum blauen Fuß | | |
| 4 | zum gelben/goldenen Löwen | | |
| 4 | zum Nidau | | |
| 4 | zum Plattfuß | | |
| 4 | zum Strauß | | |
| 4 | zum blauen Strumpf | | |
| 4/6 | zum Lattfuß | | |
| 4/6/8/10 | zum St. Pantaleon | | |
| 5 | zum Neuenstein | | |
| 5 | zum kleinen Nidau | | |
| 5 | zur Schauenburg | | |
| 5 | zum Wilhelm Tell | | |
| 6 | zum Körblein | | |
| 6 | zum Luginsland | | |
| 6 | Stifelerin Hus | | |
| 7 | zum Bertensteig | | |
| 7 | zum Hertenstein | | |
| 7 | zum Thierstein | | |
| 8 | zum Sonnenberg | | |
| 9 | zum roten Mühlerad | | |
| 9 | zum Mülhausen | | |
| 9 | zum Nauen | | |
| 9 | zum schwarzen Rad | | |
| 10 | zur äußern/obern Sonne | | |
| 11 | zur Hasenburg | | |
| 11 | zum hohen Rupf | | |
| 11 | zum Torberg | | |
| 12 | zum König | | |
| 12 | zum König David | | |
| 12 | zur obern Sonne | | |
| 13 | zum Paradies | | |
| 14/16 | zum neuen Bau | | |
| 14/16 | zum Widderhorn | | |
| 14/16 | zum Wiederhorn | | |
| 15 | zum Bronbach | | |
| 15 | Läpplins Stall | | |
| 15 | Muospachhof | | |
| 15 | Wettschers Hus | | |
| 15/17 | zum roten Öchslein | | |
| 15/17 | zum Raben | | |
| 15/17 | zum Rappen | | |
| 16 | zum Scheuren | | |

64

| | | | |
|---|---|---|---|
| Aeschenvorstadt | 18 | zum Hafen | |
| | 18 | zum Hasen | |
| | 18 | zum roten Krebs | |
| | 18/20 | zum Häring | |
| | 20 | zum äußern/grünen/kleinen Drachen | |
| | 20 | zum Drachenfels | |
| | 20 | Zscheggenbürlins Hus | |
| | 21 | zum Eberstein | |
| | 21 | zum Zall | |
| | 22 | zum Drachen | |
| | 22 | Eschmans Hus | |
| | 23 | zum Memmingen | |
| | 24 | St. Ulrichs Hus | |
| | 24 | zum Winkeli | |
| | 25 | zum weißen Eck | |
| | 25 | zum Feseneck | |
| | 25 | zum Tellsbrunnen | |
| | 26 | zum mittlern Löwenberg | |
| | 26/28 | zum Byseneck | |
| | 26/28 | Unser Frauen Hus | |
| | 26/28 | zur grünen Matte | |
| | 28 | zur äußern Jungfrau | |
| | 28 | zum Löwenberg | |
| | 30 | zum Rilliseck | |
| | 30 | zum Röslinseck | |
| | 30 | zum Rolleneck | |
| | 30/32 | zum Rölinseck | |
| | 32 | zum Lämmlein | |
| | 32 | zum Schaf | |
| | 34 | Koppens Hus | |
| | 34 | zum schwarzen Sternen | |
| | 35 | zum Löwenberg | |
| | 35 | zum Feseneck | |
| | 36 | zum kleinen Pfauen | |
| | 36 | zur Rose | |

64 Die Häuser zum Paradies und zum Raben an der Aeschenvorstadt 13 und 15. Der fein ausgewogene Neubau des ‹Paradieses› aus der späten Biedermeierzeit (links) wird 1840 durch Bandfabrikant und Feldzeughauptmann Karl Burckhardt-Heusler aufgerichtet. Er fügt sich harmonisch an den spätbarocken Raben, der wahrscheinlich 1763–1768 nach den Plänen des bedeutenden Architekten Samuel Werenfels erbaut worden ist. Felix Battier, erfolgreicher Handelsmann und späterer Bürgermeister, zeichnete als Bauherr. Seit dessen Tod (1794) ist die Familie Ehinger Besitzerin des hervorragenden Denkmals profaner Baukunst.

65 Aeschenvorstadt

| | | |
|---|---|---|
| Aeschenvorstadt | 36 | zur Schneegans |
| | 37 | zur Waage |
| | 38 | zur Gans |
| | 38 | zum vordern Hasen |
| | 38 | Küngs Hus |
| | 39 | zum Schloß Argant |
| | 39 | zum Gütterlein |
| | 39 | zum Paradies |
| | 39 | zum Schloß Sargans |
| | 39 | zum schwarzen Turm |
| | 40 | zu den drei Hasen |
| | 40 | zu den drei vordern Hasen |
| | 40 | zum Rosenberg |
| | 40 | zum Feseneck |
| | 41 | zum schwarzen Bären |
| | 41 | zum blauen Mohn |
| | 42 | zum alten Pfirt |
| | 43 | zur Waage |
| | 43 | zum Waagenberg |
| | 43 | zur Wagenburg |
| | 43 | zum Walenberg |
| | 44 | zum goldenen/ schwarzen Sternen |
| | 45 | zum Balsthal |
| | 45 | zum Glock |
| | 45 | zum St. Jakobsbrunnen |
| | 45 | zum Neggbor |
| | 45 | zum Nepper |
| | 45 | zum Schnellenberg |
| | 46 | zum kleinen Stern |
| | 47 | zum Eckweiher |
| | 47 | zur Rosenburg |
| | 47 | zum Weyer |
| | 47 | zum Wier |
| | 48 | zum alten Hirtzen |
| | 48 | zum Honwalt |
| | 48 | zum gelben Rad |
| | 49 | zum roten Löwen |
| | 49 | zum niedern Löwenberg |
| | 49/51 | zum Löwenberg |
| | 50 | zum Hirschen |
| | 50 | zum Hirtzen |
| | 51 | zum kleinen Löwen |
| | 51 | zum Tännlein |
| | 52 | Biedertans Hus |
| | 52 | Hirschenschmiede |
| | 52/54 | Bischoffs Hus |
| | 52/54 | Hogers Hus |
| | 52/54 | zum St. Jakob |
| | 53 | zum Kestlach |
| | 53 | zum hintern/vordern Köstlach |
| | 54 | zur Schauenburg |
| | 55 | Baslerhof |
| | 55 | Contzmans Hus |
| | 55 | zum goldenen Hirtzen |
| | 55 | zum Hirzenhörnli |
| | 56 | zum Mühlenrad |
| | 56 | zum gelben Rad |
| | 57 | zum Wayen |
| | 57 | zum Weiher |
| | 58 | Hoferin Hus |
| | 59 | zur Weye |
| | 60 | zum Öchslein |
| | 60 | zur Riedschnepf |
| | 62 | zum Winkelin |
| | 64 | zur Armbrust |
| | 66 | zum Aeschentor |
| | 66 | zur blauen Eselschmitte |
| | 67 | zum schwarzen Bären |
| | 68/70 | zum St. Jost |
| | 71 | zum Rebstock |
| | 71 | zum gelben Stern |
| | 71 | zum Sterneneck |
| | 71/73 | Hägenen Garten |
| | 71/79 | Egertengut |
| | 71/79 | Hapengut |
| | 73 | zum Hägen-Egerten |
| | 73 | Heppengut |
| | 75 | zum Turm |
| | 77 | zum Hauenstein |
| Aescher Straße | 15 | zum kleinen Ziel |
| | 19 | zum kleinen Jerusalem |
| Hinter Afftern | | siehe Sattelgasse |
| In dem Agten | | siehe Barfüßergasse |
| St.-Alban-Anlage | 25 | zum Suburbana |

*Basel*

Basel, die wärthe schöne Statt
Ein gut Nammen all'nthalben hat,
Dann durch berühmbte Truckerey
Und wolbstellte Academey
Sie beyd in Teutsch und Welschen Land
Hat trefflich dient dem gmeinen Stand.
Drumb sie so hoch wurd respectiert
Und mit besondrer Freyheit ziert,
Daß sie als eine Blum im Kranz
Der Eidgnoßschaft fürleuchtet ganz.
Gott geb, daß ferner bständiglich
Ein solcher Namm vermehre sich,
So wird er dann sein Sägen senden
Und alles Unglück von uns wenden.

Johann Jakob Grasser
(1579–1627)

66 An der Henric-Petri-Straße: Die Hinterhäuser der Liegenschaft zum St. Jakob an der Aeschenvorstadt 52/54. Faßbinder Peter Kölliker ist 1421 Besitzer der ‹beiden Hüser und den zwein Gärten darhinder›, auf die Münsterkaplan Ottmannus Richental und das ‹Spittal der armen Lüten ze Basel› Hypotheken gewährten.

65 Das Haus zum halben Bären am St.-Alban-Berg 6, anschließend der Pfefferhof. Seit 1503 ‹zem halben Beren› genannt, ist die Liegenschaft von 1284 bis zur Reformation den Cluniazensermönchen zu St. Alban zinspflichtig, die ab dem Gesäß jährlich ein Fasnachtshuhn, 100 Eier auf Ostern und ein ‹houwertawen› (einen Tag Frondienst zum Heuen) beanspruchen dürfen. Neben dem Papierer Hans Galizian (1503) ist mit dem Medizinprofessor Heinrich Pantaleon (1568) ein weiterer einflußreicher Mann als zeitweiliger Hausherr bekannt.

| | | | |
|---|---|---|---|
| St.-Alban-Anlage | 33 | zum St.-Alban-Tor | |
| | 72 | Beckenhof | |
| St.-Alban-Berg | 2/4 | Pfefferhof | |
| | 6 | zum halben Bären | |
| Im St.-Alban-Boden | | siehe St.-Alban-Tal | |
| St.-Alban-Graben | 1 | zum Äschenturm | |
| | 1a | zum Schwedenhäuslein | |
| | 2 | Sydlers Hus | |
| | 2 | Hinterer Truchsesserhof | |
| | 4 | Ernauerhof | |
| | 4 | zum roten Mühlenrad | |
| | 4 | zum Samson | |
| | 6 | zur Kämmerei | |
| | 7 | zur Dompropstei | |
| | 8 | zum großen Colmar | |
| | 8 | St. Erasmus' Hus | |
| | 8 | Goldschmieds Hus | |
| | 10/12 | Dompropsteischeune | |
| | 10/12 | Zehntenscheune | |
| | 14 | zur Sonne | |
| | 14 | zum Sonnenberg | |
| | 14 | Thiersteinerhof | |
| | 14 | Württembergerhof | |
| | 16/18 | zum Rüedin | |
| | 18 | zum Riedy | |
| | 16/18/20 | zum schönen Baum | |
| | 16/18/20 | Truchsesserhof | |
| | 21/23 | zum Deutsch | |
| | 21/23 | zum deutschen Haus | |
| | 22 | Kleiner Burghof | |
| St.-Alban-Kirchrain | 6/8/10 | zur Gänsmatte | |
| | 12 | Hirzlimühle | |
| | 14 | Biedertans Mühle | |
| | 14 | Grünensteins Mühle | |
| | 14 | Spiegelmühle | |
| | | alt 1307 Tabakmühle | |
| Im hintern/vordern St.-Alban-Loch | | siehe St.-Alban-Tal | |
| St.-Alban-Rheinweg | 70 | zum goldenen Sternen | |
| St.-Alban-Ring | 225 | zur Göllhartmatt | |
| Äußerer St.-Alban-Sprung | | siehe St.-Alban-Tal | |
| St.-Alban-Tal | 1 | Hubers Mühle | |
| | 1 | Junghansenmühle | |
| | 1 | Kürschners Mühle | |
| | 1 | Leimers Mühle | |
| | 1 | Lippismühle | |
| | 1 | Spitalmüllers Mühle | |
| | 1/2 | Steinenklostermühle | |
| | 2 | Helgenmühle | |
| | 2 | Mahlmühle | |
| | 4 | Spitalmühle | |
| | 8 | zum vordern Haus | |
| | 12 | Spinners Hus | |
| | 14 | zum neuen Haus | |
| | 15 | Herbergmühle | |
| | 16 | Königsches Haus | |
| | 18 | Gesellenhaus | |
| | 18/20 | Fußisches Haus | |
| | 21 | St.-Germann-Kapelle | |
| | 21 | Jeremiaskapelle | |
| | 21 | St.-Niklaus-Kapelle | |
| | 21 | zum Rheintürlein | |
| St.-Alban-Tal | 21 | St.-Ulrichs-Kapelle | |
| | 23 | Almosenmühle | |
| | 23 | zum Brestenberg | |
| | 23 | zum Löwen | |
| | 23 | Müllertrinkstube | |
| | 23 | Pulverstampfe | |
| | 23 | zum untern Rad | |
| | 23 | Weiße Mühle | |
| | 25 | Hintere Mühle | |
| | 25/27 | Herbergmühle | |
| | 25/31 | zum Spiegel | |
| | 25/31 | Spiegelmühle | |
| | 25/31 | Toggenburgs Mühle | |
| | 26 | Almosengebäude | |
| | 27 | zum alten Esel | |
| | 27 | Gesellschaftshaus | |

67 Wandmalerei am St.-Alban-Kirchrain 12. Der heilige Alban mit dem abgehauenen Kopf auf den Händen, Schutzpatron der Bauern und Nothelfer gegen Halsweh, Harnkrankheiten, Kopfweh und Ungewitter, ist in Basel schon vor dem Jahr 855 verehrt worden. Das stark erneuerte Gemälde mit der rätselhaften Jahreszahl 1150 stellt eine Heiligennische vor, wie sie in katholischen Gegenden anzutreffen ist.

68 Hauszeichen am St.-Alban-Berg 6. Der vermutliche Namensgeber, Heini Wiman von Bern, zinst 1395 dem St.-Alban-Kloster alljährlich ein Huhn und stellt diesem während der Heuet einen Heuer zur Verfügung.

| | | |
|---|---|---|
| St.-Alban-Tal | 27 | Gesellschaftsstube |
| | 27 | Gesellschaftstrinkstube |
| | 27 | zur Müllerstube |
| | 27 | Trinkhaus |
| | 31 | zum Löwen |
| | 31 | Herbergmühle |
| | 31 | Löwenmühle |
| | 31 | Hintere Mühle |
| | 31 | Rheinmühle |
| | 33 | Neue Mühle |
| | 34 | Heuslersches Haus |
| | 34 | Schindelhof |
| | 34/35/37 | Papiermühle |
| | 34/36 | Losers Hus |
| | 34/36 | Losers Scheune |
| | 34/36 | zum Wygergarten |
| | 35 | Düringsche Papiermühle |
| | 35 | zur Hammerschmitte |
| | 35 | Klingentalmühle |
| gegenüber von | 35 | Neue Mühle |
| | 37 | Gallizian Mühle |
| | 37 | Stegreiffs Mühle |
| | 39 | Heußlers Mühle |
| | 39 | Losers Mühle |
| | 39 | Zunzingers Mühle |
| | 40 | Strampferches Haus |
| | 41 | Brygenmühle |
| | 41 | Ettlingermühle |
| | 41 | Obere Papiermühle |
| | 41 | Richenmühle |
| | 41 | Zossenhaus |
| | 42 | Teuchelhaus |
| | 44/46 | zum neuen Bau |
| | 44/46 | Schindelhof |
| | 47 | Brochslerhof |
| | 48/50/52 | Pfefferhof |
| | 48/52 | zum halben Bären |
| Bei der St.-Alban-Torburg | | siehe St.-Alban-Tal |
| St.-Alban-Torgasse | | siehe St.-Alban-Kirchrain |
| St.-Alban-Torgraben | 1 | zur frohen Aussicht |
| St.-Alban-Torweg | | siehe St.-Alban-Kirchrain |
| St.-Alban-Vorstadt | 1 | Bruckmüllers Hus |
| | 1 | zum Rust |
| | 1 | zum blauen Störchlein |
| | 1 | zum blauen Storchen |
| | 2 | zum Bäumlein |
| | 2 | Großer Burghof |
| | 2 | zum Heydeck |
| | 2 | zum Nußbaum |
| | 2 | zur hohen Wanne |
| | 2 | zum Wannenberg |
| | 3 | zur Gemse |
| | 3 | zum goldenen Knopf |
| | 3 | zum goldenen Kopf |
| | 3 | zum Schellenberg |
| | 3 | Schulerin Hus |
| | 4 | zum Fingerstein |
| | 4 | Langmessers Hofstatt |
| | 4 | zum Täublein |
| | 4/6 | zum Schauenberg |
| | 5 | Bischoffin Hus |
| | 5 | zum Sausenberg |

69 Blick vom St.-Alban-Tal gegen das St.-Alban-Tor. Im Vordergrund der ehemalige Schindelhof, der in der zweiten Hälfte des 15. Jahrhunderts im Besitz des bekannten Brunnmeisters Hans Zschan war. Ihm verdankt unsere Stadt zwei monumentale Brunnwerkpläne aus Pergament, eine 5,90 Meter lange Darstellung des Spalenwerks und eine 9,40 Meter lange Vermessung des Münsterwerks, welche über die damalige Wasserversorgung Großbasels genaue Auskunft geben. Im Hintergrund das in der zweiten Hälfte des 14. Jahrhunderts erbaute St.-Alban-Tor, im Zinnenkranz das ‹häßliche› Dach von 1871.

| | | |
|---|---|---|
| St.-Alban-Vorstadt | 6 | zum Landser |
| | 7 | zum Gesingen |
| | 7 | zum Gisingen |
| | 7 | zum Sausenwind |
| | 8 | zum Waffenheim |
| | 9 | zum kleinen Eptingen |
| | 9 | Hegelerin Hus |
| | 10 | zum neuen Hof |
| | 10 | zum Roggenbach |
| | 10 | zur Roggenburg |
| | 10 | Wickmanns Hus |
| | 11 | zum obern Schauenberg |
| | 11 | zur obern Schauenburg |
| | 12 | zum Hagberg |
| | 12 | zur Herrenfluh |
| | 13 | zum Munzach |
| | 13 | zum Schauenberg |
| | 13 | zur Schauenburg |
| | 13 | zur Trinitate |
| | 14 | zum Engel |
| | 14 | zu allen Winden |
| | 15 | zum Sulzberg |
| | 16 | zu den Matten |
| | 17 | zum Bartholomei |
| | 17 | zum Heiligen Geist |
| | 17 | zum Gundoldsheim |
| | 17 | zum St. Martin |
| | 17 | zum Pattella |
| | 17 | zur Platte |
| | 18 | zur hohen Tanne |
| | 19 | zum Blumenberg |
| | 19 | zur Fortuna |
| | 19 | zum Gallus |
| | 19 | zum roten Hahn |
| | 19 | Oranienhaus |
| | 19 | Zanggerin Hus |
| | 20 | zum Bramen |
| | 20 | zum goldigen Ring |
| | 21 | Pfennigs Hus |
| | 21 | zum Zank |
| | 22 | zum König Georg |
| | 23 | zur schwarzen Pfanne |
| | 23 | zum Wißkilch |
| | 25 | zum schwarzen Adler |
| | 25 | zum Eber |

70 Hausinschrift an der St.-Alban-Vorstadt 34. Walpurga Roggenburgerin setzt 1474 den Gremper Hans von Feldkirch und dessen Frau, die ihr ‹bisher viel Liebe erzeigt›, zu Erben ihres Hauses ein, ‹genannt Rokenburg, als das vor St. Alban in der Vorstadt neben Meister Gallicion des Bapiermachers Hus gelegen ist›.

| | | |
|---|---|---|
| St.-Alban-Vorstadt | 25 | zum Lörrach |
| | 25 | zum roten Marder |
| | 25 | zum roten Meder |
| | 25 | Rheinhof |
| | 25 | zur hintern/roten/vorderen Sau |
| | 25 | zur weißen Zahnlücke |
| | 26 | zum grünen Adler |
| | 26 | zum grünen Engel |
| | 26 | zum Riehenstein |
| | 27 | zum Ritter St. Georg |
| | 27 | zum Neuenstein |
| | 28 | Lörtschers Hus |
| | 30/32 | Löwenbergerhof |
| | 30/32 | Wildensteinerhof |
| | 33 | zur Hasenburg |
| | 34 | zum Rochenbach |
| | 34 | zur Roggenburg |
| | 35 | zum hohen Dolder |
| | 35 | zum Esel |
| | 36 | zum Flecken |
| | 36 | zum Hof |
| | 36 | Pfrundscheune |
| | 36/38 | zum goldenen Löwen |
| | 37 | zum Münchenstein |
| | 39 | zum Feldberg |
| | 40 | zum Tribock |
| | 41 | Phirters Hus |
| | 42 | zur Haselstaude |
| | 42 | zum Nußbaum |
| | 43 | zum Baden |
| | 43 | zum Mühlenberg |
| | 44 | zur Esse |
| | 45 | zum Truchseß |
| | 46 | Dalbehysli |
| | 49 | zum schönen Eck |

71 Der romantische Innenhof des Hauses zum neuen Bau im St.-Alban-Tal 46. Seine Errichtung dürfte im frühen 17. Jahrhundert erfolgt sein, als der Mehlmesser Lorenz Schaad dem ehemaligen St.-Alban-Stift jeweils auf Fasnacht einen Teil des Bodenzinses mit einem Huhn abgelten mußte.

▶

72 Die Gallizianmühle im St.-Alban-Tal 37. Die seit 1395 bekannte Mühle ‹hinter dem Closter ze St. Alban› betreibt 1482 Anton Gallizian, der schon gegen Ende der 1440er Jahre ein altes Wasserwerk auf der Gnadentalmatte am Rümelinsbach erworben hatte und sich in der Folge mit großem Einsatz und handelsmännischem Geschick zum bedeutenden Papiermacher aufschwingt. 1523 übergibt Franz Gallizian das Gewerbe seinem Schwager Georg Dürr, und damit verschwinden die Gallizian mit ihren ‹2 Papiermühlinen und Seßhüsern› aus der Basler Geschichte. Die heute arg verlotterte Liegenschaft soll mit Hilfe der Christoph-Merianschen Stiftung instand gestellt werden und dann ein Papiermuseum aufnehmen.

| | | |
|---|---|---|
| St.-Alban-Vorstadt | 49 | zum Holzschuh |
| | 49 | zum Schöneck |
| | 49 | Altes Spital |
| | 52 | zum Seilen |
| | 53 | zur Senfte |
| | 55 | Herzogsches Haus |
| | 56 | zum Klösterlein |
| | 58 | zum Brigittator |
| | 58 | Zehntentrotte |
| | 59 | zum Bridentor |
| | 59/61 | Rotes Hus |
| | 60 | zum St. Albaneck |
| | 60 | zum Rebgarten |
| | 60/62 | zur Trotte |
| | 61 | Gießhütte |
| | 63 | zum Ehrenberg |
| | 63 | zur Ehrenburg |
| | 63 | zum Grünenberg |
| | 63 | Korbers Hus |
| | 64 | zur roten Tanne |
| | 65 | Pfarrhaus St. Alban |
| | 66 | zum Brigittengärtli |
| | 68 | zur Holzschür |
| | 69/71 | Großes Haus |

| | | |
|---|---|---|
| St.-Alban- | 69/71 | zum hohen Haus |
| Vorstadt | 70 | zur Krippe |
| | 71 | Gernlersche Behausung |
| | 72 | zum neuen Kettenhof |
| | 80 | zum St.-Alban-Klostergarten |
| | 81 | Hirtenhaus St. Alban |
| | 81 | Spritzenhaus |
| | 86 | zum Esel |
| | 86 | zum Schweizerbund |
| | 87 | Steinhof |
| | 88 | zum vorderen Klösterlein |
| | 90/92 | zum Fälklein |
| | 90/92 | zum Pfaffengarten |
| | 90/92 | Sarasinsche Häuser |
| | 94 | zur Zosse |
| | 99 | Salzmagazin |
| | 101 | St.-Alban-Tor |
| | alt 1321/1322 | zum hohen Luft |
| Äußere St.-Alban-Vorstadt | | siehe St.-Alban-Vorstadt |
| Auf St.-Alban-Zinnen | | siehe St.-Alban-Tal |
| Allmendgänglein | | siehe St.-Alban-Vorstadt |
| Allmendgasse | | siehe St.-Alban-Vorstadt |
| Allmendstege am Rhein | | siehe Eisengasse |
| Bei Altbuezern | | siehe Spalenberg |
| Amselstrasse | 54 | zum Windhaspel |
| Andreasgäßlein | | siehe Schneidergasse |
| Andreasgasse | | siehe Imbergäßlein |
| Andreasplatz | 1 | zum Biesan |
| | 1 | Brandis Hus |
| | 1 | zum Brisand |
| | 1 | zum Byfang |
| | 1 | zum Bysantz |
| | 1a | St.-Andreas-Kapelle |
| | 2 | zum untern Kestlach |
| | 3 | Wachtmeisterin Hofstatt |
| | 5 | zur gelben Schraube |
| | 5 | zum hintern Sessel |
| | 7/8/13 | zum Waldaffen |
| | 7/13 | zum Walrafen |
| | 7/8/10/11/12/13 | zum Imber |
| | 8 | Imberhof |
| | 14 | Irmis Badstube |
| | 14 | zur Kapelle |
| | 14 | zum Schaletzturm |
| | 14 | zum hintern Sessel |

73 Lörtschers Hus an der St.-Alban-Vorstadt 28. Das kleine Bürgerhaus ist während Jahrhunderten mit kaum verändertem Bodenzins belastet. Entrichtet 1422 der Schindler Ulrich Lörtscher dem Spital jährlich 4 Schilling und ein Huhn, so hat 1836 Stadtratspräsident Hieronymus Bischoff auf Martini 3 Batzen abzuführen.

74 Hauszeichen an der St.-Alban-Vorstadt 86. Noch 1830, als die Liegenschaft zum Schweizerbund von Samuel Merian-Hoffmann im Ritterhof an Fuhrhalter Johannes Plattner geht, ist der eine halbe Juchart haltende Rebgarten nur mit einer Scheune, nebst Stallung und Remise, überbaut.

75 Das phantasievolle klassizistische Portal des Hauses zur Zosse an der St.-Alban-Vorstadt 94. Die Liegenschaft ist um 1846 als Spekulationsobjekt, erbaut worden.

| | | |
|---|---|---|
| Andreasplatz | 15 | zum St. Andreas |
| | 15 | Badstube St. Andreas |
| | 15 | Weiberbad |
| | 15 | Zwingers Badstube |
| | 16 | zum Hofstetten |
| | 17 | zur hintern Turmschale |
| | 17 | zur hintern Turnschule |
| | 18 | zum kleinen Efringen |
| Beim Anselmitürmlein | | siehe Barfüßerplatz |
| Beim dürren Ast | | siehe Schnabelgasse |
| Im Atrio | | siehe Münsterplatz |
| Auberg | 15 | zum goldenen Türmlin |
| Augustinergäßlein | | siehe Brunngäßlein |
| Augustinergasse | 1 | zur hohen Sonnenluft |
| | 1 | zur Wasserwaage |
| | 2 | Augustinerkloster |
| | 2 | Collegium Alumnorum |
| | 2 | zum Mülhausen |
| | 3 | zur hintern/vordern Luft |
| | 3 | zum Meerwunder |
| | 3 | zur Sirene |

76 Fassadenschmuck an der St.-Alban-Vorstadt 35. Die Jahreszahl 1502 erinnert einerseits an den Umbau des Hauses und andrerseits an den ein Jahr später erfolgten Übergang an die Vorstadtgesellschaft zum Esel, die sich später nach ihrer Liegenschaft nennt. ‹Dolder› bedeutet Baumkrone, wie es die langstämmige Tanne zum Ausdruck bringt.

77 Das Haus zum Heiligen Geist an der St.-Alban-Vorstadt 17. Das mit dekorativen Spätrenaissance-Verzierungen und einem ausladenden Erker reich geschmückte Haus in rotem Sandstein hat 1903 Architekt Emanuel La Roche im Auftrag des Bandfabrikanten Rudolf Sarasin erstehen lassen. Wie im Jahrzeitbuch des Domstifts festgehalten ist, stand die erste bekannte Liegenschaft auf diesem Boden 1392 im Besitz der ‹religiosi ordinis S. Spiritus›. Deshalb ihr frommer Name.

| | | |
|---|---|---|
| 78 | Augustinergasse 4 | zum Blamont |
| | 4 | zum Mägerlin |
| | 4 | zum Moritürli |
| | 4 | zum Morituro sat |
| | 4 | Hinterer Rollerhof |
| | 4/6/8 | Atzenhof |
| | 4/6/8 | Kraftshof |
| | 5 | zum obern/unteren Kelch |
| | 5 | zum goldenen Kopf |
| | 5 | zum gold./hint. Stauffen |
| | 6/8 | Reinacherhof |
| | 7 | zum Rappenfels |
| | 9 | zu den vier Häusern |
| | 9 | Wächterhäuslein |
| | 9/11 | zum St. Salvator |
| | 9/13/15 | Lehrerwohnung |
| | 11 | zum Selbviert |
| | 13 | zum wilden Mann |
| | 15 | zum gold./hl. Kreuz |
| gegenüber von | 16 | zum Gipstürlein |
| | 17 | kleiner Markgräflerhof |
| | 17 | zum Straßburg |
| | 17/19 | neue Burse |
| Augustinergasse | 17/19 | Markgrafenhof |
| | 19 | zum Aarberg |
| | 19 | Augustinerhof |
| | 19 | zur Sonne |
| | 21 | Blickhus |
| | 21 | zum Bucheck |
| | 21 | zur hohen Tanne |

| | | |
|---|---|---|
| Beim hintern/vordern Bach an den Steinen | | siehe Steinenbachgäßlein |
| Bachlettenstraße | 10 | Pulvermagazin |
| | 19 | Weinzollstätte |
| | 23 | Wasserhaus |
| Bachofenstraße | 1 | Oberes mittleres Gundeldingen |
| Badergäßlein | 1/2/4 | Altes Bad |
| Badergäßlein | 2/4 | Badstube |
| | 2/4 | zum Fröwli |
| | 3 | Frauenbadstube |
| | 3 | zum kleinen Löwen |
| | 3 | zum Löwlein |
| | 3 | zum faulen Pelz |
| | 6 | Krautbädlein |
| | 6 | zum Trüwlin |
| | 14 | Murers Hus |
| Beim Bächlein | | siehe Sattelgasse |
| Beim Bächlein, das in den Goldbrunnen fließt | | siehe Petersberg |
| Bahnhofstraße | 19 | Baslerhof |
| Hintere Bahnhofstraße | 8/12 | zur alten Bleiche |
| Am Bäumlein | | siehe Freie Straße |
| Bäumleingasse | 1 | zum Bäumlein |
| | 1 | zum Kalb |
| | 1 | zum Kamel |
| | 1 | zum Kembel |
| | 1 | Kupferschmiede |
| | 1 | zum Richenstein |
| | 2 | zum Helden |
| | 2 | zum goldenen Ort |
| | 3 | Mönchhof |
| | 3 | Präsenzerhof |
| | 3 | zum Quotidian |
| | 4 | zum niedern/vordern Mulbaum |
| | 4 | zum Maulbeerbaum |
| | 4 | zum niedern Mehlbaum |
| | 5 | zum untern Sternenfels |
| | 6 | zum blauen Berg |
| | 6 | Buchshus |
| | 7 | zum obern Sternenfels |
| | 8 | zur Traube |
| | 9 | zum St. Johannes |
| | 9 | zum St. Pauli |
| | 10 | zum Gebwiler |
| | 10 | zum Heytwiler |
| | 10/12 | zum Maulbeerbaum |
| | 11 | zum Hirtz |
| | 11 | Lehrerwohnung |
| | 11 | zur Palme |
| | 12 | zum Bramen |

78 *Das Haus zur hohen Tanne an der Augustinergasse 21, rechts das Haus zur Kapelle am Münsterplatz 1. So unscheinbar sich die viergeschossige, schon um das Jahr 1300 erwähnte Liegenschaft mit dem Giebelaufzug in die Reihe der stilvollen Augustinergasse-Häuser einfügt, so auffällig zeigt sie sich von der Rheinfront: Als mittelalterliches ‹Hochhaus› von nicht weniger als 55 Metern Höhe!*

79 *Die Rheinfassade des Augustinerhofs. 1379 verkaufen Ritter Werner von Bärenfels und Edelknecht Adelberg von Bärenfels das ‹Haus ze Arberg in der Spiegelgasse› (heute Augustinergasse) an Markgraf Rudolf von Hachberg um 300 Florentiner Gulden. Gegen den Rhein ist das Haus mit dem malerischen Treppenturm durch die Stadtmauer geschützt, die 1763 von einer eingestürzten Gartenmauer arg beschädigt wird. Herbergsmeister Christoph Eglinger, der damalige Hauseigentümer, wird deshalb zur Verantwortung gezogen, und die Obrigkeit läßt ihm für die Instandstellung die Wahl zwischen ‹zwei Klafter Mauerstein aus der Riehener Steingrube oder aber ein Schiff Mauerstein aus der Rheinfelder Steingrube›.*

| | | |
|---|---|---|
| Bäumleingasse | 12 | zum obern Maulbaum |
| | 12 | zum Sonnenberg |
| | 13 | zum Marbach |
| | 13 | zum Pharisäer |
| | 14 | zur kleinen Präsenz |
| | 14 | zur Sonne |
| | 14 | zum Vergnügen |
| | 15 | zum Kamel |
| | 15 | zum Schulsack |
| | 16 | Badenhof |
| | 16 | zum Falkenstein |
| | 16 | zum kleinen Gilgenberg |
| | 16 | zum Ogst |
| | 16 | zur eisernen Türe |
| | 18 | Erasmushaus |
| | 18 | Kammerershof |
| | 18 | zur Luft |
| | 18 | zum Sonnenberg |
| | 18 | Ze Rhein-Hof |
| | 20 | Eptingerhof |
| | 20 | zur glinggen Sole |
| | 20 | zum Kriechen |
| Bäumlihofweg (heute Allmendstraße) | 3 | Bannwartshäuschen |
| | 10 | Auf dem Bohner |
| | 11 | Allmendhäuschen |
| Bahnhofstraße (heute Riehenring) | 3 | Extraktfabrik |
| | 4/6/8/10/12 | Ehemaliger Badischer Bahnhof |
| | 8/12 | zur alten Bleiche |
| | 19 | Baslerhof |
| Hintere Bahnhofstraße | 4 | Gasometer |
| | 13 | Zollgebäude |
| Bei der Barfüßerbrücke | | siehe Barfüßerplatz |
| Barfüßergäßlein | | siehe Barfüßerplatz |
| Barfüßergasse | 1 | im Loch |
| | 1 | zum Löchlein |
| | 1 | zur Magd |
| | 1 | Spitaltrotte |
| | 2 | zum blauen Berg |
| | 2 | zum Haselach |
| | 2 | zum Hasenloch |
| | 4 | zur Mägd |
| | 4 | Retzers Hus |
| | 6 | Elendenherberge |
| | 6 | Manharts Badestube |
| | 6 | Spritzenhaus |
| | 14 | zum Douane |
| Beim Barfüßerkirchhof | | siehe Barfüßerplatz |
| Hinter den Barfüßern | | siehe Barfüßergasse |
| Barfüßerplatz | 1 | Barfüßermühle |
| | 1 | zum Freudenberg |
| | 1 | zum Freudeneck |
| | 1 | zur alten Mühle |
| | 1 | zur Schere |
| | 1 | zum Stöckli |
| | 2 | Sigelis Hus |
| | 2 | zum Sterneneck |
| | 3 | zum Birseck |
| | 3 | Entlers Hus |
| | 3 | zum Lörrach |
| Barfüßerplatz | 3 | zum Métropole-Monopole |
| | 3 | zum halben Mond |
| | 3 | zum langen Pfeffer |
| | 3 | zum weißen Rößlein |
| | 3 | zum Schiff |
| | 4 | zum Barteneck |
| | 4 | zum grünen Baum |
| | 4 | zum Storchenberg |
| | 4 | zum Storchenfeld |
| | 4 | zum Storchenfels |
| | 4 | zur goldenen Waage |
| | 5 | zum kleinen Nauen |
| | 5 | zum Schildeck |
| | 5 | zum Schiltberg |
| | 5 | zum hohen Turm |
| | 6 | zum Badeberg |
| | 6 | Baderbehausung |
| | 6 | Barfüßerhof |
| | 6 | zur langen Dutten |
| | 6 | zum Jungbrunnen |
| | 6 | zum Jungfrauenbrunnen |
| | 6 | zum Manheit |
| | 6 | Manharts Badstube |
| | 8 | zum neuen Kaufhaus |
| | 9 | zur Farnsburg |
| | 10 | zum großen Kienberg |
| | 10 | zum braunen Mutz |
| | 11 | zur Stege |
| | 11 | Taubhäuslein |
| | 11/12 | Brunners Hus |
| | 11/12 | Badstube zum Eseltürlein |
| | 11/12 | Götzen Badstube |
| | 11/12 | zum Kienberg |
| | 13 | zum Hochberg |
| | 13 | zum Hornberg |
| | 13 | zum kleinen Kienberg |

80 Ausschnitt von der Wirtshausfassade zum braunen Mutz am Barfüßerplatz 10. Das Jugendstil-Sgraffito hat 1914 Dekorationsmaler und Gewerbelehrer Franz Baur ausgeführt. Seit 1859 trägt die ehemalige Weinschenke zum großen Kienberg den Namen ‹zum braunen Mutz›.

| | | | |
|---|---|---|---|
| Barfüßerplatz | 14 | zur Steinaxt | |
| | 14 | zum Steinhammer | |
| | 15 | zur schwarzen Feuerkugel | |
| | 15 | zum Kogenberg | |
| | 15 | zur schwarzen Kugel | |
| | 15 | zum kleinen Strauß | |
| | 16 | zum Hahnenkopf | |
| | 16 | zum Vogel Strauß | |
| | 17 | zur untern Arche | |
| | 17 | zur Arche Noah | |
| | 18 | zum Hegenheim | |
| | 20 | zum grünen Eck | |
| | 20 | zum grünen Meyel | |
| | 20 | zum Runspach | |
| | 21 | zum Mohrenkopf | |
| | 21 | zum hintern Reinach | |
| | 22 | Beringers Hus | |
| | 22 | zur Blumenau | |
| | 22 | zum Narren | |
| | 22 | zur Schützenmatte | |
| | 22 | zum Star | |
| | 22 | zum Weidelich | |
| | 22a | zur obern School | |
| | 22b | zum Hirtzfelden | |
| | 22c | Oremanns Hus | |
| | 23 | zum springenden Hirsch | |
| | 23 | zum Hirtzberg | |
| | 23 | Otendorffs Hus | |
| | 23 | zum Österreich | |
| | 25 | zum kleinen Altkirch | |
| | 25 | zum Weißeneck | |
| | alt 708 | zum Bettwiler | |
| | alt 708 | zum Lamm | |
| Unterer Batterieweg | 73 | zum Hohenegg | |
| Unter Becheren | | siehe Marktplatz | |
| Unter den Becheren | | siehe Freie Straße | |
| Beltzgäßlein | | siehe Badergäßlein | |
| Benzengasse | | siehe Sternengasse | |
| Beim Berchtoltstürlein | | siehe Untere Rheingasse | |
| Bergersgäßlein | | siehe Hirschgäßlein | |
| Beim Berkeinstor | | siehe Leonhardsgraben | |
| Bindgasse | | siehe Webergasse | |
| Binningerstraße | 12 | zur alten Gasfabrik | |
| Binzengäßlein | | siehe Fischmarkt/ Sternengasse | |
| Birmannsgasse | 14 | Birmannshof | |
| Bei der Birsbrücke | | siehe Barfüßerplatz | |
| Auf dem obern Birsig | | siehe Gerbergäßlein | |
| Birsigstraße | 26 | zur neuen Gießerei | |
| Bläsitorgasse | | siehe Webergasse | |
| Blauwnergäßlein | | siehe Sternengasse | |
| Beim Blömlein | | siehe St.-Alban-Vorstadt/ Theaterstraße | |
| Blumengasse | | siehe Petersberg/ Schifflände/Schwanengasse | |
| Blumenplatz | | siehe Blumenrain | |
| Blumenrain | 1 | zur alten Blumenschmiede | |
| | 1 | zur Blume | |
| | 1 | zum Grönenberg | |
| | 1a | Büderichs Hus | |
| | 1b | St.-Brandans-Kapelle | |
| | 1b | St.-Brandolfs-Kapelle | |
| 81 | Blumenrain | 2 | zum Lämmlein |
| | | 2 | zum goldenen Schaf |
| | | 2/4 | zum Starkenfels |
| | | 3 | zum Korb |
| | | 3 | zur goldenen Laute |
| | | 3/5 | zum Bart |
| | | 4 | zum Rheintor |
| | | 4 | zum Salztürlein |
| | | 4/6 | zur neuen School |
| | | 5 | zum Frauenfeld |
| | | 5 | Utingerbad |
| | | 6 | zur Metzgt |
| | | 7 | zum Kirschbaum |
| | | 7 | zum Kreuz |
| | | 7 | zum Kriechbaum |
| | | 8 | zum weißen Adler |

81 Die Häuser zum goldenen Stauffen und zum Rappenfels an der Augustinergasse 5 und 7. Ihre Namen sind im Gerichtsbuch der ‹mehrern Stadt› (Großbasel) schon 1394 aufgeführt. Beide tragen heute noch gotische Elemente zur Schau; der spätklassizistische ‹Stauffen› durch zwei zweiteilige Spitzbogenfenster an der Rheinfassade.

| | | |
|---|---|---|
| Blumenrain | 8 | zur hintern/kleinen Blume |
| | 8 | Schertlinshof |
| | 8 | Schenkenhof |
| | 8/10 | zu den Drei Königen |
| | 9 | zur Laterne |
| | 9 | zum Luzernen |
| | 10 | zum Treibeck |
| | 10 | zum Tribock |
| | 10 | zum Uffholz |
| | 11 | zum Adler |
| | 11 | zum Großhüningen |
| | 11 | zum großen Hüningen |
| | 11a | zum scharfen Eck |
| | 11a | zum Hoheneck |
| | 11a | zum Kolben |
| | 11a | Schlechts Hus |
| | 11a | Schöntalerhof |
| | 11a | zum Tannenberg |
| | 11a | Tröschen Hus |
| | 11a | zum hintern/schwarzen Zuber |
| | 12 | altes Bad |
| | 12 | Café zu den Drei Königen |
| | 12 | zum Itingerbad |
| | 12 | Kaffehaus |
| | 12 | zur eisernen Türe |
| | 12 | Utingerbad |
| | 13 | Andlauerhof |
| | 13 | zur Fortuna |
| | 13 | zur roten Kugel |
| | 13 | zur Rübe |
| | 13 | zum Rübgarten |
| | 13 | zum goldenen/hintern/vordern Spiegel |
| | 13 | zum St. Urban |
| | 13a | zum Hol |
| | 13a | zum Holofernes |
| | 13a | zum St. Michael |
| | 13a | zum Schwaben |
| | 14 | zum Anker |
| | 14 | zum Enker |
| | 15 | Trüblerin Hus |
| | 16 | zum großen Hüningen |
| | 17 | zum St. Urbanseck |
| | 17/18 | zum kleinen Segerhof |
| | 18 | zum kleinen Hüningen |
| | 18 | zum Kleinhüningen |
| | 17/19 | Seebachhof |
| | 17/19 | Segerhof |
| | 17/19 | St. Urbanshof |
| | 18 | St. Urbans Hofstatt |
| | 21 | zum Gutenfels |
| | 21 | zum Menzenau |
| | 21 | zum hohen Windeck |
| | 22 | zum gelben Sternen |
| | 22 | St. Urbanseck |
| | 22a | Blumenauerin Hus |
| | 22a | zum Lichtenfels |
| | 23 | zum Altkirch |
| | 23 | zum Ennikon |
| | 23 | Zollers Hus |
| | 24 | zum Laufenberg |

82 Hauszeichen am Blumenrain 1. Das Bauernmädchen mit der langstieligen Blume in der Hand am Neubau von 1910 erinnert an den weitbekannten mittelalterlichen Gasthof zur Blume, in dem 1501 auch die Eidgenossen, die aus Anlaß der Aufnahme Basels in den Bund zur Entgegennahme der Eidesleistung in unsere Stadt gekommen waren, Quartier bezogen.

| | | | |
|---:|:---|---:|:---|
| Blumenrain 24 | zur Stadt Laufenburg | | |
| 25 | zum kleinen Altkirch | | |
| 25 | zum Steinbrunnen | | |
| 26 | zum blauen Böttin | | |
| 26 | zur blauen/roten Bütte | | |
| 26 | zum roten Zuber | | |
| 27 | zum Rechen | | |
| 27 | zum Rechenberg | | |
| 27 | zum niedern Steinbrunnen | | |
| 28 | zum Sausen | | |
| 28 | zum Sausenberg | | |
| 28 | Süßens Hus | | |
| 28 | zum Susen | | |
| 29 | St.-Johann-Schwibbogen | | |
| 29 | Kreuztor | | |
| 29 | Predigertor | | |
| 30 | zum Grünenberg | | |
| 30 | Trölers Hus | | |
| 30 | am Weg | | |
| 32 | zum Brandis | | |
| 32 | St. Paulus Hus | | |
| 34 | zur Löwenpurs | | |
| 34 | zum Marbach | | |
| 34 | zum alten Österreich | | |
| 34 | Seidenhof | | |
| 34 | zum Wallbach | | |
| 34 | zum Walspach | | |
| alt 122 | Salzhaus | | |
| alt 122 | Salzturm | | |

| | | | |
|---:|:---|---:|:---|
| Im Boden | siehe Mühlenberg | | |
| Beim Bollwerk | siehe St.-Johann-Vorstadt (69/71)/Neue Vorstadt (27) | | |
| Breigäßlein | siehe Freie Straße (117) | | |
| Beim St.-Briden-Tor | siehe St.-Alban-Vorstadt | | |
| Beim Brigittentörlein | siehe St.-Alban-Vorstadt | | |
| Bei der Brotbank | siehe Untere Rheingasse | | |
| Bei der Brotlaube | siehe Untere Rheingasse | | |
| Bei der obern Brotlaube | siehe Grünpfahlgasse | | |
| Bei der untern Brotlaube | siehe Stadthausgasse | | |
| Bei der Brücke | siehe Fischmarkt | | |
| Bei der neuen Brücke | siehe Stadthausgasse | | |
| Bei der steinernen Brücke | siehe Rüdengasse | | |
| Bei der weißen Brücke | siehe Pfluggäßlein | | |
| Bei der Brücke über den Stadtgraben | siehe St.-Alban-Vorstadt | | |
| Beim Brücklein | siehe Rheingasse | | |
| Bruderholzrain 45 | zum Sterneneck | | |
| Bruderholzweg 1/3 | Gundeldingerhof | | |
| Auf der obern Brumfichte | siehe Steinenvorstadt | | |
| Brunngäßlein 4 | zum roten Löwen | | |
| 5 | zum Nepper | | |
| 6/8 | zum hintern Kestlach | | |
| 7/11 | zum Balsthal | | |
| 11 | zum hintern Württembergerhof | | |
| 13 | Rotes Haus | | |
| 24/26 | Frobensches Gut | | |
| Beim Brunnmeistersturm | siehe Schützenmattstraße | | |
| Unter den Bulgen | siehe Kronengasse | | |
| Bundesstraße 19 | zum Fermel | | |
| Auf Burg | siehe Münsterplatz | | |
| Burgergasse | siehe Greifengasse | | |

| | | | |
|---:|:---|---:|:---|
| 83 | Hinterer Burgweg (führte von der Römergasse zum Fischerweg) 4 | | auf der Burg |
| | 16 | | zum Bierkeller |

| | | | |
|---:|:---|---:|:---|
| St.-Clara-Gasse | siehe Greifengasse/ Untere Rebgasse | | |
| Claragraben 9/11/13 | Drahtzug | | |
| 38 | Wettsteinhäuschen | | |
| Claraplatz 1 | zum alten Kuchen | | |
| 1 | zur alten Küche | | |
| 2/3 | Äbtischerhof | | |
| 2/3 | Schettyhäuser | | |
| 4 | zur Mehlwaage | | |
| 4 | Polizeiposten | | |
| Clarastraße 1 | zum St. Claraeck | | |
| 2 | Bierbrauerei St. Clara | | |
| 29/31/33 | St.-Clara-Bad | | |
| 59 | zum Warteck | | |
| Lang Conradsgäßlein | siehe Badergäßlein | | |

| | | | |
|---:|:---|---:|:---|
| Dalbeloch | siehe St.-Alban-Tal | | |
| Im Davidsboden 2 | Rebhäuslein | | |
| 3 | Heuhäuslein | | |
| Deuchelgäßlein | siehe Rheinsprung | | |
| Deutschrittergasse | siehe Rittergasse | | |
| Dieboldsgäßlein | siehe Rheinsprung (16) | | |
| Dittingerstraße 31 | Dittingerhaus | | |
| Beim Dölpeltürlein | siehe Oberer Rheinweg | | |

83 Das Haus zum Laufenburg am Blumenrain 24. Der Hausname steht mit den Schwestern Hedina und Anna von Louffenberg in Zusammenhang, welche die Liegenschaft 1342 besessen haben, und nicht mit der Stadt Laufenburg, wie das Haus um die Mitte des letzten Jahrhunderts bezeichnet wird.

84 Schlußstein von Bildhauer Heinrich Gutknecht mit Hausinschrift an der Eisengasse 1. Die Neuüberbauung der städtebaulich markanten Liegenschaft ‹zur Rheinbrücke› erfolgt 1912 durch Emil Faesch im Auftrag von Konditormeister Heinrich Spillmann-Hummel.

| | | |
|---|---|---|
| Dufourstraße | 5 | Burghof |
| | 9/11 | Liechtenfelserhof |
| | 21 | zum neuen Liechtenfelserhof |
| | 42 | Dufourhaus |
| Duttliweg (führte – bei der Peter-Rot-Straße – von der Grenzacherstraße zur Riehenstraße) | 6 | zum Duttli |

| | | |
|---|---|---|
| Eckgäßlein | | siehe Hirschgäßlein |
| Beim Eglolfstor | | siehe Leonhardsgraben/Schützenmattstraße |
| Ehegraben | | siehe Petersberg |
| Eisengasse | 1 | Polizeiposten |
| | 1 | zur Rheinbrücke |
| | 1 | Rheintor |
| | 2 | zum Bart |
| | 2 | zum obern Landeck |
| | 3 | zum Rheineck |
| | 3 | zum niedern Rinau |
| | 3 | zum niedern Rineck |
| | 4 | zum Bubeneck |
| | 4 | zum kleinen Landeck |
| | 4 | zum Morgenstern |
| | 5 | zum Guggehyrli |
| | 5 | zum neuen Haus |
| | 5 | Spinnwetternzunft |
| | 6 | zum großen/kleinen Eglin |
| | 6 | zum Rosenkranz |
| | 6 | zum Zeglingen |
| | 7 | zum Kauz |
| | 7 | zum großen Kupferturm |
| | 8 | zum kleinen Krämer |
| | 8/10 | zum Pilger |
| | 10 | zum Bock |
| | 10 | Altes Haus |
| | 10 | zum Schotten |
| | 11 | zum Eberhard |
| | 11/13 | zum neuen Haus |
| | 11/13 | Kuonen Hus |
| | 12 | zum großen Holder |
| | 12 | zum Juden |
| | 12 | zum Regenbogen |
| | 12/14 | zum Salmen |
| | 14 | zum Grünenberg |
| | 14 | zum kalten Keller |
| | 14 | Kellers Hus |
| | 14 | zum roten Schwert |
| | 14 | zum St. Seeunden |
| | 15 | zum Esel |
| | 15 | zum St. Johann |
| | 15 | zur Palme |
| | 15/17 | zum Palmesel |
| | 16 | zum schwarzen Bären |
| | 16 | zum Hauserturm |
| | 16 | zum Helm |
| | 16 | zum kleinen Kupferturm |
| | 16 | zum hintern Meigen |

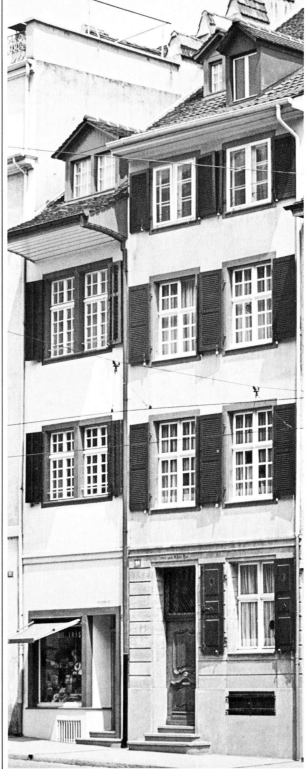

85 Süßens Hus und das Haus am Weg am Blumenrain 28 und 30. Nach ausgiebigem Rechtsstreit wird das ehemalige Gesäß des Schmieds Süß 1779 durch Medizinprofessor Achilles Mieg mit einer ‹neuen Façade versehen›. Das schmale Häuschen zu seiner Linken nennt sich nach der ersten bekannten Besitzerin, Jungfrau Katherina am Wege (1329).

86 Das Strampfersche Haus im St.-Alban-Tal 40. Auf dem reizvollen ‹Dorfplatz› der 1847 errichtete Schindelhofbrunnen. Johann Friedrich Strampfer von Windsheim gehörte in der zweiten Hälfte des 18. Jahrhunderts zu den führenden Basler Papierfabrikanten. Er trat 1754 das Erbe seines Schwiegervaters, Niklaus Heußler, an, der zum großen Ärger der ‹lieben› Konkurrenz sein Werk mit einer leistungsfähigen neuerfundenen Fabrikationsanlage aus Holland ausgestattet hatte. Noch 1822 sitzt mit Johannes Kiefer ein Papierer auf dem dazugehörigen Gewerbe am St.-Alban-Teich. 1885 läßt Malermeister Johann Lohner das Wohnhaus im Erdgeschoß zu einer ‹Malerwerkstätte mit Devanturen› umbauen.

| | | |
|---|---|---|
| Eisengasse 17 | zum kalten Fell | |
| 17 | zum Löwenberg | |
| 17 | zum Palmbaum | |
| 18 | zum Rößlein | |
| 19 | zur Löwenburg | |
| 19 | zum Pilgerstab | |
| 19 | zum Tor | |
| 20 | zum obern/vordern Tanz | |
| 21 | zum Aser | |
| 21 | zum Maser | |
| 22 | zur alten Münze | |
| 22 | zum roten Salmen | |
| 23 | zur Linde | |
| 24 | zum blauen Berg | |
| 24 | zum Blumenberg | |
| 24 | zum Docketenkänsterli | |
| 25 | zum Liebeck | |
| 25 | zum Lieberg | |
| 25 | zum Pilgerstab | |
| 26 | zum schwarzen Helm | |
| 28 | zum Elephanten | |
| 28 | zum hintern Kronenberg | |
| 28 | zum Rinkenberg | |
| 28 | zum Rückenberg | |
| Eisengasse 28 | zum obern Tor | |
| 28 | zum hinteren/obern Torberg | |
| 28 | zum obern Torrückenberg | |
| 30 | zum obern Kronenberg | |
| 32 | zum unteren Kronenberg | |
| 34 | zum Ochsenstein | |
| 34 | zum Rosenstock | |
| 34 | zum Steinhauer | |
| 36 | zum Eichhörnlein | |
| 36 | zum Einhörnlin | |
| 36 | zur Engelsburg | |
| 36 | zum Fleckenstein | |
| 36 | zur Löwenburg | |
| 36 | zum Rosenstock | |
| 38 | zum Rehstein | |
| 38 | zum Roseck | |
| alt 1538 | zum kleinen Holder | |
| alt 1538/39 | zum Juden | |
| alt 1584 | Spichwartes Hus | |
| alt 1584 | Spinnwetters Hus | |
| alt 1585 | zur Haue | |
| alt 1585 | zum Heuel | |
| alt 1585 | zum Huwen | |
| alt 1586 | zum roten Berg | |
| alt 1586 | zum Rotenberg | |
| alt 1587 | zum Altenhaus | |
| alt 1587 | zur Sackpfeife | |
| Vordere Eisengasse | siehe Sporengasse | |
| Hinter St. Elisabethen | siehe Sternengasse | |
| Elisabethenstraße 1 | zum Drachenfels | |
| 1 | zum Lichteneck | |
| 1 | zum Zellenberg | |
| 2 | Buchenschloß | |
| 2 | zum Picke | |
| 3 | zum Bärenfels | |
| 3 | zum goldenen Löwen | |
| 4 | zum Lattfuß | |
| 4 | zum Plattfuß | |
| 4 | zur Schere | |
| 5 | zum Winkeli | |
| 6 | zur Haselburg | |
| 6 | zur Hasemburg | |
| 9 | zum Zwinger | |
| 9/11 | zur hohen Schule | |
| 11 | Kleiner Guthof | |
| 13/15 | Gutenhof | |
| 16 | Kleinkinderschulhaus | |
| 17 | Rebscheune | |
| 18 | zur kleinen Augenweide | |
| 18 | zum Brunneck | |
| 18 | zum Windeck | |
| 18/20 | zum Pfirsichbaum | |
| 19 | Curionischerhof | |
| 20 | zum neuen Haus | |
| 20 | zum obern Widderlin | |
| 21 | zum Öchslein | |
| 21 | zur neuen Rose | |
| 22 | zum Bärenfels | |
| 22 | zum Pomeranzenhaus | |
| 24/26 | Elisabethenhof | |
| 25 | Weinmanns Haus | |
| Elisabethenstraße 26 | zum kleinen Bärenfels | |

*Zum guoten Johr*

Ich wünsch der Frawen tugendreich,
Wie ihrem Herren auch zugleich,
Neben freundtlichen Gruß bevor
Ein neu und gut glückselig Johr
Und danke Gott umb seine Güt,
Der unsere Heuser hat behüt
Vor Pestilentz und andre Gfor,
Do doch in dem verloffnen Jor
Fünftzig Personen hundert sieben
Gestorben uf dem Platz sind bliben;
Dargegen aber worden sindt
Dryhundert siebentzig nün Kindt.
Do under solcher großen Zal
Beidt unsere Heußer überal
Nit eins – Gott sy lob! – dar handt geben,
Weder zum Todt noch auch zum Leben;
Dann haben wir schon nit geboren,
So haben wir auch nit verlohren,
Wird schon die Welt durch uns nit gmert,
Wird sie auch nit durch uns zerstört.
Wie es Gott macht, soll uns wolg'fallen,
Wir standen gleich wol oder fallen,
Der geb, daß wie zum Endt wir rucken,
Wans Stündlin kompt, frolich abdrucken
Und faren in die himlisch Freud,
Die weren wirt in Ewikeit!

Felix Platter (1536–1614)

87 Das Haus zur Haselburg an der Elisabethenstraße 6. Rechts das Haus zum Plattfuß. 1737 erweitert Strumpffabrikant Andreas Sulger, im Einverständnis mit den ‹Benachbarten› Hans Jakob Sandreuter und Jungfer Silbernagel, die schon 1423 als ‹ze Hasemburg› bezeichnete Liegenschaft, indem er für seine beruflichen Bedürfnisse ‹in einem neuen Gebäulein 2 Kessel setzen› läßt. Das Haus zum Plattfuß hat seinen Namen vom Schneider Johann zem Blatfus, der 1346 die spätere ‹Haselburg› belehnt.

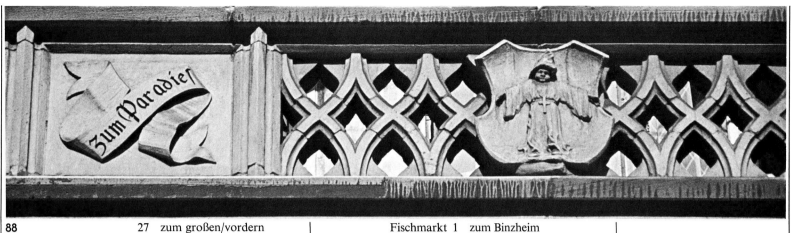

| | | |
|---|---|---|
| | 27 | zum großen/vordern Kirschgarten |
| | 29 | zum kleinen Kirschgarten |
| | 30 | zum Paradies |
| | 33/35/37 | Rebhäuslein |
| | 36 | Zehntenscheune |
| | 43 | Hemminghaus |
| | 43 | zum untern Palast |
| | 54/56/58/60/62 | Zehntenscheune |
| | 55 | Gottesackerkapelle |
| | 58 | zur Aussicht |
| | 59 | Leichenhaus |
| | 62 | zum Sonnenberg |
| | alt 898/899 | Spitalscheune |
| | alt 925 | zum Krätzen |
| | alt 925 | zum Krezenberg |
| Elsässerstraße | 3 | zum Ymp |
| | 4 | zur Droschkenanstalt |
| | 12 | zum Bellevue |
| | 12 | Hissches Gut |
| | 12 | Rebersches Gut |
| | 161 | auf dem Lysbüchel |
| Engelgasse | 50 | Potsdamerhof |
| | 57 | zur Flora |
| Beim Entenloch | | siehe St.-Johanns-Vorstadt |
| Beim hintern Eptingen | | siehe Petersgasse |
| Eselstürleingasse | | siehe Barfüßerplatz |
| Eselstürmlein | | siehe Kohlenberg |
| Beim Eselsturm | | siehe Barfüßerplatz |

| | | |
|---|---|---|
| Fahnengäßlein | | siehe Freie Straße (41) |
| Bei der Fahr | | siehe Schifflände |
| Falknersgäßlein | | siehe Brunngäßlein |
| Falknerstraße | 9 | zur Bärenzunft |
| | 30 | zur alten Gipsmühle |
| | 30 | zum St. Peter |
| | 31 | zum Paradies |
| | 35 | zum Gambrinus |
| Fantzengäßlein | | siehe Lindenberg (4) |
| Fasanenstraße | 221 | zum Egliseeholz |
| Fischergäßlein | | siehe Trillengäßlein |
| Beim Fischfloß am Rhein | | siehe Eisengasse |

| | | |
|---|---|---|
| Fischmarkt | 1 | zum Binzheim |
| | 1 | Loubers Hus |
| | 1 | zum Roß |
| | 1 | Schönkinds Hus |
| | 2 | zum hintern/untern/vordern Tanz |
| | 2 | zum Wysard |
| | 3 | zum großen Riesen |
| | 4 | zum grünen Helm |
| | 4 | zum Steg |
| | 4 | zum Tor |
| | 4 | zum obern/untern Torberg |
| | 5 | zum liechten Steg |
| | 5 | Vislis Hus |
| | 6 | zum Feseneck |
| | 7 | zum Lachs |
| | 7 | zur alten Münze |
| | 8 | zum Hirschhorn |
| | 8 | zum Steg |

88 Fassadenschmuck an der Falknerstraße 31. Der 1901 von Eduard Pfrunder im Auftrag von Joseph Rümmele errichtete Wirtshausneubau zum Paradies wird im selben Jahr wie der neue ‹Schnabel› in Betrieb genommen, dessen Gestaltung ebenfalls vorwiegend mittelalterliche Motive zeigt.

89 Die ‹Rebhäuslein› an der Elisabethenstraße 33–37; links der Sitz der Zollverwaltung in währschaftem ‹Bundesbarock›. Die kleinen Landhäuser im einst offenen Rebgelände vor St. Elisabethen sind bei ihrer ersten Erwähnung, die ins anbrechende 15. Jahrhundert fällt, ohne Ausnahme Weinbauern zugeeignet: Jakob Sunnentag, Conz Lupsinger und Hans Rudin.

| | | |
|---|---|---|
| Fischmarkt | 8 | zum goldenen Sporen |
| | 8 | zum goldenen Stern |
| | 9 | zum roten König |
| | 9 | zum blauen/goldenen/grünen/roten Ring |
| | 9 | zum Schluch |
| | 10 | zur goldenen Büchse |
| | 10 | Fischernzunft |
| | 10 | Öffentliche Münze |
| | 11 | zur alten Glocke |
| | 11 | zum Schiff |
| | 12 | Balthasars Hus |
| | 12 | zum Bubeneck |
| | 12 | Hanfstengels Hus |
| | 12 | zum Metz |
| | 12 | Rotens Hus |
| | 13 | zum Salzberg |
| | 13 | zur Salzburg |
| | 13 | zum Schellenberg |
| | 14 | zum Rechtberg |
| | 14 | zum Tierbein |
| | 14 | zum Tierberg |
| | 14 | zum vordern Torberg |
| | 15 | zum Kannenbaum |
| | 15 | zum großen/vordern Samson |
| | 16 | zum roten Kugelhut |
| | 16 | zum kleinen Samson |
| | 17a | zum Macellum |
| Fischmarktgäßlein | | siehe Eisengasse/Fischmarkt |
| Flachengäßlein | | siehe Sternengasse |
| Frauenbadergäßlin | | siehe Badergäßlein |
| Freiburgerstraße | 62/66 | zum Otterbach |
| Freie Straße | 1 | zum Appenzell |
| | 1 | zum Kränzlein |
| | 1 | zum Scheppelin |
| | 1 | zum Sevogel |
| | 1 | zum Zell |
| | 2 | zum Ach |
| | 2 | zum Augspiegel |
| | 2 | zum Fuchs |
| | 2 | zum Fuchsberg |
| | 2 | zur Harmonie |
| | 2 | zum kleinen Helfenstein |
| | 2 | zum Kertzberg |
| | 2 | zum Kerzenberg |
| | 2 | im Loch |
| | 2 | zur niedern Schere |
| | 2 | zum kleinen Strahl |
| | 2 | zum roten/weißen Turm |
| | 3 | zum Halbmond |
| | 3 | zum goldenen Mann |
| | 3 | zum Martinshügel |
| | 3 | zum halben Mond |
| | 4 | zum niedern Magstatt |
| | 4 | zur obern Schere |
| | 5 | zum Ehrenfels |
| | 5 | zum goldenen/roten Gilgen |
| | 5 | zur goldenen Lilie |
| | 6 | zum obern Magstatt |
| | 6/8 | zur Himmelspforte |
| | 7 | zum schwarzen Haus |
| Freie Straße | 8 | zum Magstatt |
| | 8/10 | zur schmalen Sonne |
| | 9 | zum goldenen Falken |
| | 10 | zum Eberstein |
| | 11 | zum großen Pfeil |
| | 11 | zum großen Strahl |
| | 12 | Kaufhaus |
| | 12 | zum untern goldenen Löwen |
| | 12 | Post |
| | 12 | zum Schönau |
| | 13 | zum kleinen Hermelin |
| | 14 | zum Borer |
| | 14 | zum Frauenstein |
| | 14 | Grünes Haus |
| | 14 | zum obern/goldenen Löwen |
| | 15 | zum großen/obern Hermelin |
| | 16/18/20 | zum vordern Waldshut |
| | 17 | unter den Bechern |
| | 17 | zur kleinen/niedern Sonne |
| | 18/20 | zum goldenen/großen/kleinen Kranich |
| | 18/20 | zum Steblinsbrunnen |
| | 19 | zur großen/obern Sonne |
| | 20 | zum schönen Eck |
| | 20 | zum Österreich |
| | 20 | zum hintern/kleinen/mittlern Waldshut |
| | 21 | Relins Hus |

*Sinnspruch*

Lieben, küssen, trinken, scherzen,
Dieß gefället meinem Herzen,
Ohne Lieb und ohne Wein
Möcht ich nicht auf Erden sein.

Jakob Sarasin (1742–1802)

91 *Die Weinleutenzunft am Marktplatz 13. Das von 1562 bis 1578 erbaute Zunfthaus der Weinleute, denen das Prüfen, Versteuern und Verkaufen des Weines obliegt, gilt als eines der berühmtesten Renaissancedenkmäler der Schweiz. Die Fassade ist aus dorischen, ionischen und korinthischen Pilastern aus rotem Sandstein zusammengefügt und läßt durch ihre ungleiche Fenstereinteilung deutlich erkennen, daß das Bauwerk aus zwei Häusern besteht. Das eine (links) zeigt im Mittelgeschoß drei gleichmäßige Arkaden, das andere einen Korbbogen.*

90 *Die Schlüsselzunft an der Freien Straße 25. Die Eckliegenschaft an der ‹frien Straße› tritt 1306 durch Hans Meyer zum Schlüssel in das Licht der Geschichtsschreibung. 1404 verkaufen Heitzmann und Claus Murer das Erblehensrecht am Schlüssel gegen 325 Goldgulden der Gesellschaft der Stube zum Schlüssel, d.h. der Zunft der Kaufleute. 1484 entschließen sich Meister und Vorgesetzte zu einem Neubau des Zunfthauses. Mit der Ausführung wird Steinmetz Ruman Faesch beauftragt, an den heute noch das Wappenschild der Zunft und der zierliche Bogenfries unter dem Dachhimmel erinnern.*

| | | |
|---|---|---|
| Freie Straße | 21 | Röllings Hus |
| | 21 | Schreibstube |
| | 21 | zur Vigilanz |
| | 22 | zum Höruff |
| | 22 | zum blauen/kleinen/obern/untern Schwan |
| | 22 | zur niedern Schwanau |
| | 23 | zum Berner |
| | 23 | Berners Hus |
| | 24 | zum Henzenberg |
| | 24 | zum schwarzen Rieden |
| | 24 | zum großen Schwanen |
| | 24 | zur Schwanenau |
| | 25 | zum Schlüssel |
| | 25 | Schlüsselzunft |
| | 26 | zum Arguel |
| | 26 | Brotbeckenzunft |
| | 26 | zur goldenen/roten Fahne |
| | 26 | zum Letwolf |
| | 27 | zum Steblin |
| | 28 | zum roten Bären |
| | 28 | Vivians Hus |
| | 29 | zum Ehrenfeld |
| | 29 | zum Ehrenfels |
| | 29 | Deutsches Haus |
| | 29 | zum Stetten |
| | 30 | zum Erkel |
| | 30 | zum Fuchs |
| | 31 | zum großen/kleinen/obern/roten Löwen |
| | 31 | zum Pflug |
| | 32 | zum gelben Gilgen |
| | 32 | zur Lilie |
| | 32 | zur alten/kleinen Mücke |
| | 32 | Paulers Hus |
| | 33 | zum Himmel |
| | 33 | Himmelzunft |
| | 34 | zum grauen/schwarzen Bären |
| | 34 | Hausgenossenzunft |
| | 34 | zum Scherben |
| | 35 | St.-Bernhards-Kapelle |
| | 35 | Lützelhof |
| | 35 | zum Olsberg |
| | 35 | zum wilden Mann |
| Freie Straße | 36 | zum Bargeltlin |
| | 36 | zum roten Hut |
| | 36 | zum Kardinal |
| | 36 | zum Kardinalshut |
| | 36 | zum Phönix |
| | 36 | Wagners Hus |
| | 37 | zum grünen Drachen |
| | 37 | zum Drachenfels |
| | 38 | zum roten Bären |
| | 38 | zum Pflug |
| | 39 | zum Eisenhut |
| | 39 | zum Sankt Paulus |
| | 40 | zum Rosenfeld |
| | 40 | zum Zellenberg |
| | 41 | zum Kupferturm |
| | 41 | Murers Hus |
| | 42 | zu den Hörnern |
| | 42 | zum Reuschenberg |
| | 42 | zum Ruschenberg |
| | 43 | zur roten Fahne |
| | 44 | zum Negberberg |
| | 44 | zum Negeber |
| | 44 | zum Nepper |
| | 44 | zum Rappen |
| | 44 | zum roten Turm |
| | 44/48 | zum blauen Mann |
| | 45 | zur Krone |
| | 45 | zum Kronenberg |
| | 45 | zum Lallosturm |
| | 45 | zur Mücke |
| | 45/47 | zur Apotheke |
| | 45/47 | zum Walkenberg |
| | 46 | zum Heiden |
| | 47 | zum Abel |
| | 47 | zum Ball |
| | 47 | zum Belle |
| | 47 | zum neuen Keller |
| | 47 | Obrigkeitliches Kornhaus |
| | 47/49/51 | zum Falken |
| | 49 | zum Falkenkeller |
| | 49 | zum Godenfels |
| | 49 | zum Grünenberg |
| | 49 | zum Guldenfels |
| | 49 | zum Herrenkeller |
| | 49 | zum Ruschenberg |
| | 49/51 | zum Falken |
| | 50 | zur Glocke |
| | 50 | Rebleutenzunft |
| | 51 | zum Falkenberg |
| | 51 | zum Wildenberg |
| | 52 | Rebmans Hus |
| | 52 | Schuhmachernzunft |
| | 53 | zum Schwarzenberg |
| | 54 | zum Palast |
| | 55 | zum weißen Berg |
| | 55 | zum Weißenstein |
| | 55 | zum Wissenburg |
| | 56 | zum grünen Ring |
| | 57 | Ganters Hus |
| | 57 | zum Igel |
| | 57 | zum Liesberg |
| | 58 | zur Muschel |

*Basel*

My Basel, woni stand und bi,
Blybsch du my Stolz, my Glick,
An dyne Tirm, dym griene Rhy
Hangt allewyl my Blick.
Und ha die ganzi Wält i gseh,
Wie di, so gits kai Plätzli meh.

Zwor glänzisch nit mit ußrer
    Pracht
As Königin im Land,
Doch traisch, was Mensche
    glicklig macht,
In dyner liebe Hand.
De pflägsch mit heitrem
    Läbesmuet
Was ewig isch und groß und
    guet.

Zwei Wertli: ‹Kunst› und
    ‹Wisseschaft›,
Die händ by dir e Klang;
Kurz, was aim 's Läbe frindlig
    schafft,
Isch hoch by dir im Rang.
Und dyni Lyt, so still si sind,
Fir 's Rächt und 's Wohr
    entflammsch si gschwind.

Au 's Vaterland Helvetia
Gilt vil in jedem Härz;
Und hämmer au scho z'klage
    gha,
Vergässen isch der Schmärz;
Denn ibrem Baselstab stoht 's
    Kryz,
Und unsre hechste Stolz isch
    d'Schwyz.

I waiß, an mängem andren Ort
Solls vil vil scheener sy,
Si sage's aim in bittre Wort,
Mir haige zwor der Rhy,
Doch 's fähl is halt der
    Alpekranz,
Es fähl e See im blaue Glanz.

Doch wenn am Rhy der Obe
    glieht
Und Gold uf d'Wälle strait,
So packt's my halt im tiefste
    Gmiet
Und alles in mer sait:
I grieß di, Basel, tausig Mol;
Nur an mym Rhy, do isch's
    mer wohl.

    Albert Geßler (1862–1916)

92 Hauszeichen an der Freien Straße 51. Der goldene Falke zeigt das Wappentier des Kürschners Cunrat Falkenberg, des Besitzers eines Teils der heutigen Liegenschaft Anno 1388.

| | | |
|---|---|---|
| Freie Straße | 59 | zum gelben/goldenen/roten Kopf |
| | 60 | zum Mildenberg |
| | 61 | zum niedern/weißen Bock |
| | 61 | zum Steinbock |
| | 62 | zum Weckenberg |
| | 63 | zum obern/roten Bock |
| | 64 | Adressencontor |
| | 64 | Berichthaus |
| | 64 | zum Kreuz |
| | 64 | zum Ortenberg |
| | 65 | zum großen/hintern Elephant |
| | 65 | zum großen Helefant |
| | 66 | zum Hinden |
| | 66 | zur Hündin |
| | 66 | Schärhaus |
| | 67 | zum kleinen Elephanten |
| | 67 | zum kleinen/obern Helefant |
| | 67/69 | zum Helden |
| | 68 | zum Schlegel |
| | 68/70 | Altes Spital |
| | 68/70 | zum Wald |
| | 69 | zum Kämpfer |
| | 69 | zum Kempfen |
| | 70 | zum Herten |
| | 70 | zum Hohenfels |
| | 70 | zum Jakobskeller |
| | 70 | zum Luchs |
| | 70 | Neues Spital |
| | 71 | Zunft zum Goldenen Stern |
| | 71 | zu Schärern |
| | 72/74 | zum Sodeck |
| | 73 | zur niedern Welt |
| | 74 | zum Fasan |
| | 75 | zur obern Welt |
| | 76 | zum Eichhörnlein |
| | 76 | zum Tannenberg |
| | 77 | zum Weinberg |
| | 77 | zum Winsperg |
| | 77/79 | zum Lindenfels |
| | 78 | zum Eichhorn |
| | 78 | Eikorns Hus |
| | 79 | zum St. Jakob |
| | 80 | zum Bömlin |
| | 80 | Schärhaus zum Bäumlein |
| | 81 | zum Schaltenbrand |
| | 81/83 | zum geilen Mönch |
| | 81/83 | zur Schaufel |
| | 82 | zum Agten |
| | 82 | zur Axt |
| | 82 | zur Schwelle |
| | 83 | zur Krippe |
| | 83 | zum Presepe |
| | 84 | zum Ehrenfels |
| | 84 | zum Ehrenpreis |
| | 84 | zum Ehrenstein |
| | 84 | zum Kilchberg |
| | 85 | zum Hohensteg |
| | 85 | zur Krüpfe |
| | 85 | zum hohen Steg |
| | 86 | zum Leimen |
| Freie Straße | 86 | zum Quaderstein |
| | 86 | zur obern Schwelle |
| | 87 | zum Holderwank |
| | 87 | zum Wirtenberg |
| | 87 | zum Württemberg |
| | 88 | zum Anevang |
| | 88 | zum Bock |
| | 88 | an dem Ende |
| | 89 | zum Brigensen |
| | 89 | zum Brügenstein |
| | 89 | zum Eckstein |
| | 89 | zum blauen Stein |
| | 90 | zum Beinwiler |
| | 90 | zum Gejäg |
| | 90 | Schilthof |
| | 90 | Sprickelechtigerhof |
| | 90 | Thiersteinerhof |
| | 90 | zum Weißenburg |
| | 90 | im Winkel |
| | 91 | zum Korneck |
| | 91 | Korners Hus |
| | 91 | zum Lämmlein |
| | 91 | Spitalmühle |
| | 91 | Spitalschmiede |
| | 92 | zum untern Rothenfluh |
| | 92 | in der Tiefe |
| | 92/94 | zum Kienberg |
| | 93 | zum Fälklein |
| | 93 | zum Grünenstein |
| | 93 | Schärhaus |
| | 93/95 | zum Napf |
| | 93/95/97 | zum Bernau |
| | 94 | zur obern/roten Fluh |
| | 94 | zum goldenen Pokal |
| | 94 | zum großen/obern Rotenfluh |
| | 95 | zur Schwelle |
| | 96 | zum kleinen Beinwiler |
| | 96 | zum Geymul |
| | 96 | Schilthof |
| | 96 | Thiersteinerhof |
| | 97 | zum Kameltier |

93 Hausinschrift an der Freien Straße 74. Der in eigenwilligem Jugendstil dargestellte Hausname ist urkundlich bereits 1421 faßbar. Bis 1843 stand hier das zum Komplex des alten Bürgerspitals gehörende Haus zum Sodeck, das an seiner Fassade gegen die zurückversetzte Spitalkirche einen großen Sodbrunnen zur Schau bot.

| | | | | |
|---|---|---|---|---|
| Freie Straße | 97 | Korners Hus | | |
| | 97 | zum Kupferberg | | |
| | 99 | zum Blauenstein | | |
| | 99/101 | zur Hasenburg | | |
| | 101 | zum Tannenbaum | | |
| | 101 | zum Tannenberg | | |
| | 101 | zum Tannenwald | | |
| | 101 | zum Tor | | |
| | 103 | zum kleinen Fasan | | |
| | 103 | zum Meuchen | | |
| | 103 | zum Morchtun | | |
| | 103 | zur Nachtigall | | |
| | 103 | zur obern Schwelle | | |
| | 103 | zum Stegli | | |
| | 105 | zum hintern/kleinen/ vordern Maulbaum | | |
| | 105 | zum vordern Maulbeerbaum | | |
| | 107 | Mörers Hus | | |
| | 107 | zur roten/schwarzen Mohre | | |
| | 107/109 | zum Eichbaum | | |
| | 109 | zur Eiche | | |
| | 109 | zum Eichhorn | | |
| | 109 | zur Mohre | | |
| | 109/111 | zur alten Hofstatt | | |
| | 109/111 | zum Hofstetten | | |
| | 111 | zur niedern/untern Schwelle | | |
| | 111/113/115 | zum Tor | | |
| | 113 | zum Richisheim | | |
| | 113 | zum St. Stefan | | |
| | 113/115 | Kettenhof | | |
| | 117 | zum Häring | | |
| | 117 | zum Schloßberg | | |
| Fröschgasse | | siehe Schützenmattstraße | | |
| Fröwlingäßlein | | siehe Badergäßlein | | |

| | | | | |
|---|---|---|---|---|
| Enges Gäßlein | | siehe Brunngäßlein/ Petersberg/Sternengasse | | |
| Hinteres Gäßlein | | siehe Barfüßerplatz | | |
| Kleines Gäßlein | | siehe Brunngäßlein | | |
| Unteres Gäßlein | | siehe Peterskirchplatz | | |
| Gansgäßlein | | siehe Imbergäßlein | | |
| Bei der Gant | | siehe Marktplatz | | |
| Gartenstraße | 59 | zum neuen Liechtenstein | | |
| | 93 | Ulmenhof | | |
| Lange Gasse | | siehe Kellergäßlein | | |
| Neue Gasse | | siehe Petersberg/ Sternengasse | | |
| Obere Gasse | | siehe Rebgasse | | |
| Gasstraße | 6 | Gasanstalt | | |
| Geirengasse | | siehe Neue Vorstadt | | |
| Gellertstraße | 9 | Lilienhof | | |
| Gemsberg | 1 | zum Pflug | | |
| | 2 | Anselms Hus | | |
| | 2 | zum Gachnang | | |
| | 2 | zum Gunach | | |
| | 2 | Seilerin Hus | | |
| | 2 | Tazzins Hus | | |
| | 2 | zum Wissenburg | | |
| Gemsberg | 2/4 | zum Löwenzorn | | |
| | 4 | Hölis Hus | | |
| | 4 | Siglis Hus | | |
| | 4/6 | zum dürren Sod | | |
| | 5 | zum grünen Halm | | |
| | 5 | zum grünen Helm | | |
| | 5 | zum Richenberg | | |
| | 5 | zum Schufelon | | |
| | 6 | zum Bongarten | | |
| | 7 | Brenzingers Hus | | |
| | 7 | zum Friedberg | | |
| | 7 | zum Fischberg | | |
| | 7 | zur Gemse | | |
| | 7 | zum Gemsenberg | | |
| | 7 | zum Kirschbaum | | |
| | 7 | Proselitenhaus | | |
| | 7 | zum Schleifstein | | |
| | 7 | zum dürren Sod | | |
| | 8 | zum Liebenstein | | |
| | 9 | Küferhaus | | |
| | 9 | zum Schüren | | |
| | 10 | zum Runspach | | |
| | 10/12 | Buchhaus | | |
| | 10/12 | Eichlers Hus | | |
| | 10/12 | Gegenhammers Hüser | | |
| | 10/12 | zum Kirschbaum | | |
| | 10/12 | zum Riesen | | |
| | 12 | zum Hauenstein | | |
| | 12 | Leimenhof | | |
| | 14 | zum Runspach | | |
| Gerberberg | | siehe Gerbergäßlein/ Gerbergasse | | |
| Gerbergäßlein | 1 | zum Judenbad | | |
| | 1 | zum Mannenbad | | |
| | 1 | zum Mühlenstein | | |
| | 2 | zum Mühleck | | |
| | 2 | zum grünen Stern | | |
| | 2 | zum schwarzen Turm | | |
| | 2 | zum Spach | | |
| | 3 | Schneidernzunft | | |
| | 4 | zum Erker | | |
| | 4 | zum Ramspach | | |
| | 4 | zum großen Roggenbach | | |
| | 4 | zum Siglist | | |
| | 5 | Gartnernzunft | | |
| | 6 | zum Ärger | | |
| | 6 | zum Aikel | | |
| | 6 | zum Psiticus | | |
| | 6 | zum Sitkust | | |
| | 8 | zur Blume | | |
| | 8 | zum Delsberg | | |
| | 9 | zum St. Niklaus | | |
| | 9 | zum weißen Wind | | |
| | 10 | zum roten Hahn | | |
| | 11 | zum hintern Greifen | | |
| | 12 | zum Eckenbach | | |
| | 12 | zum Eckenheim | | |
| | 12 | zum Rauchenstein | | |
| | 13 | zur Gerberlaube | | |
| | 13 | zum Ritter | | |
| | 14 | zum weißen Mann | | |
| | 14 | zum weißen Wind | | |

▶ 94 *Das Haus zum Liebenstein am Gemsberg 8. Die erste Erwähnung der Liegenschaft im Jahre 1397 nennt auch den heute noch gängigen Namen ‹Liebenstein›. Berühmtester Besitzer des Hauses ist Samuel Mareschall aus Tournai in Flandern, den 1576 die Regenz als 22jährigen nach Basel berufen hat und ihm das Amt des Musikus der Universität und des Organisten am Münster überträgt. Seine erfolgreiche Tätigkeit als Lehrer und als Virtuose an der Münsterorgel, welche die Reformation bis 1561 hatte verstummen lassen, aber auch seine vierstimmige Psalmenbearbeitung und seine Orgelkompositionen bringen dem Niederländer hohes Ansehen ein. 1640 verkaufen seine Erben Behausung und Hofstatt zum Liebenstein dem Metzger Martin Schardt.*

| | | |
|---|---|---|
| Gerbergäßlein | 15 | Gerbernzunft |
| | 16 | zum weißen Männlein |
| | 16 | zum St. Niklaus |
| | 17 | zum alten Bad |
| | 17 | Hurlibushus |
| | 17 | zum hintern Hut |
| | 18 | zum Lützel |
| | 18 | zur Niederburg |
| | 18 | Pflugers Hus |
| | 20 | Bischoffin Hus |
| | 20 | Bregentzers Hus |
| | 21 | zum roten Krebs |
| | 21/23 | zum hintern Krebs |
| | 22 | zum König |
| | 22 | zum Königsberg |
| | 22 | zum Königstuhl |
| | 22 | zum Küng |
| | 23 | zum Hochstein |
| | 23 | zum hintern Krebs |
| | 23 | zum hangenden Stein |
| | 24 | zum Bregenz |
| | 24 | zum Richtbrunnen |
| | 24 | zum Schindeln |
| | 25 | zur hintern/niedern Burg |
| | 26 | zur Birs |
| | 26 | Buwers Hus |
| | 26 | Kolmers Hus |
| | 26 | Puers Hus |
| | 27 | zum Brotschinken |
| | 27 | zur Oberburg |
| | 27 | Sennenhof |
| | 28 | zur Quelle |
| | 28 | zum Richtbrunnen |
| | 28 | zum Walter |
| | 29 | zur langen Leiter |
| | 30 | zum niedern Eckenheim |
| | 30 | Kleinmanns Hus |
| | 30 | zum gelben Kreuz |
| | 30 | zum Kreuzberg |
| | 30 | zum hintern hangenden Stein |
| | 32 | zum König |
| | 32 | zum Königsberg |
| | 32 | zum Königsfeld |
| | 32 | zum Küng |
| Gerbergäßlein | 32 | zum Mohren |
| | 32 | zum Mohrenkopf |
| | 33 | zum grünen Stein |
| | 34 | zur Gemse |
| | 34 | zur Staufenburg |
| | 34 | zum Stof |
| | 34 | zum Staufenberg |
| | 37 | zum niedern Hogger |
| | 40 | Kettenhof |
| | 40 | zur roten Türe |
| | 41 | zum Schleifstein |
| | 42 | zum roten Turm |
| Großes/hinteres/kleines/ vorderes Gerbergäßlein | | siehe Gerbergäßlein |
| Gerbergasse | 1 | zur Gabel |
| | 1 | zum Glüen |
| | 1 | zur Klaye |
| | 1 | zum Stern |
| | 2 | zum goldenen Lamm |
| | 2 | zum Pfannenberg |
| | 2 | zum gelben/goldenen Schaf |
| | 2 | zum alten Stöckli |
| | 2 | zum gelben/goldenen/obern/ roten/weißen Wind |
| | 3 | zum schwarzen Stern |
| | 4 | zum Girsberg |
| | 4 | zum kleinen/goldenen Löwen |
| | 4 | zum Ritter |
| | 5 | zum grünen Bären |
| | 5 | zum Biberstein |
| | 5 | zum weißen Mann |

95 Hausinschrift am Gerbergäßlein 10. Vom ‹Hus zum rotten Hanen gegen Rümelins Mühle› verkaufen 1429 Werlin Ehremann und Friedrich Schilling den Predigermönchen einen Zins von jährlich 1 Gulden und 10 Schilling gegen 24 Gulden in Gold.

96 Weihnächtliches Stimmungsbild am Gerbergäßlein: Es sind der frommen Kinderwelt die lieben Englein zugesellt, die treu in Freuden und Gefahren die Kindlein hüten und bewahren, und decken sie zur süßen Ruh mit ihren Flügeln leise zu. Franz August Gengenbach (1807–1829).

| | | |
|---|---|---|
| Gerbergasse | 5 | zum Neben |
| | 5/7 | zum schwarzen Wind |
| | 6 | zum Hahnenbrunnen |
| | 6 | zum Hahnstein |
| | 6 | zum Hennenbrunnen |
| | 7 | zum Magstat |
| | 7 | zur Stadt Mülhausen |
| | 7 | zum Neben |
| | 8 | zum St. Jakob |
| | 8 | zu den drei Pilgern |
| | 10 | zu den drei Böcken |
| | 10 | zum Tribock |
| | 11 | Ballhof |
| | 11 | Safranzunft |
| | 12 | zum alten Safran |
| | 14 | Kürschnernzunft |
| | 14 | Mannenhof |
| | 15 | Beginenhaus |
| | 15 | zum Brackenfels |
| | 15 | zum Drachenfels |
| | 15 | Goldschmieds Hus |
| | 15 | zur Jungfrau |
| | 15 | Hinteres Postgebäude |
| | 15 | Waaghaus |
| | 16 | zur Post |
| | 16 | zum Rust |
| | 16 | zum Schnabel |
| | 18 | zum Laufenburg |
| | 18 | zum Nauenberg |
| | 18 | zum Nauenburg |
| | 18 | zum Neuenburg |
| | 19 | zum kleinen Venedig |
| | 19 | zum Zessingen |
| | 20 | Rinchers Hus |
| | 20 | zum Ringgenberg |
| | 20 | Ringkers Hus |
| | 20 | zum Rückenberg |
| | 20/22 | zum Krebs |
| | 20/22 | Vitztumshof |
| | 21 | zum Reckholderbaum |
| | 21 | zum Wachholderbaum |
| | 22 | zum Fischgrat |
| | 22 | zum Grat |
| | 22a | zum großen Samenung |
| | 23 | zur hintern Freien Straße |
| | 23 | zum Sternen |
| | 23 | zum Sternenberg |
| | 24 | zum Batzenberg |
| | 24 | zum Handschuhberg |
| | 24 | zum Henschenberg |
| | 24 | Schmiedenzunft |
| | 25 | zum Grimeli |
| | 25 | zum grünen Mann |
| | 25 | Mülimans Hus |
| | 25 | zum goldenen Stauf |
| | 25 | Ungers Hus |
| | 26 | zum Hammeneck |
| | 26 | Mörers Hus |
| | 26 | zum schwarzen Mohr |
| | 26 | zum Moris |
| | 27 | zum Äuglein |
| | 27 | zum goldenen Eglin |

97 Das mit einzigartigen Architekturfantasien bemalte Nebenhaus des Löwenzorns am Gemsberg 2/4. Auftraggeber, Künstler und Zeit der Entstehung der bedeutsamen, in warmen Grautönen gehaltenen illusionären Fassadenmalerei sind nicht bekannt. Zweifellos aber dürften sie auf Anregung der Handelsherren Balthasar Ravalasca oder Daniel Peyer, der wohlhabenden Besitzer der stattlichen Liegenschaft zwischen 1555 und 1610, ausgeführt worden sein.

| | | |
|---|---|---|
| Gerbergasse | 27 | zum Eglingen |
| | 27 | zum großen Waldeck |
| | 27 | zum Zeglingen |
| | 28 | zum Hammereck |
| | 28 | zum Hammerstein |
| | 28 | zum Hammerwerk |
| | 29 | Stehelis Hus |
| | 29 | zum kleinen Waldeck |
| | 29 | zum Wildeck |
| | 30 | Helmers Hus |
| | 30 | zum St. Niklaus |
| | 30/32/34 | Richenhof |
| | 30/32/34 | Studlershof |
| | 31 | Buchmans Hus |
| | 31 | zum Holbein |
| | 31 | zum Papst |
| | 31 | Schülins Hus |
| | 32 | zum Nußbaum |
| | 32/34 | zum Nauen |
| | 33 | zum Muspach |
| | 33 | zur Tanne |
| | 33 | zum Tanneck |
| | 34 | Stättlershof |
| | 35 | zum Manen |
| | 35 | zum blauen/halben Mond |
| | 36 | zum Römer |
| | 36 | Schneidernzunft |
| | 37 | zur Lautenburg |
| | 37 | zum Leuchtenberg |
| | 38 | Gartnerntrinkstube |
| | 38 | Gartnernzunft |
| | 38 | zum Hahn |
| | 39 | zum untern Baum |
| | 39 | zur roten Henne |
| | 39 | zum Unterbom |
| | 39 | zum Wunderbaum |
| | 40 | zum weißen Wind |
| | 40 | zum weißen Windhund |
| | 41 | zum kleinen Christoffel |
| | 41 | zum Waldenburg |
| | 42 | zum vordern Greifen |
| | 42 | Pflüglins Hus |
| | 43 | zum Frieseck |
| | 43 | zum Frießel |
| | 43 | zum Friesen |
| | 43 | Keigers Hus |
| | 43 | Snürlins Hus |
| | 44 | zum Riesen |
| | 44 | zum Ritter |
| | 44 | zum grünen Turm |
| | 45 | zum Bock |
| | 45 | zum Landau |
| | 45 | zum Lindau |
| | 45 | zum langen Pfeffer |
| | 45 | zum Silberberg |
| | 45 | zum Vehinort |
| | 45 | Weißlederers Trinkstube |
| | 46 | Neues Bad |
| | 46/48 | zum Hosseleben |
| | 46/48 | zum Hut |
| | 46/48 | zur Hutte |
| | 46/48 | zum Richtbrunnen |
| Gerbergasse | 47 | zur großen Treu |
| | 47 | zum Vecheneck |
| | 48 | zum neuen Bad |
| | 48 | alte Badstube |
| | 49 | zur kleinen Treu |
| | 50 | zum Fürstenberg |
| | 50 | zur Wolfsschlucht |
| | 51 | zum schwarzen Kolben |
| | 51 | zur hintern/obern Treu |
| | 51a | Grates Hus |
| | 51a/53 | zum Roggenbach |
| | 51a/53 | zum Roggenberg |
| | 51a/53 | zum Roggenburg |
| | 52 | zum Boppen |
| | 52 | zum hintern/roten/vordern Krebs |
| | 53 | zum Rogwiler |
| | 53 | zum Ruderbach |
| | 53 | Scheflibergers Hus |
| | 54 | zum Hauenstein |
| | 54 | zum Hochstein |
| | 54 | zum Hohemberg |
| | 54 | Hosteins Hus |
| | 54 | zum hangenden Stein |
| | 55 | Bodmingers Hus |
| | 55 | zum Gutenstein |
| | 55 | zum guten Stein |
| | 56 | zur niedern/obern/vordern Burg |
| | 56 | zur Niederburg |
| | 56 | zum großen Stein |
| | 56 | zum Steineck |
| | 57 | zu den drei/zum schwarzen Bären |
| | 57 | zum Berlin |
| | 57 | zur kurzen Elle |
| | 57 | zum Luterburg |
| | 57 | zum Schlierbach |
| | 58 | zur Oberburg |
| | 59 | Horners Hus |
| | 59 | Joners Hus |
| | 59 | zum Steinfels |
| | 59 | zum Tremel |
| | 59/61/63 | zum Helfenstein |
| | 60 | zum Ettinger |
| | 60 | Rotes Haus |
| | 60 | zur langen Leiter |
| | 60 | zur Orleiter |
| | 61 | zum Löwenstein |
| | 61/63 | zum Neuenstein |
| | 62 | zum Igel |
| | 62 | zum Igelberg |
| | 62 | zur Igelburg |
| | 63 | zum Skorpion |
| | 64 | zum roten Haus |
| | 64 | zur Hecke |
| | 64 | zum Isener |
| | 64 | zum Meyenberg |
| | 64 | zum grünen Stein |
| | 64 | Studers Hus |
| | 64 | Zankers Hus |
| | 64 | Zapfengießers Hus |

98 Erinnerungstafel an der Gerbergasse 66. Die Inschrift zeigt, daß auf dem Areal der heutigen Liegenschaft einst drei Häuser standen: Ein Beispiel für die vielen kleinen Handwerkerhäuser, die im Laufe der letzten Jahrzehnte großen Geschäftshäusern weichen mußten!

| | | |
|---|---|---|
| Gerbergasse | 64/65 | zum Grünstein |
| | 65 | zur Lützelburg |
| | 65 | Lupolds Hus |
| | 65 | zur Scherppen |
| | 65 | zum Schorpen |
| | 65 | Supolts Hus |
| | 65 | Zahlers Hus |
| | 65 | Zellners Hus |
| | 66 | zum Hirtzkopf |
| | 66 | zum Hirzenhörnli |
| | 66 | zum roten Hirzhorn |
| | 66 | zum Hörnli |
| | 67 | Morlis Hus |
| | 67 | zum Weinsperg |
| | 67 | zum Wintersperg |
| | 68 | zum mittlern/niedern/obern Hoger |
| | 68 | zum niedern Hoggen |
| | 68 | zur Rose |
| | 69 | zum Galander |
| | 69 | zum Landern |
| | 70 | zum Hoger |
| | 71 | zum Wenkenberg |
| | 71 | zur Wolkenburg |
| | 71/73 | zum schwarzen Eber |
| | 72 | Pulchers Hus |
| | 72 | zum Schleifstein |
| | 72 | Schöns Hus |
| | 72 | zum Snotzli |
| | 72/74 | Rappenhaus |
| | 73 | zum schwarzen Eber |
| | 73 | zur Glocke |
| | 73 | zur Isenburg |
| | 73 | zum Pruntrut |
| | 74 | zum Büttenberg |
| | 74 | Grentzingers Hus |
| | 74 | zum goldenen Knopf |
| | 74 | Schatzes Hus |
| | 74 | Wighaus |
| | 75 | zum Fürst |
| | 75 | zum Fürstenberg |
| | 75/77 | zur Faust |
| | 75/77 | zum Funst |
| | 75/77 | Nagerin Hus |
| | 75/77 | zum Neger |
| | 75/77 | zum Nöggers |
| | 76 | Eppelmans Hus |
| | 76 | zum Hullerin |
| | 76 | zum Känel |
| | 76 | zum goldenen Kopf |
| | 76 | Oppelmans Hus |
| | 76 | zum Strauß |
| | 76 | Vögelins Hus |
| | 77 | zum Biber |
| | 77 | zum Biberstein |
| | 77 | zur Kerze |
| | 78 | zum Columbaria |
| | 78 | zum Lütoldsdorf |
| | 78 | zum blauen Ring |
| | 78/80 | zum heiligen Lamm |
| | 79 | Börlis Hus |
| | 79 | Boners Hus |

99 Am Gerbergäßlein. Der Durchblick hält einen Ausschnitt des Gerbergasse-Hinterhauses zum Igelberg fest, das 1409 als selbständige Liegenschaft erscheint. Ulrich Mettnower genannt Münzer verkaufte die ‹Hofstatt hinden wider Sant Leonhards Berg wider dem obern Birsich› dem Schlosser Henman Halder um 75 Pfund.

| | | |
|---|---|---|
| Gerbergasse | 79 | zum Hohenfels |
| | 79 | zur Isenburg |
| | 79 | zum Jettingen |
| | 79 | zum Lütingen |
| | 79 | zum Utingen |
| | 79 | zum Wettingen |
| | 80 | zum grünen/krummen/roten Ring |
| | 81 | zur Schere |
| | 82 | zur Eiche |
| | 82 | zum Gitterlein |
| | 82 | zum Gütterlein |
| | 82 | zum goldenen Lämmlein |
| | 82 | Oppelmans Hus |
| | 82 | zum Schäflein |
| | 83 | Götzens Hus |
| | 84 | zum weißen Adler |
| | 84 | zum Bättwil |
| | 84 | Stadthof |
| | 84 | zur Streitaxt |
| | 85 | zum Lüpolt |
| | 85 | zum Solothurn |
| | 87 | zum Marder |
| | 89 | zum grünen Eck |
| | 89 | zum Grüneck |
| | 89 | zum Hornberg |
| | 89 | zur schwarzen Kugel |
| | 89 | zum Lobenberg |
| | 89 | zum Pippenberg |
| | 89 | Reißens Hus |
| | 89 | zum untern kleinen Riesen |
| | 89a | zum Horn |
| | 91 | zum Babenberg |
| | 91 | zum weißen Eck |
| | 91 | zur weißen Platte |
| Hintere Gerbergasse | | siehe Münzgäßlein |
| Unter den Gerbern | | siehe Gerbergäßlein/Gerbergasse |
| Unter den obern Gerbern | | siehe Gerbergäßlein |
| Glockengasse | | siehe Sattelgasse |
| Goldbrunnengäßlein | | siehe Petersberg |
| Goldgäßlein | | siehe Rheingasse/Utengasse |
| Gotterbarmweg (heute Im Surinam) | 10 | Bannwartshäuschen |
| Hinterer Gotterbarmweg | | siehe Hintere Bahnhofstraße |
| Hinterer Graben | | siehe St.-Johanns-Vorstadt |
| Greifengasse (Alte Nummern 19/21/23 heute Nummer 17, 25/27 = 19, 29/31/33 = 21, 35/37/39 = 23) | | |
| | 1 | zum Dorneck |
| | 1 | zum schönen Eck |
| | 1 | Kneblins Hus |
| | 1 | zum Laubberg |
| | 1 | Mödelis Hus |
| | 1 | zum Nideck |
| | 1 | zum Oberstein |
| | 1 | zum Schalbach |
| | 1 | zur Schalen |
| | 1 | Schlachthaus |
| | 1 | zum Schönenwerd |
| Greifengasse | 1 | zum Tunsel |
| | 1 | zum Waldeck |
| | 1 | zum Wildeck |
| gegenüber von 1 | | zum Giegeneck |
| | 2 | Bruckhaus |
| | 2 | Café Spitz |
| | 2 | zum neuen Gesellschaftshaus |
| | 2 | zum Gutenau |
| | 2 | Rathaus |
| | 2 | Richthaus |
| | 2 | zum Schwalbennest |
| | 2/14 | Emerachs Gesäße |
| | 3 | zum Gurtnau |
| | 4 | zum Brandeck |
| | 5 | zum roten Krebs |
| | 6 | zum Blotzheim |
| | 6 | zum Pforzheim |
| | 6 | zum alten Schluch |
| | 7 | zum Lichtenberg |
| | 7 | zum Lichtenstein |
| | 8 | zum Tiergarten |
| | 9 | zum Greuel |
| | 9 | zum Krayel |
| | 9 | zum Kreuel |
| | 10 | zum kleinen gelben Löwen |
| | 10 | zur Löwenburg |
| | 11 | zum silbernen Löwen |
| | 12 | zum Brandeck |
| | 12 | zum Mayen |
| | 12 | zum Meyenberg |
| | 12 | zum Rosenstock |
| | 13 | zum gelben/goldenen/roten Löwen |
| | 14 | zum Kilchberg |
| | 15 | zum Schönau |
| | 15 | zur Schwanau |
| | 16 | zum Samariter-Sod |
| | 16 | zum obern Sod |
| | 16 | zum Sodeck |
| | 15/17 | zum Lörrach |
| | 17 | zum kleinen/niedern/obern/untern Haltingen |
| | 17 | zum schönen Keller |
| | 18 | zum roten Brunnen |
| | 18 | zum Jäger |
| | 18 | zum Kindeck |
| | 18 | zum Kinden |
| | 18 | zum König |
| | 18 | zum goldenen/roten Löwen |
| | 19 | zum alten Einhorn |
| | 19 | zur Traube |
| | 20 | zum Sterneneck |
| | 21 | zum Efringen |
| | 21 | zum Gilgenberg |
| | 21 | zu den drei Gilgenbrunnen |
| | 21 | zu den drei Gilgenkronen |
| | 21 | zum Lilienberg |
| | 21 | zum Weitnau |
| | 22 | zum alten/gelben/goldenen/großen/kleinen schwarzen Sternen |
| | 23 | zum roten Eichhorn |

*Sonett an Basel*

Grüß' Gott, du Baselstadt am grünen Rhein!
Durchs gleiche Bette, drin die alten zogen,
Entrauschen heut noch seine jungen Wogen,
Schaun von der Pfalz die Münstertürme drein.

An deinen Ufern reift der alte Wein,
Die Musen sind, wie vormals, dir gewogen,
Und die des Weines wie der Weisheit pflogen,
Sie kehren immer gerne bei dir ein.

Durch deine Gassen tönt noch Burschensang,
Noch freut sich Jugendlust und Jugendstreben:
Das alte Treiben, das doch ewig neu.

Drum will ich danken dir mein Leben lang
Das Jugendglück, das du auch mir gegeben;
Drum preis' ich dich, daß du dir bliebest treu!

Arnold von Salis
(1847–1923)

100 *Der prächtige barocke Löwe über dem Portal des Hauses zum goldenen Löwen an der St.-Alban-Vorstadt 36/38. Noch im Herbst 1958 stand das um 1740 in französischem Geschmack errichtete Patrizierhaus auf der rechten Seite am Eingang zur Aeschenvorstadt (4). 1962 erlaubten glückliche Umstände den Wiederaufbau seiner stilvollen Fassade an der St.-Alban-Vorstadt.*

| | | | | |
|---|---|---|---|---|
| Greifengasse | 23 | zum roten Einhorn | Greifengasse 36 | zum Tüllingen |
| | 24 | zum Ofen | 37 | zum Abue |
| | 24 | zum Sternenberg | 37 | zum Schlettstadt |
| | 25 | zum gelben/obern Eichhorn | 38 | zur alten Schmitte |
| | 25 | zum alten/gelben/obern Einhorn | 38/40 | zum Kilchen |
| | 26 | zum Hafen | 38/40 | zum Sonnenberg |
| | 26 | zum Hoven | 38/40 | zur Tanne |
| | 27 | zum Weitnau | 39 | zum Efringen |
| | 28 | zum Biber | 39 | zum Wildenstein |
| | 28 | zur Schloßburg | 40 | zur kleinen Scheuer |
| | 29 | zum goldenen Greifen | Grellingerstraße 12 | zum schönen Hof |
| | 30 | zum Bergkein | 87 | zum Ölzweig |
| | 30 | zum Berglein | Grempergasse | siehe Greifengasse |
| | 31 | zum kleinen Greifen | Grenzacherstraße 82 | zum Gesellschaftsgarten |
| | 32 | zur Lenzburg | 93 | zum Fallgatter |
| | 32 | zum Wettingen | 128 | zum Biergarten |
| | 33 | zum großen Greifen | 106 | zum Rosengarten |
| | 33 | zum hohen Haus | 119 | Grenzacherhof |
| | 33 | zum Schnabel | 124 | zur Rheinburg |
| | 34 | zum Thierstein | 136 | zur Laube |
| | 34 | zur Traube | 174 | zum Eben-Ezer |
| | 34 | Vollmars Hus | 206 | zur Solitude |
| | 34 | zum Volman | 213 | zum Kutty |
| | 34 | Wulmans Hus | 305 | zum Rank |
| | 35 | zur Greifenscheune | 305 | zum Rebeneck |
| | 35/37 | Schlatthof | 325 | Rankhof |
| | | | 405 | zum Bellerive |
| | | | 419 | zum Landauer |
| | | | 451 | zur schönen Aussicht |
| | | | 487 | Bierburg |
| | | | 487 | Sternenberg-Bierkeller |
| | | | Grünpfahlgäßlein 1 | zum schwarzen Adler |
| | | | 1 | Judenschule |
| | | | 1 | zum goldenen Schnabel |
| | | | 2 | zum Hammeneck |
| | | | 2 | zum Hammerwerk |
| | | | 5 | zum kleinen Mühlestein |
| | | | 6 | zum Bucken |
| | | | 6 | zum grünen Pfahl |
| | | | 6 | zum Pfirsichbaum |
| | | | 8 | Lutrichs Hus |
| | | | 8 | zum Stetenberg |
| | | | 8 | zum Stollenberg |
| | | | Güterweg | siehe Sternengasse |
| | | | Gundeldingerstraße 170 | Engelsches Gut |
| | | | 170 | Vorderes Gundeldingen |
| | | | 280 | Unteres mittleres Gundeldingen |
| | | | 280 | Thomas-Platter-Haus |
| | | | 290 | zum Baumgarten |
| | | | 326 | Christ-Ehingersches Gut |
| | | | 446 | Großes Gundeldingen |
| | | | 446 | Heilsarmeeschlößchen |
| | | | Gundoldsbrunnengasse | siehe Spiegelgasse |

| | |
|---|---|
| Hagersgäßlein | siehe Rheingasse/Utengasse |
| Beim Halseisen | siehe Marktplatz |
| Hammerstraße 2/4 | Lohmühle und Heuwaage |
| 23 | Ryhinersches Landhaus |

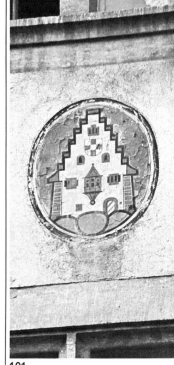

101

102

101 Fassadenschmuck am Heuberg 24. Die Malerei am Haus zum Mörsberg, das 1366 im Mitbesitz des Ritters Peter von Mörsberg ist, zeigt den Stammsitz der zeitweilig mit dem Basler Bürgerrecht ausgestatteten Herren von Mörsberg in der Grafschaft Pfirt.

102 Das Haus zum Lorbeerkranz am Heuberg 17. Das typische Basler Kleinmeisterhaus besticht besonders durch seine strengen, nüchternen Formen. Die Louis-XVI-Türe mit dem zierlichen Lorbeerkranz über dem Türsturz ist durch eine dreifache Stufung gefaßt. Bruder Berchtold von Ruderbach, der das ‹Hus uf Sant Lienhartzberg› 1327 an Schwester Agnes von Sept verkauft, ist als erster Besitzer bekannt.

| | |
|---|---|
| Hammerstraße 56 | St. Clarahof |
| 66 | zur Treu |
| 70/72 | zur Freudenquelle |
| Hardstraße 28 | Eisenhof |
| 52 | Hardhof |
| Harnischgäßlein | siehe Schwanengasse |
| Harzgrabengäßlein | siehe St.-Alban-Vorstadt |
| Hasenberg 5 | zur Schnabelweide |
| 9 | zur Hasenburg |
| Hasengäßlein | siehe Rittergasse |
| Hebelstraße | siehe Neue Vorstadt |
| Hegenheimerstraße 2 | Milchhäuslein |
| 33 | Wasenmeisterei |
| Heimatgasse | siehe Hintere Bahnhofstraße |
| Henkersgäßlein | siehe Kohlenberggasse |
| Herbergsberg | siehe Petersgasse |
| Herbergsgasse 2 | Elendenherberge |
| 2 | Münchshof |
| 2/4/6 | Mönchhof |
| 7 | zum lieben Augustin |
| Herdgäßlein | siehe Karl-Jaspers-Allee |
| Heuberg 2 | zum gelben/goldenen Löwen |
| 2 | zur Löwengrube |
| 2 | zur Zimmeraxt |
| 3/7 | Eichlers Hus |
| 3/7 | Leimenhof |
| 3/7 | Ryspachhof |
| 3/7 | zum Schlierbach |
| 3/7 | zum Schweinespieß |
| 3/7 | zum Spieß |
| 3/7 | Spießhof |
| 4 | zur Axt |
| 4 | zu den drei grünen Bergen |
| 4 | zum Grünenberg |
| 4 | zum Jagberg |
| 6 | Karrers Hofstatt |
| 6 | zum Paradies |
| 7 | zum Ehrenberg |
| 7 | zum Kirschbaum |
| 8 | zum Liebenstein |
| 8 | zum Schüren |
| 10 | zum Aarau |
| 10 | zum hintern Schaub |
| 11 | zum Neuenpfirt |
| 12 | zum obern Aarau |
| 12 | Bockschedels Hus |
| 12 | Gernlers Hus |
| 12 | zum Marx-Schürlin |
| 12 | zum Üttingen |
| 12/13 | zum Laufen |
| 13 | zum Kellerladen |
| 13 | zur Scheune |
| 14 | zum Bockschell |
| 14 | zum Höflein |
| 14 | zum Seidenhut |
| 15 | zum Sigkust |
| 15 | zum Specht |
| 15 | zum Sternenberg |
| 16 | zum Breisach |
| 16 | zum Spiegel |
| 17 | zum Lorbeerkranz |
| 17 | zum Ruderbach |

103 Das Haus zum obern Aarau am Heuberg 12. Das Rundbogenportal gehört zu einem der schönsten spätgotischen Baudenkmäler der Stadt. Von Ulricus von Aarau, der hier um das Jahr 1300 im ‹Ofenhus uf sant Lenhartzberge› eine Bäckerei betrieb, hat das Haus den Namen übernommen.

| | | | | |
|---|---|---|---|---|
| Heuberg | 18 | zum Engel | Heuberg 38 | zum Winkel |
| | 18 | zum Engelberg | 40 | Urlis Hus |
| | 18 | zur Engelsburg | 40 | zum blauen Vogel |
| | 18 | zum Schliengen | 40/42 | zum Turm |
| | 19 | Herzogs Hus | 40/42 | zum roten Widder |
| | 19 | zum Tröttlin | 42 | zum roten Mann |
| | 19 | Trutlins Hus | 44 | zum Blauenstein |
| | 20 | zum Helfenberg | 44 | Sunderstorf Hus |
| | 20 | zum Helfenstein | 46 | zum Docketenkänsterli |
| | 20 | zum Karolspach | 48 | Frauenhaus |
| | 20 | zur Schere | 48 | zur Hasenburg |
| | 20 | Seraphins Hus | 48 | zum Lüphenstein |
| | 20 | zum Vicedoms Turm | 48 | zum Ölenberg |
| | 20 | zum Waldteufel | 48 | Schule |
| | 21 | zum Benken | 48 | zum Winkel |
| | 21 | Böngkens Hus | 48 | Winkelhaus |
| | 21 | zum Lützel | 50 | zum Engel |
| | 22 | zum Blotzheim | 50 | zum Engelskopf |
| | 22 | zum Landshut | 50 | zum St. Leonhard |
| | 22 | zum Waldshut | 50 | auf der hölzernen Stege |
| | 24 | zum Ehrenfels | Unterer Heuberg 1 | zum Rothenburg |
| | 24 | zum hohen Giebel | 1 | zum Schleifstein |
| | 24 | zum Mörsberg | 2/4 | zum St. Gallen und Laufenburg |
| | 25 | zur schwarzen Herberge | | |
| | 25 | Frießen Hus | 2/4 | zum Laufenburg |
| | 25 | zum Wildenstein | 2/4 | zum schwarzen Rappen |
| | 26/28 | zum Löwenberg | 2/4 | zum schwarzen Ritter |
| | 26/28/30 | zum Eptingen | 3 | zum scharfen Eck |
| | 26/28/30 | Staufferhof | 3 | zum alten Scharben |
| | 26/28/30 | Wegenstetterhof | 3 | zum Scherben |
| | 26/28/30 | zum Wind | 3 | Zschoppens Hus |
| | 26/28/30 | zum Windeck | 5 | Judensynagoge |
| | 26/28/30/32 | Vitztumshof | 5/7/9 | zum Abt |
| | 33 | zu den drei Mönchen | 5/7/9 | zum grünen Schild |
| | 27 | zum roten Eck | 7 | zur Gemse |
| | 27 | Kochhus | 8 | zum Tröttlin |
| | 27 | zum Roteneck | 9 | zur Schüre |
| gegenüber von | 27 | Leutpriesterei | 11 | zur Reblaube |
| | 28/30 | Truchsesserhof | 11/13 | zur Steinwand |
| | 30/32 | Pfirterhof | 13 | zum Brotfraz |
| | 31/33 | zum Münchendorf | 13 | zum Volkeri |
| | 31/33 | zu den drei Mönchen | 15 | Geilers Hus |
| | 32 | zum goldenen Fels | 15 | Hombergs Hus |
| | 32 | zur Feuerglocke | 15 | Mermans Hus |
| | 32 | Weißes Haus | 17/19 | zum Tanneck |
| | 32 | Konzlins Hus | 18 | Frießen Hus |
| | 32 | Krafts Hus | 18 | zum Gernery |
| | 32 | Schönkindenhof | 18 | zum Wildenstein |
| | 32 | Wises Hus | 21 | zum Sykust |
| | 33 | zum Ebheu | 21 | Synagoge |
| | 33 | Frey-Grynäum | 25 | zum Schrimpfen |
| | 33 | Sennenhof | 25 | zum Wildenstein |
| | 34 | Gansers Hus | Unten an dem Heuberg | siehe Rümelinsplatz |
| | 34 | zum Gluggerturm | Vorderer Heuberg | siehe Heuberg |
| | 34 | Wenzwilers Hus | Heuberggäßlein | siehe Trillengäßlein |
| | 34/36/38 | zum Täublein | Heubergsprung | siehe Gemsberg |
| | 36 | zu den drei Mönchen | Heumattstraße 1 | Materialverwaltung |
| | 36 | zur Taube | 14 | zum neuen Quartier |
| | 38 | Haderers Hus | Hiltmansgäßlein | siehe Rheingasse/ Schafgäßlein |
| | 38 | zum weißen Schild | | |
| | 38 | zum Specht | Hinderarsgäßlein | siehe Sattelgasse |
| | 38 | zur weißen Taube | Hindergasse | siehe Stiftsgasse |

104

104 Hauszeichen am Heuberg 25. Die Bezeichnung bringt den Beruf des Besitzers zum Ausdruck. Kaminfegermeister Rudolf Wassermann hat das Original um 1840 anbringen lassen.

▶

105 Die in einer prachtvollen Kartusche gefaßte Hausinschrift über dem Hauptportal des Spießhofs am Heuberg 4. Die Jahreszahl 1724 vermerkt die Errichtung des Barockflügels durch Niclaus Harscher. Prominentester Besitzer des ‹Huß zoum Spieß› (1293) ist David Joris, ein begüterter Glaubensflüchtling aus den Niederlanden, der in Basel bald hohes Ansehen genießt. Nach dem Tode Jan van Brügges (1556), wie sich der gebildete, weltgewandte Edelmann in Basel nannte, klärt sich dessen ‹erzketzerische› Vergangenheit. Sein Leichnam wird exhumiert und auf der Richtstätte vor dem Steinentor im Beisein von Tausenden von Zuschauern feierlich verbrannt.

| | | | | |
|---|---|---|---|---|
| Hirschgäßlein | 3 | Hirschenschmiede | Horburgstraße 163 | Wiesenbannwartwohnung |
| | 5/9/13/15 | zur Hunckele | Horngasse | siehe Spiegelgasse |
| | 5/9/13/15 | zum Unkelin | Humbelinsgäßlein | siehe Hirschgäßlein/ Sternengasse |
| | 17 | zum Judenkirchhof | | |
| Hirzengäßlein | | siehe Hirschgäßlein/ Sternengasse | Hunggelinsgäßlein | siehe Hirschgäßlein/ Sternengasse |
| Holeestraße | 158 | Holeehaus | Hutgasse | 1 | zum Hund |
| Holzplatz | | siehe Barfüßerplatz | | 1 | zum gelben/goldenen Wind |
| Hirzbodenweg | 42 | zum Greifenstein | | 1/3/5 | zum Windhund |
| | 43 | zur Hirzmatt | | 2 | zum weißen Angel |
| Holbeinstraße | 9 | zum Mostacker | | 2 | zum Angelberg |
| Horburgstraße | 1 | zu den drei Rosen | | 2 | zum Engel |
| | 4 | zum kleinen Byfang | | 2 | zum Freudenberg |
| | 98 | zum Horburg | | 2 | zum Freudenboltz |
| | 122 | Bannwarthäuschen | | 2 | zum Oppenheim |
| | 127 | zur Batterie | | 2 | zum obern Reff |

106

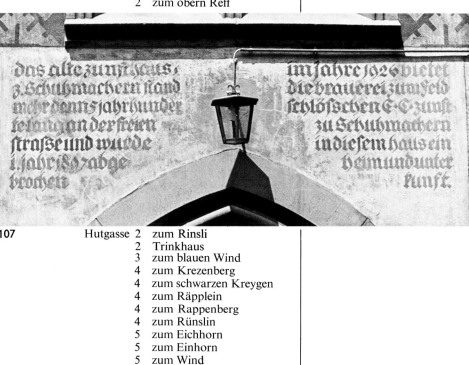

107

| | | |
|---|---|---|
| Hutgasse | 2 | zum Rinsli |
| | 2 | Trinkhaus |
| | 3 | zum blauen Wind |
| | 4 | zum Krezenberg |
| | 4 | zum schwarzen Kreygen |
| | 4 | zum Räpplein |
| | 4 | zum Rappenberg |
| | 4 | zum Rünslin |
| | 5 | zum Eichhorn |
| | 5 | zum Einhorn |
| | 5 | zum Wind |
| | 6 | zum Krayel |
| | 6 | zum Krewen |
| | 6 | zur Schuhmachernzunft |
| | 7 | zum untern/vordern Pfannenberg |
| | 7/9 | Rypenlöwlis Hus |
| | 8 | zum Sausenberg |
| | 8 | zum Schloß Sausenburg |
| | 9 | Heitzmanns Hus |
| | 9 | zum hintern Pfannenberg |
| | 9 | Pflegelers Hus |
| | 10 | Apotheke |
| | 10 | zur neuen Glocke |
| | 10 | Steinlins Hus |
| | 10 | Winartins Hus |
| | 11/15 | zum obern Pfannenberg |
| | 12 | Schabers Hus |
| | 12 | zum grünen/hohen Turm |

106 Das Haus zum Scharben am untern Heuberg 3. Das schlichte Barockportal hat 1746 Schuhmacher Johannes Beckel in Auftrag gegeben, der zur ‹Überbesserung seiner Eckbehausung› bei seiner Schwägerin Anna Maria Nodler eine Hypothek von 323 Pfund aufnimmt und sie dafür ‹an die Kost› nehmen muß.

107 Fassadenausschnitt des Zunfthauses zu Schuhmachern an der Hutgasse 6. 1926 erhält die Zunft, deren ‹Trinkstube› an der Freien Straße 52 1897 einem Neubau hatte weichen müssen, eine neue Stätte der Begegnung; in Anlehnung an die zünftische Tradition in neogotischem Stil. Die Fassadenmalerei entstammt der Hand Burkhard Mangolds.

| | | |
|---|---|---|
| Hutgasse | 13 | zum Lörrach |
| | 13 | zum Schüler |
| | 13 | Schulers Hus |
| | 13/15 | zum Paradies |
| | 14 | zum Pflug |
| | 14 | zum Pflugberg |
| | 14 | zum Sevibom |
| | 15 | zum kleinen Paris |
| | 15 | zum schwarzen Stern |
| | 16 | zum vordern Hüeter |
| | 16 | zum Schwibbogen |
| | 16 | zum Steinbock |
| | 16 | zum Steinbogen |
| | 16/18 | zum Schläfer |
| | 17 | zur niedern/untern Laßburg |
| | 17 | zum obern Losberg |
| | 17 | Ebners Hus |
| | 18 | Berners Hus |
| | 18 | zum Delsberg |
| | 18 | zum Grentzingen |
| | 18 | zum hintern Hüeter |
| | 18 | zum Roggenberg |
| | 19 | Brotmeisters Hus |
| | 19 | zum weißen und schwarzen Widder |
| | 20 | zum hohen Hattstatt |
| | 20 | zum Magstatt |
| | 20 | zum goldenen Schwert |
| | 20/22 | zum Schneeberg |
| | 21 | zum Rindsfuß |
| | 21 | zur Stampfe |
| | 22 | zum niedern Hattstatt |
| | 23 | Schneckenhäuslein |
| | 23 | zum Sikust |
| | 23 | zum Silberberg |
| | 23 | Wetzels Hus, des bösen |
| | 24 | zum blauen/goldenen/ grünen Schild |
| | 24 | zum Wachtmeister |
| Hutmachergasse | | siehe Hutgasse |

| | | |
|---|---|---|
| Iltisgäßlein | | siehe Rebgasse (15) |
| Imbergäßlein | 1 | zum Hirzhorn |
| | 1 | zum Roggenbach |
| | 1 | zum Roggenberg |
| | 1 | zur Sommerau |
| | 2 | Wachtmeisterin Hofstatt |
| | 3 | zum schwarzen Einhorn |
| | 3 | zur schwarzen Flasche |
| | 3 | zum schwarzen Hirzhorn |
| | 4 | Meders Pfrundhaus |
| | 5 | zur Flasche |
| | 6 | zur gelben Schraube II |
| | 6 | Stamlers Pfrundhaus |
| | 6 | zum Strauben |
| | 7 | zur Haselstaude |
| | 7 | Schinznachs Hus |
| | 8 | zur gelben Schnecke |

108

108 *Spitzweg-Idyll am Imbergäßlein, wo einst die Gewürzkrämer ihre kostbare Ware feilboten. Im Hintergrund der Durchgang zum Haus zum Imber am Andreasplatz 8. Rechts das Haus zur Haselstaude, dessen schlichte gotische Türe von einem romantischen Pultdach überwölbt ist. 1527 verkauft Heman Eichler, der Zöllner an der Birsbrücke, das den Herren von St.Peter zinspflichtige ‹Hus im Imbergeßli am Eck› um 60 Gulden dem Buchdrucker Lienhart Koch.*

| | | |
|---|---|---|
| Imbergäßlein | 12/13 | zur Gans |
| | 14 | zur Ente |
| | 15 | zum kleinen Kirschgarten |
| | 19 | Spalenhof |
| | 20 | zum Orient |
| | 20/22 | zum Hypokras |
| | 22 | zum blauen Berg |
| | 22 | zum Eichhörnlein |
| | 22 | zum Einhorn |
| | 23 | zum Laubeck |
| | 24/26/28 | zum Blumeneck |
| gegenüber von | 25 | zum Eche |
| | 25/27 | zum Eichbaum |
| | 25/27 | zur Eiche |
| | 26 | zum untern Blumenberg |
| | 26/28 | zum kleinen Imber |
| | 28 | zum obern Blumenberg |
| | 29 | zum Narren |
| | 29 | zur Stampfe |
| | 30 | zum Imber |
| | 31 | zum Altnach |
| | 31 | zum Altwyß |
| | 31 | zum großen Christoffel |
| | 33 | Grempers Hus |
| Kleines Imbergäßlein | | siehe Imbergäßlein |
| Isenlinsgäßlein | | siehe Brunngäßlein |

| | | |
|---|---|---|
| St.-Jakobs-Gäßlein | | siehe Sternengasse |
| St.-Jakobs-Straße | 3 | zum Biergarten |
| | 4/6 | zum Botanischen Garten |
| | 54 | zum Obstgarten |
| | 99 | Luftmatt |
| St.-Johanns-Graben | | siehe Petersgraben |
| Beim St.-Johanns-Kirchhof | | siehe St.-Johanns-Vorstadt |
| St.-Johanns-Vorstadt | 2 | zum Kreuz |
| | 2 | zum Largen |
| | 2 | zum Lörchen |
| | 2a | Eisenbahnhof |
| | 3 | zum Landsperg |
| | 3 | Reinacherhof |
| gegenüber von | 3 | zum Fuchs |
| | 4 | Bockstecherhof |
| | 4 | zum Roseck |
| | 4/6 | zum schwarzen Mohren |
| | 5 | zum großen/mittlern Ulm |
| | 7 | zum kleinen Ulm |
| | 7/8 | zum roten Bär |
| | 8/10 | Friburgers Hus |
| | 9 | zum gelben/goldenen Horn |
| | 10/12 | zum Sod |
| | 11 | zum Mulbaum |
| | 11 | zur Schäferei |
| | 11 | zur Schaffnei |
| | 11/13 | zum Grisen |
| | 13 | zum gemeinsamen Ende |
| | 13 | zum Pfauen |
| | 13 | zum Wildenberg |
| | 13 | zum Wildenstein |
| | 14 | zum Colmar |

109 Das Portal zum Erlacherhofeck an der St.-Johanns-Vorstadt 15. Die ursprünglichen Initialen C.v.M. im Oberlicht des gediegenen Zeugnisses frühesten klassizistischen Kunsthandwerks deuteten auf den berühmten Kupferstecher Christian von Mechel, der im Erlacherhof Anno 1775 und 1779 Goethe und Anno 1777 Kaiser Joseph II. empfangen hat.

110 Der Reinacherhof an der St.-Johanns-Vorstadt 3. Nur mit seinem schmalen Flügel an die Vorstadt stoßend, erhebt sich der Haupttrakt des stattlichen Spätbarockbaus quer gegen die Predigerkirche. Johannes Ryhiner-Iselin dürfte den stilvollen Patriziersitz um 1760 auf dem ehemaligen Boden des Junkers Hans Rudolf von Reinach (1590) erbaut haben lassen. Der geschäftstüchtige Indiennefabrikant stellte seine Kräfte auch dem Gemeinwesen zur Verfügung, bekleidete er doch das Amt des Oberstzunftmeisters und erreichte ein Jahr vor seinem Tode auch noch die Würde des Bürgermeisters.

| | | |
|---|---|---|
| St.-Johanns-Vorstadt | 14 | zum Fröwlin |
| | 14 | zum Kaiserberg |
| | 14 | zur kleinen Mägd |
| | 14 | Nierin Hus |
| | 15 | zum St. Christoffel |
| | 15 | zum gemeinen End |
| | 15 | zum Erlacherhofeck |
| | 15 | zum Horn |
| | 15/17 | zum gemeinen Ort |
| | 15/17 | zum Ulm |
| | 16 | zum Altingen |
| | 16 | zur leeren Flasche |
| | 16 | zum Kreuz |
| | 16 | zum Rosenkranz |
| | 16 | zum Stetten |
| | 16/18 | zum Luterbach |
| | 16/18 | zum Mörenberg |
| gegenüber von 16/18 | | zum Bischofstein |
| gegenüber von 17 | | Efringer Garten |
| | 17 | Erlacherhof |
| | 17 | Münchshof |
| | 17 | Schlierbachhof |
| | 17 | zur hohen Schwelle |
| | 17 | Stammlershof |
| | 18 | zur gelben Gilge |
| | 18 | zum gelben Klee |
| | 18 | zur gelben Lilie |
| | 18 | zur Meise |
| | 19 | Gebharts Hus |
| | 19 | zur Haselstaude |
| | 19 | zur hohen/schwarzen Säule |
| | 19 | zum hohen Stud |
| | 19/21 | Ackermannshof |
| | 20 | Bachhäuslein |
| | 20 | zum Gilgenberg |
| | 20 | zum gelben Hammer |

111

| | | |
|---|---|---|
| St.-Johanns-Vorstadt | 20 | zum gelben Kreuz |
| | 20 | Laufen Hus |
| | 20 | zum Mohr |
| | 20 | zum schwarzen Mohrenköpflein |
| | 22 | Holbeins Hus |
| | 22 | zum Breisach |
| | 22 | zum Lörrach |
| | 22 | zum Madbach |
| gegenüber von 22 | | Zerkinden Frauenhaus |
| | 23 | Bannwartshütte |
| | 23 | zum Colmar |

112

111 Hausinschrift an der St.-Johanns-Vorstadt 7. ‹Hus und Garten, das man nempt Klein Ulm› sind unter diesem Namen seit 1401 verbürgt. Als kaiserlicher Notar ist in der zweiten Hälfte des 13. Jahrhunderts Domherr Ulrich von Ulm bezeugt.

112 Das Haus zum Kreuz an der St.-Johanns-Vorstadt 2. Rechts das Haus zum goldenen Türkis. ‹Die Wohnbehausung zum Creütz gegen dem kleinen Todtentanz Thürlein› ist 1767 im Besitz des Posamenters Heinrich Kuhn, der von den ‹Inspectores des Zucht- und Waisenhauses› eine Hypothek von 1350 Gulden erhält.

| | | |
|---|---|---|
| St.-Johanns-Vorstadt | 23 | Hagenhof |
| | 23 | zur Hütte |
| | 23 | zur Mägd |
| | 23 | zum Rüntzli |
| | 23/25 | zum Jagberg |
| | 23/25 | zur Leiter |
| | 24 | Buchhaus |
| | 24 | Buchmagazin |
| | 25 | zum Iberg |
| | 25 | Killwarts Hus |
| | 25 | **zum Runsli** |
| | 25 | zur Waage |
| | 25/28 | zum Kreuz |
| | 26/28 | zum Hag |
| | 26/30/32/34 | zum Haselbusch |
| | 26/30/32/34 | zum Haselhurst |
| | 26/30/32/34 | zur Haselstaude |
| | 27 | Formonterhof |
| | 27 | zum schwarzen Kreuz |
| | 27 | Reitschule |
| | 28 | zum Hag |
| | 28 | Mutzlerin Hus |
| | 29 | zur Mägd |
| | 30 | zur weißen Gilge |
| | 30 | zur Haslen |
| | 30 | zum weißen Kreuz |
| | 30 | zur alten Seidenfärbe |
| | 31 | innerer St. Antonierhof |
| | 31 | Inneres Klösterli |
| | 31 | zum St. Urs |
| | 31 | im Winkel |
| | 31/33/35 | zum Strauß |
| | 32 | zum kleinen Johanniter |
| | 32 | zum Schäfer |
| | 32 | zum St. Wendelin |
| | 33 | St. Antonierhof, Klösterlein |
| | 34 | an der langen Stege |
| | 35 | zum Klösterlein |
| | 36 | zum schwarzen Kreuz |
| | 36 | Schuppens Hus |
| | 37 | zum roten Bären |
| | 37 | zum roten/schwarzen Eber |
| | 37 | zum Eberstein |
| | 38 | zum St. Antoniuskreuz |
| | 38 | Johanniterhof |
| | 39 | zum Kränzlein |
| | 39 | zum Schaf |
| | 39 | zum Scheppelin |

113

113 Hausinschrift an der St.-Johanns-Vorstadt 21. Die frühesten Nachrichten der Liegenschaft gehen auf das Jahr 1325 zurück, als Werner von Eptingen Haus und Hof des verstorbenen Heinrich Ackermann Ritter Werner Roth verleiht.

| | | |
|---|---|---|
| St.-Johanns-Vorstadt | 39 | Zscheppelins Hus |
| | 41 | Schafstall |
| | 41 | Schiris Hus |
| | 41/43 | zum Ehrenfels |
| | 41/43 | Wächtershof |
| | 41/43 | zum Wartenberg |
| | 41/43/45 | zum Wassereck |
| gegenüber von 42 | | zum Isenheim |
| gegenüber von 42 | | Tönierhof |
| | 43 | Turm in der Lottergasse |
| | 43 | Wächterhaus |
| | 43/45 | zum Irrgarten |
| | 44 | zum gelben Hammer |
| | 44 | zum Kerich |
| gegenüber von 44 | | Tengerhof |
| | 45 | zum grünen Wasen |

114 Die Häuser zur Meise und zur gelben Gilge an der St.-Johanns-Vorstadt 18. Die erstmals 1361 in einer Urkunde des Domstifts erwähnte Doppelliegenschaft ‹in der Vorstat ze Crütze› umfaßte ursprünglich ‹drey Hüser und Hofstatt, nämlich zwey aneinander und das dritt hinder denselben, uf dem Ryn gelegen›. Kürschner, Stubenschaber, Fischer, Goldschmiede, Steinmetzen, Bäcker, Samtweber, Schuhmacher, Kornmesser und Schreibmeister sind die Bewohner des bescheidenen Anwesens, das kurz nach der Reformation aus der Hand des Predigerklosters in bürgerlichen Besitz übergegangen war.

115 Die Häuser zum Colmar und zum Kaiserberg an der St.-Johanns-Vorstadt 14. In den zu einer Liegenschaft zusammengelegten Häusern errichtet Seidenfärber Peter Brand um das Jahr 1660 eine Färberei, die gegen 250 Jahre bestehenbleiben sollte. 1899 geht der letzte Riegelbau der St.-Johanns-Vorstadt zur Einrichtung einer Pfandleihanstalt (bis 1963) an den Kanton.

| | | |
|---|---|---|
| St.-Johanns-Vorstadt | 45 | zum Wesemlin |
| | 46 | zum Ellenbogen |
| | 46 | zum Sod |
| | 48 | zum St. Antenge |
| | 48 | Gölinen Hus |
| | 48 | Stegerin Hus |
| | 49 | zum Schwizerhüsli |
| | 50/54/56 | Beginenhaus |
| | 51/53/55 | zur leeren Flasche |
| | 52 | zum weißen Kreuz |
| | 52/54 | zum Klingnau |
| | 54/56 | zur St. Anna |
| | 54/56 | zum Riechen |
| | 54/56 | Schulers Hüser |
| | 56 | Köchlins Hus |
| | 56 | zur Susanna |
| | 58 | zur Fortuna |
| | 60 | Brünlis Hus |
| | 60 | Kötzingers Hus |
| | 61 | zum heiligen/kleinen Kreuz |
| | 61/63 | zur Waage |
| | 62 | zum weißen Himmel |
| | 62 | zum Koch |
| | 62 | zum weißen Schimmel |
| | 64 | zum schwarzen Kopf |
| | 67 | Krebsers Hüser |
| | 70 | zum Lämmlein |
| gegenüber von | 71 | zum St.-Johann-Kirchhof |
| | 72 | zum Kreuz |
| | 73 | Kapelle |
| | 74 | zum Blatt |
| | 74 | zum Tanz |
| | 74 | zum kleinen Wind |
| | 74 | zum Weberblatt |
| | 74 | zur kleinen Winde |
| | 76 | zur Armbrustwinde |
| | 76 | zum Krieg |
| | 76 | zur Winde |
| | 81 | St.-Johanns-Tor |
| | 84 | St.-Johanniter-Haus |
| | 106 | zur alten Wache |
| Innere St.-Johanns-Vorstadt | | siehe Blumenrain |
| Judengäßlein | | siehe Grünpfahlgäßlein |
| Judenschulgäßlein | | siehe Grünpfahlgäßlein |

**K**

| | | |
|---|---|---|
| Beim Känel | | siehe Barfüßerplatz/ Leonhardsberg/Lindenberg/ Rheingasse/Utengasse |
| Kaltkellergäßlein | | siehe Kellergäßlein |
| Kannenfeldstaße | 23 | zum Morgenstern |
| Kanonengasse | 1 | Knabenschulhaus |
| | 3/9 | Pulverturm |
| Kapellenstraße | 17 | Dalbehof |
| | 33 | zum hohen Weiler |
| Karl-Jaspers-Allee | 4 | zum Singer |
| Karlisgäßlein | | siehe Petersberg |
| Karrenhofgäßlein | | siehe Spalenvorstadt (16) |
| Kartausgasse | 1/3 | zum grauen Mann |
| | 4 | zum Kartauseckstall |

116

| | | |
|---|---|---|
| | Kartausgasse 5/7 | Altes Gießhaus |
| | 5/7/9 | zum Regenbogen |
| | 6 | Falkners Garten |
| | 8 | Sintzen Gesäße |
| | 8/9/10/15 | zu den Kartausreben |
| | 9 | altes Pfarrhaus |
| | 9/15 | Drilaps Garten |
| | 9 | zum Wandersmann |
| | 10 | Bischofs Baumgarten |
| | 11 | zum Trillapp |
| Kellergäßlein | 2 | zur alten Münze |
| | 4 | zum roten Hof |
| | 4 | zum kalten/langen Keller |
| | 6 | Pfarrhaus |
| | 7 | zum Gärtlein |
| | 7 | zum großen/schönen Keller |
| | 7 | zum kalten Kellereck |
| Beim Kener | | siehe Mühlenberg |
| Kilchberg | | siehe Mühlenberg |
| Kilchgäßlein | | siehe Kartausgasse/ Peterskirchplatz |

116 Hausinschrift an der St.-Johanns-Vorstadt 27. ‹Eine vornehme Dame, Wittib Johann Formonts de la Tour, ließ 1722 ein Haus neben der Mägd aufbauen, so kostbar als noch wenig Gebäuw in Basel aufgebauwen sind worden, sehr hoch und ungemein zierlich.›

117 Das Gesellschaftshaus zur Mägd an der St.-Johanns-Vorstadt 29. Von der schon 1366 genannten Liegenschaft ‹zer Megt (Jungfrau Maria), so gelegen ist ze St. Johans ze Crütz›, die der Wechsler Christian Knopf 1517 den ansässigen Hümpelern (Schiffleuten) verkauft, übernimmt die Vorstadtgesellschaft den Namen.

| | | |
|---|---|---|
| Kilchgasse | siehe Martinsgasse/Petersgasse/Riehentorstraße | |
| Niedere Kilchgasse | siehe Kartausgasse | |
| Obere Kilchgasse | siehe Kirchgasse | |
| Kilchgasse zu St. Peter | siehe Stiftsgasse | |
| Kilchrain | siehe Mühlenberg | |
| Kilchweg | siehe Mühlenberg | |
| Kirchgasse | 1 | Zieglerwohnung |
| | 4 | zur Gabel |
| | 4 | zum Schmiedberg |
| | 4/6 | zum Grünenstein |
| | 8 | Knabenschule zu St. Theodor |
| | 8 | Schmalzens Hus |
| | 8 | Schule |
| | 8 | zum Sod |
| | 8 | Zöckinhaus |
| | 11 | Provisorenwohnung |
| | 11/13 | zum Wintersingen |
| | 13 | Schulhaus St. Theodor |
| Beim Kirchhoftor | | siehe Barfüßerplatz |
| Kleinriehenstraße | 30 | zum Hirzbrunnen |
| | 30 | zum Hirschenbrunnen |
| Klingental | 1 | Drachenmühle |
| | 1 | Kleinhansenmühle |
| | 1 | Mittelmühle |
| | 1 | Mittlere Mühle |
| | 2/6 | Obere Mühle |
| | 2/6 | Rößleinmühle |
| | 2/6 | Seltensbergermühle |
| | 2/6 | Spatzenmühle |
| | 2/6/7 | Klingentalmühle |
| | 3/5 | Hintere Klingentalmühle |
| | 3/5/7 | Niedere Mühle |
| | 7 | Vordere Klingentalmühle |
| | 7 | Vordere Mühle |
| | 11 | Linsmeisters Hus |
| | 11 | Weberhaus |
| | 11/13/15 | Bichtigerhus |
| | 11/13/15 | Stadtschreiberei |
| | 13 | Appellations- und Kriminalgerichtsschreiberei |
| | 13 | Pfarrwohnung |
| | 14 | Bannwartshus |
| | 16 | Salzmagazin |
| | 17a | zur Münsterbauhütte |
| | 19 | zum kleinen Klingental |
| | 20/22 | Bannwartshus |
| | 21 | Spritzenhaus |
| | 26 | Pfarrwohnung |
| Niederes Klingental | | siehe Untere Rheingasse |
| Klingentalgraben | 33 | zum Bienenkorb |
| Klingentalstraße | 37 | zum schönen Hof |
| | 37 | zur frohen Hoffnung |
| | 67 | zum Rebstock |
| | 76 | Gustav-Benz-Haus |
| | 84 | zur Traube |
| Klosterberg | 2 | zum alten/neuen Besenstiel |
| | 4 | zum Schneckenhöflein |
| | 7 | zum Holzwurm |
| | 8 | zum Herren |
| | 8 | zum Paradies |
| | 9 | zum kleinen Widder |

118 Das Haus zum Kreuz an der St.-Johanns-Vorstadt 72. Die spätbarocke Liegenschaft in der äußern Vorstadt geht 1818 für einige Jahre in den Besitz von ‹Herrn Obrist Gustaf Adolph Gustavssohn›. Hinter dem einfachen ‹Bürger allhier› verbirgt sich kein Geringerer als Exkönig Gustav IV. Adolf von Schweden, der 1809 wegen unklugen politischen Verhaltens gegenüber Napoleon I. zur Abdankung gezwungen wurde.

*Die Zahl dreizehn*

Z'Basel und an andren Orte
Au in Derfren uf em Land
Isch e Zahl verschraue worde,
Die isch klai und wohlbikannt.
Lang scho isch der armi Schunke
In der Achtung grysli gsunke,
Isch verstoßen iberal!
Dryzäh haißt die ryd'gi Zahl.

Was het au die Zahl verschuldet,
Daß e Fluech fast uf're rueht,
Daß me si am Tisch nit duldet,
Und durane schyche thuet?
's mueß doch ebbis an're kläbe,
Daß si so verschupft im Läbe,
Und aim z'ferchte macht eso! –
Jo, das Ebbis waiß i scho!

Ungrad isch si – das isch 's Ibel,
Das macht si zuer Unglickszahl!
Nur der gradi Wäg, lehrt d'Bibel,
Loßt aim gar kai andri Wahl.
Ungrad handle alli Diebe,
Alli die, wo s' Besi liebe
Anstatt Redligkait und Rächt!
Dorum goht's der Zahl so schlächt.

Also, grad sy, das isch 's Rächti,
Grad im Läbe, bis in Tod!
Grad und offe gege 's Schlächti,
Grad au in der greste Not!
Grad im Gwärb und au im Handel,
Grad in Frindschaft und im Wandel,
Grad sy, gieng's dur Dinn und Dick,
Das bringt Säge, das bringt Glick!

Philipp Hindermann
(1796–1884)

| | | |
|---|---|---|
| Klosterberg | 11/15 | zum Widderlin |
| | 15/17 | zu den drei Geißböcken |
| | 17 | zum Tribock |
| | 19 | zum gelben Hammer |
| | 25 | zu kleinen Widderlin |
| | 25/27 | zum wilden Mann |
| | 31 | zum grünen Engel |
| Hinterer Klosterweg | | siehe St.-Alban-Kirchrain |
| Klybeckstraße | 240 | zur alten Rheinburg |
| | 246 | Klybeckschlößlein |
| | 248 | Pfarrhaus |
| Kohlenberg | 1 | zum Bremgarten |
| | 1 | zum Brenngarten |
| | 1 | Christoffels Hus |
| | 2 | Nagelschmiede |
| | 2 | Schulgebäude |
| | 3 | zum St. Antonien |
| | 3 | zum untern/blauen Hammer |
| | 3 | zum Hammerstein |
| | 3 | zum Schellhammer |
| | 5 | zum obern/blauen Hammer |
| | 7 | Badstube |
| | 7 | zum Kohlenberg |
| | 9 | Senfmühle |
| | 9/11/13 | zur Walke |
| | 10 | Notabenehäuslein |
| | 10 | Nottenbohne Häuslin |
| | 11/13 | zur Stampfe |
| | 14 | Bauchhaus |
| | 19 | Lindenhof |
| | 27 | Emanuel-Büchel-Haus |
| | alt 756 | Ofenhaus |
| Auf dem Kohlenberg | | siehe Leonhardsstraße |
| Kleiner Kohlenberg | | siehe Kohlenberggasse |
| Kohlenberggasse | 2 | Frauenhaus |
| | 2 | Henkerhaus |
| | 2 | zum Keld |
| | 2 | Mädchenschule zu St. Leonhard |
| | 2 | zum Reff |
| | 2 | zum großen Stock |
| | 2 | zur Wildsau |
| | 2 | Zegellers Hus |
| | 2/4 | Scharfrichterwohnung |
| | 2/4 | Wasenmeisterwohnung |
| | 4 | zum Gheld |
| | 4 | zur roten Herberge |
| | 4/6/8 | Totengräberhaus |
| | 9 | zum Knebel |
| | 9 | zum Kröbel |
| | 12 | Rahmenhäuschen |
| | 14 | zum Keld |
| | 24/26 | zur Wolkenburg |
| | 28 | zum Reff |
| | 30/32 | Steinenmühle |
| | 30/32 | zum Wagdenhals |
| Korbgäßlein | | siehe Schwanengasse |
| Kornhausgasse | | siehe Spalenvorstadt |
| Kornmarkt | | siehe Marktplatz |
| Krämergasse | | siehe Stadthausgasse/ Schneidergasse/unterer Spalenberg |
| 119 | Unter den Krämern | siehe Sattelgasse/ Schneidergasse |
| | Krangäßlein | siehe Freie Straße (41) |
| | Bei den Kreuzen | siehe Blumenrain |
| | Kreuzgasse | siehe Ochsengasse/Ritter- gasse/Schützenmattstraße/ unt. Spalenberg/Utengasse |
| | Beim Kreuzlein | siehe Ochsengasse/ Webergasse |
| | Kreuzstraße | siehe St.-Johanns-Vorstadt |
| | Kreuzweg | siehe Imbergäßlein |
| | Kronengäßlein | siehe Schifflände |
| | Hinteres Kronengäßlein | siehe Eisengasse |
| | Kronengasse 2 | zur hintern/hohen/kleinen/ kurzen/niedern Elle |
| | 2 | zum goldenen Schwanen |
| | 3 | zum hintern/kleinen Meygen |
| | 4 | zur obern Elle |

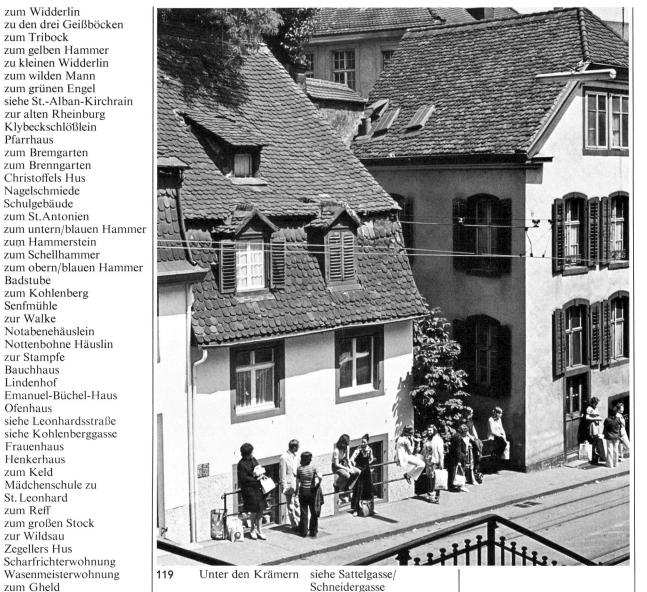

119 Am Fuße des Leonhardhügels: rechts die ehemalige Nagelschmiede, links das namenlose Haus Kohlenberg 4. Jakob und Samuel Kraus und Hans Heinrich Scherb sind in der Zeit von 1669 bis 1726 als Nagler bekannt. Das Nachbarhaus ‹am Ochsengraben, wo ein Brennhäuslein gestanden ist›, hat Heinrich Hoch von Liestal 1799 aufführen lassen.

120 Der Lindenhof am Lindenweg 6. Von Architekt J.J. Stehlin 1862 auf dem ‹Göllert› erbaut, erfährt der Lindenhof 1910 durch R.E. La Roche und A.B. Stähelin einen umfassenden Umbau. Für die Bauherrschaft zeichnet der kunstsinnige Johann Ludwig Burckhardt-Passavant vom Bläserhof, der nach langem Auslandaufenthalt in seiner Heimatstadt sich mit Erfolg dem Seidenhandel widmet.

|  |  |  |
|---|---|---|
| **121** | Kronengasse 4 | zum König |
|  | 4 | zu den Drei Königen |
|  | 5 | zum Mayen |
|  | 5 | zum Meyel |
|  | 6 | zum niedern Meerring |
|  | 6 | zum kleinen/niedern Mören |
|  | 7 | zum geilen/roten/rotgelben/gelben Mönch |
|  | 7 | Sevogels Hus |
|  | 8 | zur obern Mohre |
|  | 9 | zum roten Rößlein |
|  | 9 | zum niedern Roß |
|  | 10 | zur Biren |
|  | 10 | zur Klaue |
|  | 10 | zu den drei Klauen |
|  | 10 | zum Klee |
|  | 10 | zum Klewen |
|  | 10a | zum Apfelbaum |
|  | gegenüber von 10b | zum Baum |
|  | 10b | zum Birbom |
|  | 10b | zur Mücke |
|  | 10d | zum Reblob |
|  | 10e | zum grünen Löwen |
|  | 10f | zum schwarzen Reblob |
|  | 11 | zum weißen Rößlein |
|  | Krongäßlein | siehe Freie Straße (41) |
|  | Kropfgasse | siehe Sternengasse |
|  | Vorstadt ze Krütze | siehe Neue Vorstadt/Totentanz |
|  | Beim Kunentor | siehe Rittergasse |
|  | Am Kungung | siehe Mühlenberg |
|  | In der Kuten | siehe Sattelgasse |
|  | Bei der Kuttelbrücke | siehe Rüdengasse |
|  | Kuttelgasse | siehe Rüdengasse/Münzgäßlein/Rümelinsplatz/Schnabelgasse |

|  |  |
|---|---|
| Lampartergasse | siehe Barfüßerplatz/Streitgasse |
| Landstraße | siehe St.-Alban-Vorstadt |
| Lange Gasse 88 | zum Karpf |
| Langconradsgäßlein | siehe Badergäßlein |
| Im Hintern Leben | siehe St.-Alban-Tal |
| Lehenmattweg 40 (heute Lehenmattstraße) | zum Blutegelweiher |
| Leimenstraße 8 | Zinzendorf-Haus |
| Außerhalb/hinter St. Leonhard | siehe Leonhardsstraße |
| Auf dem Graben bei St. Leonhard | siehe Leonhardsgraben/Leonhardsstraße |
| Leonhardsberg 1 | zur Färbe |
| 1 | zum Halln |
| 1 | zum gelben/schwarzen Horn |
| 1 | zum obern Känel |
| 1 | St.-Leonhards-Spital |
| 1 | Altes Spital |
| 2 | zum Harberg |
| 2 | zum Hasenberg |
| 2 | Inlassers Hus |
| 2 | zum Rosenstöcklein |
| 2 | zum Wildenstein |
| 3 | zur Fortuna |
| 3 | zum Hornberg |
| 3 | zum Kolbin |
| 3 | Stultzin Hus |
| 4 | zum Klaus |
| 4 | zur Klause |
| 4 | zur Klus |

*Geduld bringt Rosen*

Es ist Geduld ein rauher Strauch,
Voll Dornen aller Enden,
Und wer ihm naht, der merkt das auch
An Füßen und an Händen.

Und dennoch sag' ich: Laß die Müh
Dich nimmermehr verdrießen,
Sei's auch mit Tränen, spät und früh
Ihn treulich zu begießen.

Urplötzlich wird er über Nacht
Dein Mühen dir belohnen,
Wenn über all den Dornen lacht
Ein Strauß von Rosenkronen.

Wilhelm Wackernagel
(1806–1869)

121 Hausinschrift am Leonhardsberg 14. Das durch seinen Besitzer Peter zem Winde (1410) meist ‹zum Wind› genannte Gesäß wird seit 1452 gelegentlich auch als ‹zum schwarzen Rüden› umschrieben.

122 Das Pfarrhaus und das Sigristenhaus zu St. Leonhard. Vor dem Pfarrhaus der Ölbergbrunnen. Das hohe Haus mit dem ebenmäßigen Fachwerkgiebel und der kunstvollen astronomischen Sonnenuhr setzt sich aus mindestens drei Häusern zusammen. Es stand ursprünglich den Augustinermönchen im elsässischen Ölenberg während ihrer Basler Besuche offen. Das erst um die Mitte des letzten Jahrhunderts an die evangelisch-reformierte Kirchgemeinde übergegangene Sigristenhaus mit der barocken Eingangslaube wechselte 1562 aus der Hand des Zimmermanns Claus Koch in diejenige des Dompropsts, Siegmund von Pfirt.

| | | | |
|---|---|---|---|
| Leonhardsberg | 4 | zum Kreuzberg | |
| | 4 | zum Raitzberg | |
| | 4 | Schecks Hus | |
| | 6 | zum roten Tor | |
| | 6 | zur obern roten Türe | |
| | 6 | zum roten Turm | |
| | 8 | zur niedern roten Türe | |
| | 8/10 | Meiershof | |
| | 8/10 | zum untern Sennenhof | |
| | 10 | zum Verena zum Folden | |
| | 10/12 | zum Dolden | |
| | 11 | Beinhaus | |
| | 11 | St.-Oswalds-Kapelle | |
| | 12 | zum Freudenberg | |
| | 12 | zum kleinen Friedberg | |
| | 12 | zum kleinen Frieden | |
| | 12 | zum hohen Hattstatt | |
| | 14 | zum schwarzen Rüden | |
| | 14 | zum obern Wind | |
| | 15 | Hemmerlis Hus | |
| | 15 | Hinter der alten Schul | |
| | 15 | zur steinernen Stege | |
| | 15 | Truten Hus | |
| | 15 | Wetzlins Hus | |
| | 16 | zum Asyl | |
| | 16 | zum Ebheu | |
| | 16 | Sennenhof | |
| | 16 | zum schwarzen Wind | |
| Kleiner Leonhardsberg | | siehe Lohnhofgäßlein | |
| Unter dem Leonhardsberg | | siehe Barfüßerplatz | |
| Außerhalb St.-Leonhards-Brücklein | | siehe Leonhardsstraße | |
| Leonhardsgäßlein | | siehe Leonhardskirchplatz/ Lohnhofgäßlein | |
| Leonhardsgraben | 1 | zum Friedenau | |
| | 1 | zum Rechen | |
| | 2 | zum Friedolt | |
| | 2 | Inlassers Hus | |
| | 2 | zum hintern Schaub | |
| | 3 | zum neuen Eck | |
| | 4 | Bruckmeisters Hus | |
| | 4 | zum kleinen Freudenau | |
| | 4 | zur kleinen Friedenau | |
| | 6 | Herbergscheune | |
| | 6 | zum roten Turm | |
| | 9 | zum grünen Helm | |
| | 10 | zum Neuhof | |
| | 10 | zum Rosengarten | |
| | 13 | zum Pelikan | |
| | 14 | zum alten Stock | |
| | 15 | zur Tanne | |
| | 16 | zur Faust | |
| | 17 | zum Leimenberg | |
| | 17 | zur Limburg | |
| | 18 | zum Metzerlon | |
| | 18/20 | Frauenhaus | |
| | 19 | zur Löwengrube | |
| | 20 | zur Axt | |
| | 20 | zum Seckingen | |
| | 20 | Stemphelis Hus | |
| | 20 | zum Waldshut | |
| | 20 | zur Zimmeraxt | |

| | | | |
|---|---|---|---|
| Leonhardsgraben | 21 | zu den drei grünen Bergen | |
| | 23 | zum Paradies | |
| | 29 | zum Aarau | |
| | 31 | zum Seidenhut | |
| | 32 | zur Zuckersiederei | |
| | 33 | zum Breisach | |
| | 35 | zum Engelberg | |
| | 36 | zum Meerwunder | |
| | 37 | zum Helfenberg | |
| | 38 | zum Rosengarten | |
| | 38/44 | zum Hochentwiel | |
| | 39 | zum Waldshut | |
| | 40/44 | zum hohen Wiell | |
| | 41 | zum Mörsberg | |
| | 42 | zum hohen Weiler | |
| | 45 | Truchsesserhof | |
| | 52 | zum St. Leonhard | |
| | 55 | zum Täublein | |
| | 59 | zum roten Mann | |

123 Hausnamen und Besitzervermerk am Leonhardsberg 8. Die Tartsche über dem Türsturz zeigt das Wappen der Schlosserfamilie Dietrich, die das Haus seit anfangs der 1870er Jahre besitzt.

124 Das Haus zum St. Leonhard am Leonhardsgraben 52. Der langgezogene Spätbarockbau erinnert nicht nur in seiner Gestalt an den Sundgau, sondern auch durch seine ursprüngliche Funktion als feudaler Landsitz in ausgedehntem Rebgelände. Wegen ‹Reblanderen, die allzuhoch uff geführt sind›, hat 1678 Hans Rudolf Faesch vor dem Baugericht zu erscheinen.

| 125 | Leonhardsgraben | 61 | zum Sondenstorf |
| | | 63 | zum Ölenberg |
| | | 63 | Pfarrhaus |
| | | alt 367 | Leimenhof |
| | | alt 367 | zum Leimentor |
| | | alt 395 | zum Docketenkänsterli |
| | Leonhardskirchplatz | 1 | Sigristenwohnung |
| | | 1 | Altes Spital |
| | | 1 | auf der Stege |
| | | 2 | Diakonatshaus |
| | | 2 | zum Mons Jovis |
| | | 2 | zum Mont Jop |
| | | 2 | Schule |
| | | 3 | Lohnhof |
| | | 3 | zum Schloß Wildeck im Leimental |
| | | 5 | Diakonatswohnung |
| | Leonhardskirchweg | | siehe Lohnhofgäßlein |
| | Leonhardsstapfelberg | 1 | zum Birseck |
| | | 1 | zum Fuchs |
| | | 1 | zum Lämmlein |
| | | 1 | Löwlis Hus |
| | | 1 | zum Steineck |
| | | 1 | zum Untersteineck |
| | Leonhardsstapfelberg | 2 | zum Klaus und Kämpfer |
| | | 2 | zur Klause |
| | | 2 | zur Klus |
| | | 2 | zum Kreuzberg |
| | | 2 | zum Mörsel |
| | | 2 | zum Schenkenberg |
| | | 3 | zum Horberg |
| | | 3 | zum Löwenstein |
| | | 3 | zum obern Reinach |
| | | 3 | zum obern Steinach |
| | | 3 | zum obern Steineck |
| | | 3 | zum Steinung |
| | | 4 | zum Meier |
| | | 4 | zum untern Sennenhof |
| | | 5 | zur Klus |
| | | 5 | zum Leuchter |
| | | 5 | zum Ogst |
| | | 5 | zur roten Tür |
| | | 5 | zum Turm |
| | Bei der Leonhardsstege | | siehe Leonhardsstapfelberg |
| | Leonhardsstraße | 1 | zum großen Garten |
| | | 1 | zum Hoheneck |
| | | 1 | zum St. Lienhartsgarten |
| | | 1 | Thurneisenhof |

125 *Der Lohnhof am Leonhardskirchplatz 3. Der Komplex des ehemaligen Augustinerklosters wird 1668 dem für das städtische Bauwesen und die Entlöhnung der Handwerker verantwortlichen Lohnherrn zugewiesen und erhält in der Folge vom Volksmund den Namen ‹Lohnhof›. 1821 werden die Gebäulichkeiten für die Bedürfnisse der Strafuntersuchungsbehörden umgebaut.*

| | | |
|---|---|---|
| Leonhardsstraße | 1 | zum Turm |
| | 2 | auf St. Lienhardsberg |
| | 2 | vor St. Lienhardts-Türlin |
| | 4/6/8 | zum Schlierbach |
| | 5 | zum Rosengarten |
| | 6/8 | zum vordern Rosengarten |
| | 10 | zum kleinen Rosengarten |
| | 14 | zum Roiblinsgarten |
| Beim Leonhardstürlein | | siehe Leonhardsgraben |
| Beim Lesserstürlein | | siehe Riehentorstraße |
| Bei der Letze | | siehe St.-Alban-Tal |
| Bei der Linde | | siehe St.-Alban-Vorstadt |
| Bei den Linden | | siehe Lindenberg |
| Hinter den Linden | | siehe Münsterplatz |
| Lindenberg | 1 | zur Krone |
| | 1 | zur Linde |
| | 2 | zur weißen Taube |
| | 4/6 | zum Backofen |
| | 5 | zur Linde |
| | 7 | Riesenhof |
| | 7/9 | Reisenhof |
| | 8 | zum Rust |
| | 8/12 | Hattstätterhof |
| | 8/12 | Holzacherhof |
| | 8/12 | beim Lesserstor |
| | 8/12 | zum Tiergarten |
| | 8/12 | zum mittlern/obern Ziegelhof |
| | 9 | zum Hirzberg |
| | 9 | zum Rechberg |
| | 11/13 | zur schwarzen Kanne |
| | 12 | Pfarrwohnung |
| | 15 | Holzacherhof |
| | 17/19 | zum Holzhein |
| | 17/19 | zum Wylen |
| | 18/20 | zum Meyen |
| | 19 | zur Wühlen |
| | 21 | zur Galere |
| | 21 | zum stillen Wind |
| | 23 | zum Hirscheneck |
| | 23 | zum Hirzburgeck |
| Lindenweg | 6 | Lindenhof |
| Lindenberg | 8/12/15 | Holzacherhof |
| Im Loch | | siehe St.-Alban-Kirchrain/ St.-Alban-Tal/Barfüßergasse |
| Ze Loche | | siehe Totengäßlein |
| Lohnhofgäßlein | 2 | zum weißen Adler |
| | 4 | zum kleinen Fälklein |

126 Hausinschrift an der Leonhardsstraße 14. Johannes Roeublin, Kaplan am St.-Anna-Altar im Münster, ist 1423 Besitzer des Gartens ‹usserthalb dem Graben by Sant Lienhart, als man zem Türlin hinuß gat›.

127 Das Haus auf St. Lienhardsberg (links) an der Leonhardsstraße 2. Der in Basel seltene Riegelfachwerkbau mit Erker ist 1611 von Seidenkrämer Hans Ulrich Frey umgebaut und 1715 von Sensal Samuel Roth erweitert worden.

*Friehligssunne*

Lueg use: der Winter
Isch uf und dervo,
Im Sunneschin z'mitze
Jetz d'Vögeli sitze
Und pfife-n em no.

Mach uf an dim Härzli
Au's Lädeli bald,
Und d'Sunne loß schine
Dri ine, tief ine
In hinderste Falt.

Wie wird's gli so haiter
Im Kämmerli do!
'S lacht Alles drin inne,
Me mues si schier bsinne:
Isch's 's vorig au no?

Fäg d'Spinnpuppe-n use,
Der Staub und der Rueß!
Gschwind mach di derhinder!
Der Winter, der Winter
Jetz use mues.

Rum uf jetze! d'Sunne
Isch Maister im Hus
Und was ihr im Wäg stoht,
Wirf, wenn's sunst kai Wäg
    goht,
Zum Fänsterli us!
Zum Fänsterli us!

Theodor Meyer-Merian
(1818–1867)

| 128 | Lohnhofgäßlein 4 | St. Lienharts Badstube |
|---|---|---|
| | 4 | zum weißen Rößlein |
| | 8 | zur weißen Eule |
| | 8/10 | zum hintern Känel |
| | 12 | zum obern Känel |
| | 14 | zur alten Färbe |
| | 14 | zum gelben Horn |

| 130 | Lohnhofgäßlein 14 | Altes Spital |
|---|---|---|
| | Lorenzgasse | siehe Ochsengasse |
| | Lottergäßlein | siehe Totentanz |
| | Lottergasse | siehe St.-Johanns-Vorstadt (45/49)/Spitalstraße |
| | Kleine Lottergasse | siehe St.-Johanns-Vorstadt |
| | Luftgäßlein 1 | zum Bucken |
| | 1 | zum Büghein |
| | 1 | zum Kroneck |
| | 2/4 | zur Luft |
| | 3 | zur St. Anna |
| | 3 | Kamerers Hus |
| | 3 | zum schwarzen Kater |
| | 5 | Knabenschule |
| | 9 | zur St. Katharina |
| | 9 | zum Marstall |
| | alt 1201 | zum hintern Schloßberg |
| | alt 1202 | zum Aeschenturm |
| | Auf der Lyß 14 | zur Lyß |

| | Im Magtum | siehe Barfüßergasse |
|---|---|---|
| | Malzgasse 1 | zum Malefizen |
| | 2 | zum Brigittator |
| | 3 | zur köstlichen Jungfrau |
| | 5 | zur Rose |
| | 5 | zum Schnäggedanz |
| | 7 | zur Trotte |
| | 9 | zum alten Beginenhaus |
| | 11 | zu den drei Ringen |
| | 17 | zum Augustinergarten |
| | 24 | zum goldenen Löwen |
| | 28/30 | zum Lautengarten |
| | Marignanostraße 85 | zum frohen Wind |
| | Marktgasse 4 | zur goldenen Blume |
| | 8 | Börse |
| | 16 | Urs-Graf-Haus |
| | Marktplatz 5/6 | zum Arm |
| | 5/6 | zum Gold |
| | 5/6 | zur Hirzburg |
| | 5/6 | zum Rebstock |
| | 6 | zum Eichbaum |
| | 8 | zur Taube |

128 Hausinschrift an der Marktgasse 8. Das eigens für die Bedürfnisse der 1866 gegründeten Basler Börse erstellte Gebäude wird 1908 in Betrieb genommen.

129 Das Haus zur Linde am Lindenberg 5. Die Hofstatt ‹zur Linden› genannt, an der Utengasse bei der Linde› (1699), mit dem seltenen Berri-Briefkasten am Eckpfeiler, versilbert 1664 die Witwe des ehemaligen Rebhaus-Stubenknechts Hans Jakob Muntzinger um ‹225 Pfund Basler Müntz› dem Posamenter Hans Heinrich Frey.

130 Hausinschrift an der Marktgasse 16. Urs Graf, genialer Goldschmied und Maler, rauher Kriegsknecht und trinkfester Lebenskünstler, erwirbt 1520 das Haus zur goldenen Rose mit Eingang an der Stadthausgasse 18.

131 Das Haus zum Singer an der Karl-Jaspers-Allee 4. Der in seinem baulichen Kern ins 17. Jahrhundert zurückreichende Landsitz gilt als ältester des Gellertquartiers. 1834 bewirtschaftet Gutsbesitzer Martin Singer von Langenbruck die umfangreiche Liegenschaft vor dem Äschentor. Carl Vischer-Merian vom Blauen Haus, der den ‹Singer› vor 1862 erwirbt, erweitert die alten Gebäulichkeiten am ‹Herdgäßlein› mit einem stattlichen spätklassizistischen Herrenhaus. Hat dieses schon 1928 einem Neubau weichen müssen, so droht heute leider auch dem romantischen Stammhaus die brennende Gefahr des Abbruchs!

| | | |
|---|---|---|
| Marktplatz | 9 | zum Angen |
| | 9 | Legellers Hus |
| | 9 | Rathaus |
| | 9 | Richthaus |
| | 9 | zum Waldenburg |
| | 9 | zum Windeck |
| | 9a | zum Riesen |
| | 10 | zum Hasen |
| | 11 | Bankgebäude |
| | 11 | Gießers Hus |
| | 11 | zum kalten Keller |
| | 11 | zum großen/kleinen Neuenburg |
| | 11 | zum Waltpach |
| | 12 | zum Salmen |
| | 13 | zum niedern Bild |
| | 13 | zum Fröwlin |
| | 13 | Geltenzunft |
| | 13 | zum Istein |
| | 13 | zum Schild |
| | 13 | Weinleutenzunft |
| | 14 | zum obern Bild |
| | 14 | Café du Marché |
| | 14 | zum Engel |
| | 14 | zum Kränzlein |
| | 14 | zum Schappelin |
| | 15 | zum Grünenberg |
| | 15 | zum goldenen Kiel |
| | 15 | zur Laute |
| | 15 | zum roten Schwert |
| | 16 | zur goldenen Barbe |
| | 16 | zur weißen Taube |
| | 16 | zum blauen/roten Vogel |
| | 17 | zum Angelberg |
| | 17 | Berners Hus |
| | 17 | zum Henhorn |
| | 17 | zur fetten/weißen Henne |
| | 17 | zum Oppenheim |
| | 17 | zum Räpplein |
| | 18 | zum Brunnenberg |
| | 18 | zum niedern/obern/untern Brunnenfels |
| | 18 | zum Walspach |
| | 19 | zum kleinen Rinslein |
| | 19 | zum Runs |
| | 30 | zum Baselstab |
| | alt 16 | zur alten School |
| | alt 17 | Posthäuslein |
| | alt 18 | zum Halseisen |
| | alt 18 | zum großen/vordern Pfauen |
| | alt 18 | zum Pfauenberg |
| | alt 18 | zum Pfaueneck |
| | alt 18 | zum roten Schlüssel |
| | alt 18 | zum Waldshut |
| | alt 18a | Angelers Hus |
| | alt 18a | altes Rathaus |
| Auf St.-Martins-Berg | | siehe Martinsgasse/ Rheinsprung |
| Martinsgäßlein | 1 | zum Agtstein |
| | 2 | zum Arm |
| | 4 | zum Gold |
| Martinsgasse | 1 | Badenhof |

132 Fassadenausschnitt vom Erweiterungsbau des Rathauses (1898–1904). Die Inschrift am Balkon symbolisiert die Treue zur Eidgenossenschaft. Das Relief wurde von Carl Gutknecht gehauen und von Wilhelm Balmer bemalt.

*Basel, wie es ist*

Basel isch e scheni Stadt
Mit Kirchen und Paläste;
Nur muesch nit uf der hinder
  Bach,
Wo Hyser sind mit Bräste.

Basel isch e großi Stadt
Mit viele tausig Seele;
Denn Algier, Tunis, Tripolis
Thiend au zue Basel zelle.

Basel isch en alti Stadt,
Die mag scho langhär dänke;
Me sicht's jo syner Rhybruck a,
Die thuet der Lämpe hänke!

Basel isch e rychi Stadt
Mit Millione Gulde;
Wo's Lyt git, die kai Kryzer händ
Und alles volle Schulde.

Basel isch e fyni Stadt,
Zuem Handel userkore;
Denn dert wird mit em Aimolais
Scho jedes Kind gibore.

Basel isch e gscheidti Stadt,
Vom Kopf bis zue de Fieße;
Und dennoch het's en aige Hus
fir d'Nare baue mieße.

Basel isch e glehrti Stadt
Mit viele Profässore;
Doch trotzdäm git's au Mensche
  dert
Mit grysli langen Ohre.

Basel isch e frommi Stadt,
Wo Hailigi floriere,
Die allemol, wenn d'Fasnacht
  kunnt
In's Badisch retiriere.

Basel isch e briemti Stadt
Dur iri Zuckersache;
Denn d'Läckerli vo Basel ka
Me niene nochemache.

| | | |
|---|---|---|
| Martinsgasse | 1 | Reichensteinerhof |
| | 1 | Riehenhof |
| | 2 | Eptingerhof |
| | 3 | Wendelstörferhof |
| | 4 | zum hintern Hasen |
| | 4 | zur leeren Kiste |
| | 4 | zum Kistenberg |
| | 5 | Württembergerhof |
| | 6 | zum Gilgen |
| | 6 | zum Gilgenstein |
| | 6 | altes Schulhaus |
| | 6 | zu den Zehntausend Rittern |
| | 8 | Schlechts Hus |
| | 9 | Hinterer alter Markgräfischerhof |
| | 10/12 | zum hintern Ehrenfels |
| | 10/12 | Ehrenfelserhof |
| | 10/12 | zum Todtnau |
| | 11 | zum hintern Löwenberg |
| | 11 | Mittlerer alter Markgräfischerhof |
| | 12 | zum hintern Palmbaum |
| | 13 | zum hintern St. Johannes |
| | 14/15 | zum hintern/neuen Haus |
| Martinsgasse | 16/18 | zur Eisenburg |
| | 18 | Bärenfelserhof |
| Martinskirchgäßlein | | siehe Martinsgäßlein |
| Beim Martinskirchhof | | siehe Martinskirchplatz |
| Martinskirchplatz | 1 | zum alten Bramen |
| | 1 | Eptingerpfrundhaus |
| | 1 | zum kleinen Rebstock |
| | 1 | Alte Schule |
| | 1/2 | zum Glockenberg |
| | 2 | zur Schule |
| | 2 | Sigristenwohnung |
| | 3 | Bärenfeld, zum |
| | 3 | Pfarrhaus |
| | 6 | zur langen Stege |
| | 7 | zum hintern/roten Haus |
| | 8 | zur hintern/goldenen Münze |
| | 11 | zum Löwenberg |
| | 12 | zum Palmbaum |
| | 13 | zum St. Johann |
| | 14/15 | zum neuen Haus |
| Martinsstege | | siehe Rheinsprung |
| Mattweg (heute Mattenstraße) | 2/4 | zum Rosental |
| | 10 | zum kleinen Horburg |
| Beim Menlissteg | | siehe Rüdengasse |
| Messerschmiedgasse | | siehe Kronengasse |
| Hinter der Metzgerei | | siehe Sattelgasse |
| Missionsstraße | 22 | zum Bickel |
| | 61 | Milchhäuslein |
| Mittlere Straße | 4 | Leichenhaus |
| | 52 | zum Rebhäuslein |
| | 86 | zum alten Rotischen Gut |
| | 105 | Landgut an der Mittleren Straße |
| Mostackerstraße | 25 | zum Gutenberg |
| | 36 | zum Feierabend |
| Muckenberg | | siehe Schlüsselberg |
| Muckengäßlein | | siehe Freie Straße (41) |
| Mühlenberg | 1 | zur Annenhirtenhofstatt |
| | 1 | zum Hahnenkopf |
| | 1 | zur Hirtenhofstatt |
| | 1 | Truchsessen Hofstatt |
| | 3 | zur Eiche |
| | 5 | zum Lüderlin |
| | 10 | zur hohen Eiche |

Basel isch en edli Stadt,
Si thuet 's Verdienst bilohne;
Drum het si au der Lohnhof baut,
Wo, wär's verdient, ka wohne.

Basel isch e gueti Stadt,
Das hänb die Arme z'gnieße;
Doch kunnt's nur maistes dene z'guet,
Die an de Glocke ryße.

Basel isch e wachbri Stadt,
Loßt d'Schanze visitiere;
Me sicht si paarwys in der Nacht
Dert obe patrouilliere.

Basel isch e nidri Stadt,
Der Rhy ka dure laufe;
Er thuet em mithi syni Wy
Im Keller unde taufe.

Basel isch e gschitzti Stadt;
Mainsch wäge sine Schanze?
Nai wäger! – Gott nur isch sy Schutz!
Und das isch 's Best vom Ganze.

Philipp Hindermann
(1796-1884)

133 Das Sigristenhaus am Martinskirchplatz 2; links anschließend das Pfarrhaus zu St. Martin. Die beiden Häuser sind seit 1472 als der Kirche auf dem ‹Martinsberg› zugehörig verurkundet.

134 Bauinschrift am Mühlenberg 18. Die Jahreszahl ‹Im Jahre des Herrn 1511› hält das Datum der Beendigung des sogenannten Neuen Baus des Stiftes zu St. Alban fest.

137

135

| | | |
|---|---|---|
| | Mühlenberg 12 | zur hintern Eiche |
| | 12 | Kusters Hus |
| | 12 | Pfarrhaus zu St. Alban |
| | 18/20/22 | St.-Alban-Stift |
| | 19/21 | zur vordern Mühle |
| | 19/20 | Neue Mühle |
| | 19/21 | St.-Albans-Mühle |
| | 19/21 | Hammerschmitte |
| | 19/21 | Spisselis Mühle |
| | 20/22/24 | St.-Alban-Kloster |
| | 24 | Bulermühle |
| | 24 | Gewürzstampfe |
| | 24 | Marklismühle |
| | 24 | Orismühle |
| | 24 | Pulverstampfe |
| | 24 | zum obern Rad |
| | 24 | zum kleinen Safran |
| | 24 | zur Stampfe |
| | alt 1322 | zur Senfte |
| | alt 1326 | zum Lindenturm |
| | alt 1326 | Pulverturm |
| | alt 1326 | zum Warthus |
| | alt 1327 | Merklis Mühle |
| In den Mühlenen | | siehe St.-Alban-Kirchrain/St.-Alban-Tal |
| Mühlengraben | | siehe St.-Alban-Torgraben |
| Beim Mühlentürlein | | siehe Mühlenberg |
| Mühlenweg | | siehe St.-Alban-Torgraben |
| Münchensteinerstraße | 1 | Sommercasino |
| | 22 | zum Dreispitz |
| | 23/25 | Pulvermagazin |
| Hinter dem Münster | | siehe Rittergasse |
| Münsterberg | 1 | Kesselers Keller |
| | 1 | zum geilen/gelben Mönch |
| | 1 | zum Oberwiler |
| | 1 | zum Sprelen |
| | 2 | zur Druckerei |
| | 2 | zum gelben Hörnlein |
| | 2 | zum goldenen Horn |
| | 2 | zum Korb |
| | 2 | zur Meise |
| | 2 | zur Schaufel und Spieß |
| | 2 | zum Vogelsang |
| | 3 | zum Bresteneck |
| | 3 | zum Keinemberg |
| | 3 | zum Schützenhaus |
| | 3 | zum roten Turm |
| | 4 | zum niedern Vogelsang |
| | 5 | zum Schaltenbrand |
| | 5 | zum weißen Täublein |
| | 6 | zum obern Vogelsang |
| | 7/9 | Lichtenfelserhof |
| | 7/9 | St. Vinzenzenhof |
| | 8 | zum schwarzen Öchslein |
| | 8 | zum Plattfuß |
| | 9 | zur Hohenburg |
| | 9/11 | zur untern Rechburg |
| | 10 | zum Bärenloch |
| | 10 | zur Meerkatze |
| | 10 | zum Nürnberg |
| | 11 | zum untern Hochberg |
| | 11 | zur obern Hohenburg |
| | 13/15 | zum blauen Berg |
| | 12 | zum Ehrenstein |
| | 13 | zum Hochberg |
| | 13 | zum niedern Hohenberg |
| | 13 | zur kleinen/niedern/mittlern Hohenburg |
| | 14 | zum untern Freiburg |
| | 14/16 | zum St. Fridolin |
| | 15 | zum obern Hochberg |
| | 15 | zur Hohenburg |
| | 16 | zum obern Freiburg |
| Münsterhof | 1 | Bischofshof |
| | 2 | Antistitium |
| | 4 | Kapitelhaus |
| | 2/4 | Ehegerichtshof |

136

*135 Der kleine und der große Rollerhof am Münsterplatz 19 und 20. Während das kleine Haus mit der mächtigen gotischen Toreinfahrt über zwei Jahrhunderte lang vom jeweiligen Antistes bewohnt wird, ist der viergeschossige Spätbarockbau im Besitz wohlhabender Adeliger und Handelsleute. Einer von ihnen, Gawin von Beaufort genannt von Roll, gibt dem Haus 1574 seinen Namen.*

*136 Das Haus zum blauen Berg am Münsterberg 13/15. Den frühesten Hinweis auf das zweitürige gotische Doppelhaus gibt eine Urkunde des Domstifts von 1357, worin das Bürgerspital Johann dem Snetzer von Freiburg die ‹Hofstatt oben an der Swelle, do man auf Burg gat›, zu einem Erblehen verleiht.*

*137 Hausinschrift am Münsterberg 12. Die um 1350 zum Ehrenstein genannte Liegenschaft ‹am Sprung, als man von dem Hohen Stift zuo dem Spital gat›, ist mit einer Seelmesse am St.-Georgs-Altar im Münster belastet.*

| | | |
|---|---|---|
| Münsterhof | 2/4 | Lutenbachshof |
| | 2/4 | Oberstpfarrhaus |
| Münsterplan | | siehe Münsterplatz |
| Münsterplatz | 1 | zur Kapelle |
| | 1 | Quotidianhaus |
| | 1 | Domherren-Schaffnei |
| | 2 | Bachofenhaus |
| | 2 | St. Johanns Hus |
| | 2 | Kammerei |
| | 2/3 | St.-Johannes-Kapelle zum Kreuz |
| | 3 | Bauhaus unserer Frauen |
| | 3 | Werkhaus |
| | 4/5 | auf Burg |
| | 5/6/7 | unter den Linden |
| | 6 | Erzpriesters Gericht |
| | 6 | Fruchtschütte |
| | 6 | Richterhaus des Erzpriesters |
| | 6 | Schribers Hus |
| | 6 | Lateinische Schule |
| | 6 | Trinkstube |
| | 6 | Zunfthaus |
| | 7/8 | zum Gewelle |
| | 8 | Lesegesellschaft |
| | 10 | Busnangerhof |
| | 10 | Hegisheimerhof |
| | 10 | Regensheimerhof |
| | 10 | Regisheimerhof |
| | 10/11 | Quoditianhof |
| | 11 | zum Falkenstein |
| | 11 | Falkensteinerhof |
| | 11 | Flachsländerhof |
| | 11 | zum roten Hof |
| | 11 | zum Tegernau |
| | 12 | Domhof |
| | 12 | zum St. Fridolin |
| | 12 | zum neuen Kapitelshof |
| | 13 | zum Fleckenstein |
| | 13 | Löwenbergshof |
| | 13 | Sigristenwohnung |
| | 14 | zur Justitia |
| | 14 | Mentelinshof |
| | 15 | Schule auf Burg |
| | 16 | Schmiedtshof |
| | 16 | Reischacherhof |

| | | |
|---|---|---|
| Münsterplatz | 17 | Andlauerhof |
| | 18 | zum Berchtold |
| | 18 | Bischofshof |
| | 18 | zum Erlbach |
| | 18 | Gundoldsheimerhof |
| | 18 | Katherinenhof |
| | 18 | Pfirterhof |
| | 18 | Reinacherhof |
| | 18 | zum Tuchhaus |
| | 19 | Oberstpfarrhaus |
| | 19 | Kleiner Rollerhof |
| | 19 | Schürhof |
| | 19 | Zwingerhof |
| | 20 | Atzenhof |
| | 20 | Cammerershof |
| | 20 | Großer Rollerhof |
| | 20 | Sevogelhof |
| Münzgäßlein | 3 | Griebhaus |
| | 3 | zur Löschburg |
| | 3 | Ölstampfe |
| | 3 | zur neuen Schleife |
| | 3 | zur untern Stampfe |
| | 3/5/7/9 | zur alten Münze |
| | 4 | zum roten Adler |
| | 5 | zum Plattern |
| | 5 | zur Stampfe |
| | 5 | zum schwarzen Sternen |
| | 5/7 | zum Sternen und Kessel |
| | 8 | zum Lämmlein |
| | 5/7/9 | zum Kessel |
| | 9 | zur Münze |
| | 9 | Stadtmünze |

138 Handwerkerschild und Hausinschrift am Münsterberg 16. Die Steintafel an der Liegenschaft ‹ze Friburg an den Swellen› (1380) hat 1724 Steinmetz Jakob Christoph Beck angebracht, der die ‹Behausung an Spitthalsprung› von Johann Gram, dem Tabakspinner, erworben hat.

139 Rokoko-Kartusche am Münsterplatz 17. Die Inschrift gibt von Philipp Jakob von Andlau, Domherrn und Domkantor, Kunde, der den Adelshof im ersten Viertel des 16. Jahrhunderts besessen hat. 1762–1766 setzt der obrigkeitliche Ingenieur Johann Jakob Fechter ‹dieses Gebäude in einen solid und komlicheren Stand›.

| | | |
|---|---|---|
| | Münzgäßlein | 10 zum Gilgenberg |
| | | 11 zu den drei Böcken |
| | | 11 zu den drei hintern Geißböcken |
| | | 11/13 Kornmans Hus |
| | | 12 zum Sperber |
| | | 13 zum Hof |
| | | 13 zur Post |
| | | 14 zum Dolder |
| | | 16 zum Kogen |
| | | 16 zum roten Stein |
| | | 16 zum schwarzen Sternen |
| | | 16 zum roten Turm |
| | | 17 zum Honwalt |
| | | 17 Kuttelhaus |
| | | 18 Ackermans Hus |
| | | 18 zum Pilger |
| | | 18 Weiberbad |
| | | 19 zur kleinen Fortuna |
| | | 20 zum Lehr |
| | | 22 Brughaus |
| | | 22 zum weißen Horn |
| | | 24 zum Böcklin |
| | | 24 zum Hertenstein |
| | | 24 zum Hochlieben |
| | | 24 zum Hungerstein |
| | | 24 zum Rosenstock |
| | | 24 zum Stein |
| | | 26 Harrerin Hus |
| | | 26 Leimers Hus |
| | | 26 zur Nachtigall |
| | Munigäßlein | siehe Sternengasse |

| | | |
|---|---|---|
| | Nadelberg | 1 zum niedern Reinach |
| | | 2 Knabengemeindeschulhaus |
| | | 2 Kustoshaus |
| | | 3 zum obern Reinach |
| | | 3 zum Rosenberg |
| | | 3 zum Rosenfels |
| | | 4 zum schönen Engel |
| | | 4 Engelhof |
| | | 4 Hasenhof |
| | | 5 zur Mägdeburg |
| | | 5 zum Magdenburg |
| | | 5/7 Schulmeisterwohnung |

*Einigkeit*

In Basel ist man der Ansicht,
daß die Einigkeit
der Bürger der beste Schutz sei;
denn wo Einigkeit herrscht,
vermag auch der stärkste Feind
nichts auszurichten,
wo aber Zwietracht vorhanden
ist, kann die kleinste
Niederlage den Untergang
herbeiführen.
Im Patriotismus liegt eine
ungeheure Kraft
und jener ist bei den Baslern
reichlich vorhanden.
Da kommen keine Streitigkeiten
unter den Regierenden vor
und niemand schimpft über die
Regierung.
Alle aber wollen lieber sterben
als ihre Freiheit verlieren…

Enea Silvio Piccolomini,
(Papst Pius II.), 1433

140 Hausinschrift am Münzgäßlein 3. Um 1623 erwirbt die Stadt die Metzgerei zum Kessel an der Kuttelgasse und verlegt die am Fischmarkt liegenden Münzprägestätten dahin. Seit den 1760er Jahren werden die Basler Münzen dann im Lohnauftrag in der ausgezeichneten Berner Münze geprägt. 1825 tritt das Münzkonkordat der sieben Kantone in Kraft, das die kantonale Münzhoheit aufhebt.

141 Das Haus zum Rosenfels am Nadelberg 3. Den Bau des spätbarocken Hauses mit der prächtigen Rokokotür, dessen Architekt über ein erlesenes Proportionsgefühl verfügt haben muß, hat vermutlich Dreikönigswirt Johann Christoph Imhof 1765 vornehmen lassen. Eine spätere Bewohnerin, Maria Magdalena Schorndorff-Iselin, eine Großmutter Jacob Burckhardts, gehörte ‹wohl zu den gebildetsten Frauen Basels›.

| Nadelberg | 6 | zum schönen Haus |
|---|---|---|
| | 6 | zum vordern schönen Haus |
| | 6/8 | zum schönen Hof |
| | 7 | zum St. Barthlome |
| | 7 | zum Jäger |
| | 7 | zum Löwenschlößlein |
| | 7 | zum kleinen Wind |
| | 8 | zur Druckerei |
| | 8 | zum hintern schönen Haus |
| | 8 | Socinshof |
| | 10 | Hagendornshof |
| | 10 | zum Heckendorn |
| | 10 | Vorgassenhof |
| | 10 | Zerkindenhof |
| | 11 | zum Engelgarten |
| | 11 | zum Ze Rhein |
| | 12 | zum Aarberg |
| | 12 | zum Breo |
| | 12 | zum Froberg |
| | 12 | Griebenhof |
| | 12 | Hallerhof |
| | 12 | Ze Rhein-Hof |
| | 14 | zum Engel |
| | 14 | zur Sarburg |

142 Die manieristisch-barocke Türe des kleinen schönen Hauses am Nadelberg 15. Aus adeligem Besitz geht die Liegenschaft 1528 durch Brigitta Schlierbach, Junker Balthasar Hiltprands Witwe, in bürgerliches Eigentum. Um 580 Gulden ‹in Müntz› wird der mit der Buchdruckerstochter Ursula Froben verheiratete Hans Veltin Irmi neuer Hausherr.

143 Brunnstock im Engelhof am Nadelberg 4. Die barocke Säule zeigt das Wappen der Familie Burckhardt. Von 1722 bis 1740 ist der Engelhof im Besitz von Handelsmann Hans Balthasar Burckhardt-Raillard, der vom Direktor der Kaufmannschaft, vom Gerichts-, Laden-, Ehegerichts- und Reformationsherrn und Münzverwalter 1731 zum Meister der Schlüsselzunft aufrückt. ‹Diesen hohen und wichtigen Ehrenämtern hat er mit unverdrossenem Fleiß und unpartheyischer Gerechtigkeit und mit solcher holdseligen Gewüssenheit abgewartet, daß jedermann, groß und klein, an seinen Verrichtungen ein sattsames Genügen gehabt und deßhalben sein Gedächtnuß unter uns im Segen bleibet.›

| | | |
|---|---|---|
| | Nadelberg 15 | Anselms Hus |
| | 15 | zum kleinen schönen Haus |
| | 15 | zum Sessel |
| | 15 | zur alten Traube |
| | 15 | zum Vorgassen |
| | 15 | zum neuen Immen |
| | 15/17/19 | zur alten Treu |
| | 16 | Bienzsches Haus |
| | 16 | zum Brombach |
| | 16 | zum Kellenberg |
| | 17 | zum hintern Geyer |
| | 17 | zum Imber |
| | 17 | zur neuen Sonne |
| | 17 | Siegmunds Scheune |
| | 17/19 | Grünenzwigs Hüser |
| | 18 | zum Kaiser |
| | 18 | zum Kaiser Sigmund |
| | 18 | Parzifans Hus |
| | 19 | zum Blumenberg |
| | 19 | zum Jagberg |
| | 19 | Keßlers Hus |
| | 19 | Kutzers Hus |
| | 19 | zum Schlitten |
| | 20/22 | Franzosenhof |

| | | |
|---|---|---|
| 145 | Nadelberg 20/22 | Fröwlershof |
| | 20/22 | Roßhof |
| | 20/22 | Sintzenhof |
| | 21 | zum Engel |
| | 21 | zum Röslinberg |
| | 21 | zum Rößleinberg |
| | 23 | Almosenschaffnei |
| | 23 | zum Gänslein |
| | 23 | zum Hypokras |
| | 23 | zum Walpach |
| | 23 | zum Wollbach |
| | 23 | Zwingerhaus |
| | 24 | zur Ecktrotte |
| | 24 | Merspurgs Gsäß |
| | 24 | Mörspergs Gesäß |
| | 24 | zur Platte |
| | 24 | zum halben Spieß |
| | 24 | zum Stock |
| | 24 | zur Trotte |
| | 26 | zum kleinen Birseck |
| | 26 | zum roten Segen |
| | 26 | zum St. Wendelin |
| | 26 | zum Zelten |
| | 28 | zum großen Birseck |
| | 28 | zum Kopf |
| | 28 | zur Rose |
| | 28 | zum roten Segensen |
| | 30 | zum Fleisch |
| | 30 | zur Laterne |
| | 30 | zur Liebburg |
| | 30 | zum Liebeck |
| | 30 | Lieberts Hus |
| | 30 | zur Lielburg |
| | 30 | zur Lützelburg |
| | 30 | zum Wenzwiler |
| | 30/32 | zum Baumgarten |
| | 31 | zum hintern Hattstatt |
| | 32 | zum Adelberg |
| | 32 | zur roten Henne |
| | 32 | zum Mornach |
| | 32 | zum Muspach |
| | 32 | zum Nadelberg |

*Prolog zur Fastnacht 1880*

‹S' sinn schlächti Zite jetz›, so hert me klage
Und lamentiere-n-in der ganze Wält;
Nit nur di arme Lit wänn jetz verzage,
Nai, au di Riiche sige-n-ibel b'stellt,
Denn d'Wärthbapier sinn gar erbärmlig g'schwunde,
‹Regina Montium› ziehn laider nimme meh,
Und au ‹Nordostbahn› sinn bidänklig dunde,
Das kame ditlig an der Berse seh.

S'isch wohr, mer läbe nit in goldige Johre;
Vo Mängem haißt's: er hets jo und vermags;
Doch Vieli hänn der Läbesmueth verlore
Und Vieli wisse weder Gix no Gax.
S' Eländ isch groß, me ka's jo nit bistrite,
An viele Thire klopft der Hunger a;
Was will me mache, s'sinn halt schlächti Zite!
So trehschtet Jede sich, so guet er ka.

Und dopplet mueß me's hitigstags bigrieße,
Wenn au der froh Humor zur Gältig kunnt:
Me ka sich jo Johr us, Johr i verdrieße,
Drum fürt me gärn emohl e frohi Schtund.
Me ka nit immer suuri Gsichter mache,
Au d'Haiterkait het hie und do ihr Zit,
Und Jede mecht emohl vo Härze lache,
Drum wanderet das Biechli under d'Lit.

▶

144 Das Haus zur Rosenburg am Nadelberg 33. Der ursprüngliche Dachaufzug ist zu einem originellen Dacherker mit Balustrade umfunktioniert. Der Name der 1624 umgebauten ‹Eckwohnbehausung am gemeinen Gäßlin› ist seit 1764 nachweisbar.

145 Die Hinterfassade des Roßhofs am Nadelberg 20. Trotz dem beschämenden Zustand des klassizistisch-spätbarocken Prachtbaus ist die beispielhaft regelmäßige U-förmige Hofanlage noch erkennbar. Als ‹Hofstatt am Geßlein uff dem Nadelberge› Anno 1335 bezeichnet, geht die damals Sintzenhof genannte Liegenschaft 1545 in den Besitz des französischen Gesandten bei der Eidgenossenschaft, Antoine Morelet. In Anspielung an ihn trägt das Haus während Jahren den Namen ‹Franzosenhof›. 1781 erwirbt Eisenhändler Hieronymus Staehelin den behäbigen Roßhof gegen 6000 Taler und läßt ihn bald darnach umbauen.

146 Das Haus zum hintern Gyren am Nadelberg 37. Der Durchgang (35) der 1686 vom Knopfmacher Emanuel Roth ausgebauten Liegenschaften führt zu den Häusern zum Hirtzen, zum Mildenstein und zum Gyren am Spalenberg 16/18/ 20.

| | | |
|---|---|---|
| | Nadelberg 32 | zum Schwander |
| | 32 | zum Schwarber |
| | 32/34 | Kolbens Hus |
| | 33 | zur Rosenburg |
| | 33 | zum hintern Wildenstein |
| | 34 | zum Bettlach |
| | 34 | zur Engelsburg |
| | 34 | zur Henne |
| | 36 | zur hintern/roten Henne |
| | 37 | zum Bracken |
| | 37 | zum hintern Gyren |
| | 37/39 | zum Schneeberg |
| | 39 | zum Lörrach |
| | 39 | zum Strauß |
| | 41 | zum Sternen |
| | 41 | zum Sternenberg |
| | 41 | zum roten Turm |
| | 41 | zum obern Stern |
| | 43 | zum schwarzen/untern/Sternen |
| | 45 | Kulmis Hus |
| | 45 | zum Spätzli |
| | 47 | Bannwartshaus |
| | 49 | zum roten Knopf |
| | 49 | zum roten Kopf |
| | 49 | Narenbachers Hus |
| | 49 | zum Vogel |
| Nadelgasse | | siehe Nadelberg |
| Nauenstraße | 55 | zum Domino |
| | 63/63a | Handelshof |
| Neubadstraße | 5 | zum Letten |
| | 81 | Holeelettengut |
| | 137 | im Heimgarten |
| | 147 | zum Eckstein |
| Bei Niederfallen | | siehe Sattelgasse |
| Niederrheinstraße | | siehe Schifflände |
| St.-Niklaus-Gäßlein | | siehe Rheingasse |
| Neue Vorstadt | 1 | zum Samson |
| | 2 | Bruderers Hus |
| | 2 | Brunnmeisters Hus |
| | 2 | Eptingerhof |
| | 2 | Fröwlerin Schüre |
| | 2 | zum Gebwiler |
| | 2 | Katharinenhof |
| | 2 | zum wilden Mann |
| | 2/4 | Markgräflerhof |
| | 3 | Buschwilers Garten |
| | 3 | Faeschsches Fideikommiß-Haus |
| | 3 | Hebelhaus |
| | 3 | zum Schönau |
| | 3 | Zschapparachs Hus |
| | 4 | zum Delsberg |
| | 4 | zum Wilden Mann |
| | 4 | zum Palast |
| | 4 | Pfrundhaus |
| | 4 | Wenzwilers Hus |
| | 4 | zum blauen/weißen Wind |
| | 6 | Langstoffels Hus |
| | 7/9 | zum Gyrengarten |
| | 8 | zur Rose |
| | 8 | zum Septer |

| | | |
|---|---|---|
| 147 | Neue Vorstadt 8 | zum Solothurn |
| | 8 | Strelers Hus |
| | 10 | zum Lorbeerkranz |
| | 11 | Ballenhaus |
| | 11/13 | Brunnschwilers Garten |
| | 12 | Kugellis Hus |
| | 12/14 | Taubadlerhof |
| | 15 | Brunnschwilers Landhaus |
| | 15 | zum Gyrengarten |
| | 15 | zur Rüsse |
| | 17 | Alumneum |
| | 17 | Erasmianum |
| | 20 | Tannruggs Häuser |
| | 22 | Kegelins Hus |
| | 22/26 | Frauenhaus |
| | 26 | zur alten Treu |
| | 26/28 | zum Giebel |
| | 26/28/30/32 | zum blauen Wind |
| | 27 | zum Bollwerk |
| | 28/30/32 | Holsteinerhof |

147 Hauszeichen an der Ochsengasse 14. Bis zu Beginn des 15. Jahrhunderts wird auf dem Gesäß am mittleren Teich eine Schleife betrieben, dann wird die Wasserkraft des anliegenden Gewerbekanals bis um 1850 für die ‹Mahlmühlin zum schwarzen Esel genannt› genutzt.

148 Der Holsteinerhof an der Hebelstraße 32. Das prachtvolle spätbarocke Palais hat anfangs der 1750er Jahre Rechenrat Samuel Burckhardt erbauen lassen. Der Hausname stammt von der Markgräfin Auguste Maria von Baden-Durlach-von Holstein, die 1696 das nur mit einigen Rebhäuslein überbaute Land in ihren Besitz brachte. 1766 geht der herrschaftliche Sitz an den Großkaufmann Albrecht Ochs-His, dessen Sohn, Peter Ochs, als führender Kopf der Sympathisanten der Französischen Revolution zeichnet. Im prächtigen Gartensaal des Holsteinerhofs wird 1795 der Friede zwischen Frankreich und Spanien unterzeichnet.

| | | | |
|---|---|---|---|
| **149** | Neue Vorstadt 28/30 | zur Pfalz | |
| | 31 | Profosenwohnung | |
| | 32 | zum Lindlin | |
| | Nonnenweg 21 | zur St. Kunigunde | |

| | | | |
|---|---|---|---|
| Oberwilerstraße 155 | zum Elephant |
| Ochsengasse 1 | zum obern Haltingen |
| 1 | Schererin Hus |
| 2/4 | zur Traube |
| 3 | zum Lerchenberg |
| 3 | zum Lörrach |
| 4 | zum kleinen/schönen Keller |
| 5 | zum roten Vogel |
| 6 | zum Finsterling |
| 6 | zum Rebacker |
| 6/8 | Bierhaus |
| 6/8 | zum Krezenberg |
| 6/8 | zum Rosenberg |
| 6/8 | zum blauen Widder |
| 6/8 | zum blauen Wind |
| 7 | zum Steinbock |
| 9 | zum Gylien |
| 10 | Krösenherberge |
| 10 | zum Krösmuleck |
| 10 | zum Lorenzenberg |
| 10 | zum Muleck |
| 10 (heute Nummer 2) | zum roten Ochsen |
| 11 | Fußen Haus |
| 11 | zum roten Kreuz |
| 11 | zum Lufteck |
| 11 | Maurerin Hus |
| 11/13 | zum Schürberg |
| 12 | zum blauen Esel |
| 12 | Richenbergs Mühle |
| 12 | Rotochsenmühle |
| 13 | Badanstalt |
| 13 | Kleine Badstube |
| 13 | zum weißen Kreuz |
| 13 | zum Krösenbad |

| | |
|---|---|
| Ochsengasse 13 | Ochsenmühle |
| 14 | Schwarzeselmühle |
| 14 | zum schwarzen Esel |
| 14 | zur alten Schleife |
| 14 | zum Walchen |
| 14 | zur Windmühle |
| 15 | Große Badstube |
| 15 | Klingentaler Badstube |
| 15 | Große Mannenbadstube |
| 16 | zum kleinen Keller |
| 16/18 | zum großen/hintern/vordern Karren |
| 17 | zum schwarzen Karren |
| 17 | Ochsenhäuslein |
| 18 | zum halben Karren |
| 18 | zum Karreneck |
| 18 | zum Pregeck |
| 20 | zum großen Karren |
| 21 | zum Brunnen |
| 23/27 | zum schwarzen Adler |
| 25 | zum Holzheim |
| 25 | Kammradmühle |
| 25 | zum Sittikust |
| Ochsengraben | siehe Kohlenberg |
| St.-Oswalds-Berg | siehe Leonhardsberg |

| | |
|---|---|
| Palastgäßlein | siehe Freie Straße (54) |
| Palastgasse | siehe Ringgäßlein |
| St.-Paulus-Berg | siehe Spalenberg |
| Pelzgäßlein | siehe Badergäßlein |
| Auswendig dem Stift St. Peter | siehe Petersgraben |
| Bei St. Peter | siehe Stiftsgasse |
| Hinter St. Peter | siehe Petersgraben |
| Petersberg 1 | zum Brunnen |
| 1 | Herrentrinkstube |
| 2 | zum hohen Wind |
| 3 | zum Böcklin |
| 3 | zum Stöcklein |

149 *Hauszeichen am Hotel Touring und Red Ox an der Ochsengasse 2. Die Tafeln erinnern an die ehemaligen Liegenschaften, die an dieser Stelle standen: zum Muleck (1506), zum roten Ochsen (1511) und zum Rosenberg (1753).*

| | | |
|---|---|---|
| Petersberg | 4 | zum Rechberg |
| | 5 | zum hintern Bickel |
| | 5 | zum roten Mann |
| | 5 | zum finstern Stern |
| | 5/7 | zum kalten Keller |
| | 6 | zum Lützelstein |
| | 7 | zum Löwenstein |
| | 7 | zum blauen/niedern/obern Stern |
| | 7 | zum blauen Storchen |
| | 7/9 | zum Grünenstein |
| | 9 | zum vordern Bickel |
| | 11 | zum Bickel |
| | 11 | zum Goldbrunnen |
| | 11 | zum Schwarzenburg |
| | 11 | zum roten Schwert |
| | 11 | zum roten Sternen |
| | 13 | zur roten Waage |
| | 15 | zum finstern Bogen |
| | 15 | zum kleinen/schwarzen Schwibbogen |
| | 15 | zum Woghals |
| | 16 | zur Barbe |
| | 17 | zum Merz |
| | 19 | zur Meerkatze |
| | 21 | zum Frödenberg |
| | 21 | zur Weide |
| | 21 | zum Weidenbaum |
| | 21 | zur Weidenrute |
| | 22 | zur hintern Katz |
| | 22 | zur Kuchi |
| | 22 | zur hintern Meerkatze |
| | 23 | zum Heckberg |
| | 23 | zum kalten Keller |
| | 23 | zum Lichtenberg |
| | 23 | zum Liesberg |
| | 23 | zum Schönenberg |
| | 23 | Seilers Keller |
| gegenüber von | 23 | Wallisers Hus |
| | 25 | zum Freudenberg |
| | 25 | zum Friedberg |
| | 25 | zum Gumpostorse |
| | 25 | Seilers Hus |
| | 25 | Suttens Hus |
| | 26 | zur Meerkatze |
| | 26 | zum gelben Stern |
| | 26 | zum Tagstern |
| | 26 | Kleines Zeughaus |
| | 27 | zum Aarau |
| | 27 | Gschilteterhof |
| | 27 | zum Steglin |
| | 27 | zum Suttenkeller |
| | 28 | Grienmanns Hus |
| | 28 | zum Kempfer |
| | 28 | Renners Hus |
| | 28 | Rippens Hus |
| | 28 | Altes Salzhaus |
| | 28 | zum gelben Sternen |
| | 29 | zum Brunnkilch |
| | 29 | zum Münchenstein |
| | 29 | Straßburgerhof |
| | 29 | Wurmserhof |

| | | |
|---|---|---|
| Petersberg | 30 | zum Biber |
| | 30 | zum Biberach |
| | 30 | zum Giebenach |
| | 30/32 | zum Hahn |
| | 30/32 | zum Langental |
| | 31 | Mösinshof |
| | 31/33/35 | zum hintern Rotenfluh |
| | 32 | zum Dameck |
| | 32 | zum Dietenhofen |
| | 32 | zum finstern/fünften Schwibbogen |
| | 32 | zum Tanneneck |
| | 32 | zur neuen Waage |
| | 34 | zum Gundoldsbrunnen |
| | 34 | St. Jakobs Hus |
| | 34 | zur Mischlete |
| | 34 | zur Weide |
| | 35 | zur schweren Last |
| | 36 | zum Wolfsbrunnen |
| | 37 | zum Angen |
| | 37 | zur hintern Blume |
| | 38 | zum kalten/kleinen Keller |
| | 38 | zum kleinen Kohler |
| | 38 | Ofenhaus |
| | 40 | zum Wolfsbrunnen |
| | 42 | zum Wolf |
| | alt 181 | zum hintern/roten/weißen Löwen |
| Auf dem Petersberg | | siehe Stiftsgasse |
| Petersgasse | 2 | zum Blumenraineck |
| | 2 | zum Storchenfels |
| | 2 | zum Wind |
| | 2 | zum hohen Windeck |
| | 2/4 | zum kleinen Gutenfels |
| | 4 | zum Engel |
| | 4 | zum blauen Esel |

150 Fassadenschmuck am Offenburgerhof an der Petersgasse 42. Das Offenburgerwappen erinnert besonders an Oberstzunftmeister Henman von Offenburg, der 1417 den damaligen ‹Pfaffenhof von König Sigmund ze Lechen verlichen› bekam.

151 Toreinfahrt zum Weitnauerhof an der Petersgasse 36/38. Der 1424 in einer Erbteilung zwischen Witwe Gerda von Laufen und ihren Kindern genannte ‹Hof uff Sant Petersberg› steht bis 1652 im Besitz adeliger Familien: derer von Laufen, von Eptingen, Meigel, von Andlau und von Venningen. 1793 übernimmt der Riehener Landvogt Johann Lucas Legrand, überzeugter Befürworter der Gleichberechtigung des Landvolkes, die ‹Wohnbehausung hinder dem schwarzen Pfahl samt einem Brunnen von gutem Wasser›.

| | | |
|---|---|---|
| Petersberg | 4 | zum Liestal |
| | 5 | zur Vorgasse |
| | 5 | Zerkindenhof |
| | 5/7 | Löwenbergshof |
| | 7 | zum roten Hof |
| | 7 | zum Scheunentor |
| | 7 | zum Scheurenberg |
| | 8/12 | zum Wunderbaum |
| | 9 | zum Drachenfeld |
| | 9 | zum Drachenfels |
| | 10 | zum schwarzen Pfahl |
| | 11 | zum goldenen Ring |
| | 11 | zum Rosenfeld |
| | 13 | zum schwarzen Bären |
| | 13 | Zobeln Hus |
| | 13/15 | zum Frieden |
| | 14 | zum hintern Eptingen |
| | 14 | zum hintern Rechen |
| | 14 | zum Rosen |
| | 15 | zu den drei silbernen Orten |
| | 15 | Silberhorns Hus |
| | 15 | zum Silberort |
| | 15 | zum Silberrohr |
| | 16 | zum niedern Eptingen |
| | 16 | zum Wild-Eptingen |
| | 17 | zum Aarau |
| | 17 | Steglinshof |
| | 18 | zum kleinen Eptingen |
| | 18 | im Winkel |
| | 20 | zum hintern Eptingen |
| | 20 | zur Seidenfarb |
| | 22 | Laufenhof |
| | 22 | beim schwarzen Pfahl |
| | 23 | zum Bukenheim |
| | 23 | zum Butenheim |
| | 23 | zum Suttenkeller |
| | 23/25 | Ringelhof |
| | 23/25 | zum Sigeberti |
| | 24/30 | Badenhof |
| | 24/26 | Vorderer Kohlerhof |
| | 24/26/28/30 | Löwenbergerhof |
| | 24/28/30 | zum Bärenfels |
| | 24/28/30 | Kölnerhof |
| | 24/28/30 | Pfirterhof |
| | 25 | zum Freiburg |
| | 25 | zum Museck |
| | 26 | zum Steineck |
| | 28 | Arbeiterkosthaus |
| | 28 | Ringelhof |
| | 28/30 | Kohlerhof |
| | 32/34 | zum Friedhof |
| | 34 | Schönkindhof |
| | 36/38 | Andlauerhof |
| | 36/38 | Eptingerhof |
| | 36/38 | Laufenhof |
| | 36/38 | Weitnauerhof |
| | 38/40 | zum St. Michael |
| | 40/42/44 | Offenburgerhof |
| | 40/42/44 | Pfaffenhof |
| | 42/44 | zum St. Petersberg |
| | 44 | zum Dionysius |
| | 46 | Flachsländerhof |

152

152 *An der Petersgasse, wie vor Jahrhunderten. Für das der Spinnwetternzunft zugeordnete Handwerk bestimmt ein obrigkeitlicher Erlaß von 1779: ‹Die Kaminfäger sollen die Kamine von unden an bis in den Hut sauber butzen, das Harzige mit den Scharren recht abhacken und zu oberst im Kamin den ehemals gewöhnlichen Ruf thun› (einen Jauchzer ausstoßen).*

153 Die Häuser zum St. Petersberg, zum Bettwiler und zum Nideck an der Petersgasse 48–54. Das stattliche Haus mit dem Aufzug im Dachausbau erscheint erstmals 1707 mit dem ‹St. Petersberg› in einem Baugesuch des Sensals Ludwig Wenz, der in seinem ‹Sommerhaus die zwei gegen den Flachsländerhof befindlichen Liechter (Fenster) zusammenbrechen und in eins einrichten› möchte. Die links anschließende Liegenschaft läßt bis anfangs 17. Jahrhundert ihre Unabhängigkeit vom Haus zum Bettwiler nicht belegen. Das Eckhaus zum Nideck, das seit Jahrhunderten den Sigristen zu St. Peter beherbergt, ist dagegen seit 1287 urkundlich nachweisbar.

| | | |
|---|---|---|
| Petersberg | 46 | Schlegelshof |
| | 46 | Schönishof |
| | 46 | Straßburgerhof |
| | 48 | zum Betterberg |
| | 48 | zum St. Petersberg |
| | 50 | Silbernagelhaus |
| | 50/52 | zum Bettwiler |
| | 50/52 | zum Luzela |
| | 52 | zum Röslein |
| | 52 | zum Weingarten |
| | 54 | Domherrenhaus |
| | 54 | zum Nideck |
| | 54 | Orgenpfrund |
| | 54 | Sigristenwohnung |
| Petersgraben | 1 | zum wilden Eptingen |
| | 1 | Eremans Hus |
| | 1 | Erimanshof |
| | 1 | Schweizerhof |
| gegenüber von | 1 | zum Österreich |
| | 2 | Alte Strafanstalt |
| | 6 | Anstalt für blödsinnige Kinder |
| | 6 | Armenherberge |
| | 6 | zum Doktorgarten |
| Petersgraben | 7/9 | Kohlerhof |
| | 11 | zum Friedhof |
| | 15/17 | Neuer Offenburgerhof |
| | 18 | zum Lallo |
| | 18 | zum schönen Ort |
| | 18 | zum Samson |
| | 18/22 | Bärenfelserhof |
| | 18/22 | Lalishof |
| | 19 | Flachsländerhof |
| | 19 | Petershof |
| | 20 | zum obern Samson |
| | 21/23 | Alte Gerichtsschreiberei |
| | 21/23 | zum hintern Rom |
| | 21/23 | Violenhof |
| | 22 | zum Häsingen |
| | 22 | Lutterbachs Hus |
| | 22 | zum Samson |
| | 22/24 | Katharinenhof |
| | 22/24 | zum Nürnberg |
| | 24 | zum Bucheck |
| | 24 | zum Engel |
| | 24 | zum blauen Esel |
| | 24 | zum König David |
| | 24 | zum St. Michael |
| | 27 | Niklauskapelle |
| | 27 | zur neuen Offenburgerkapelle |
| | 29 | zum hohen Haus |
| | 31 | zur Rose |
| | 31 | zum Schönau |
| | 33 | Pfarrhaus |
| | 33 | Schürhof |
| | 35/37 | Bärenfelserhof |
| | 35/37 | zum Luterbach |
| | 35/37 | Wegenstetterhof |
| | 42 | Polizeiposten |
| | 43 | Stadtturm |
| | 43 | Zerkindenhof |
| | 44 | Werkhof |
| | 44 | Zeughaus |
| | 46 | Zeugwartswohnung |
| | 48 | Ehemalige Stadtschlosserei |
| | 49 | zum Kaiser |
| | 50 | Schaffneihaus |
| | 50/52 | zum Gnadental |
| | 71 | zur Harmonie |
| | 73 | zur Altane |
| Peterskirchgäßlein | | siehe Peterskirchplatz |
| Außerhalb Peterskirchhof | | siehe Petersplatz |
| Beim Peterskirchhof | | siehe Stiftsgasse |
| Peterskirchplatz | 1 | zum schönen Keller |
| | 1 | Marthastift |
| | 2/3 | zum großen/kalten/ langen/Keller |
| | 2 | zum Campanari |
| | 2 | zur Glöcknerei |
| | 2 | Kornmessers Hus |
| | 2 | Schantiklierens Hus |
| | 2 | zur Schule |
| | 4 | zur Wachtmeisterin |
| | 5 | zum Berwardi |
| | 5 | Provisorei |

*By Liecht*

Do liege neii Biecher uf em Tisch,
Und d'Lampe brennt – i soll e wenig läse,
Händ d'Tante gsait, i haig e gueti Stimm,
Und gegeniber sitzt das liebsti Wäse!

Es strickt und strickt, i aber lis und lis,
Und dusse schneit's; die baide Tante gähne
Und schlofen y, und wien i ibrelug,
So gsehn i in de schenen Auge Träne.

Nit vo der Gschicht, vo der i gläse ha,
Es het en andre Grund, und tiefer lyt er.
Ganz still isch's gsi, nur 's Ticktack vo der Uhr
Und 's klopfed Härz – bis daß es sait: Lis wyter!

I stackle wyter – 's het der Muet nit gha,
Mi rede z'losse, i bi folgsam blibe.
Bald druf schloht's langsam achti, und das het
D'Tante gweckt, si händ sich d'Auge gribe.

Anonymer Dichter, 1853

| | |
|---|---|
| Peterskirchplatz 5 | zum Rosam |
| 5 | zum Stift |
| 5 | zum Wallraff |
| 6 | Kapelle der Gerner |
| 6 | St.-Niklaus-Kapelle |
| 6 | zur neuen Offenburgerkapelle |
| 8 | Adelshof |
| 8 | Helfers Hus |
| 8 | Kustoshaus |
| 8 | Pfarrhaus |
| 8 | zur Schaffnei |
| 8 | Vitztumhaus |
| 8 | Wächterhaus |
| 9 | Frickhof |
| 9 | Alte Gerichtsschreiberei |
| 9 | zum Gerner |
| 9 | zum hintern Rom |
| 9 | Veyelshof |
| 9 | Vielshof |
| 9 | zum Violenhof |
| 10 | zum Mumpatum |
| 10 | Neerhof |
| 10 | Probsteihof |

154

155

154 Das Haus zur Altane an der Ecke Petersgraben und Spalenberg. Bis zum Abbruch des Spalenschwibbogens Anno 1838 bildete das Haus die nördliche Flanke des malerischen Bogentors, das die Stadt gegen die Spalenvorstadt öffnete. Eigenartig ist das hohe, zweigeschossige Mansardendach, das nur gegen den Petersgraben und die Roßhofgasse bis zum zweiten Stockwerk ausläuft.

155 Der Flachsländerhof an der Petersgasse 46. Das Bild zeigt typisch die Eigenheit vieler Adelshöfe auf dem Petersberg: Der Hauptbau liegt nicht direkt an der Straße, sondern zurückversetzt im Hof. 1460 erwirbt Bürgermeister Johannes von Flachsland aus dem Besitz des Junkers Friedrich Rot das Gesäß, das damals noch den Namen zum Schlegel trägt. Die vornehme Liegenschaft bleibt bis gegen Ende des 18. Jahrhunderts im Eigentum der elsässischen Adelsfamilie.

| | | |
|---|---|---|
| **156** | Peterskirchplatz 10 | Ulmerhof |
| | 12 | zum Weitnau |
| | 13 | zum Birkendorf |
| | 12/13 | Flachsländerhof |
| | 12/13 | Weißenburgerhof |
| | 12/13 | zum Weitnau |
| | Petersplatz 1 | Kornhaus |
| | 1 | Großes Zeughaus |
| | 3 | zum Schweizer |
| | 4 | zum hintern Rosenberg |
| | 5 | zum Engel |
| | 6 | zum Meyenberg |
| | 7 | zum Stadtturm |
| | 7 | Stadtweibelwohnung |
| | 8 | zum Holzbehälter |
| | 8 | Spritzenhaus |
| | 9/10 | Schützenhaus |
| | 9/10 | Stachelschützenhaus |
| | 12 | zum Gyrengarten |
| | 13 | zum Rechberg |
| | 13 | Wildtsches Haus |
| | 14 | Faeschsches Museum |
| | 14 | zum Neuenburg |
| | 14 | zum kleinen Paradies |
| | 15 | Büchsenmeisters Hus |
| | 15 | zum Engel |
| | 15 | zum Kämmerlein |
| | 15 | zum Nürnberg |
| | 16 | zur Rose im Winkel |
| | 17 | Überreiters Hus |
| | 18 | zum Russin |
| | 18 | zum freye Spatz |
| | 18 | zum Spitznagel |
| | 19 | zum Eichhörnlein |
| | 20 | zum Gilgenfels |
| | 20 | zum Grabeneck |
| | 20 | zum Mehlkästlein |
| | Pfaffengäßlein | siehe Petersberg |
| | Beim schwarzen Pfahl | siehe Petersgasse |
| | Pfahlgasse | siehe Petersgasse |
| | Pfluggäßlein 1 | zum Rosenberg |
| | 1 | zum Schwan |
| | 3 | zum Brandeck |
| | 3 | zum großen Konstanz |
| | 4 | zum Mohrenkopf |
| | Pfluggäßlein 4 | zur hohen Sonne |
| | 5 | zum Bad |
| | 5 | zur Kelle |
| | 5 | zum Keller |
| | 5 | zum Köllen |
| | 6 | zum Sonnenberg |
| | 7 | zum Hut |
| | 8 | zum kleinen Helden |
| | 8/10 | zum Fleckenstein |
| | 9 | zum untern Eisenhut |
| | 9 | zum Isenhut |
| | 9 | Runspachs Hus |
| | 10 | zum schwarzen Hähnlein |
| | 10 | zum Hännli |
| | 10 | zur schwarzen Henne |
| | 10/12 | zum Falkenstein |
| | 12 | zum Falkenberg |
| | 12 | zur Linde |
| | 14 | zum hintern Kardinal |
| | 15 | Louchers Hüser |
| | 15 | Zweibrots Hüser |
| | 16 | zum roten Hut |
| | 16 | zum Vehinort |
| | 16 | zum schönen Vieh |
| | Pilgerstraße 13 | Pilgerhaus |
| | Platz | siehe Petersplatz |
| | Neuer Platz | siehe Barfüßerplatz |
| | Platzgäßlein | siehe Petersplatz/ Spalengraben |
| | Predigergasse | siehe Blumenrain/Schifflände |
| | Preygäßlein | siehe Luftgäßlein |
| | Beim Profeten | siehe Totentanz |

| | | |
|---|---|---|
| Rätzengäßlein | siehe Sternengasse |
| Rahmengraben | siehe Steinenberg |
| Rain | siehe Mühlenberg |
| Hintere Ramsteingasse | siehe Rittergasse |
| Rappoltsgäßlein | siehe Rappoltshof |
| Rappoltshof 1 | zum Fröwli |
| 3 | zum Rappoltshof |
| 3 | Schreiberleins Hus |
| 5/7 | zum Klettenfels |

156 *Modernes, den Hausnamen symbolisierendes Mosaik von Walter Frey am Haus zum Birkendorf am Peterskirchplatz 13. Magister Ulrici de Birkisdorf erscheint um 1313 in einem Zinseinnahmenbuch des St.-Peters-Stifts.*

157 *Hausinschrift am Peterskirchplatz 12. Der erste urkundliche Beleg für die Liegenschaft ‹zum Witnowe in dem Wiele› findet sich 1296 im Jahrzeitbuch zu St. Peter. Conradus de Witnowe zeichnet als Besitzer.*

▶ 158 *Fassadenausschnitt vom Haus Petersplatz 20. Der Name zum Graben-Eck des ‹Orthus uff dem Graben nebent dem Platz als man zu den Predigern gat› erscheint zum erstenmal 1733 in einem Baugerichtsurteil, das Nachbarin Catharina Fux gegen Lizentiat von Speyr, den Eigentümer, erwirkt hatte.*

| | | |
|---|---|---|
| Rappoltshof | 6/8 | Sattlers Hus |
| | 6/8 | Senftlis Hus |
| | 8/9 | Rappoltshof |
| | 10/12 | Lupenhofers Hus |
| | 11 | St.-Clara-Mühle |
| | 11 | Fridlinsmühle |
| | 11 | Sternenbergmühle |
| | 14 | zum Rumpel |
| | 16 | zur Gerberei |
| | 16 | Kaltbadanstalt |
| | 16 | zur Blume |
| | 16/19 | zum Rebstock |
| | 17 | zum Rochusloch |
| | alt 259 | zum Schutzturm |
| Beim Ratpergstürlein | | siehe Rheingasse |
| Rebgasse | 1 | St. Clarahof |
| | 2 | zum Kilchen |
| | 2 | zum Scheuren |
| | 3 | Beckenhaus |
| | 4 | zum Kiel |
| | 5 | Rödelis Hus |
| | 5 | Sandhof |
| | 6 | zum Scheuren |
| | 7/9/11/13 | zur Rose |
| | 8 | zum reichen/vollen Herbst |
| | 10 | zum goldenen/schwarzen Rad |
| | 10 | Schafschmiede |
| | 11 | zum Michelfelden |
| | 12/14 | Burgvogtei |
| | 12/14 | zu den dreizehn Kantonen |
| | 12/14 | zum Grüneck |
| | 12/14 | zur Landvogtei |
| | 12/14 | zur Sonne |
| | 12/14 | Wettingerhof |
| | 15 | zum Dolder |
| | 16 | zum Gilgenberg |
| | 16 | zum alten/neuen Keller |
| | 16 | zum Küngstuhl |
| | 16 | zum goldenen Lamm |
| | 16 | zum goldenen Schaf |
| | 17 | zur Rose |
| | 18 | zum hintern Silberberg |
| | 18/20 | zum Frankreich |
| | 18/20 | zum Kesselberg |
| | 19/21 | zum Rotenstein |
| | 20 | zum Kirschbaum |
| | 20 | zum Klösterlein |
| | 21 | Grüner Adler |
| | 21 | zum roten Fam |
| | 21 | Rotbergischerhof |
| | 21 | zum Schlegel |
| | 21 | zum Steinkeller |
| | 21 | Zessingers Hus |
| | 22 | zum Himmel |
| | 23 | zum halben Mond |
| | 23 | zum Neben |
| | 24/26 | zum Adler |
| | 25 | Romers Hus |
| | 27/29 | zum gelben Horn |
| | 28 | Schulers Herberge |
| | 28 | zum Trottenstein |

*Basler Kinderreime*

Storche, Storche haini!
Mit dyne lange Beini,
Mit dyne lange Grippisgrappe,
I will di lehre z'esse drab,
Uf die hoche Tanne,
Zue der Gvatter Anne.
's Müsli het mer 's Läder gno,
Wo händ solle Schüehli ko,
Hüt morn früeh,
Wenn der Haber blüeht,
Wenn der Rogge ryft,
Wenn der Müller pfyft,
Wenn der Beck sy Weckli bacht,
Wenn die ganzi Muelte kracht.

Schnäck, Schnäck, streck dyni
    Hörner us!
Oder i wirf di zuem Spaletor us
Uf e heiße heiße Stei,
Daß de klepfsch as wie-n-en Ei!

I predige, was i weiß:
En alti Muttigeiß,
Si het der Schwanz verlore
Vor hunderttausig Johre,
Si het en wieder gfunde
Vor hunderttausig Stunde.

Susanneli, Susanneli!
Stand uf und mach e Liecht!
I höre-n-ebbis trämpele,
I mein, es syg e Dieb.
«Nei nei Mama, nei nei Mama!
Sisch nur der Beppeli Meria
Mit syner lange Pfyfe,
Het hunderttausig Löchli dra,
Er ka si nit ergryffe.»

159 Fassadenausschnitt an der Rebgasse 16. Das gegen Ende des 18. Jahrhunderts neu erbaute Gasthaus zum Schaf erhält erst gegen Ende der 1870er Jahre den Hausnamen zum goldenen Lamm. 1917 bewegt der wohltätige Theophil Vischer-Von der Mühll die Allgemeine Armenpflege, die stattliche Eckliegenschaft für die Beherbergung der alten, mittellosen Arbeiter und Arbeiterinnen der nahen Anstalt zum Silberberg zu übernehmen.

| | | |
|---|---|---|
| 160 | Rebgasse 28/30 | zum Paradies |
| | 30 | zum Schaf |
| | 31 | zum Mohren |
| | 32 | Murhof |
| | 32 | Werkhof |
| | 32/34 | zur Steinhütte |
| | 32/34/36 | zum Steinhof |
| | 36 | Steinwerkhof |
| | 36/40 | Diakonatshaus |
| | 37 | zur Tanne |
| | 38 | Pfarrhaus |
| | 38 | zur alten Trotte |
| | 38 | zum Trottenstein |
| | 39/41 | zum Schalbach |
| | 40 | zum Waldvögeli |
| | 40/42 | zum Kessen |
| | 42 | Keßlerin Hus |
| | 42 | zum Laufen |
| | 43 | zum Hüsingen |
| | 43 | zum Hüsikon |
| | 43/45 | zum Dupf |
| | 44 | Weselinen Hus |
| | 45 | zum Dupf |
| | 45 | zur Laute |
| | 45/47 | zum Nideck |
| | 45/47 | Zangmeisters Hus |
| | 46 | zur kalten Herberge |
| | 48 | Keßlerin Hus |
| | 50/52 | Schillingsches Haus |
| | 52 | zum Fluguß |
| | alt 203 | St.-Clara-Bollwerk |
| | Untere Rebgasse 1 | an dem Ende |
| | 1 | zum Gertaut |
| | 1 | zum Heyden |
| | 1 | zum Kindt |
| | 3 | zum schiefen Eck |
| | 3 | zum Kronenberg |
| | 3 | Schlatthof |
| | 4/6 | zum Ertzberg |
| | 4/6 | Mehlhäuslein |
| | 4/6 | Pfarrhof zu St. Clara |
| | 5 | Baumgartners Hus |
| | 7 | zum Scheppelin |
| | 8 | Milchbröcklismühle |
| | 8 | Sackmühle |
| | Untere Rebgasse 8 | zum schwarzen Stern |
| | 8 | zum alten Sternen |
| | 8 | Sternenmühle |
| | 8 | Ulrichsmühle |
| | 9 | zum Rosenkranz |
| | 9 | zum blauen Schild |
| | 9 | zum blauen Widder |
| | 10 | zur Gipsmühle |
| | 10 | zur neuen Schleife |
| | 10 | Schmidlis Schleife |
| | 10 | Sevogels Schleife |
| | 11 | zum Zschupfen |
| | 11/13 | zum Schupfen |
| | 11/15 | zum blauen Schild |
| | 12 | Ampringers Hus |
| | 12 | zum Rappoltshofeck |
| | 12/14 | Lengelins Hus |
| | 14 | Bacherers Hus |
| | 14 | zum Kaiserberg |
| | 15 | Falkners Hus |
| | 15 | Sternenhäuslein |
| | 16 | Rüdegers Hus |
| | 17 | Falkners Trotte |
| | 17/19 | Bläserhof |
| | 18 | zum Gilgen |
| | 18 | zum Rosenberg |
| | 18 | zur Zelle |
| | 20 | zum Blauenstein |
| | 20 | zum Blumenstein |
| | 20 | zum blauen Stein |
| | 20/22 | Kornhaus |
| | 20/22 | Wachtstube |
| | 21 | zur Reblaube |
| | 22 | Wymans Hus |
| | 22/24 | Egringerhof |
| | 23 | zum Emerach |

161

*Fyrobe*

Es lytet just Fyrobe iber d'Stadt
Am Samstig z'Obe, vo ze Peter
    här;
Am Samstig z'Obe, 's isch e
    bsundre Ton,
Es isch aim, 's lyt hit nit wie
    andri Täg;
Me gspirt's enanderno, 's isch nit
    wie sunst,
Me gspirt, 's kunnt morn e ganze
    bsundre Tag,
Vom schene Sunntig isch e Ton
    scho drin.
– I ha scho zuegluegt, wo en alte
    Ma,
E fromme Ma, zuem Stärbe ko
    isch grad;
Do händ die alte, blaiche Backe
    glänzt,
E frische, junge Schyn isch driber
    ko
Und glächlet het er fir si sälber
    still,
D'Händ zämme glait, und iber 's
    Gsicht
Isch's zoge, wie ne schene
    Maietag,
Und d'Obesunne het uf's Bett em
    glänzt;
I glaub, er het Fyrobe lyte ghert,
Fyrobe, wie's am Samstig lytet
    just,
Het gspirt, es kunnt e ganz e
    bsundre Tag,
Het gspirt, es kunnt e schene
    Sunntig morn.

Jakob Probst (1848–1910)

160 *Hausinschrift an der Rheingasse 1. ‹Von sinem Hus genannt Meygenberg› hat 1425 Heinrich Spanner dem Spital einen Bodenzins von 5 Schilling abzuführen.*

161 *Am obern Rheinweg. An das 1838 bis 1841 von Amadeus Merian erbaute Kleinbasler Gesellschaftshaus Café Spitz schließen sich auf dem Bild rheinaufwärts das Hotel Hecht (ehemals zum weißen Kreuz) und das Hotel Krafft an.*

| | | |
|---|---|---|
| Untere Rebgasse | 23/25 | zum Binzen |
| | 24 | zum Tasvennen |
| | 25 | Bläserhof |
| | 27 | St.-Anna-Tor |
| | 27 | Bläsitor |
| | 27 | Isteinertor |
| | 27 | Untertor |
| Reiterstraße | 1 | Reiterhaus |
| Rennweg | 2 | zum Morgenstern |
| | 73 | Hirzenboden |
| Renzengäßlein | | siehe Sternengasse |
| Reverenzgäßlein | | siehe Rheingasse/Utengasse |
| Gang zum Rhein | | siehe St.-Johanns-Vorstadt |
| Türlein zum Rhein | | siehe St.-Johanns-Vorstadt |
| Rheingäßlein | | siehe Lindenberg/ Riehentorstraße |
| Altes Rheingäßlein | | siehe Greifengasse |
| Rheingasse | 1 | zum Meyenberg |
| | 2 | zum Schwalbennest |
| | 3 | zum Boner |
| | 3 | Glöckleinhaus |
| | 3 | zur kleinen Henne |
| | 3 | zur roten Henne |
| | 3 | zum Hennenberg |

| | | |
|---|---|---|
| Rheingasse | 3 | Klecklis Hus |
| | 3 | zum Kupferturm |
| | 4 | Café Spitz |
| | 4 | zum neuen Gesellschaftshaus |
| | 4 | zur Hären |
| | 4 | zum Hasen |
| | 4 | St.-Niklaus-Kapelle |
| | 4 | Reitschule |
| | 5 | zum obern/vordern Kupferturm |
| | 5 | zum weißen Rößlein |
| | 5 | zum Schneck |
| | 5 | zum untern Kilchmann |
| | 7 | Bretzelers Hus |
| | 7 | zum mittlern Kilchmann |
| | 7 | zur Krone |
| | 7 | zum untern Kupferturm |
| | 7 | zur Linde |
| | 7 | zum roten Löwen |
| | 8 | zum schwarzen Gilgen |
| | 8 | zum weißen Kreuz |
| | 8 | zum Meerwunder |
| | 8 | zum Schönau |
| | 9 | zum obern Kilchmann |
| | 9 | zur Schiffscheune |
| | 10 | zum schwarzen Adler |
| | 10 | zur Gerechtigkeit |
| | 10 | zum Igel |
| | 10 | zur Justitia |
| | 11 | zum Blauenstein |
| | 12 | zum Helfenstein |
| | 13 | zum blauen Spieß |
| | 14 | zum Brücklein |
| | 15 | zum Böhler |
| | 15 | Bölers Hus |
| | 15 | zum Böllerschuß |
| | 15 | Oppelmans Hus |
| | 16 | zur Gans |
| | 16 | Menzingers Hus |
| | 16 | zum Trappen |
| | 16/18/20 | zum Tuttenkolben |
| | 17 | zum schwarzen Bären |
| | 17 | zum vordern Baum |
| | 17 | zum Helefant |
| | 17 | zum Helfenstein |

162 *Die Häuser zum Blauenstein, zum blauen Spieß, zum Böhler und zum schwarzen Bären an der Rheingasse 11–17. Obwohl die Existenz der Liegenschaften schon im frühen 14. Jahrhundert bezeugt ist, hat ihre gotische Form dem Ausdruck der Biedermeierzeit weichen müssen.*

163 *Hausinschrift an der Rheingasse 28. Der Name der ‹Hofstatt zum Enker in der Ringassen› ist durch einen Eintrag im Urbar des Petersstifts seit 1481 verbürgt. Die Jahreszahl 1564 an der spätgotischen Kielbogentür zeugt von einer durchgreifenden Erneuerung der Liegenschaft.*

164 *Das Haus zum Lachs an der Rheingasse 42. Namens der Zunft zu Schiffleuten, welche die Liegenschaft mit 120 Gulden belehnt hat, erwirkt Stubenknecht Hans Georg Euler 1661 die gerichtliche Versteigerung des Hauses.*

| | | |
|---|---|---|
| Rheingasse | 17 | Hiltmans Hus |
| | 17 | zum Istein |
| | 17 | Rheinhof |
| | 17 | zum Störchlein |
| | 17 | zum vordern Storchen |
| | 17/19 | zur Linde |
| | 17/19 | zum Lindenstein |
| | 18 | zum Klingenberg |
| | 18 | zum Strittkolben |
| | 18 | Werkhof |
| | 19 | zum Lindoc |
| | 19 | Zofingers Hus |
| | 20 | zum Brücklein |
| | 20 | zum Traubenkeller |
| | 20 | zum Trutenkeller |
| | 21 | zum Igel |
| | 21 | zum Rosenkranz |
| | 22 | zum Hennenberg |
| | 22 | zum Hünenberg |
| | 22 | zum Stall |
| | 22/24 | Elendenherberge |
| | 23 | zum Kaiserstuhl |
| | 24 | zum Falkenberg |
| | 24 | zum Falkenstein |
| | 25 | zum Freiburg |
| | 25 | zum roten Kopf |
| | 25 | zur Sonne |
| | 25 | Steinlis Hus |
| | 26 | zum Schlegel |
| | 27 | Kötzens Hus |
| | 27 | zum Roggenbach |
| | 27 | zur Roggenburg |
| | 28 | zum Enker |
| | 29 | zum Dreikronen |
| | 29 | zu den drei Kronen |
| | 29 | zum niedern/obern Kronenberg |
| | 31 | alter Ziegelhof |
| | 31 | innerer Ziegelhof |
| | 31 | niederer Ziegelhof |
| | 31/33 | zum Bäumlein |
| | 31/33 | zum Underlinden |
| | 33 | Burkarts Hus |
| | 33 | Ziegelhof |
| | 34 | zur kleinen Augenweide |
| | 34 | zur schönen Ehre |
| | 35 | zum Grundfels |
| | 35 | zum Länderle |
| | 35 | Ströwleinshof |
| | 37 | Sandhof |
| | 37/39 | Unterer St. Antonierhof |
| | 39 | zur Gerberei |
| | 39/43 | Haltingerhof |
| | 39/43 | Hiltalingerhof |
| | 39/43 | zum goldenen Löwen |
| | 39/43 | Tengerhof |
| | 39/43 | Türlins Hofstatt |
| | 39/43 | Mittlerer Ziegelhof |
| | 39/43 | Ziegelscheune |
| | 40 | zum roten Turm |
| | 41 | zum kleinen Rigoletto |

*Rat für yeden aus dem ff.*

Wer Dichter werden will, der nehme
Ein Lexikon herfür,
Und such' die allerfremdsten Wörter
Und schreib' sie auf Papier.
Die, welche reimen, an das End,
Die andern nach Belieben,
Dann muß er sich drei Stunden lang
Im Silbenzählen üben.
Man setze an die linke Hand
Den Zeigestock der rechten
Und thue nach der Verse Takt
Mit seinen Fingern fechten.
So wird man ohne Witz und Geist
Wenn auch kein ganzer Goethe,
Doch ein Genie moderner Art,
Ein klassischer Poete.

Albert Brenner (1835–1861)

165

165 Der Ziegelhof an der Rheingasse 33. Weil der Obrigkeit die Mittel fehlen, ihre ‹zwey presthaften Häuslin an der Rheingassen› instand zu stellen, werden sie 1671 dem Ziegler Hans Widmer überlassen, mit der Auflage, ‹solche zwey Häuslin auf das fürderlichste abzubrechen und widerumben zu einem Haus aufbauen lassen thun, unter Verbreiterung der Durchfahrt in den Ziegelhof›. Den andern Teil des Ziegelhofs verpachten Bürgermeister und Rat 1673 dem Ziegler Stephan Bieler, der statt eines Geldzinses dem Bauamt jedes Jahr 2000 Dachziegel und 1000 Bachensteine ohne Berechnung liefern muß und überdies das nötige Brennholz für die Wachtstuben im Bläsitor und im Riehentor zur Verfügung zu stellen hat.

| | | |
|---|---|---|
| Rheingasse | 42 | zum Lachs |
| | 43 | Oberer St. Antonierhof |
| | 43 | zur Linde |
| | 43 | zum Schlegel |
| | 44 | Franken Hus |
| | 44 | zum Salmen |
| | 44/46 | zum Tirlins Türlein |
| | 45 | zum Andeer |
| | 45 | zum schwarzen Anker |
| | 45 | zur Färberei |
| | 45 | zur Fischerstube |
| | 45 | zur Goldgrube |
| | 45/47 | zum Angen |
| | 45/47 | Trottenhaus |
| | 46 | Eimentingers Hus |
| | 46 | zur Hohenburg |
| | 46 | zum Lachs |
| | 46 | zum Rheineck |
| | 48 | zum vordern Baum |
| | 48 | zum Igel |
| | 48 | zum Lindau |
| Rheingasse | 48 | zur Linde |
| | 48 | zum Lindenstein |
| | 48 | zum Neuenstein |
| | 48 | Sevogels Scheune |
| | 50/52 | zum schwarzen Anker |
| | 51/53 | Reisenhof |
| | 52 | zur Barbe |
| | 53 | zum Gemul |
| | 53 | zum Leimen |
| | 53 | Sevogels Turm |
| | 53 | neuer Ziegelhof |
| | 54 | zum Fischgrat |
| | 54 | zum Grat |
| | 54 | zum Salmen |
| | 54 | zum Taubenschlag |
| | 55 | zum Kempshennin |
| | 55 | zur goldenen Porte |
| | 55 | zum hohen Turm |
| | 57 | zum Istein |
| | 59/61 | zur vordern Henne |
| | 62 | zur weißen Brücke |
| | 63 | zum kleinen Salmen |
| | 64/66 | Morgenbrödlins Hus |
| | 65 | zum Fahrnau |
| | 65 | zum Salmen |
| | 65/67 | zum Biberstein |
| | 67 | zum Vogelgesang |
| | 68 | zur Fischwaage |
| | 68 | zum mittlern Rheintörlein |
| | 68 | zum Rotbergstürlein |
| | 69 | zum schönen Eck |
| | 69 | zum Schöneck |
| | 69 | Klecklins Hus |
| | 70 | zum kleinen Sündenfall |
| | 72 | zum roten Schneck |
| | 76 | zum gelben Schneck |
| | 78 | zum St. Michael |
| | 80 | zur Trotte |
| | 82 | Trottenhaus |
| | 84 | zum dürren Ast |
| | 84 | zum Birbom |
| | 86 | Mädchenschule |
| | 88 | zur Meise |
| | 90 | zur weißen Taube |
| Niedere/vordere Rheingasse | | siehe Untere Rheingasse |
| Obere Rheingasse | | siehe Riehentorstraße |
| Untere Rheingasse | 1 | zum Dorneck |
| | 1 | zum Schalbach |
| | 2 | zum weiten Keller |
| | 2 | Altes Rathaus |
| | 4 | zum Ochsenstein |
| | 4 | zum grünen/roten Schild |
| | 5 | zum vordern Kupferturm |
| | 5 | zur kleinen Metzgt |
| | 5 | Schlachthaus |
| | 5 | School |
| | 6 | zum schwarzen Rad |
| | 7 | zum untern Kupferturm |
| | 7 | zur obern/untern Schleife |
| | 8 | zu den Böcken |
| | 8 | zu den drei Bögen |

*Trunckenheit*

Trunckenheit du schwere Sucht
Bringst manchen in veyle unzucht,
Vonn Ehr und Gutt in Spott und
   Schandt,
Von Wyb und Kindt inn frembte
   Lanndt,
Von Witz und Weysz in grosz
   Narrheitt,
Von gsundtem Leyb inn grosz
   Kranckheitt,
Von Freudt und Mutt in Angst
   und Noth,
Von gsundtem Leyb woll in den
   Todt,
Von Gottes Reich ins ewig Leydt,
Das alles bringt die
   Trunckenheitt.

Jacob Götz (1555–1614)

166 Die Rheinfassade des Hauses zum Lindau an der Rheingasse 48. Die romantische Holzkonstruktion des 1347 im Besitz der Gute Rudin stehenden Fischerhäuschens erinnert an die früheste Phase des Anwachsens der Rheingassehäuser an die Stadtmauer.

167 Das Haus zum Birbom an der Rheingasse 84. Rechts davon das Trottenhaus, links die Mädchenschule. Der Name ‹zem Birbom› ist 1412 in einer Verschreibung zwischen Claus von Matzendorf und Hüglin Erhart genannt. Von einer Trotte in unmittelbarer Nachbarschaft ist 1514 die Rede, und die ‹obrigkeitliche Meitlischule›, die während rund 200 Jahren Bestand hat, wird um 1660 auf Anregung der Drei Ehrengesellschaften Kleinbasels gebaut.

| | | |
|---|---|---|
| Untere Rheingasse | 8 | Böggenhus |
| | 8 | zur Glocke |
| | 8 | zur Klaue |
| | 8 | zum alten Sennheim |
| | 9 | zum Sennheim |
| | 9 | Hinterer Zwingelhof |
| | 10 | zum kleinen/obern Waldshut |
| | 11 | zum Pflug |
| | 11 | zum Rheinkeller |
| | 13 | zum Kandern |
| | 13 | zum weißen Rad |
| | 13 | zum niedern Waldshut |
| | 14 | Krankwerksmühle |
| | 14 | Peterinenmühle |
| | 14 | Röhrlinsmühle |

| | | |
|---|---|---|
| Untere Rheingasse | 14 | Sägemühle |
| | 14 | Uggelis Mühle |
| | 14 | in der Walchen |
| | 14 | zum Walken |
| | 14 | Zergeltsmühle |
| | 15 | Haslers Hus |
| | 15 | Löwenschmiede |
| | 15 | zum Himmel |
| | 17 | von Mechelsche Mühle |

| | | |
|---|---|---|
| Untere Rheingasse | 17 | Neumühle |
| | 17 | Öltrotte |
| | 17 | Weißhaars Mühle |
| | 19 | Vitenmühle |
| | 19 | Ziegelmühle |
| | 21 | Geigismühle |
| Rheinschänzlein | | siehe Totentanz |
| Rheinsprung | 1 | Brogants Hus |
| | 1 | zum Hell |
| | 1 | zum obern Rinau |
| | 1 | zur goldenen Sonne |
| | 2 | zum Sonnenfroh |
| | 2 | zur Stege |
| | 3/5 | Gerichtsschreiberei |
| | 4 | zum schwarzen Hut |
| | 4 | Unter St. Martinskirchhof |
| | 4 | Mellwers Hus |
| | 4 | zum Remen |
| | 4 | Schuchhus |
| | 4 | zum schwarzen Schuh |
| | 5 | zum Froberg |
| | 5 | zur Hölle |
| | 5 | zum Rheinsprung |
| | 5 | Sögrers Hus |
| | 5 | zum Steinfels |
| | 5 | Zofingers Hus |
| | 6 | zum wilden Mann |
| | 6/8 | zum roten Turm |
| | 6/8 | zum Waltpurg |
| | 7 | zum Kranichstreit |
| | 7 | Schalerhof |
| | 7 | Scholerhof |
| | 7 | im Winkel |
| | 7 | Zybellenhof |
| | 8 | zum Waldenburg |
| | 9 | Anatomie |

168 Der Knickdachgiebel des Hauses zum Rheinkeller an der untern Rheingasse 11. Während Jahrhunderten im Besitz von Küfern, Kannengießern, Schiffleuten, Färbern und Strumpffabrikanten, geht das schon 1354 in einer Urkunde der Kartäuser erwähnte Haus zum Pflug 1827 in das Eigentum des alt Gerichtsherrn Friedrich Faesch, der die Liegenschaft zu einer Bierbrauerei umbauen läßt.

169 Das Haus zum alten Bramen am Rheinsprung 14. Die kleine Eckliegenschaft erscheint Anno 1343 in einer Kapitalverschreibung zwischen dem Edelknecht Johann Schaler und den Kleinbasler Nonnen im Klingental. 1463 ‹gehört das Hus by Sant Martinskilchen einem Caplan des Sant Jörgen Altars›. Mattheus Steck und seine Frau, Mergeli Höpperlin, verkaufen 1546 Haus, Hofstatt und Höfli ‹oben am Sprung› um 150 Gulden dem Christoffel Weißgerber und dessen Frau, Eva Heberling. Die schmucke ‹Behausung mit 2 Stockwerken, halb Mauern, halb Riegel› erreicht im Jahr 1830 eine Schatzung von Fr. 2000.–.

| | | |
|---|---|---|
| Rheinsprung | 9 | Collegium |
| | 10 | Hans Duttelbach des Turmbläsers Hus |
| | 10 | Kornhaus |
| | 10 | Kornschütte |
| | 12 | zum Bärenfeld |
| | 12 | zum Benfelt |
| | 12 | Helfers Hus |
| | 12 | zum Koler |
| | 12 | Pfarrhaus |
| | 14 | zum alten Bramen |
| | 14 | zum Brauer |
| | 14 | zum alten Bromen |
| | 14 | Alte Schule |
| | 14 | zum Teufel |
| | 16 | Andlauerhof |
| | 16 | Blaues Haus |
| | 16 | Flachsländerhof |
| | 16 | zum Ratperg |
| | 16 | Reichensteinerhof |
| | 16 | Schnöwlins Hus |
| | 16 | zum Weidenbaum |
| | 16/18 | beim Gipstürlein |
| | 16/18 | zum Widbaum |
| | 17 | Efringerhof |
| | 17 | Lehrerwohnung |
| | 17 | zur Halde |
| | 17 | St. Oswalds Pfrundhaus |
| | 17 | Wächterhäuslein |
| | 17/18 | Landenbergerhof |
| gegenüber von 17/19 | | zum Mailand |
| | 18 | Mornhartshof |
| | 18 | Schalerhof |
| | 18 | Weißes Haus |
| | 18 | zum Waltpurg |
| | 18 | Wendelstörferhof |

170   Rheinsprung 19   zur alten/obern/untern Gipsgrube
              19   zur obern/untern Hölle
              19/21 National-Fruchtschütte
              20   zur großen Augenweide
              21   zum Brestenberg
              21   zum Gipshäuslein
              21   zur Gipsmühle
              21   Kornhaus

170 *Hausinschrift am Rheinsprung 17. Die früheste Erwähnung der Liegenschaft fällt ins Jahr 1495, als Domkaplan Mathis Spitz, Inhaber der Pfründe am St.-Oswald-Altar ‹auf der Empore› im Münster, sich in einem Streit um die Halde und das Gärtlein am Rhein einem Schiedsspruch beugen muß. Die Zahl 1487 scheint die bis 1862 gültige Hausnummer zu sein!*

171 *Das Haus zum Kranichstreit am Rheinsprung 7. Die Fassade mit den hohen schlanken Fenstergruppen und den elegant gearbeiteten Muschelmotiven zeigt den in Basel seltenen Mischstil von Gotik und Renaissance. Der Hausname ist mit der uralten Sage vom Kranichstreit in Verbindung zu bringen, nach welcher Pygmäen, auf Ziegenböcken reitend, sich der hochbeinigen Vögel zu erwehren hatten.*

| | | |
|---|---|---|
| Rheinsprung | 21 | Kleine Augustiner-Schütte |
| | 22 | zur kleinen Augenweid |
| | 24 | Hagenbacherhof |
| | 24 | Alter Marggräfischerhof |
| | 24 | Marschalksturm |
| | 24 | Zscheggenbürlinshof |
| Rheinstraße | | siehe Schifflände |
| Beim Rheintörlein | | siehe Rheingasse |
| Beim obern Rheintor | | siehe Riehentorstraße |
| Beim untern Rheintor | | siehe Schifflände |
| Oberes Rheintorgäßlein | | siehe Riehentorstraße |
| Beim Rheintürlein | | siehe Mühlenberg/ Rheingasse/Rittergasse |
| Beim untersten Rheintürlein | | siehe St.-Johanns-Vorstadt |
| Oberer Rheinweg | 17 | zum Hünenberg |
| | 23 | zum Enker |
| | 29 | zur kleinen Augenweide |
| | 31 | zum Guggehyrli |
| | 49 | zum Fischgrat |
| | 49 | zum Salmen |
| | 59 | Morgenbrödlins Hus |
| | 65 | zum kleinen Sündenfall |
| | 67 | zum roten Schneck |
| | 69 | auf dem Zwingel |
| | 75 | Hospiz Rheinblick |
| | 79 | zum dürren Ast |
| | 91 | Unterer Hattstätterhof |
| | 93 | zur Rheinlust |
| Unterer Rheinweg | 20 | Polizeiposten |
| | 26 | Kleines Klingental |
| | 32 | zur untern Rheinfähre |
| Riehenring | | siehe Bahnhofstraße |
| Riehenstraße | 1 | zur Säge |
| | 3 | zum Brunnenhaus |
| | 15 | Spritzenhaus |
| | 42/46 | Faesch-Leißlersches Landhaus |
| | 65 | De Bary-Landhaus |
| | 154 | zur Sandgrube |
| | 154 | Uranienhof |
| | 159 | Ryhiner-Leißlersches Landhaus |
| | 192 | Zedernhof |
| | 246 | zum Heimatland |
| | 275 | zum kleinen Surinam |
| | 394 | Bäumlihof |
| | 394 | zum Klein-Riehen |
| Riehentorstraße | 2 | zur Kartause |
| | 2 | Lützelgarten |
| | 2/4 | Kartausreben |
| | 4 | Hinterer Bischofshof |
| | 4 | beim Lesserstürli |
| | 4 | Pfiffershüsli |
| | 4 | Stetten Gesäß |
| | 4/6/8 | Waisenhaus |
| | 5 | Katholisches Mädchenschulhaus |
| | 6 | Brünings Hus |
| | 6 | Kartausreben |
| | 6 | zum Waseneck |
| | 7 | zum Karst |
| | 8 | zum Bebenen |

| | | |
|---|---|---|
| Riehentorstraße | 8 | Kartausreben |
| | 9 | zum Gerspach |
| | 9 | zum Hirzberg |
| | 9 | zum Hirzburg |
| | 9 | Hirzelins Hus |
| | 9 | zum Rechberg |
| | 10 | Minderhüsli |
| | 10 | zum Nußbaum |
| | 10 | Spritzenhaus |
| | 11 | Brissigers Hus |
| | 11 | Rebhaus |
| | 11 | Rebleuten Trinkstube |
| | 11 | zum Straßburg |
| | 12 | zum Kartauseck |
| | 12 | Zehnentrotte |
| | 13 | zum Grenzach |
| | 13 | Murnharts Scheune |
| | 14/16 | Stelins Hus |
| | 15 | zum Magsomen |
| | 17 | zum Aberart |
| | 17 | zum Abwart |
| | 17 | Mennlis Hus |
| | 17/19 | zum Pfirsichbaum |
| | 18/20 | zum Meyen |
| | 19/21 | zum Zellenberg |
| | 20 | zur Blumenscheune |
| | 20/22 | Murnharts Trotte |
| | 21 | Wegenstetts Orthus |
| | 22 | zum Schmitberg |
| | 22 | zum hohen Wind |
| | 23 | zum Dupf |
| | 24 | zum Eptingen |
| | 24 | zum Kesselberg |
| | 26/28/30 | zur schönen Ehre |
| | 26 | zur kleinen Augenweide |
| | 27 | Hammerschmiede |

172 Fassadenausschnitt des neobarocken Hauses zum dürren Ast am obern Rheinweg 79. Der Name der dem Rhein zugewandten Front der Liegenschaft zum Birbom an der Rheingasse 84 erscheint erstmals um 1860 am Rheingassehaus.

173 Das spätbarocke Korbbogenportal mit dem schönen Oberlichtgitter des Hauses zum Jagberg an der Webergasse 27. Vermutlich hat Johann Georg Heußler, Strumpffabrikant und Landvogt zu Münchenstein, die Liegenschaft um 1765 bauen lassen, welche in ihrer Ausführung sehr bescheiden gehalten ist und die Sparsamkeit des Kleinbasler Bauherrn deutlich erkennen läßt.

| | | |
|---|---|---|
| Riehentorstraße | 27 | zum Ochsen |
| | 28/30 | Eckspital |
| | 28/30 | Altes kleines Spital |
| | 29 | zum Klösterli |
| | 29 | zum Runspach |
| | 30 | zum Spitaleck |
| | 31 | zum Isvogel |
| | 31 | zum Winkelried |
| | 32 | Oberes Tor |
| | 32 | Riehentor |
| | 32 | zum St.-Theodors-Tor |
| | 33 | zum Liestals Keller |
| | 33 | Löwenhofstatt |
| Riesengäßlein | | siehe Eisengasse/Fischmarkt |
| Rindermarkt | | siehe Gerbergasse |
| Ringgäßlein | 2 | zum mittlern Palast |
| | 3 | Versammlungshaus |
| | 4 | zum innern Palast |
| | 5 | zum Hegenheim |
| | 5 | zum Rebstock |
| | 5 | zum hintern/kleinen Streit |
| Grünes Ringgäßlein | | siehe Ringgäßlein |
| Ringgasse | | siehe Schifflände |
| Rittergasse | 1 | Bischofshof |
| | 1 | Garten zum Dießbacherhof |
| | 1 | Mädchenschulhaus der Münstergemeinde |
| | 2 | Luterbachhof |
| | 2 | Schönauerhof |
| | 3 | Münsterhof |
| | 3 | Antistitium |
| | 3 | Rotes Schulhaus |
| | 3 | St.-Ulrichs-Kapelle |
| | 4 | Archidiakonatshaus |
| | 4 | Obersthelferwohnung |
| | 5 | zum Tüffenstein |
| | 5 | zum St. Ulrichskirchhöflein |
| | 6 | Lehrerwohnung |
| | 6 | zum gelben Löwenkopf |
| | 7 | zum Althein |
| | 7 | zum Blatzhein |
| | 7 | Christians Hus |
| | 7 | Rotbergerhof |
| | 7 | zum St. Stefan |
| | 7 | zum Steinbach |
| | 8 | Dießbacherhof |
| | 8 | zum Kohlischwibbogen |
| | 9 | zum Allerheiligen |
| | 9 | zum Küyenberg |
| | 9 | zum St. Ulrichseck |
| | 10 | zum Blauenstein |
| | 10 | Blowners Hus |
| | 10 | zum Delphin |
| | 10 | zum Marbach |
| | 10 | zum Schaltenbrand |
| | 10 | zum Schulsack |
| | 10 | Truchsessenhaus |
| | 10 | zum Wessenberg |
| | 11 | Aliothsches Haus |
| | 11 | zur Sonne |
| | 11 | zum St. Ulrichsgärtlein |
| | 12 | Eptingerhof |
| | 13 | zur St. Brigitta |
| | 13 | Julianahäuslein |
| | 14 | zum Gemar |
| | 15 | Rotbergerhof |
| | 16 | im Höfli |
| | 16 | Hinterer Rotbergerhof |
| | 17 | Landeckerhof |
| | 17 | Großer Ramsteinerhof |
| | 17 | Rechburgerhof |
| | 18 | zur Dompropstei |
| | 19 | Hohenfirstenhof |
| | 19 | zum St. Johannes |
| | 19 | zum hintern/kleinen Ramstein |
| | 19 | Rheinhaldenhof |
| | 19 | Utenheimerhof |
| | 20 | Bitterlishof |
| | 20 | zum St. Jost |
| | 20 | Landenbergerhof |
| | 20 | Ritterhof |
| | 20 | zum Wilon |

*Die Jagd im Leben*

Wenn Waize, Gärste, Korn und
    Rogge;
In d'Schyre gsammlet 's Aug
    erfrait;
Wenn d'Schwalme furtziehnd,
    und wenn trocke
Der Ostwind iber d'Stopple
    waiht;
Wenn uf der Herbstwaid, uf der
    schene,
Am Hals vo Kiehne d'Glocke
    tene,
So zieht der Jäger us uf d'Jachd
Mit sym Patänt, in griener Tracht.
Er zieht in Wald mit syne Hunde,
Und 's Häsli dänkt nit an sy Tod;
's nagt ab de junge Bäume
    d'Runde,
Und waißt nit, was fir Gfohr ihm
    droht;
's Reh an der Syte vo der Mueter
Suecht arglos, ohni Furcht, sy
    Fueter;
Jetz aber los, wie d'Flinte kracht!
Der Jäger isch halt uf der Jachd.
Sichsch dä Fabrikherr und
    d'Maschine?
Er jagt – sy Zyl isch d'Industrie;
Er mues by syne Dampfkamine
Der ‹Überal und Nirgends› sy!
Frieh thuet er an sym Schrybpult
    sitze,
Und d'Dinten ohni Rueh
    verspritze;
Das isch sy Waldrevier, sy Fäld:
Er isch halt uf der Jachd no Gäld!
Und lueg die viele Spekulante
In Bauwele und andrer War!
Si jage zue de färnste Gante,
Und nonem Telegraph sogar;
Es frogt ir Wunderfitz by alle:
Sind d'Prys im Styge oder Falle?
Das isch ir Jachdrevier, ir Fäld:
Si jagen alli halt no Gäld!
So jagt e Jedes uf der Ärde,
Und het sy Waidrevier und Fäld;
Meg Jedem das zum Sinnspruch
    wärde:
‹Jag nit nur ainzig nonem Gäld!
Thue mehr noch nonem Guete
    jage,
Das wird der edli Frichte trage;
Jagsch anderst in dym Waidmas-
    Rock,
So schießisch sicherlig e Bock!›

Philipp Hindermann
1796-1884

174 Der große Ramsteinerhof an der Rittergasse 17. Die fürstlich anmutende Residenz mit Ehrenhof und eigener Pfalz, ‹ein Juwel des barocken Basel›, ist das Kunstwerk des jugendlichen Architekten Johann Carl Hemeling. Den Auftrag dazu hat Samuel Burckhardt-Zaeslin, der vermögendste Basler seiner Zeit, um 1728 gegeben. Bis 1522 hatten die bischöflichen Ministerialen von Ramstein hier ihren Adelssitz. Seit 178 Jahren ist der große Ramsteinerhof im Besitz der Familie Iselin.

| | | |
|---|---|---|
| Rittergasse | 21 | zum Dienast |
| | 21 | zum Eptingen |
| | 21 | St. Martins Pfrundhaus |
| | 21 | zum Ritter |
| | 21 | zur hohen Sonne |
| | 21 | zum Sonnenberg |
| | 22a | zum Panthier |
| | 22/24 | Vorderer Ramsteinerhof |
| | 23 | zum Engel |
| | 23 | zum St. Michael |
| | 25 | Alter Rotbergerhof |
| | 25 | Vorderer Rotbergerhof |

| | | |
|---|---|---|
| Rittergasse | 25 | Thiersteinerhof |
| | 26 | St.-Alban-Schwibbogen |
| | 26 | zur Bärenhut |
| | 27 | zum Leopard |
| | 27 | Olsbergerhof |
| | 27 | zum Tiger |
| | 29 | Deutschordenskapelle |
| | 29 | Kapelle |
| | 29 | zum Kirchhof |
| | 31 | zum Ach |
| | 31 | zum Kirchhöflein |
| | 35 | Deutsches Haus |
| | 35 | zum Kaiserstuhl |
| Beim Robertsloch | | siehe Rappoltshof |
| Beim Rochusloch | | siehe Rappoltshof |
| Rofberg | | siehe Spalenberg |
| Rosengäßlein | | siehe Sternengasse |
| Rosentalstraße | 10 | Abdankungskapelle St. Theodor |
| Roßberg | | siehe Unterer Heuberg/ Rheinsprung/Schlüsselberg/ Stapfelberg |
| Roßhofgasse | 3 | Dorers Hus |
| | 3 | zum Hohenak |
| | 5 | Torers Hus |
| | 7 | zur Ermitage |
| | 7 | Kalchhof |
| | 8 | Hinterer Roßhof |
| | 9 | Brunnenwerkhof |
| | 9 | Kalhof |
| | 9 | Marstall |
| | 9/11 | zum Feldberg |
| | 9/11 | zum Vellenberg |

175 Louis-XV-Kartusche an der Rittergasse 27. Die beiden Leoparden, welche den Namensschild argwöhnisch bewachen, erinnern daran, daß die 1282 an das Zisterzienserinnenkloster Olsberg übergegangene Liegenschaft später auch zum Leopard und zum Tiger genannt wird. Die Jahreszahl 1389 entspricht wohl der bei der Errichtung des Neubaus Anno 1753 ersten bekannten Erwähnung des Hauses.

176 Der spätgotische Hohenfirstenhof an der Rittergasse 19. Als ‹kleiner hinterer Ramstein› erscheint das Gesäß im hintersten Teil des ‹Gäßleins› ursprünglich im Besitz der Herren von Ramstein. 1493 geht die Hofstatt an Stiftskaplan Niklaus Bösinger und wird dann während Jahrzehnten von elsässischen und breisgauischen Adelsfamilien bewohnt. Von Salzverwalter Hans Rudolf Burckhardt 1658 auf der Gant um ‹3000 Pfundt Gelts Baslerwehrung› erworben, ist der Hohenfirstenhof – nach dem einstigen Besitzer Hans Adam von Hohenfirst so benannt – seit 1786 im Besitz der Familie Vischer.

| | | | | |
|---|---|---|---|---|
| Roßhofgasse | 10 | zur Harmonie | Rümelinsplatz 3 | zur Roggenburg |

Roßhofgasse 10 zur Harmonie
11 zum Benner
11 Helmers Turm
11 zum Käfig
11 zum Keffin
12 zur Altane
13 zum Lämmlein
13 zum grünen Laub
13 Leublins Haus
13/15 zur Hasenburg
13/15 Löblis Hus
15 zum Fellenberg
15 zum Herrenkeller
15 Inneres Kornhaus
Roßmarkt siehe Steinenvorstadt
Roufeberg siehe Gemsberg
Rüdengasse 1 zur goldenen Apotheke
1 zum Blauenstein
1 zum Grünenstein
1 zum Nauen
1 zum Schöneck
2 zum Bad
2 zum hintern Waldshut
3 zur alten Münze
3 zum schwarzen Rüden
3 zum Sunden
5 Alte/fremde/neue School
5 Wachthaus der Gasanzünder
5/7 Kleine/neue Metzgerei
9 zum Goldeck
Rümelinbachweg 18 Tabakstampfe
Hinter der Rümelinsmühle siehe Rümelinsplatz
Oberhalb der Rümelinsmühle siehe Trillengäßlein

177 Rümelinsplatz 1 Rümelinsmühle
1 zum grünen Schild
1 zum schwarzen Turm
2 zum St. Antenge
2 zum roten Kopf
2 zum Stettenberg
2 zur Walke
2 zum Wildenstein
3 zum Rößlein
3 zum Roggenbach
3 zum Roggenberg

Rümelinsplatz 3 zur Roggenburg
4 Brogants Hus
4 Weißes Haus
5 zum Gambrinus
5 zum Ravensburg
5 Spirers Hus
5 zur Spis
5 zum Spyr
6 Schmiedenzunft
7 zum Rosenfeld
8 zum Meigenberg
8 zum Wändlein
8 zum St. Wendelin
9 zum roten Schild
9 zum Strauß
11 zum Karspach
11 zum Kaßpach
11 zum grünen Stern
13 zum Zeisichen
13 zum Zeisig
13 zum Zießchen
13/15 zum Zesingen
15 zum dürren Sod
15/17 Fustes Hus
15/17 zum Straßburg
17 zum Falken
17 Lehrerwohnung
17 zum Ravensburg
17 zur Walke
17 Trütlerin Hus
Rueßgäßlein siehe Lindenberg/Rheingasse
Rütimeyerstraße 58 Taubadelerhof
Rufberg siehe Heuberg
Im Rumpel siehe Rappoltshof
Am Rumpelshof siehe Rappoltshof
Beim Rupertshof siehe Rappoltshof
Rustgäßlein siehe Lindenberg/Rheingasse
Rutengasse siehe Utengasse

# S

Sägergäßlein 1/3 zur Säge
1/3 Sägemühle
1/3 Schribers Säge
2 Mahlmühle
2 zur alten Schmitte
2 zum untern Waldshut
3 Lederwalke
5 Baliermühle
5 Farbholz- und Drogeriemühle
5 zum Korb
5 Kleine Mühle
5 Neue Mühle
5 zum Sinn
5 zur alten Stampfe
7 Gerbhaus
Salinenstraße 6 Sonnenhof
Salmengäßlein siehe Rheingasse
Salzberg siehe Blumenrain/Petersberg/Spiegelgasse

*Widmung*

Geh hin, mein werthes Buch,
Durchstreiche frembde Länder,
Empfah von lieber Hand
dir gunst- und freundschafts-
  pfänder;
So ist mir dieser Schatz,
darinnen jede Zeil
So manche Perle macht,
umb gold und gelt nicht feyl.

Jakob Bernoulli (1656–1705)

177 Hausinschrift an der Rütimeyerstraße 58. Der klassizistische Portalaufsatz mit dem Familienwappen Kern stammt vom eigentlichen Taubadelerhof an der Hebelstraße 12, der sich 1870 im Besitz des Bandfabrikanten Eduard Kern-Werthemann befand.

178 Hausinschrift am obern Schafgäßlein. Die schon 1363 ‹zem Silberberge› genannte Liegenschaft geht 1861 in den Besitz des Armenkollegiums unserer Stadt, die das Gebäude zu einer Arbeitsanstalt für verdienstlose Niedergelassene herrichtet. Heute ist die einst bedeutungsvolle soziale Institution als Nebenbetrieb dem Altersheim zum Lamm angegliedert.

| | | |
|---|---|---|
| Ob dem Sprung Salzkasten | | siehe Blumenrain |
| Unter dem Salzkasten | | siehe Blumenrain-Schwanengasse |

Sattelgasse
(Alte Nummern 1/3/5/7
heute Nummer 1,
9/11 = 3, 4/6 = 2, 8/10 = 4,
21 = 5, 16/17/18/19 =
Glockengasse 2, 20/22 =
Schneidergasse 11)

| | |
|---|---|
| 1 | zum Hahnenkopf |
| 1/3 | zum Rechen |
| 2 | zum Blumenberg |
| 3 | zum roten Kopf |
| 3 | Löblis Hus |
| 4 | zum Schildeck |
| 4 | Wurstwinkel |
| 4/6 | zum blauen Schild |
| 5 | zum Narren |
| 5 | zum Regenbogen |
| 6 | zum schwarzen Hahn |
| 6 | zum Sevenbaum |
| 7 | zum Kupfernagel |
| 8 | zum hintern Falken |
| 8 | zur hintern Falle |
| 8 | zum St. Georgenbrunnen |
| 8 | zum St. Jörgenbrunnen |
| 8 | zum Niederfallen |
| 8 | zu den sieben Planeten |
| 8 | zu den sieben Platten |
| 8 | Roseggs Hus |
| 9 | zum Paradies |
| 10 | zur niedern/untern Fallbruck |
| 10 | zur niedern Falle |
| 11 | zum alten/hintern/neuen Rebstock |

179

| Schneidergasse | | |
|---|---|---|
| | 12 | zum Ballen |
| | 12 | zum Siebental |
| | 12 | zum weißen Wind |
| | 14 | zum Pflug |
| | 14 | zum Hinterars Schleife |
| | 14 | neue Schleifmühle |
| | 14 | zum kleinen Stamler |
| | 14/16 | zum weißen Haus |
| | 15 | zum hintern Eichhorn |
| | 15 | zum hintern Einhorn |
| | 16 | zum mittlern Eichhorn |
| | 16 | Kupferschmieds Hus |
| | 17 | zum mittlern Dolder |
| | 18 | zum hintern Dolder |
| | 19 | zum Ballen |
| | 19 | zum vordern Dolder |
| | 19 | zur Steinkette |
| | 20 | zum Kestlach |
| | 20 | zum Wunderbaum |
| | 20/22 | zum Lorbeerbaum |
| | 21 | zum St. Georgeneck |
| | 21 | zum Ritter St. Georg |
| | 21 | zum Ritter Jörg |
| | 21 | zum neuen Ort |
| | 22 | zum Riehen |
| | 22 | Wachtmeisterin Hus |
| Schänzlein am Rhein | | siehe Greifengasse |
| Schafgäßlein | 1 | zum schwarzen Bären |
| | 1/3/5/7 | zum Baum |
| | 2 | zum Lindeck |
| | 2 | zum Neuenstein |
| | 3 | zum mittleren Bären |
| | 3 | zum Lorbeerkranz |
| | 4 | zum Linden |
| | 5 | zum hintern Bären |
| | 5 | zum hintern Baum |
| | 5 | zum hintern Störchlein |
| | 6/8 | zum Igel |
| | 7 | zum Bäumle |
| | 10 | zum schwarzen Schuh |
| | 12 | zum Silberberg |
| | 14 | zum Schaf |
| Schanzenstraße | 19 | zum Rebeneck |
| | 21 | zum Baugarten |
| Bei der Schanzmauer | | siehe St.-Johanns-Vorstadt (27) |
| Scharbengäßlein | | siehe Trillengäßlein |
| Schelmengasse | | siehe St.-Johanns-Vorstadt |
| Scherbengäßlein | | siehe Grünpfahlgäßlein/Schnabelgasse/Trillengäßlein |
| Scheuergasse | | siehe Luftgäßlein |
| Schifflände | 1 | zum Anker |
| | 1 | zum Bart |
| | 1 | zum Lälläkönig |
| | 1 | zum untern Landeck |
| | 1 | zum Parten |
| | 3 | zum goldenen Kopf |
| | 3 | zum niedern Landeck |
| | 3 | zur Lerche |
| | 3 | zur Spise |
| | 5 | Deutsches Haus |
| | 5 | zur Krone |
| | 5 | zum Rinau |
| | 5 | Schulers Hus |
| | 6 | Gewerbehalle |
| | 6 | Rheinlagerhaus |
| | 6 | zum Salis |
| | 7 | zum kleinen Rosenkranz |
| | 7 | zum kleinen Roßgarten |
| | 7/9 | zum Kränzlein |
| | 7/9 | zum hintern Rosengarten |
| | 9 | zum Rosenkranz |

180

*An den Lällenkönig in Basel*

Zu Basel an dem Rheine, da steht
 ein altes Thor,
Da strecket seine Zunge ein
 hölzern Bild hervor,
Es streckt sie gegen Vornehm
 und gegen Bettelmann,
Grinst König und Minister,
 grinst Herrn und Diener an.
Ich zog durch weite Lande, ich
 fuhr wohl übers Meer,
Ich sah Altenglands Dämpfe und
 Frankreichs Dirnenheer,
Und fand der Narren viele,
 gerade wie zu Haus:
O lälle, Lällenkönig, läll' alle, alle
 aus!

Max Schneckenburger
(1819–1849)

---

179 *Hausschild an der Schnabelgasse 4. Das antikisierte Hauszeichen zeigt den neuesten Namen des Hauses. 1284 stand an dieser Stelle die Liegenschaft zum Blotzheim des Fraters Bertoldus von St. Leonhard, der seinen Mitbrüdern zu St. Alban zinspflichtig war.*

180 *Der Lällekönig an der Schifflände 1. Die steinerne Fratze mit der Königskrone auf dem Haupt ist eine 1914 am Wirtshausneubau angebrachte Nachbildung jenes spöttelnden Königs am Rheintor, der von 1639 bis 1839 den Kleinbaslern viermal pro Minute seine ‹scheußlich lange Zunge› herausstreckte!*

181 Am Schlüsselberg. Im Hintergrund die ‹Mücke›, bis ins 15. Jahrhundert das Trinkhaus zur hohen Stube des Basler Adels, von 1671 bis 1849 Kunstsammlung und Universitätsbibliothek und seit 1862 Schulhaus.

| | |
|---:|---|
| Schifflände 7a | zum kleinen/vordern Rosengarten |
| 8 | Bestäterei |
| 8 | zum vordern Schaf |
| 8 | zum Schwanenfels |
| 8 | zum vordern Schwanenhals |
| 8a | zum schwarzen Kopf |
| 8b | zum gelben/goldenen/grünen/vordern Adler |
| 8/10 | zum Ufheim |
| 8/10 | zur Zange |
| 10 | zum Agtstein |
| 10 | zum goldenen Schaf |
| 10 | zum hintern Schwanenhals |
| 10a | zum doppelten/goldenen/grünen/hintern Adler |
| alt 1519 | zum Anker |
| alt 1520 | zum Kiel |
| alt 1520 | Schiffleutenzunft |
| alt 1536 | zum roten Kopf |
| Schindelhofweg | siehe St.-Alban-Kirchrain |
| Schloßgasse | siehe Gemsberg |
| Schlüsselberg 1 | Schlüsselzunft |
| 1/3 | zum Roßberg |
| 3 | Erasmuskollegium |
| 3 | zur Freimaurerloge |
| 3 | zum kleinen Venedig |
| 4 | zum Ehrenfels |
| 5 | zum tiefen Keller |
| 5 | zum wilden Mann |
| 5/7/8 | Malertrinkstube |
| 5/7/9 | zum weißen Bären |
| 7/9 | zum Efringen |
| gegenüber von 7/9 | Lützelhof |
| 8 | Himmelzunft |
| 8 | zum Schweinsspieß |
| 10 | zum wilden Mann |
| 11 | zum Grünenberg |
| 12 | St.-Bernhards-Kapelle |
| 12 | zum hintern Olsberg |
| 13 | Bauhaus des Stifts |
| 13 | Kaiser Heinrichs Pfrundhaus |
| 13 | zum Schönenberg |
| 13 | zur Treu |
| 13/15 | zum Speyr |
| 14 | zur Mücke |
| 14 | zur hohen Stube |
| 15 | zum Landser |
| 15 | zur neuen Pfallenz |
| 17 | auf Burg |
| 17 | Stiftshaus |
| 17/19 | Burghof |
| Schlüsselsprung | siehe Schlüsselberg |
| Schmiedgasse | siehe Spalenberg |
| Schmiedsgäßlein | siehe Sterengasse |
| Schnabelgasse 1 | zum Hauenstein |
| 1/3/5/7 | Gurlins Hus |
| 2/4 | zum Blotzheim |
| 2/4 | zum Pflug |
| 4 | zum goldigen Knopf |
| 3/5/7 | zum hintern Hauenstein |
| 6 | Beckenhaus |

*Gegen Weltlust und Opulenz*

Wie geht's mit Fressen und mit Saufen!
Gemeine Tracht schmeckt nimmer wohl,
Man läßt, was niedlich, ferne kaufen,
Und spickt es mit Gewürze voll,
So kommet Fleisch und Blut und Jast,
Und draus erwächst der Friesel-Gast.

Wer prasset nicht mit Leckereien?
O Chocolade, Kaffee, Thee!
Man sollte drüber Zetter schreien,
Ihr seid der Born von manchem Weh,
Ihr habt den Friesel hergebracht,
Und dieser bringt die Todes-Nacht.

Man schwärmt in Faulheit wie die Fische,
Und wie die Sau in Güllen hockt,
Man sitzt beim Spiel- und Plauder-Tische,
Bis jeder Saft im Leibe stockt.
Die Hölle folgt auf solche Ruh!
So rufet uns der Friesel zu.

Bei Tänzen, Gutsch- und Schlittenfahrten,
Zu heiß- und kalter Winters-Zeit
Und tausend andern Luder-Arten
Der menschlichen Unsinnigkeit,
Entsteht bald Frost, bald Schweiß und Hitz
Des Friesels-Same Tür und Sitz.

Man wacht des Nachts, man schlaft bei Tage,
Des Lebens Ordnung leidet Not,
Und also braucht es keine Frage:
Woher kommt Friesel und der Tod?
Wo Einfalt, Ordnung, Zucht gebricht,
Da blüht der weiße Scheitel nicht.

Hieronymus d'Annone
(1697–1770)

| | | |
|---|---|---|
| Schnabelgasse | 6 | zum dürren Sod |
| | 8 | zum Scharben |
| | 8 | zum Schnabel |
| | 8 | Schnabelstall |
| | 10 | zum obern Straßburg |
| | 12 | zum untern Straßburg |
| | 15 | zur graden Kerze |
| | 15 | zum weißen Rößlein |
| | 15 | zur Rosenstaude |
| | 15/17 | zum Lurtsch |
| | 17 | zum großen Christoffel |
| | 17 | zur Walke |
| Schnabelstallgäßlein | | siehe Schnabelgasse |
| Schneidergasse | 1 | zum neuen Ort |
| Schneidergasse | 1 | Schinthaus |
| | 1 | zum großen Stetten |
| | 1/3 | Apothekers Hus |
| | 2 | zum obern Blumenberg |
| | 2 | zur Kerze |
| | 2 | Großes Pompiermagazin |
| | 3 | zum kleinen Stetten |
| | 4 | zum kleinen Sarberg |
| | 4/6 | zur Sarburg |
| | 5 | zum weißen Mann |
| | 5 | zum Solothurn |
| | 6 | zum Goldbrunnen |
| | 6 | zum großen Sarberg |
| | 7 | zum großen Efringen |
| | 8 | zum Morgenstern |
| | 8 | zum Tagstern |
| | 8/10 | zur Vereinigung |
| | 9 | zum Heidelberg |
| | 9 | zum Mailand |
| | 9 | zum Nägelisgarten |
| | 9 | zum Roßgarten |
| | 10 | zum Rotenmund |
| | 11 | zur mittlern Schere |
| | 11/13 | zum Palast |
| | 12/14 | zur mittlern/niedern/untern Turmschale |
| | 12 | zur untern Turnschule |
| | 13 | zur großen Schere |
| | 14 | zur mittlern Turnschule |
| | 14 | zum Zschalantturm |
| | 15 | zur obern Schere |
| | 15/17 | zum hohen Stamm |
| | 15/17 | Stammlers Hus |
| | 16 | zur obern Turmschale |
| | 16 | zur obern Turnschule |
| | 17 | zum hohen Rain |
| | 17 | zum Riehen |
| | 17 | zum Riesen |
| | 17 | zum grünen Vogel |
| | 18 | zum kleinen Efringen |
| | 18 | Nebenhus |
| | 18 | Sintzen Hus |
| | 19 | zum neuen Erwiß |
| | 19 | zur langen Leiter |
| | 19 | zum schönen Ort |
| | 19 | zur Windleiter |
| | 20 | zum Emerach |
| | 20 | zur Hasenburg |

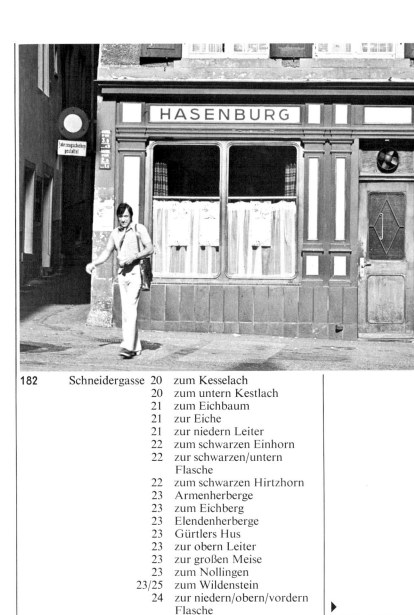

| | | |
|---|---|---|
| 182 | Schneidergasse 20 | zum Kesselach |
| | 20 | zum untern Kestlach |
| | 21 | zum Eichbaum |
| | 21 | zur Eiche |
| | 21 | zur niedern Leiter |
| | 22 | zum schwarzen Einhorn |
| | 22 | zur schwarzen/untern Flasche |
| | 22 | zum schwarzen Hirtzhorn |
| | 23 | Armenherberge |
| | 23 | zum Eichberg |
| | 23 | Elendenherberge |
| | 23 | Gürtlers Hus |
| | 23 | zur obern Leiter |
| | 23 | zur großen Meise |
| | 23 | zum Nollingen |
| | 23/25 | zum Wildenstein |
| | 24 | zur niedern/obern/vordern Flasche |
| | 24 | zum steinernen Keller |
| | 24 | zum Steinkeller |
| | 25 | zum Eichberg |
| | 25 | Kupferschmieds Hus |
| | 25 | zur Platte |
| | 25 | zum Samson |
| | 25 | zum Schwert |
| | 25 | zum niedern Weißenhaus |
| | 26 | zum Madebach |
| | 26 | zum Marbach |
| | 27 | zum obern weißen Haus |
| | 27/29 | Bildhaus |
| | 28 | zum Haupt |
| | 28 | zum Laubeck |
| | 29 | zum Esel |
| | 29 | Hesels Hus |
| | 29 | zur obern Schere |

183 *Hausschild an der Schützenmattstraße 6. Der kunstvoll geschmiedete Schild des schmalen Handwerkerhauses weist auf den Namen des heutigen Besitzers. 1876 wird die 1401 erstmals erwähnte Liegenschaft in ‹die kleinste Wirtschaftslokalität, die hier existiert, umgebaut, sie mißt nur 2 Meter und hat wegen ihrer langen schmalen Form den Beinamen «Omnibus»›. Bereits um 1905 wird das winzige Gasthaus aber wieder aufgehoben.*

182 *Die Hasenburg an der Schneidergasse 20. Das ‹Château Lapin› ist die jüngste, zugleich aber auch die bekannteste der acht Basler ‹Hasenburgen›, erhält das schon 1319 erwähnte Haus am Eingang zum Imbergäßlein, doch erst gegen Ende des letzten Jahrhunderts seinen heute noch gültigen Namen. Wie im gegenüberliegenden ‹Gifthüttli› treffen sich hier seit Jahr und Tag alle Schichten der Bevölkerung zum gemütlichen Trunk und zu angeregtem Gespräch über Basel, Gott und die Welt...*

| | | |
|---|---|---|
| Schneidergasse | 29 | zur Sonne |
| | 29 | zum obern Weißenhaus |
| | 30 | zum Eichhörnlein |
| | 30 | zum Einhorn |
| | 30 | Wichsers Hus |
| | 31 | zur Elle |
| | 31 | Koserlins Hus |
| | 31 | zur niedern Schere |
| | 31 | Schmelzlins Hus |
| | 31 | Wizins Hus |
| | 32 | zum Rebhuhn |
| | 32 | zum Spiegelberg |
| | 32 | Stamlers Hus |
| | 32/34 | zum Schmaleneck |
| | 33 | zum roten Kopf |
| | 33 | zum Rechberg |
| | 33 | zum blauen Schild |
| | 34 | zur Gans |
| | 34 | zum Rebhahn |
| | alt 583 | St.-Andresen-Eck |
| | alt 583 | St.-Andresen-Ort |
| | alt 583 | Horstenhus |
| Beim Schneiderturm an der Stadtmauer | | siehe St.-Alban-Torgraben |
| Hinter der School | | siehe Sattelgasse |
| Schorenweg | 7 | zur Schorenbrücke |
| Schürgäßlein | | siehe Stiftsgasse |
| Schüßgäßlein | | siehe Rheingasse |
| Schützengasse | | siehe Kornhausgasse |
| Schützengraben | 42 | zum Jugendfleiß |
| | 47 | zur Baumannshöhle |
| Schützenmattstraße | 1 | zum Delsberg |
| | 1 | zum neuen Steinbrunnen |
| | 2 | zum schwarzen Ochsen |
| | 5 | Broglis Hus |
| | 5 | Dorfmans Hus |
| | 5 | Grüningers Scheune |
| | 5 | zur Trotte |
| | 6 | Ömelis Hus |
| | 6 | zum Omnibus |
| | 6 | zum schmalen Ritter |
| | 6 | Socins Hus |
| | 6 | zum schwarzen Sternen |
| | 7 | Lambers Hus |
| | 7 | Lauchers Hus |
| | 7/9/11/15/18 | zum Frösch |
| | 8 | zum Spieß |
| | 10 | Bössingers Hus |
| | 10 | zum Brunnenmeistersturm |
| | 10 | Kirsingers Hus |
| | 12 | zum Buschwiler |
| | 12 | Martins Hus |
| | 12 | Zweibrots Hus |
| | 12/14/16/17 | zum steinernen Kreuz |
| | 13 | Ochsenscheune |
| | 13 | Pflugers Hus |
| | 13 | Stöcklis Hus |
| | 14 | Richartins Hus |
| | 15 | Barthsches Familienhaus |
| | 15 | zur Spirale |
| | 15 | zum Stiefel |
| | 17 | Fustinen Hus |
| Schützenmattstraße | 17 | zum Steinkreuz |
| | 17 | zum Widerstein |
| | 18 | Ziegelhütte |
| | 19 | zum Friesen |
| | 19 | Huttingers Hus |
| | 20 | zum Almschwyler |
| | 21 | Zenderlis Hus |
| | 22 | Friburgers Hus |
| | 22 | Ziegelhof |
| | 25 | zum Mostacker |
| | 35 | zum Basilisk |
| | 52 | Rohrhäuslein |
| | 54/56 | Feuerschützenhaus |
| | 54/56 | Schützenhaus |
| | 58 | Schießstand |
| | 60 | Scheibenhaus |
| | 64 | Schützenmattscheune |
| Schulersgasse | | siehe Kronengasse |
| Beim Schuttloch | | siehe St.-Johanns-Vorstadt |
| Schutzrain | | siehe Leonhardsgraben |
| Schwadergäßlein | | siehe Sternengasse |
| Schwanengasse | 1 | zur St. Ursula |
| | 2 | zum Korb |
| | 2 | zur Münze |
| | 2 | zum roten Stern |
| | 3 | Blumenschmiede |
| | 3 | Helblings Hus |
| | 3 | zum roten Kolben |
| | 3 | zum hintern Schwanen |
| | 3 | zum Silbernagel |
| | 4 | zum Angen |
| | 4 | zur vordern/goldenen Blume |
| | 4 | zum Dornach |
| | 4 | zum Dorneck |
| | 4 | zum Harnisch |
| | 4 | zum Hecht |

184

184 *Gedenktafel an der Schützenmattstraße 56. Die Inschrift der Renaissancekartusche über dem Portal des Schützenhauses berichtet vom Neubau des Gesellschaftshauses der Feuerschützen, der von 1561 bis 1564 am traditionsreichen Schießplatz der ‹Bixen Schitzen› beim Teuchelweiher vor dem Fröschenbollwerk errichtet wurde.*

| | | |
|---|---|---|
| Schwanengasse | 4 | zum Solothurn |
| | 5 | zum Engel |
| | 5 | zum wilden Mann |
| | 5/7 | zum Schwanen |
| | 6 | Billungs Hus |
| | 6 | zum Schiff |
| | 6 | Schuhknechtstube |
| | 6 | zum schwarzen Stern |
| | 7 | zur Luft |
| | 7 | zum Neuenburg |
| | 7 | zum goldenen Schwan |
| | 7a/7b | Mederlis Hus |
| | 7c | zur Allmend |
| | 7d | zum Sierentz |
| | 7d | zum Sirritz |
| | 8 | zum goldenen/schwarzen Rad |
| | 9 | zur St. Ursula |
| | 10 | zur Barbe |
| | 10 | zum goldenen Horn |
| | 11 | zum Kannenbaum |
| | 12 | zum Birseck |
| | 12 | zum Einhorn |
| | 12 | zur Fronwaage |
| | 12 | zur alten Waage |
| | 14 | zum goldenen Bock |
| | 14 | zum Goldbächlein |
| | 14 | zum goldenen/weißen Steinbock |
| | 16 | zum weißen Löwen |
| | 16/18 | zum Falkenstein |
| | 18 | zum Schaf |
| | 20 | zum Lützelstein |
| | 20 | zum Reh |
| Schweizergasse | 25 | zur Platte |
| An der Schwellen | | siehe Bäumleingasse/Barfüßergasse/Barfüßerplatz/Freie Straße/Münsterberg/Streitgasse |
| Beim äußeren Schwibbogen | | siehe St.-Alban-Vorstadt |
| Schwibbogengäßlein | | siehe Schifflände |
| Segengäßlein | | siehe Untere Rheingasse/Sägergäßlein |
| Seufzengasse | | siehe Schneidergasse |
| Sevogelstraße | 1 | zum Roteneck |
| | 11 | zum Abendstern |
| | 21 | Pfeffingerhof |
| Sigmundsgasse | | siehe Schlüsselberg |
| Silbergäßlein | | siehe Schafgäßlein |
| Sinngäßlein | | siehe Sägergäßlein |
| Socinstraße | 13/15 | Christian-Friedrich-Spittler-Haus |
| | 55 | zum Sonnenrain |
| | 69 | zur Föhre |
| Beim Sod | | siehe Kirchgasse/Utengasse |
| Beim dürren Sod | | siehe Gemsberg/Schnabelgasse |
| Ob dem dürren Sod | | siehe Trillengäßlein |
| Sodgasse | | siehe Schnabelgasse |
| Spalen | | siehe Petersplatz |
| Äußere Spalen | | siehe Spalenvorstadt |

185

185 Das Wappen der Familie zer Gens am Spalenberg 2. Das schöne Beispiel hochgotischer Heraldik nimmt auf die Familie zer Gense Bezug, welche die Hofstatt um die Mitte des 14. Jahrhunderts besessen hat. Den andern Teil des später zu einer Liegenschaft zusammengewachsenen Hauses nennt Nachbar Henman von Brislach 1368 spitzbübisch ‹zur Ente›!

| | | |
|---|---|---|
| An den Spalen | siehe Gemsberg/Schützenmattstraße/Trillengäßlein | |
| An den innern Spalen | siehe Heuberg | |
| Innere Spalen | siehe Spalenberg | |
| Spalenberg 1 | zum roten Adler | |
| 2 | zur Ente | |
| 2 | zur Gens | |
| 2 | zum Herren | |
| 2 | zum Orient | |
| 2/4 | zum Stiefel | |
| 3 | zum schwarzen Adler | |
| 4 | zum kleinen Kirschgarten | |
| 5 | zum grünen Haus | |
| 5 | zum grünen Lämmlein | |
| 5 | zum Lisettli | |
| 5/7 | zum Geyer | |
| 6 | zum grünen Stiefel | |
| 6 | zum Tiergarten | |
| 6 | zum Wildeck | |
| 6 | zum Wildenberg | |
| 6 | zum Wildenstein | |
| 6/8 | zur Homburg | |
| 7 | zum niedern Esel | |
| 7 | zum Gilgenberg | |
| Spalenberg 7 | zum Lilienberg | |
| 7/9 | zum roten Turm | |
| 8 | zum niedern Licht | |
| 8 | Neschers Hus | |
| 8 | Schurlens Hus | |
| 8 | Sechslis Hus | |
| 8 | zum Urrin | |
| 9 | zum großen/kleinen/obern/untern Sperber | |
| 10 | zum obern Licht | |
| 10 | zum kleinen Spalenhof | |
| 11 | zum hohen Dolder | |
| 11/13 | zum Stiefel | |
| 12 | zum Schurlenkeller | |
| 12 | Schurlinshof | |
| 12 | Spalenhof | |
| 13 | zur untern Allmend | |
| 14 | zum obern Hattstatt | |
| 14 | zum Löwenstein | |
| 14 | Schurliens Hus | |
| 15 | zur obern Allmend | |
| 15 | zum Heidelberg | |
| 15 | zum Heyden | |
| 16 | Buggingers Hus | |
| 16 | zum Hirtzen | |
| 17 | zur niedern Allmend | |
| 17 | zum gelben Horn | |
| 18 | Grafinen Hus | |
| 18 | zum Hirtz | |
| 18 | Schwertfegers Hus | |
| 18 | zum obern/untern Wildenstein | |
| 19 | zum liechten Keller | |
| 19 | zum Ließenkeller | |
| 20 | zum Geyer | |
| 20 | zum Geyren | |
| 20 | zum Gyren | |
| 20 | zum Stall | |
| 20/22 | zum Wolf | |
| 21 | zum Blotzheim | |
| 21 | zum Pflug | |
| 23 | zum hohen/neuen Keller | |
| 23 | zum Lämmlein | |
| 24 | zum Boltz | |
| 24 | zum gelben Pfeil | |
| 24 | zum gelben Pfeiler | |
| 25 | zum Pfeil | |
| 25 | Schönes Haus | |
| 25/27 | zum Buchenberg | |
| 25/27 | zum obern Lamm | |
| 26 | zum krummen Berg | |
| 26 | zum Grünenberg | |
| 26 | zum grünen Herzberg | |
| 26 | zum Hirschen | |
| 26 | zum grünen Hirtzberg | |
| 26 | zum Hirzen und Hasen | |
| 26 | zum halben Rad | |
| 26 | zum Zangenberg | |
| 27 | zum Schönenberg | |
| 27 | zur kleinen Tanne | |
| 28 | zum Kernenbad | |
| 28/30 | zum krummen Heberling | |

*Alter Basler Kinderreim*

Änige bänige Taffetband  
Isch nit wyt vo Engeland,  
Engeland isch zue geschlosse,  
Und der Schlüssel abgebroche.  
Eis zwei dry,  
Hicki häcki hy,  
Hicki häcki Haberstrau,  
's kunnt e-n-alti Bättelfrau,  
Kunnt d'Bäs Gertrud  
Mit ere Schüßle Surkrut,  
Kunnt d'Bäs Käthry  
Wirft e Mumpfel Späck dry,  
Kunnt Sankt Petrus  
Mit ere Burdi Schlüssel.  
Der Münsterturm isch hoch,  
Der Rollerhof isch noch,  
d'Freiestroß dernäbe,  
Uf em Märt git me nyt vergäbe,  
Uf em Rothus haltet me Rot,  
An der Laube verkauft me 's Brot,  
Uf em Fischmärt isch vyl Wasser,  
By der Santihans isch d'Lottergasse,  
Über em Rhy isch 's Käppelijoch,  
Do wirft me die kleine Kinder in's Loch.

186 *Zum obern Hattstatt am Spalenberg 14. Der Hausname erinnert an Ulrich von Hattstatt, den Eigentümer im Jahr 1256. Anno 1461 erhält Nachbar Heinrich Beckelhuber die Erlaubnis, das Kamin seiner Schmiede gegen die ‹Hadtstatt› zu führen, unter der Voraussetzung, daß Hausbesitzer Cüntzlin Crafft und alle seine Erben und Nachkommen durch den aussteigenden Rauch nicht gefährdet werden!*

| | | | | |
|---|---|---|---|---|
| Spalenberg | 28/30 | zum Kernenbrot | | |
| | 29 | Kampratz Hus | | |
| | 29 | zum großen Schaf | | |
| | 30 | zum Häberli | | |
| | 30 | zum Morgenstern | | |
| | 30 | zum Widderlin | | |
| | 31 | zum obern Pfeiler | | |
| | 31 | zur hintern/hohen/niedern/schönen Tanne | | |
| | 31/33 | Meiers Hus | | |
| | 32/34 | zur blauen Glocke | | |
| | 33 | zum Schaf | | |
| | 33 | zum Steinbock | | |
| | 33 | zur untern Tanne | | |
| | 34 | zum Schloß Dürmenach | | |
| | 34 | zum Gerin | | |
| | 34 | zur Glocke | | |
| | 35 | zum niedern/untern Attenschwiler | | |
| | 35 | zum lebendigen Eglin | | |
| | 35 | zum lebendigen Hürling | | |
| | 35 | Ömelis Hus | | |
| | 35 | zum Sper | | |
| | 36 | Bannwartshütte | | |
| | 36/38/45 | Bannwarts Hus | | |
| | 37 | zum obern Atteswiler | | |
| | 37 | zum Grüningen | | |
| | 37 | zum Attiswil | | |
| | 37 | zum Kirschbaum | | |
| | 38 | zum Kogen | | |
| | 38 | zum Werdeck | | |
| | 39 | zum St. Michael | | |
| | 39 | zum Michlenbach | | |
| | 39 | Wenzwiler Stampfmühle | | |
| | 39 | zum grünen Kränzlein | | |
| | 40 | zum roten Juden | | |
| | 40 | zum obern Pflug | | |
| | 40/42 | zum Seidenfaden | | |
| | 41 | zum Roffenberg | | |
| | 41 | Spermachers Hus | | |
| | 41 | zum roten Turm | | |
| | 41 | zum Wacher | | |
| | 41 | zum Wacker | | |
| | 41 | Wackers Hus | | |
| | 41 | zum Wecker | | |
| | 41/45 | zum schwarzen/untern Öchslein | | |
| | 42 | zum Freiburger | | |
| | 42 | Muspachs Hus | | |
| | 43 | Rekens Hus | | |
| | 43 | Renckens Hus | | |
| | 43/46 | zum Kaiserschwert | | |
| | 44 | zum Steinkeller | | |
| | 44/46/50 | zum Segensen | | |
| | 45 | zum obern weißen Ring | | |
| | 46 | zu den drei grünen Bergen | | |
| | 46 | zum Kränzlein | | |
| | 47 | zum schönen Mann | | |
| | 47 | Schönmans Hus | | |
| | 47 | Schüren zum | | |
| | 47 | zum Sonnenberg | | |
| | 47 | zum Wolfswiler | | |

| | | |
|---|---|---|
| Spalenberg | 47 | zum niedern Meerwunder |
| | 48 | zum Kreuz |
| | 48 | zum Spieß |
| | 48 | zum Wartenberg |
| | 48/50 | zum Werdenberg |
| | 49 | zum großen Helm |
| | 49 | zum Meerwunder |
| | 49 | zum großen Zahn |
| | 50 | zum Löwenberg |
| | 51 | zum Leimenberg |
| | 51 | zur Limburg |
| | 52 | zum Baumgärtlein |
| | 52 | zum Kränzlein |
| | 52 | zur Rose |
| | 52 | zum Rosenbaum |
| | 52 | zum Roßbaum |
| | 52/54 | zum Baumgarten |
| gegenüber von 52/54 | | zum Freudenau |
| | 53 | zur Sommerau |
| | 53 | zur obern Tanne |
| | 54 | zum Baum |
| | 54 | zum Kränzlein |
| | 54/56 | zum Schlierbach |
| | 55 | zum Berckheim |

187 Fassadenausschnitt vom Haus zum Kaiserschwert am Spalenberg 43. Das vormalige ‹Renckenhus› hat seinen neuen Namen zu Ende des 17. Jahrhunderts wahrscheinlich vom Degenschmied Hans Georg Beck erhalten.

188 Hauszeichen am Spalenberg 20. Der Name ‹zem Giren›, ein mittelalterliches Wort für Lämmergeier, ist erstmals 1402 in einem Kaufvertrag zwischen Claus Hüller und Rudolf zem Luft urkundlich nachweisbar.

| | |
|---|---|
| Spalenberg 55 | zum Pelikan |
| 55 | zum Winterthur |
| 56 | zum Löwenberg |
| 56/58 | zum Löwenstein |
| 57 | zum Oberwil |
| 57 | Seilers Hus |
| 58 | zur hohen Sonne |
| 59 | zum roten Helm |
| 60 | zum Felsenstein |
| 60 | zum grünen Isenhut |
| 60 | zum St. Martin |
| 61 | St.-Michaels-Kapelle |
| 61 | zum Musenberg |
| 61 | zum Musinger |
| 61 | zum Spinnwidder |
| 61 | zur Spinnwieden |
| 61 | zum Widder |
| 62 | Mehlhaus |
| 62 | zum Veldenberg |
| 63 | Alte Elendenherberge |
| 63 | am Graben |
| 63 | zum Kaiser |
| 63 | zum Kaysersperg |
| 63 | Trinkstube Schmiedenzunft |
| Spalenberg 65 | zum Egolfsturm |
| 65 | Spalenturm |
| Unterer Spalenberg | siehe Schneidergasse |
| Spalengraben 13 | zur äußern lieben Frau |
| Spalenring 90/92/94 | Ahornhof |
| Beim inwendigen Spalentor | siehe Heuberg |
| Vor Spalentor | siehe Schützenmattstraße |
| Vor dem innern Spalentor | siehe Spalenvorstadt |
| Außerhalb Spalenturm | siehe Leonhardsgraben |
| Hinter dem Spalenturm | siehe Leonhardsgraben/ Roßhofgasse |
| Spalenvorstadt 1 | zum Freudenau |
| 1 | zum Friedberg |
| 1 | zum Friedolt |
| 1 | zum Tugstein |
| 2 | Kloster Gnadental |
| 2 | Kornhaus |
| 3 | Bartmanns Hus |
| 3 | zum Braunenfels |
| 3 | Brunnmeisters Hus |
| 3 | zum Engel |
| 3 | zum Ergel |
| 3 | zum Grünberg |
| 3 | zum grünen Herzberg |
| 3 | Kernenbrötlis Hus |
| 3 | zum Magstatt |
| 3 | Tuners Hus |
| 5 | zur roten/schwarzen Kanne |
| 6 | zum Erker |
| 6/8 | Zofinger Pfrundhaus |
| 7 | zur Stadt Mülhausen |
| 7 | zum wilden Mülhausen |
| 8 | zum Röllstab |
| 9 | zum kleinen Lützelhof |
| 10 | zum Mühleisen |
| 10/12 | zum Pelikan |
| 11 | zum Delsberg |
| 11 | zur Halle |
| 11 | Lützelhof |
| 12 | zum springenden Hirtzen |
| 13 | zum Freudeneck |
| 13 | zur Krähe |
| 13 | zum Kreyenberg |
| 14 | Mehlhaus |
| 14 | Mueshaus |
| 14/16 | Gnadentalerhof |
| 15 | zum Hagental |
| 15 | zum Samson |

*St. Urban*

Wölcher hätte vil Wynräben
Und gsäch gern, das 's ihm vil Wyn gäben,
Der muß S. Urban in guter Fründschaft han,
Der selb lieb Heilig wirt vil Wyn wachsen lan.

Fasnachtsspiel 1532

189 Wappenpaar über dem Portal zum Lützelhof an der Spalenvorstadt 11. Links das Wappen von Cîteaux, dem Mutterkloster der Zisterzienser von Lützel. Rechts dasjenige Jean Kleibers, welcher der blühenden Abtei (1124–1792) im bernischen Lützeltal von 1574 bis 1583 vorstand.

190 Die Häuser zum Gnadental, zum Erker, zum Röllstab und zum Mühleisen an der Spalenvorstadt 2–10. Im Vordergrund der Ende des 16. Jahrhunderts angelegte Dudelsackpfeiferbrunnen. Am Straßeneingang das 1892 anstelle des ehemaligen Klosters Gnadental bzw. des Kornhauses erbaute Gewerbemuseum. Dann das Haus zum Erker, das einen der in Basel seltenen gegen die Straße gerichteten Erker zur Schau trägt. Die beiden links anschließenden Häuser sind bis zur Reformation im Eigentum des Klosters Gnadental und wechseln, nach dem 1530 erfolgten Wegzug der letzten Nonnen ins Clarissenkloster in Freiburg i. Br., in weltlichen Besitz.

191 Wappenrelief an der Fassade des Lützelhofs an der Spalenvorstadt 11. Die Tafel zeigt das Wappen von Abt Pierre Tanner (1677–1702). Von 1465 bis zur Säkularisation ihres Klosters im Jahre 1792 besitzen die Mönche im einsamen Lützeltal für ihre gelegentlichen Stadtbesuche — nebst sechs andern Liegenschaften (seit dem 12. Jahrhundert) — auch an der Spalenvorstadt ‹Hofstatt, Stallung und Brunnen samt Kraut- und Baumgarten›!

| | | |
|---|---|---|
| Spalenvorstadt | 16 | Bauschreiberei |
| | 16 | Bauverwalterwohnung |
| | 16 | Heilbrunns Schmiede |
| | 16 | Karrenhof |
| | 17 | zum schwarzen Ochsen |
| | 17 | Ömelis Hus |
| | 17 | Ösis Hus |
| | 17 | zum schwarzen Rad |
| | 17 | zum Spalenbrunnen |
| | 18 | zum Rosenkranz |
| | 19 | zum Breisach |
| | 19 | zum Ecken |
| | 19 | Landvogts Hus |
| | 20 | zum Amberg |
| | 20 | zum Rosenberg |
| | 21 | zum Karren |
| | 22/24 | zum Löwen |
| | 23 | zum obern/untern Karren |
| | 24 | zum Engel |
| | 24 | zur Herrenschmiede |
| | 25 | zum Romulus und Remus |
| | 25 | zum Schotten |
| | 26 | zum Meyenberg |
| | 27 | Pflügers Hus |
| | 27 | zum Störcklin |
| | 27/29 | zum schwarzen Stern |
| | 28 | zum äußern Engel |
| | 28 | zum neuen Haus |
| | 29 | zur goldenen Filzlaus |
| | 29 | zum kleinen Gnadenwohl |
| | 29 | zum steinernen Kreuz |
| | 29 | zur goldenen Laus |
| | 30 | Hegenheims Hus |
| | 30 | zum Kempfen |
| | 30 | Krugscher Fideicommiß |
| | 31 | Hohes Haus |
| | 31 | zum schwarzen Rad |
| | 32 | zum Knopf |
| | 33 | zum Österreich |
| | 34 | Hochhaus |
| | 34 | zum grünen/roten Hut |
| | 34 | zum Linsis |
| | 35 | zum Fasan |
| | 35 | zum Schotten |
| | 36 | zum Rädersdorf |
| | 36 | zum Rätzdorf |
| | 36 | zum Rodersdorf |
| | 36 | zum Waltenheim |
| | 37 | zum schwarzen/weißen Rößlein |
| | 37 | zum großen/kleinen/ schwarzen Vogel |
| | 38 | zur äußern lieben Frau |
| | 38 | zum weißen Kreuz |
| | 38 | Notstall |
| | 38 | zum Stachel |
| | 38 | zum Wilhelm Tell |
| | 39 | zur schwarzen Krähe |
| | 39 | zum Vogel |
| | 39/41 | zum Wallrand |
| | 40 | zum Eichelar |
| | 41 | zur schwarzen Kanne |
| Spalenvorstadt | 42 | Glückundheilshus |
| | 42 | zum Kalt |
| | 42 | Kaltschmieds Hus |
| | 42 | zum Wildenstein |
| | 42/44 | zum kalten Wind |
| | 43 | zum Engelsgruß |
| | 43 | zum englischen Gruß |
| | 43 | zum Hasen |
| | 43 | zum Hasenklee |
| | 43 | Mörnachs Hus |
| | 43 | Winkelmans Hus |
| | 44 | zum scharfen Eck |
| | 44 | zum Hahnenbrunnen |
| gegenüber von | 44 | Torwartshäuslein |
| | 45 | zum Mildenberg |
| | 45 | zum alten Salmen |

192 Blick in die Spalenvorstadt. Die Häuser haben ihren mittelalterlichen Charakter bewahrt und vermitteln mit ihrer hüpfenden Trauflinie ein lebendiges Gassenbild.

*Im Kloster*

‹Si seige nur no duldet hitte›,
Der Guardian het's zue mer gsait;
Und mir het's sälber 's Härz
   durschnitte:
E Bruch mit Altem thuet aim
   laid!
Und bricht me, was d'Johrhundert
   pflägt
Und ghegt händ as ihr greste Säge,
So darf sich doch e Mitgfühl rege,
Und wemme zähmol prieft und
   wägt.

Los, 's Vespergleckli hert me lyte;
Si gehnd in d'Kirche – und i ka
Jetz ganz biquem die Rym
   durschryte,
Und 's faßt mi scho e Schuder a.
Im Kryzgang waiht e fychti Luft,
Grad wie vor vile hundert Johre:
Der Tod elai het nyt verlore,
'S git allewyl no Grab und Gruft.

Ewäg! – In Klostergarte ka me
Zue sälber Thiren us – jäso!
Jetz fallt's mer y: 's isch us und
   Ame,
Me het enen ir Garte gno;
Me baut e Gmaindhus uf däm
   Grund;
Dert gsicht me jo dur's yse Gätter
Die Wiesteney – kai fromme
   Bätter,
Dä meh, um Kryter z'sammle,
   kunnt.

Jetz lytet's us – und zwischedure
Aifermig dister, tent e Gsang:
Ave – mir schwant's, ir alte Mure
Ir here dä au nimme lang.
Ir luegen aim so trurig a:
‹Und was derno?› – Wär will das
   sage!
'S gschiht so vil neis in unsere
   Tage.

Jacob Mähly (1828-1902)

| | | | |
|---|---|---|---|
| 193 | Spiegelgäßlein | Spiegelgasse 6/8/10 | zum gelben/hintern/kleinen/mittlern/roten/schwarzen Horn |
| | siehe Petersberg | | |
| Spiegelgasse | 1 zum schwarzen Adler | 6/12 | Spiegelhof |
| | 1 zum Großhüningen | 11/12 | zum schwarzen Gilgen |
| | 2 Renkenhof | 11a | zum hintern Bart |
| | 2 Spiegelhof | 11a | zum Gib |
| | 2 Wentikums Hus | 12 | zum Frieden |
| | 3 zur Laterne | 12/14 | zum hintern/schwarzen Bären |
| | 3/5/7 zum schwarzen Kessel | | |
| | 3/5/7 zum schwarzen Kreuz | 13 | Roter Adler |
| | 3/5/7 zum schwarzen Krug | 13 | zum Korb |
| | 3/5/7 zum hintern Salzberg | 13 | zum hintern Sternen |
| | 3/7 zum Zober | 14 | zum roten Pflug |
| | 3/7 zum schwarzen Zuber | 14 | zum Rotenfluh |
| | 4 zum blauen Esel | 14 | Wolfers Schüre |
| | 4 zum Melchior | 15 | zur Meerkatze |
| | 4 zur Mühle | Spießgasse | siehe Streitgasse |
| | 4 zum Mule | Spießhofgasse | siehe Heuberg |
| | 4 zum Palmesel | Hinter dem Spital | siehe Barfüßergasse |
| | 5 Adelmans Hus | Spitalgäßlein | siehe Barfüßergasse/Barfüßerplatz |
| | 5 Hesingers Hus | | |
| | 6 zu den drei roten Bergen | Bei Spitalschüren | siehe Sternengasse |
| | 6 zum vordern Drachen | Spitalstraße 1 | Pfarrhaus |
| | 6 zum Gilgenberg | | |
| | 6 zum Rotenberg | | |

193 Das Wirtshaus zum Wilhelm Tell an der Spalenvorstadt 38. Die Liegenschaft ist schon 1356 im Besitz eines Gastwirts, Claus zur schwarzen Kanne, doch scheint sie erst in der zweiten Hälfte des 18. Jahrhunderts von Weinmann Rudolf Schilling zu einer ‹Schenke› umgebaut worden zu sein.

| | | |
|---|---|---|
| Spitalstraße | 2 | Reinacherhof |
| | 7 | zum Röttenengarten |
| | 9 | zum Flachsländergarten |
| | 11/13 | zum Brotbeckenturm |
| | 11/13 | zum Luginsland |
| | 11/21 | zum Angengarten |
| | 13 | zum neuen Quartier |
| | 14 | zum hintern Erlacherhofeck |
| | 22 | Schönauers Scheune |
| | 22 | Wenznauers Schüren |
| Spittelsprung | | siehe Münsterberg |
| Sporengasse (führte vom alten Marktplatz zur Eisengasse) | | |
| | 1 | zum Löwen |
| | 1 | zum Lübeck |
| | 1 | zur goldenen Münze |
| | 1 | zum Pilgerstab |
| | 2 | zum Kranich |
| | 2 | zur Taube |
| | 3 | zum roten Haus |
| | 4 | zum mittlern Laden |
| | 4 | zum Leimen |
| | 5 | zum Lämmlein |
| | 5 | Lemblins Hus |
| | 6 | zum Lechbart |
| | 6 | zum Leopard |
| | 7 | zum Agtstein |
| | 7/8 | zum Affen |
| | 8 | zum Hönenstein |
| | 8 | zum Nußbaum |
| | 10 | zum Regenbogen |
| | 10/12 | Metzgernzunft |
| | 12 | Rebleutenlaube |
| | 12 | zur Schalen |
| | 14 | Grautücherlaube |
| | 14 | zur Laube |
| | 14 | zum goldenen Pfauen |
| | 14 | Rebleutenzunft |
| | 16 | Pfinnige Fleischschale |
| | 16 | Kürschnerlaube |
| | 16 | zum alten/kleinen/mittlern Pfauen |
| | 16 | zum Pfauenberg |
| | 16 | Sinnhäuslein |
| Am Sprung | | siehe Leonhardsberg/ Leonhardsstapfelberg/ Lohnhofgäßlein/Mühlenberg/Rheinsprung/ Schlüsselberg |
| In der obern Stadt | | siehe Riehentorstraße |
| Stadthausgasse | 1 | Städtisches Baubüro |
| | 1 | zur Brotlaube |
| | 2 | zum obern/untern Lichtenstein |
| | 2 | zum Liechtensteg |
| | 2 | zum Roseneck |
| | 3 | zum Birseck |
| | 3 | zum Steinhauer |
| | 4/6/8 | Ehegerichtshaus |
| | 4/6/8 | zum Seufzen |
| | 4/6/8 | zur hohen Stube |

| | | |
|---|---|---|
| Stadthausgasse | 5 | zur obern neuen Brücke |
| | 5 | zur Oberbruck |
| | 5 | zum Roß |
| | 5 | Steinhauers Hus |
| | 7 | zur untern/neuen Brücke |
| | 7/9 | zum Luchs |
| | 9 | zum Leopard |
| | 10 | zum grünen/obern Birseck |
| | 10 | zum niedern/obern Blauen |
| | 10 | zum blauen/niedern/obern Brief |
| | 10 | zum goldenen Ring |
| | 10 | zur Rose |
| | 10 | Singerhaus |
| | 11 | zum neuen Ort |
| | 11 | zum hohen Pfeiler |
| | 12 | zur Tanne |
| | 12 | zum Wittenberg |
| | 12 | zum Württemberg |
| | 12 | zum blauen Zettel |
| | 13 | zur alten Apotheke |
| | 13 | Oberes Fries Hus |
| | 13 | zum Geist |
| | 13 | zum obern Hausfries |
| | 13 | Münzmeisters Hus |
| | 13 | Posthaus |
| | 13 | Stadthaus |
| | 14 | zur untern Buche |
| | 15 | Unteres Fries Hus |
| | 15 | zum untern/freien Haus |

| | | |
|---|---|---|
| 194 | Stadthausgasse | 15 | zum untern Hausfries |
| | | 15 | Kammerers Hus |
| | | 16 | zur kleinen Tanne |
| | | 17 | zum Anker |
| | | 17 | zum Enker |
| | | 17 | zum Henker |
| | | 18 | zur Buche |
| | | 18 | zur goldenen Rose |
| | | 18 | zur blauen Tanne |
| | | 19 | zum großen/kleinen Anker |
| | | 19 | zum großen Enker |
| | | 19 | zum goldenen Schwan |
| | | 20 | zur Greifenklaue |
| | | 20 | zum Greifenstein |
| | | 20 | zum Kessellach |

*Grabinschrift*

Starb in eim Dorff Schönbrunn genant
Gelegen im Burgunder Land.
Mein todter Leib nach meim begehr
Ward zu begraben gführt hieher;
Jetz aber wird erlabt mein Seel
Beym schönen Brunnen Israel;
Mit Wasser, das da quillt ins Leben,
Welchs Christus mir verheißen z'geben,
Nemlich die Freud der Seligkeit
B'stendig bei Ihm in Ewigkeit.
Gleich wie ein Blum geblüht ich hab,
Bin doch bald widrum gfallen ab,
Verwelcket und verdorret gar
Als ich nur glebt achtzehen Jahr.

Christoffel Graf, 1626

---

194 *Hausinschrift am Stapfelberg 5. Die Steintafel stammt von der Liegenschaft Freie Straße 19, die zur selben Parzelle gehört. Die Erben des Ulmans von Schliengen werden 1398 an ihrem Recht am ‹hindern Hus zer Sunnen an der Trotten und an der Schüren› gefrönt (betrieben).*

| | | |
|---|---|---|
| Stadthausgasse | 20 | Samsons Hus |
| | 21 | zur roten Rose |
| | 22 | zum kleinen Greifen |
| | 22 | zum Hirschen |
| | 22 | zum Hirtzen |
| | 22 | zum grünen Jäger |
| | 22 | zum Ravensburg |
| | 22 | zum goldenen Ring |
| | 23 | zum Gebel |
| | 23 | zur weißen Rose |
| | 25 | zum Antlit |
| | 25 | zum Fuchs |
| | 25 | zum langen Keller |
| | 25 | zum goldenen/hintern Storchen |
| Straße an der Stadtringmauer | | siehe St.-Johanns-Vorstadt (29) |
| Stapfelberg | 1 | zum Berner |
| | 2 | zum tiefen Keller |
| | 2 | zum Rosenberg |
| | 2 | zum Roßberg |
| | 2/4 | zum Fälklein |
| | 2/4 | Kornhaus zu Augustinern |
| | 2/4 | zum Steinfalken |
| | 3 | zum Vigilanz |
| | 5 | zur obern Sonne |
| | 9 | Bärenfelserhof |
| Stapfelgäßlein | | siehe Leonhardsstapfelberg |
| Beim Steg | | siehe Leonhardsgraben |
| Langer Steg | | siehe Steinenberg |
| Stege zum Birsig | | siehe Barfüßerplatz |
| Bei der Stege | | siehe Blumenrain/Leonhardsstapfelberg |
| Lange Stege | | siehe Rheinsprung |
| Lange steinen Stege zum Rhein | | siehe St.-Johanns-Vorstadt |
| Stege in den Ochsengraben | | siehe Kohlenberg |
| Steinin Stege | | siehe Rheinsprung/Stadthausgasse |
| Stegengäßlein | | siehe Rheingasse (49/51) |
| Stegentürlein | | siehe Rheingasse |
| Beim heißen Stein | | siehe Marktplatz |
| Steinbrücklein zu St. Leonhard | | siehe Leonhardsgraben |
| Hintere Steinen | | siehe Steinentorstraße |
| Obere Steinen | | siehe Steinenbachgäßlein |
| Am Steinenbach | | siehe Steinenbachgäßlein |
| Steinenbachgäßlein | 7 | zum schwarzen Horn |
| | 8 | Brennhaus |
| | 8/10 | zum Entenloch |
| | 12 | im Höflein |
| | 12 | zum Rübsamen |
| | 28 | Hinterer Löwenfelserhof |
| | 36 | zum St. Johann |
| | 38 | zum Bacheck |
| | 38 | zum Steg |
| | 42 | Steinenmühle |
| Steinenberg | 1 | zum Bergheim |
| | 1 | zum Birckheim |
| | 1 | zum Birseck |
| | 1 | zum Steineck |

195 Das Ganthaus an der Steinentorstraße 7. Auf dem Areal der ehemaligen Liegenschaft zum Paradies ersteht 1891 für die Bedürfnisse des Gantwesens im Stile des von gotischen und barocken Elementen geprägten Historismus ein eigenes Gebäude, dessen Fassade mit ‹gespitzten roten Steinen und mit sauberen Backsteinen verblendet ist›.

196 Fassadenausschnitt vom Haus zum hohen Pfeiler an der Stadthausgasse 11. Die Jahreszahl 1529 im erhabenen Schild über dem Kielbogen der Türe belegt den Neubau der schon 1374 erwähnten Eckliegenschaft am Eingang zum bergseitigen Altstadtquartier in der Schneidergasse. Der Hausname zum hohen Pfeiler tritt anstelle der älteren Bezeichnung ‹zem nüwen Ort› (1408) erst Anno 1779 auf.

| | | |
|---|---|---|
| Steinenberg | 4 | Mädchenschulhaus, ehemalige Zeichnungs- und Modellierschule |
| | 6 | Knabenschulhaus, ehemalige Zeichnungs- und Modellierschule |
| | 7 | Bichtherren Hus |
| | 7 | Kunsthalle |
| | 7 | Pfarrhaus |
| | 8/10/12 | Kaufhaus |
| | 8/12 | das Narrenhaus |
| | 9 | Blömleinkaserne |
| | 14 | Stadtcasino |
| | 16 | Altes Casino |
| | 29 | zum Steineck |
| Beim Steinenbrückli | | siehe St.-Alban-Tal |
| Steinengraben | 55 | Lindenhof |
| Steinenkreuztor | | siehe Schützenmattstraße |
| Steinenring | 17 | zum Schweizerhaus |
| | 54 | zum alt fry Rätien |
| Steinensteg | | siehe Steinenberg |
| Steinentorstraße | 1 | zum Besenstiel |
| | 1 | zum Eckstein |
| | 1 | zur Zimmeraxt |
| | 3 | Sporisenen Höflein |
| | 6 | zum Steineck |
| | 6/8/10 | zum Besenstiel |
| | 7 | zum Paradies |
| | 8/10 | zum blauen/gelben/goldenen Sternen |
| | 8/10 | zum Besenstiel |
| | 11 | zum äußern Paradies |
| | 12 | zur goldenen Krone |
| | 13 | zum grünen Engel |
| | 13 | Petrihof |
| | 13 | zum Windgefäß |
| | 13 | zum Windgesäß |
| | 15/17 | zur Sturgkow |
| | 19 | zum wilden Brünnlein |
| | 19 | zum Weidenbaum |
| | 19 | zum Wildenbäumlin |
| | 19 | zum Windbäumlein |
| | 19/21 | zum Weidenstock |
| | 20 | zur Hölle |
| | 20 | zur Kanzel |
| | 21 | zum wilden Feldbaum |
| | 21/23 | Septershof |
| | 22 | zum St. Andreas |
| | 25 | zum blauen Wind |
| | 25/27 | zum blauen Rüden |
| | 25/31 | zur Reblaus |
| | 27 | zum äußern blauen Wind |
| | 31 | zur Laterne |
| | 32/34 | zum neuen Piemont |
| | 32/40 | zum Bemund |
| | 32/40 | zum Piemont |
| | 33/37 | zum Meerschwein |
| | 37 | zum Balchen |
| | 37 | zum Dalchen |
| | 39 | zur innern Traube |
| | 41 | zur mittlern Traube |
| | 42 | Hertor |
| Steinentorstraße | 42 | Steinentor |
| | 43 | zum St. Christoffel |
| | 43 | zum Röschenz |
| | 43 | zum Roßbach |
| | 45 | zum goldenen Falken |
| | 45 | zur äußern Traube |
| | 47/49 | zum schwarzen Turm |
| Steinenvorstadt | 1 | Ofenhaus |
| | 1 | zum Riesen |
| | 2 | zum kleinen Riesen |
| | 2 | zum weißen Widder |
| | 3 | zur Kirche |
| | 3 | zum Mildenberg |
| | 4 | zum schwarzen Widder |
| | 5 | zum kleinen Mildenberg |
| | 5 | zum Rotenburg |
| | 5 | zum Wulkenberg |
| | 6 | zum schwarzen Rad |
| | 7 | zum Cristan |
| | 7 | zum Eichbaum |
| | 7 | Tyrers Hus |
| | 8 | zum Eichbäumlein |
| | 9 | zum goldenen Falken |
| | 9 | zum Multenberg |
| | 9 | Schillingshaus |
| | 10 | zum Böl |
| | 10 | zum Rosenfels |
| | 11 | zur Birke |
| | 11 | zum Bucken |
| | 11 | zum Bugheim |
| | 11 | zur Kirche |
| | 12 | zum gelben/schwarzen Horn |
| | 12 | zum Rappenberg |
| | 12 | zur Rosenburg |
| | 13 | zum Neuenburg |
| | 13 | Siegrist's Hus |
| | 13 | Signants Hus |
| | 13 | zum Steinenklösterli |
| | 13 | zum Wyger |
| | 14 | zum roten Greifen |
| | 14 | zum Greifennest |
| | 14 | zum Greifenstein |
| | 15 | zum Vehenort |
| | 16 | zum Knebel |
| | 16 | zum Kröbel |
| | 17 | zum weißen/wilden Mann |
| | 18 | zum Wartenberg |
| | 18 | zum Werdenberg |
| | 19 | zum St. Jörg |
| | 19 | zum Ritter St. Georg |
| | 21 | zum blauen Stern |
| | 23 | Webernzunft |
| | 24 | zum Pomeranzenbaum |
| | 24 | Schlatthof |
| | 24 | Seifenhaus |
| | 25 | zum Birseck |
| | 25 | zum Birsig |
| | 25 | zur Tanne |
| | 26 | zum schlafenden Jakob |
| | 26 | zum Schläfer |
| | 27 | Gysenbetterin Hus |
| | 27 | zum Kupfernagel |

*An Räte und Richter*

Ein Rathsherr der ins Radtshus dritt
Seine Affekt nem er nit mith,
Sunder Verbunst, Nüdt, Haß und Grimm
Frindschaft und Gunst leg er von ihm,
Und urtheile gleich wie er wolt
Im gleichen Fall ihm gschechen solt,
Dan nach dem er urtheilt und richt
Wirt er gricht' vor Gottes Gricht.

Felix Platter (1536–1614)

▶
197 *Das Haus zum Fälklein am Stapfelberg 2. Am gotischen Portalbogen hat 1589 Sebastian Falkner sein Wappen samt demjenigen seiner Frau, Justina Mieg (rechts), anbringen lassen. Beachtenswert ist auch das kunstvoll geflochtene Fenstergitter; links daneben eine Schießscharte.*

| | | |
|---|---|---|
| Steinenvorstadt | 29 | zum alten Gyren |
| | 29/31 | zum Fuchs |
| | 30 | zum halben Mond |
| | 31 | zum Delsberg |
| | 31 | zu den Gyren |
| | 33 | zum Gatter |
| | 33 | zum Pelikan |
| | 33/35 | zum Sternenfels |
| | 33/37 | zum Meerschwein |
| | 33/37 | zum Morswin |
| | 35 | zum gelben Sternen |
| | 36 | zum Breo |
| | 36 | zum Löwenfels |
| | 36 | Kleines Spital |
| | 37 | zum Lütoltsdorf |
| | 37/39 | Voglers Hus |
| | 38 | zum äußern Löwenfels |
| | 40 | Agnes' Hus |
| | 40 | Höwers Hus |
| | 40 | zum blauen Lamm |
| | 40/42 | zu den Gyren |
| | 41 | zum schwarzen Adler |
| | 41/43 | zum Hecht |
| | 42 | zum roten Öchslein |
| | 44 | zum Schneck |
| | 44 | zum Schneckenhäuslein |
| | 45 | an der Steinenbruck |
| | 46 | Weberhaus |
| | 47 | zum hintern Seidenhof |
| | 47/51 | zum Affen |
| | 48 | Hammerschmieds Hus |
| | 48 | zum Roschach |
| | 50/54 | zum Feigenbaum |
| | 51 | zum vordern Seidenhof |
| | 52 | zum Österreich |
| | 53 | zum St. Gallen |
| | 55 | Küchlintheater |
| | 56 | zum schönen Ort |
| | 58 | Gerberei |
| | 58/60 | Jecklishof |
| | 58/60 | Lauhof |
| | 58/60 | Lohhof |
| | 59 | Hohe Häuser |
| | 59 | zum gelben Löwen |
| | 59 | zum Löwenschar |
| | 61 | zum hohen gelben/hintern Löwen |
| | 63 | zum Mohrenkönig |
| | 63 | zum Mohrenkopf |
| | 65 | zum Schönendorf |
| | 67/69 | zum kleinen Riesen |
| Beim Steinrand | | siehe Unterer Heuberg |
| An der Steinstege | | siehe Stadthausgasse |
| Sternengäßlein | | siehe auch Schwanengasse |
| Sternengasse | 2 | zu den drei hintern Hasen |
| | 4 | zum kleinen Pfauen |
| | 7 | zum Sternen |
| | 9 | Eppelihof |
| | 13/15 | Bienzen Gut |
| | 17/19/21 | zum Panorama |
| | 18 | zur neuen/obern Rose |
| | 20 | zum hintern/kleinen Palast |

| | | |
|---|---|---|
| 198 | Sternengasse 23/27/33 | zum Hunggelin |
| | 23/27/33 | zum Unkelin |
| | 27 | Sternenhof |
| | 29/31 | zum Schiffgarten |
| | 33 | Wergasts Garten |
| | 38 | zum Löwen |
| | 38 | zum Sterneneck |
| Stiftsgasse | 1/3 | Kleiner Engelhof |
| | 2 | Brunnenschüre |
| | 2 | Gemeindeschule zu St. Peter |
| | 2 | Reinbolds Hus |
| | 3 | Dekanatshaus |
| | 3 | zum Fründenstein |
| | 3 | zum Schüren |
| | 4 | zur Luft |
| | 4 | St.-Peters-Stift |
| | 4 | zum Röttelen |
| | 4 | zum Steinkeller |
| | 5 | zum Neuenhof |
| | 5 | zum Schürberg |
| | 5 | zum Tiergarten |
| | 5/7 | Schönes Haus |
| | 7 | Alter Bärenfelserhof |
| | 7 | zum hintern Lutenbach |
| | 7 | zum Schönau |
| | 7 | Wegenstetterhof |
| | 7/9 | Schürhof |
| | 9 | Dekanatshaus |
| | 9 | Pfarrhaus |
| | 11 | zum roten Hof |
| | 11 | zur Rose |
| | 11 | Rottenhof |
| | 11 | zum Schönauer |
| | 13 | zum Gerner |
| | 13 | zum hohen Haus |
| | 13 | zum Hohenfels |
| | 13 | St.-Niklaus-Kapelle |
| Beim Stöcklin | | siehe Barfüßerplatz |
| Storchengasse | | siehe Stadthausgasse |
| Neue Straße | | siehe Petersgasse/Schifflände |
| Streitgasse | 1 | zur obern Hündin |
| | 1/3 | zum hintern/kleinen Hinden |
| | 1/3 | zur kleinen/untern Hündin |
| | 2 | zum Ortenberg |
| | 3 | zum Hindenberg |
| | 3 | zum Phallantz |
| | 3 | zur Spange |
| | 4 | Schärhaus |

198 Barockkartusche an der Steinenvorstadt 51 mit der Inschrift: ‹Diß Huß stott Inn Gottes Hand: zuom Seiden Hoff Ist Esz genannt. Anno Domini 1617›. Seinen neuen Namen hat das Haus zum Affen von Nicolas Passavant bekommen, der mit sieben Gesellen und zwei Lehrlingen 1599 den größten Posamenterbetrieb in Basel unterhielt.

*Der lustige Herr Stadtrat*

D'Frau Stadtrot isch am
    Fänster gsässe,
Und wartet lang scho uf
    ir Her;
's wär hohi Zyt zuem
    Immisässe;
Si selber gäb im Tisch gärn
    d'Ehr.
‹Wie lang thuet doch die
    Sitzung währe!›
So dänkt si und luegt als
    uf d'Stroß —
‹'s isch, schynt's, by däne
    Stadtrot-Here
Hit wider ebbis Wichtigs los!›

Do kunnt er ändlig —
    ‹Josephine!
Mach, daß jetz 's Äsfinding isch!›
So rieft si lut in d'Kuchi yne,
Und gschwind kunnt d'Suppen
    uf der Tisch.
D'Frau Stadtrot sait: ‹Kumm,
    thue di setze!
Es thuet mi grysli wunder nä;
De muesch mer ämmel bychte
    jetze,
Was het's so lang z'birote gä?›

199 Das Weberhaus und das Schneckenhäuslein an der Steinenvorstadt 46 und 44. Das spätere Weberhaus, ‹gelegen zu usserst als der Birsich harin gat›, ist 1452 im Besitz des ‹Wöschers› Hans Rätze. Das noch kleinere Schneckenhäuslein dagegen geht 1579 von der Hand des Rebmanns Conrad Bockhörnli in diejenige des Rebmanns Peter Mager.

| | | |
|---|---|---|
| Streitgasse | 4 | zum goldenen Spieß |
| | 4 | zur neuen Stube |
| | 5 | zum Schlegel |
| | 6 | zum schwarzen Löwen |
| | 6/8 | zum Pfännlein |
| | 6/8 | zum Pfannenberg |
| | 6/8 | zum Steglin |
| | 7 | zum großen Ifelen |
| | 7 | zum goldenen Mörser |
| | 7 | Negberin Hus |
| | 8 | zum schwarzen Schwibbogen |
| | 9 | zum kleinen Ifelen |
| | 10 | zum Grünenstein |
| | 10 | zum blauen/gelben/ goldenen/grünen/kleinen/ vordern Ring |
| | 11 | zum obern Balchen |
| | 11 | zum kleinen Bölchen |
| | 11 | Fullers Hus |
| | 11 | zum Stiefel |
| | 11 | zur Tanne |
| | 11 | zum Tannenberg |
| | 12 | zum kalten Brunnen |
| | 12 | zum Kielbrunnen |
| | 12 | zum Pruntrut |
| | 13 | zum untern Balchen |
| | 13 | zum großen Bölchen |
| | 14 | zum großen Mailand |
| | 15 | zur hohen Dutten |
| | 15 | zum Jungfrauenbrunnen |
| | 15 | zum hohen/roten Turm |
| | 16 | zum kleinen Mailand |
| | 18 | zum Streit |
| | 20 | zum Hegenheim |
| | 20 | zum Rebstock |
| | 20 | Versammlunghaus |
| | 20 | Zentralhallen |
| | 22 | zur langen Dutten |
| | 22 | zum Freulin |
| | 22 | zum Gehabedichwohl |
| | 22 | Hedwigs Badestube |
| | 22 | zum kleinen Hegenheim |
| Im Sturgow | | siehe Steinentorstraße |
| Im Surinam | 65 | Burckhardtsches Landhaus |
| Sutergasse | | siehe Gerbergasse |

| | | |
|---|---|---|
| Tanzgäßlein | | siehe Fischmarkt |
| Äußerer/hinterer/innerer/ oberer/unterer/vorderer Teich | | siehe St.-Alban-Tal |
| Teichgäßlein | 1 | zum Mühleck |
| | 1 | Rotochsenmühle |
| | 3 | Blaueselmühle |
| | 3/5 | Brugglins Mühle |
| | 3/5 | zum blauen Esel |
| | 3/5 | Hesingers Mühle |
| | 3/5 | Schöne Mühle |
| | 3/5 | Uggelis Mühle |
| | 3/5 | zur Windmühle |

Do het er gsait: ‹Hit häm mer bschlosse,
Mer welle d'Stadt verschenret ha,
Und welle jetz e Gsetz erlosse,
Das d'Frauen alli hie goht a;
Thue's by der Buchi wohl bidänke:
Me darf in Zuekunft d'Wesch nie meh
Im Freie go an d'Sunne hänke,
By großer Strof darf's nimme gscheh!›

D'Frau Stadtrot isch in Yfer grote,
Und wirft bynoch e Fläschen um;
Si sait: ‹Das wott i Eich nit rote,
Denn so ne Gsetz wär grysli dumm!
Fir was denn wäre Hof und Garte
Und freii Plätz und d'Kirchhef do?
Verschenre d'Stadt uf andri Arte,
Und lend d'Wesch an der Sunne go!› —

‹Verzirn di nit, my Härzesschätzli!›
So sait der Her vom klaine Rot,
‹Me loßt dir ainewäg dy Plätzli,
Und mit em Treckne het's kai Not.
Thue nur e bitzli driber dänke,
Do krieg i sicher rächt zuem Tail:
D'Wesch kenntsch jo nit an d'Sunne hänke,
De muesch si hänken an e Sail!›

Philipp Hindermann
(1796–1884)

131

| | | | | |
|---|---|---|---|---|
| gegenüber von 7 | Sackmühle | | Totengäßlein 7 | zum niedern Jäger |
| gegenüber von 7 | Sevogels Schleife | | 7/9/11 | zum Hagental |
| gegenüber von 7 | zum schwarzen Sternen | | 9 | zum obern Jäger |
| 7/9 | Falkners Trotte | | 9 | zum blauen Wind |
| Teichsteggäßlein | siehe Rappoltshof | | 9/11 | zum Löwenschlößlein |
| Teufelsgäßlein | siehe Rheinsprung (14) | | 9/11 | St. Martinshaus |
| Theaterstraße 5 | Kaserne der Standeskompagnie | | 11 | zum grünen Jäger |
| 6 | zur kleinen Aarburg | | 11 | zum Tempheli |
| 7 | Großes und kleines Rahmenhaus | | 15 | zum niedern Reinach |
| 8 | Bierhäuslein | | alt 572 | Offenes Haus |
| 10 | Schauhaus | | alt 572 | Pfennigessers Haus |
| 10/12 | Ballenhaus | | alt 573 | zur Kerze |
| 11 | zum Marstall | | Totentanz 1 | zum Lämmlein |
| 14/16 | zur Engelsburg | | 2 | zum Ehrengut |
| 24 | zum Merkur | | 2 | Hebelhaus |
| Theodorskirchgasse | siehe Kartausgasse | | 2 | zum Kopf |
| Obere Theodorskirchgasse | siehe Kirchgasse | | 3 | zum Dossenbach |
| Theodorskirchplatz 1 | St. Theodorshof | | 3 | Hüttingers Hus |
| 2 | zum kleinen Theodor | | 3/5 | zum Ganser |
| 3 | Lütpriesters Pfarrhaus | | 5 | zum Kreuz |
| 3 | Mädchenschulhaus | | 6 | zur St. Barbara |
| 4 | Siegristen Hus | | 7 | zum Löwelin |
| 4 | Sigristenwohnung | | 7 | Tschachternellen Hus |
| 6 | Kapelle | | 7 | Wackerin Hus |
| 7 | Bischofshof | | 8 | zum Baldeck |
| 7 | beim Kernenturm | | 8 | zum Waldeck |
| 7 | zum Tal der sel. Margaretha | | 9 | zur Gens |
| | | | 9 | Grüningisches Hus |
| | | | 9 | zum weißen Kreuz |
| | | | 9 | zur alten Schmitte |
| | | | 10 | zum Fegfeuer |
| | | | 10 | Götzinen Hus |
| | | | 10 | Humpelhus |
| | | | 10 | zum schwarzen Kreuz |
| | | | 10 | zum Paradies |
| | | | 10/11 | zum Mulbaum |
| | | | 11 | zum Fuchs |
| | | | 11 | im Höflein |
| | | | 12 | zum Häslein |
| | | | 12/13/14 | zur Hölle |
| | | | 14 | zum Holderbaum |
| | | | 14 | Waschhaus |
| | | | 14 | zur Wasserstelze |
| | | | 15 | zum gelben Kreuz |
| | | | 15 | Rubers Hus |
| | | | 16 | zur Lerche |
| In der Tiefe | siehe Freie Straße | | 16 | zum goldenen Ring |
| Beim Tirlins Türlein | siehe Rheingasse | | 16 | zum goldenen Türkis |
| Torweg | siehe St.-Alban-Vorstadt | | 17 | Bockstecherhof |
| Totengäßlein 1/3 | zur alten Treu | | 17 | zum Fuchs |
| 3 | Badestube unter den Kremern | | 19 | Predigerkloster |
| 3 | Büchsengießerin Hüsli | | alt 572 | zum Lichtenstein |
| 3 | zum Loch | | alt 573 | zum Blumberg |
| 3 | Ofenhaus | | Totgasse | siehe Totengäßlein |
| 3 | Orthus | | Bei der Tränke | siehe Totentanz |
| 3 | zum Pfennig | | Trillengäßlein 1 | zum obern Straßburg |
| 3 | zum Sessel | | 2 | zum Schnabel |
| 5 | zum Altdorf | | 4 | zum Schleifstein |
| 5/7 | zum Spott | | 4/5 | zum niedern Scharben |
| 5/7 | zum niedern/untern/weißen Wind | | 5 | zum grünen Scharben |
| | | | 5 | zum grünen Schild |

200

201

200 *Hausinschrift an der Ecke Schnabelgasse/Trillengäßlein 2. Das 1901 von Architekt Gustav Doppler im Auftrag der Kleinbasler Bierbrauer Gebrüder Dietrich erbaute Wirtshaus hat seinen Namen von der ‹Herberg zum Snabel am Scherbengeßlin› (1488) und vom dazugehörigen stadtbekannten Pferdestall.*

201 *Das Hebelhaus am Totentanz 2. Im schmalen Bürgerhaus, das 1583 ‹Ehr und Gutt genannt ist›, erblickt am 10. Mai 1760 Johann Peter Hebel das Licht der Welt. Schneidermeister Nikolaus Riedtmann, der Besitzer des Hauses, begleitet den Knaben, in Vertretung der verhinderten Paten, als sogenannter ‹Schlottergetti› zur Taufe in die Peterskirche.*

| | | |
|---|---|---|
| Trillengäßlein | | zum hintern Helm |
| | 6 | zum mittlern/obern Scharben |
| | 6 | zum mittlern Schleifstein |
| | 6 | zum dürren Sod |
| | 8 | zum grünen Helm |
| Trutgäßlein | | siehe Sternengasse |
| Türkenschänzlein | | siehe Totentanz |

| | | |
|---|---|---|
| Ulrichsgasse | | siehe Rittergasse |
| Unkelingäßlein | | siehe Aeschenvorstadt (60) |
| Utengasse | 1 | zum Richen |
| | 1 | zum Sterneneck |
| | 2 | zum Böllen |
| | 3 | Bärenfelserhof |
| | 3 | zum alten/gelben Sternen |
| | 4 | Bretzelers Schüre |
| | 4 | Bretzelers Trotte |
| | 5/7 | Bärenfelserhof |
| | 5/7 | Gaishof |
| | 5/7 | Holzacherhof |
| | 5/7 | Kellers Hus |
| | 5/7 | Utingerhof |
| | 6 | Hecklershus |
| | 6 | zum Waldenburg |
| | 11 | zum kleinen Silberberg |
| | 12 | zum hintern Böller |
| | 12 | zum hintern Löwen |
| | 13/15 | zum Silberberg |
| | 14 | zum schwarzen Bären |
| | 15 | Fröwlerin Schüre |
| | 15 | zur Rose |
| | 15 | zum Rosengarten |
| | 15 | Ziegelhof |
| | 15 | Ziegelhütte |
| | 16 | zum hintern Helfenstein |
| | 16 | zum hintern Störchlein |
| | 16 | zum Storchen |
| | 18 | zum Narren |
| | 18 | zum Steglein |
| | 20 | Hüsingers Hus |
| | 20 | zum hintern Narren |
| | 21 | zu den dreizehn Orten |
| | 22 | zum hintern Kaiserstuhl |
| | 23 | zur Galeere |
| | 24 | zur Sonne |
| | 25 | von Mechelsches Haus |
| | 26 | zur Roggenburg |
| | 27 | zum hintern Paradies |
| | 29 | zum obern/untern Paradies |
| | 30 | Ziegelhof |
| | 31 | zur Himmelspforte |
| | 33/35/37 | Badenhof |
| | 33/35/37 | Badisches Haus |
| | 33/37 | Hecklers Gesäß |
| | 34 | zur Gerberei St. Antonierhof |
| | 37 | zum Ögheim |
| | 39 | Reisenhof |
| | 41 | zur Linde |

202

202 Die einfache Barockfassade des Hauses zum Altdorf am Totengäßlein 5. Das 1345 in einem Zinsbuch zu St. Peter erstmals erwähnte Bürgerhaus an der ‹Totgasse›, die bis 1836 von der Birsigtalsohle zum Friedhof um die Peterskirche führte, wechselt 1521 aus dem Besitz des Druckerherrn Hans Froben in denjenigen des Schreibers Hans Erhard Reinhard. 1647 vertauscht Schneider Hans Georg Marquard die zwischen dem ‹Sessel› und dem ‹weißen Wind› gelegene Liegenschaft gegen den ‹goldigen Sporen› des Schuhmachers Conrad Ronus am Fischmarkt. 1953 erhält die Hausfassade durch Ernst Georg Heussler ein ausdrucksvolles Totentanz-Fresko.

| | | | |
|---|---|---|---|
| Utengasse | 43 | Sevogels Scheune | |
| | 43 | Teufelshaus | |
| | 50 | zum Rechtenberg | |
| | 50/52 | Zibellenscheune | |
| | 54 | zur hintern Henne | |
| | 54 | zum Hennenweib | |
| | 54 | zum Pippo | |
| | 56/58/60 | zum Rappen | |
| | 58 | zum Lindenbaum | |
| Untere Utengasse | | siehe Ochsengasse | |
| Utingergasse | | siehe Blumenrain | |

Vardellengasse siehe Imbergäßlein/Streitgasse

| | | |
|---|---|---|
| Vogelsangweglein | 10 | zum Vogelsang |
| Gasse zur goldenen Waage | | siehe Barfüßerplatz |
| Wagengasse | | siehe Kronengasse |

| | |
|---|---|
| Walchenweg | siehe Rümelinsplatz |
| Wallstraße 14 | Bethaus der Methodisten |
| Beim Wasenbollwerk | siehe Hebelstraße (27) |
| Beim Einfluss der Wasser | siehe Kirchgasse |
| Auf den Wasserfallen | siehe Sattelgasse |
| Beim Wassertor | siehe Barfüßerplatz |
| Beim Wasserturm | siehe Steinenberg |

| Webergasse | | |
|---|---|---|
| | 1 | zum Schleifstein |
| | 1 | zum roten Stein |
| | 2 | Neue Mühle |
| | 2 | Ortmühle |
| | 2 | zur Schleife |
| | 4 | zum Dorn |
| | 4 | zum Orteck |
| | 4 | zum Zorn |
| | 5 | zum Lämmlein |
| | 5 | zur Tanne |
| | 7 | zum Hirtzen |
| | 7 | zum Schneck |
| | 7 | zur Weide |
| | 8 | zum Brunnen |
| | 9/13 | zum Schliengen |
| | 10 | zum schwarzen Adler |
| | 11 | zu den Mühlen |
| | 11 | zum untern Schliengen |
| | 11/13 | zum Schnecken |
| | 12 | zum Blumenberg |
| | 12 | zum Blumeneck |
| | 12 | zum blauen Eck |
| | 12 | zum Kammrad |
| | 12 | zur Schmiede |
| | 12 | auf der Stege |
| | 12/14/16 | zum Holzhein |
| | 14 | zum Papagei |
| | 14/16/18 | zum Sittikust |
| | 15 | Nugronmühle |
| | 15 | zur Schmelze |
| | 15/17 | Höllmühle |
| | 15/17 | Mechelmühle |
| | 15/17 | Mittelmühle |
| | 16 | zum hintern Karren |
| | 17 | zum niedern Bad |
| | 19/21 | Kammradmühle |
| | 20 | zum Roggenbach |
| | 20 | zum großen Karren |
| | 21 | zum weißen Leinlachen |
| | 21 | zum Mühlerad |
| | 21 | Paradiesmühle |
| | 21 | Redings Seife |
| | 21 | z. gold./schwarz. Sternen |
| | 22 | zum kleinen Karren |
| | 23 | zur kleinen Sonne |
| | 23 | zum weißen Rößlein |
| | 24 | zur Fortuna |
| | 24 | zum kleinen Keller |
| | 25 | zum Rebstock |
| | 25/27 | Keßlers Hus |
| | 26 | zum untern Schwert |
| | 27 | zum Jagberg |
| | 27 | zum Jagdberg |
| | 28 | zur Fortuna |
| | 28 | zum vordern Karren |

203 Die Schmelze und die Mechelmühle an der Webergasse 15 und 17. Die 1726 zu einer Badstube umgebaute Schmelze steht ganz im Schatten der imposanten Mechelmühle, die mit ihrem mächtigen Riegelbau eine Dominante des untern Kleinbasels bildet. Schon 1267 als ‹sogenandte Mittel Mühlin› urkundlich nachweisbar, ist das hervorragende Beispiel mittelalterlicher Gewerbebauten heute leider vom Abbruch bedroht!

▶ 204 Das Haus zum hintern Kaiserstuhl an der Utengasse 22. Das Areal des 1855 ‹neu erbauten Wohngebäudes mit Wiederkehr [in gebrochener Linie] und getrömtem [gewölbtem] Keller. $^2/_3$ Mauern, $^1/_3$ Riegel› gehörte bis zu jener Zeit zur Liegenschaft zum Kaiserstuhl an der Rheingasse 23, die nebst dem Wohnhaus ‹mehrere Magazine, ein Waschhaus mit Wassereinlauf vom Utengaßbach durch einen eisernen Teuchel [Wasserleitung], einen Ziehbrunnen im Hof und in der Küche mit eigener Quelle guten Trinkwassers, Holzschöpfe, Baugrube, Geflügelställe und Schweineställe› umfaßte!

| | | |
|---|---|---|
| Webergasse | 28 | zum obern Schwert |
| | 29 | zum Nigran |
| | 29 | zum neuen/untern Nirgau |
| | 29/31 | zum Nugron |
| | 30 | zum Willisau |
| | 31 | zum obern Nirgau |
| | 32 | Zimmermans Hus |
| | 34 | zum hintern Böhler |
| | 34 | zum roten Krauel |
| | 35 | zum Adelberg |
| | 35 | zum Niederemerach |
| | 35 | zum Zedel |
| | 36 | zum Fürbach |
| | 37 | zum Emerach |
| | 37 | zum Himmel |
| | 38 | zum Kaisersberg |
| | 38 | zum roten Löwen |
| Obere Webergasse | | siehe Untere Rebgasse |
| Vordere Webergasse | | siehe Untere Rheingasse |
| Weberstraße | | siehe Unterer Heuberg |
| Beim Weiher | | siehe Claraplatz |
| Weiße Gasse | 1 | Berners Schüre |
| | 1 | zum Rosenberg |
| | 1 | zum Zellemberg |
| | 1/3 | zum neuen Keller |
| | 2 | zum kleinen Konstanz |
| | 2 | zum Steineck |
| | 3/5 | zum neuen/schönen Keller |
| | 4 | zum kleinen Österreich |
| | 4 | zum Schild |
| | 4 | zum schwarzen Schwanen |
| | 4 | zum kleinen Storchen |
| | 5 | zur Leiter |
| | 6 | zum Bettwiler |
| | 6 | zum Tempel |
| | 6 | Tüschlers Hus |
| | 7 | Brothaus |
| | 7 | zum roten Hut |
| | 7 | Schlachthaus |
| | 7 | Neue School |
| | 8 | zur Tafel Mosis |
| | 8 | Zweibrots Hus |
| | 11/13 | zur obern Glocke |
| | 11/13/15 | zum Fehenort |
| | 11/13/15 | zum Vehinort |
| | 12 | zur Trotte |
| | 14 | zur freien Stadt Worms |
| | 14/16 | zum Paradies |
| | 15 | zum Palast |
| | 15 | zum Pfauen |
| | 15 | zur Stelze |
| | 15 | zum Vehen |
| | 16 | zum Worms |
| | 17 | zum neuen/weißen Haus |
| | 17/19/21 | zum Heytwiler |
| | 18 | zum Bern |
| | 18 | zum Ölbaum |
| | 19/21 | zum Lampartereck |
| | 20 | Kargen Hus |
| | 20/22 | zum St. Peter |
| | 21 | zum Glücksrad |
| | 22 | zur alten Gipsmühle |

| | | |
|---|---|---|
| Weiße Gasse | 24 | Bisels Hus |
| | 24 | zum roten Hahn |
| | 24 | zum St. Niklaus |
| | 26 | zur Axt |
| | 26 | zum Bauernstier |
| | 26 | Münzhaus |
| | 26 | zum Ochsenkopf |
| | 26 | zum Uristier |
| | 28 | zur breiten Axt |
| | 28 | zum roten Bart |
| | 28 | zum Barteneck |
| | 28 | Buchhaus |
| | 28 | zum Lörrach |
| | 28 | zum langen Pfeffer |
| | 28 | zum Schiff |
| | 28 | zur Waage |
| | 28 | zur Zimmeraxt |
| Weiße Gasse (Kleinbasel) | | siehe Lindenberg (4) |
| Weißgäßlein | | siehe Pfluggäßlein |
| Wettingergäßlein | | siehe Schafgäßlein |
| Im Wiele | | siehe Andreasplatz/ Petersgasse |
| Wielergäßlein | | siehe Peterskirchplatz |
| Winhardsgasse | | siehe Hutgasse/Spalenberg |
| In dem Winkel | | siehe Petersgasse |
| Wizengasse | | siehe Weiße Gasse |

| | |
|---|---|
| Zeughausgraben | siehe Petersgraben |
| Ziemerlingsgäßlein | siehe Rheingasse |
| Zörnlisgäßlein | siehe Rheingasse |
| Zuchthausgäßlein | siehe Karthausgasse |

205 *Historisierte Fassadenmalerei am Haus zum roten Stein an der Webergasse 1. Das Wandbild am schmalen Gäßchen zum Klingental erinnert an das nahe Nonnenkloster, in dem vornehmlich Witwen und Töchter reicher Familien aus der Stadt und der Umgebung Aufnahme fanden, und seine berühmten mittelalterlichen Darstellungen des Totentanzes.*

▶

206 *Das Pompiermagazin an der Schneidergasse 2. Zur Aufnahme einer Anzahl Postwagen für die Bedürfnisse der seit 1775 im heutigen Stadthaus untergebrachten Post wird 1842 an der Ecke zum Totengäßlein eine Remise samt Stallung errichtet. Doch das kleine Gebäude muß bald auch die Geräte des 1845 gegründeten Sappeur-Pompiers-Korps aufnehmen, wie etwa die beiden zweirädrigen Feuerspritzen mit 10 Garnituren Lederschläuchen, den Rüstwagen mit 4 Leitern, die 6 Pumphebel, die 4 ledernen Säcke mit je 15 Feuereimern aus Hanf und den zweirädrigen Eimerwagen mit 50 eisernen Eimern.*

207 Die Häuser zum roten Schneck und zum kleinen Sündenfall (rechts außen) an der Rheingasse 72 und 70. Die urkundlichen Nachrichten der reizvollen einachsigen Häuschen mit den lustigen Namen aus diesem Jahrhundert lassen sich nicht bis in die Zeit ihrer Entstehung zurückverfolgen. Beide waren vor 50 Jahren im Besitz des Apothekers Theodor Engelmann, der die schmalen Stockwerke mit seiner sagenhaften Kunstsammlung füllte.

| | |
|---|---|
| Aarau, zum | Heuberg 10 |
| Aarau, zum | Leonhardsgraben 29 |
| Aarau, zum | Petersberg 27 |
| Aarau, zum | Petersgasse 17 |
| Aarau, zum obern | Heuberg 12 |
| Aarberg, zum | Augustinergasse 19 |
| Aarberg, zum | Nadelberg 12 |
| Aarburg, zur kleinen | Theaterstraße 6 |
| Abdankungskapelle St. Theodor | Rosentalstraße 10 |
| Abel, zum | Freie Straße 47 |
| Abendstern, zum | Sevogelstraße 11 |
| Abt, zum | Unterer Heuberg 5/7/9 |
| Abue, zum | Greifengasse 37 |
| Abwart, zum | Riehentorstraße 17 |
| Ach, zum | Freie Straße 2 |
| Ach, zum | Rittergasse 31 |
| Ackermannshof | St.-Johanns-Vorstadt 19/21 |
| Ackermans Hus | Münzgäßlein 18 |
| Adelberg, zum | Nadelberg 32 |
| Adelberg, zum | Webergasse 35 |
| Adelmans Hus | Spiegelgasse 5 |
| Adelshof | Peterskirchplatz 8 |
| Adler, zum | Aeschenvorstadt 1 |
| Adler, zum | Blumenrain 11 |
| Adler, zum | Rebgasse 24/26 |
| Adler, zum doppelten/ gelben/grünen/hintern | Schifflände 10a |
| Adler, zum gelben/ goldenen/grünen/vordern | Schifflände 8b |
| Adler, zum grünen | St. Alban-Vorstadt 26 |
| Adler, zum grünen | Rebgasse 21 |
| Adler, zum roten | Spalenberg 1 |
| Adler, zum roten | Münzgäßlein 4 |
| Adler, zum roten | Spalenberg 1 |
| Adler, zum roten | Spiegelgasse 13 |
| Adler, zum schwarzen | St.-Alban-Vorstadt 25 |
| Adler, zum schwarzen | Grünpfahlgäßlein 1 |
| Adler, zum schwarzen | Ochsengasse 23/27 |
| Adler, zum schwarzen | Rheingasse 10 |
| Adler, zum schwarzen | Spalenberg 3 |
| Adler, zum schwarzen | Spiegelgasse 1 |
| Adler, zum schwarzen | Steinenvorstadt 41 |
| Adler, zum schwarzen | Webergasse 10 |
| Adler, zum weißen | Blumenrain 8 |
| Adler, zum weißen | Gerbergasse 84 |
| Adler, zum weißen | Lohnhofgäßlein 2 |
| Adressen-Contor | Freie Straße 64 |
| Äbtischerhof | Claraplatz 2/3 |
| Ärger, zum | Gerbergäßlein 6 |
| Äschentor, zum | Aeschenvorstadt 66 |
| Äschenturm | St.-Alban-Graben 1 |
| Äschenturm, zum | Luftgäßlein alt 1202 |
| Äuglein, zum | Gerbergasse 27 |
| Affen, zum | Sporengasse 7/8 |
| Affen, zum | Steinenvorstadt 47/51 |
| Agnes' Hus | Steinenvorstadt 40 |
| Agten, zum | Freie Straße 82 |
| Agtstein, zum | Martinsgäßlein 1 |
| Agtstein, zum | Schifflände 10 |
| Agtstein, zum | Sporengasse 7 |
| Ahornhof | Spalenring 90/92/94 |
| Aikel, zum | Gerbergäßlein 6 |
| St.-Albaneck, zum | St.-Alban-Vorstadt 60 |
| St.-Alban-Kloster | Mühlenberg 20/22/24 |
| St.-Alban-Klostergarten, zum | St.-Alban-Vorstadt 80 |
| St.-Alban-Mühle | Mühlenberg 19/21 |
| St.-Alban-Schwibbogen | Rittergasse 26 |
| St.-Alban-Stift | Mühlenberg 18/20/22 |
| St.-Alban-Tor | St.-Alban-Vorstadt 101 |
| St. Albantor, zum | St.-Alban-Anlage 33 |
| Aliothsches Haus | Rittergasse 11 |
| Allerheiligen, zum | Rittergasse 9 |

208 Die vordere Spiegelmühle am St.-Alban-Kirchrain 14. Anno 1284 betreibt ‹Nicolaus ad Speculum› die Mühle, die von ihm den noch 1502 gültigen Namen erhält. Zinspflichtig ist das Gewerbe dem Propst von St. Alban mit jährlich 4 Sack Kernen, 4 Sack Mühlekorn, einem Fasnachtshuhn und einem Heuer während der Heuet. 1838 verkauft der letzte Müller, Rudolf Müller, die Liegenschaft mit ‹Stichbrücke über den Teich› dem Lohnwäscher Jakob Bieler, der das Haus um zwei Stockwerke erhöht, ‹wovon das eine als Tröckneboden dient›.

## Der Bsuech

Was strychsch denn ammer au verby,
Du Bysi du, und machsch miau?
De muesch doch kai so Fägnäst sy!
Was streckschdi so? wo fählt's der au?

De hesch hit frieh Fyrobe gmacht,
Und 's Spinne stoht der doch wohl a;
Dy Redli schnurt sunst bis in d'Nacht,
Mäng Spinneren es nit so ka!

Jä so, isch's das? Jetzmerk i scho:
Er thuet si mutze no, der Fratz,
Und schläckt die waiche Depli; jo,
De bisch en aigetligi Katz!

Es strycht am Sässelbai verby
Und glettet dra sy pelzig Klaid,
Lait jedes Herli, wie's soll sy
Und putzt und birstet, 's isch e Fraid.

So sag: Wohi wit au no hit
Gosch eppe z'Liecht no in dym Gstaat?
Sunst mutzt me si fir z'Nacht just nit,
Und 's rägnet duß, 's wär fir di Schad.

Was luegsch mi jetz so gspässig a?
De hesch nyt Guets im Sinn, los, los! —
Es nimmt e Gump — Du Schelm, aha!
Hesch welle zue mer ko uf d'Schoß!

Nai nai! ich bruch kai Zytvertryb.
Gosch nit? — Du Spitzbueb waisch es scho,
Daß i di gärn ha! Nu so blyb,
Doch 's nächst Mol jag di gwis dervo!

Theodor Meyer-Merian
(1818–1867)

| | |
|---|---|
| Allmend, zur | Schwanengasse 7c |
| Allmend, zur niedern | Spalenberg 17 |
| Allmend, zur obern | Spalenberg 15 |
| Allmend, zur untern | Spalenberg 13 |
| Allmendhäuschen | Bäumlihofweg 11 |
| Almosengebäude | St.-Alban-Tal 26 |
| Almosenmühle | St.-Alban-Tal 23 |
| Almosenschaffnei | Nadelberg 23 |
| Almschwyler, zum | Schützenmattstraße 20 |
| Altane, zur | Petersgraben 73 |
| Altane, zur | Roßhofgasse 12 |
| Altdorf, zum | Totengäßlein 5 |
| Alterhaus, zum | Eisengasse alt 1587 |
| Althein, zum | Rittergasse 7 |
| Altingen, zum | St.-Johanns-Vorstadt 16 |
| Altkirch, zum | Barfüßerplatz 23 |
| Altkirch, zum | Blumenrain 23 |
| Altkirch, zum kleinen | Barfüßerplatz 25 |
| Altkirch, zum kleinen | Blumenrain 25 |
| Altnach, zum | Imbergäßlein 31 |
| Altwyß, zum | Imbergäßlein 31 |
| Alumneum | Neue Vorstadt 17 |
| Amberg, zum | Spalenvorstadt 20 |
| Ampringers Hus | Untere Rebgasse 12 |
| Anatomie | Rheinsprung 9 |
| Andeer, zum | Rheingasse 45 |
| Andlauerhof | Blumenrain 13 |
| Andlauerhof | Münsterplatz 17 |
| Andlauerhof | Petersgasse 36/38 |
| Andlauerhof | Rheinsprung 16 |
| Andreas, zum St. | Andreasplatz 15 |
| Andreas, zum St. | Steinentorstraße 22 |
| St.-Andreas-Kapelle | Andreasplatz 1a |
| St. Andreseneck, zum | Schneidergasse alt 583 |
| St. Andresen Ort | Schneidergasse alt 583 |
| Anevang, zum | Freie Straße 88 |
| Angel, zum weißen | Hutgasse 2 |
| Angelberg, zum | Hutgasse 2 |
| Angelberg, zum | Marktplatz 17 |
| Angelers Hus | Marktplatz alt 18a |
| Angen, zum | Marktplatz 9 |
| Angen, zum | Petersberg 37 |
| Angen, zum | Rheingasse 45/47 |
| Angen, zum | Schwanengasse 4 |
| Angengarten | Spitalstraße 11/21 |
| Anker, zum | Blumenrain 14 |
| Anker, zum | Schiffländen 1 |
| Anker, zum | Schiffländen alt 1519 |
| Anker, zum | Stadthausgasse 17 |
| Anker, zum großen/kleinen | Stadthausgasse 19 |
| Anker, zum schwarzen | Rheingasse 45 |
| Anker, zum schwarzen | Rheingasse 50/52 |
| St. Anna, zur | St.-Johanns-Vorstadt 54/56 |
| St. Anna, zur | Luftgäßlein 3 |
| St.-Anna-Tor | Untere Rebgasse 27 |
| Annenhirtenhofstatt, zur | Mühlenberg 1 |
| Anselms Hus | Gemsberg 2 |
| Anselms Hus | Nadelberg 15 |
| Anstalt für blödsinnige Kinder | Petersgraben 6 |
| St. Antenge, zum | St.-Johanns-Vorstadt 48 |

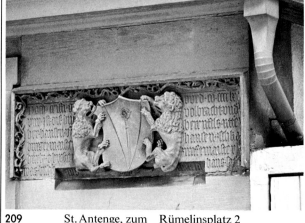

209

| | |
|---|---|
| St. Antenge, zum | Rümelinsplatz 2 |
| Antistitium | Münsterhof 2 |
| Antistitium | Rittergasse 3 |
| Antlit, zum | Stadthausgasse 25 |
| St. Antonien, zum | Kohlenberg 3 |
| St. Antonierhof, zur Gerberei | Utengasse 34 |
| St. Antonierhof, innerer | St.-Johanns-Vorstadt 31 |
| St. Antonierhof, Klösterlein | St.-Johanns-Vorstadt 33 |
| St. Antonierhof, oberer | Rheingasse 43 |
| St. Antonierhof, unterer | Rheingasse 37/39 |
| St. Antoniuskreuz, zum | St.-Johanns-Vorstadt 38 |
| Apfelbaum, zum | Kronengasse 10a |
| Apotheke | Hutgasse 10 |
| Apotheke, alte | Stadthausgasse 13 |
| Apotheke, zur | Freie Straße 45/47 |
| Apotheke, zur goldenen | Rüdengasse 1 |
| Apothekers Hus | Schneidergasse 1/3 |
| Appellations- und Kriminalgerichtsschreiberei | Klingental 13 |
| Appenzell, zum | Freie Straße 1 |
| Arbeiterkosthaus | Petersgasse 28 |
| Arche, zur untern | Barfüßerplatz 17 |
| Arche Noah, zur | Barfüßerplatz 17 |
| Archidiakonatshaus | Rittergasse 4 |
| Argant, zum Schloß | Aeschenvorstadt 39 |
| Arguel, zum | Freie Straße 26 |
| Argus, zum | Aeschenvorstadt 4 |
| Arm, zum | Marktplatz 5/6 |
| Arm, zum | Martinsgäßlein 2 |
| Armbrust, zur | Aeschenvorstadt 64 |
| Armbrustwinde, zur | St.-Johanns-Vorstadt 76 |
| Armenherberge | Schneidergasse 23 |
| Armenherberge | Petersgraben 6 |
| Aser, zum | Eisengasse 21 |
| Ast, zum dürren | Rheingasse 84 |
| Ast, zum dürren | Oberer Rheinweg 79 |
| Asyl, zum | St.-Leonhards-Berg 16 |
| Attenschwiler, zum niedern/untern | Spalenberg 35 |
| Atteswiler, zum obern | Spalenberg 37 |
| Attiswil, zum | Spalenberg 37 |
| Atzenhof | Augustinergasse 4/6/8 |

210

209 Gotische Inschriften- und Wappentafel an der ehemaligen kleinen Augustinerschütte am Rheinsprung 21. Das Relief wurde Anno 1469, als die Obrigkeit auf dem einstigen Boden der Geistlichkeit auf Burg ein neues Kornhaus errichten ließ, eingesetzt. Der von zwei Löwen gehaltene Schild mit dem Bischoffschen Wappen trug bis zur Helvetik den Baselstab in seinem Feld.

210 Das Haus zu den drei Bären mit der Ell an der Gerbergasse 57. ‹Hus und Hofstatt, so vor Zyten zwey Hüser gewesen und zun drigen Bären und zur Ellen genannt ist›, stehen – wie heute wieder – 1555, 1759 und 1823 im Besitz eines Feinbäckers.

| | |
|---|---|
| Atzenhof | Münsterplatz 20 |
| Augenweid, zur großen | Rheinsprung 20 |
| Augenweid, zur kleinen | Rheinsprung 22 |
| Augenweide, zur kleinen | Elisabethenstraße 18 |
| Augenweide, zur kleinen | Rheingasse 34 |
| Augenweide, zur kleinen | Oberer Rheinweg 29 |
| Augenweide, zur kleinen | Riehentorstraße 26 |
| Augspiegel, zum | Freie Straße 2 |
| Augustin, zum lieben | Herbergsgasse 7 |
| Augustinergarten, zum | Malzgasse 17 |
| Augustinerhof | Augustinergasse 19 |
| Augustinerkloster | Augustinergasse 2 |
| Augustiner-Schütte, kleine | Rheinsprung 21 |
| Aussicht, zur frohen | St.-Alban-Torgraben 1 |
| Aussicht, zur | Elisabethenstraße 58 |
| Aussicht, zur schönen | Grenzacherstraße 451 |
| Axt, zur | Freie Straße 82 |
| Axt, zur | Heuberg 4 |
| Axt, zur | Leonhardsgraben 20 |
| Axt, zur | Weiße Gasse 26 |
| Axt, zur breiten | Weiße Gasse 28 |

| | |
|---|---|
| Babenberg, zum | Gerbergasse 91 |
| Bacheck, zum | Steinenbachgäßlein 38 |
| Bacherers Hus | Untere Rebgasse 14 |
| Bachhäuslein | St.-Johanns-Vorstadt 20 |
| Bachofenhaus | Münsterplatz 2 |
| Backofen, zum | Lindenberg 4/6 |
| Bad, zum | Pfluggäßlein 5 |
| Bad, zum | Rüdengasse 2 |
| Bad, zum alten | Badergäßlein 1 |
| Bad, zum alten | Gerbergäßlein 17 |
| Bad, altes | Badergäßlein 1/2/4 |
| Bad, altes | Blumenrain 12 |
| Bad, altes | Gerbergasse 48 |
| Bad, zum neuen | Gerbergasse 48 |
| Bad, neues | Gerbergasse 46 |
| Bad, zum niedern | Webergasse 17 |
| Badanstalt | Ochsengasse 13 |
| Badeberg, zum | Barfüßerplatz 6 |
| Baden, zum | St.-Alban-Vorstadt 43 |
| Badenhof | Bäumleingasse 16 |
| Badenhof | Martinsgasse 1 |
| Badenhof | Petersgasse 24/30 |
| Badenhof | Utengasse 33/35/37 |
| Baderbehausung | Barfüßerplatz 6 |
| Badestube unter den Krämern | Totengäßlein 3 |
| Badischer Bahnhof, ehemaliger | Bahnhofstraße 4/6/8/10/12 |
| Badisches Haus | Utengasse 33/35/37 |
| Badstube | Badergäßlein 2/4 |
| Badstube | Kohlenberg 7 |
| Badstube, alte | Gerbergasse 48 |
| Badstube St. Andreas | Andreasplatz 15 |
| Badstube, große | Ochsengasse 15 |
| Badstube, kleine | Ochsengasse 13 |
| Badstube zum Eseltürlein | Barfüßerplatz 11/12 |
| Badstube unter den Kremern | Totengäßlein 3 |
| Bären, zu den drei/ zum schwarzen | Gerbergasse 57 |
| Bären, zum grauen/ schwarzen | Freie Straße 34 |
| Bären, zum grünen | Gerbergasse 5 |
| Bären, zum halben | St.-Alban-Berg 6 |
| Bären, zum halben | St.-Alban-Tal 48/52 |
| Bären, zum hintern | Schafgäßlein 5 |
| Bären, zum hintern schwarzen | Spiegelgasse 12/14 |
| Bären, zum mittleren | Schafgäßlein 3 |
| Bären, zum roten | Freie Straße 28 |
| Bären, zum roten | Freie Straße 38 |
| Bären, zum roten | St.-Johanns-Vorstadt 37 |
| Bären, zum schwarzen | Aeschenvorstadt 41/67 |
| Bären, zum schwarzen | Eisengasse 16 |
| Bären, zum schwarzen | Gerbergasse 57 |
| Bären, zum schwarzen | Petersgasse 13 |
| Bären, zum schwarzen | Rheingasse 17 |
| Bären, zum schwarzen | Schafgäßlein 1 |
| Bären, zum schwarzen | Utengasse 14 |
| Bären, zum weißen | Schlüsselberg 5/7/9 |
| Bärenfeld, zum | Martinskirchplatz 3 |
| Bärenfeld, zum | Rheinsprung 12 |
| Bärenfels, zum | Elisabethenstraße 3 |
| Bärenfels, zum | Elisabethenstraße 22 |
| Bärenfels, zum | Petersgasse 24/28/30 |
| Bärenfels, zum kleinen | Elisabethenstraße 26 |
| Bärenfelserhof | Martinsgasse 18 |
| Bärenfelserhof | Petersgraben 18/22 |
| Bärenfelserhof | Petersgraben 35/37 |
| Bärenfelserhof | Stapfelberg 9 |
| Bärenfelserhof | Utengasse 5/7 |
| Bärenfelserhof | Utengasse 3 |
| Bärenfelserhof, alter | Stiftsgasse 7 |
| Bärenhut, zur | Rittergasse 26 |
| Bärenloch, zum | Münsterberg 10 |
| Bärenzunft, zur | Falknerstraße 9 |
| Bättwil, zum | Gerbergasse 84 |
| Bäumle, zum | Schafgäßlein 7 |
| Bäumlein, zum | St.-Alban-Vorstadt 2 |
| Bäumlein, zum | Bäumleingasse 1 |
| Bäumlein, zum | Rheingasse 31/33 |

211

212

211 Hausinschrift an der Rheingasse 52. In der Annahme, die Liegenschaft zur Barbe (1476) sei nach dem großen Erdbeben neu aufgebaut worden, läßt Albert Brodmann, der für einen erneuten Umbau Anno 1888 verantwortlich ist, auch die Jahreszahl 1357 über dem Türsturz anbringen.

212 Hausinschrift an der Rheingasse 84. Zum Umbau der ‹Behausung zum Birren-Baum neben der Mägdlin-Schuel› in eine Bäckerei erhält 1764 Jakob Bertschi vom Deputatenamt ein Darlehen von 300 ‹französischen sogenannten Loorbeerthalern›.

| | |
|---|---|
| Bäumlihof | Riehenstraße 394 |
| Balchen, zum | Steinentorstraße 37 |
| Balchen, zum oberen | Streitgasse 11 |
| Balchen, zum untern | Streitgasse 13 |
| Baldeck, zum | Totentanz 8 |
| Baliermühle | Sägergäßlein 5 |
| Ball, zum | Freie Straße 47 |
| Ballen zum | Sattelgasse 12/19 |
| Ballenhaus | Neue Vorstadt 11 |
| Ballenhaus | Theaterstraße 10/12 |
| Ballhof | Gerbergasse 11 |
| Balsthal, zum | Aeschenvorstadt 45 |
| Balsthal, zum | Brunngäßlein 7/11 |
| Balthasars Hus | Fischmarkt 12 |
| Bankgebäude | Marktplatz 11 |
| Bannwartshäuschen | Bäumlihofweg 3 |
| Bannwartshäuschen | Gotterbarmweg 10 |
| Bannwartshäuschen | Horburgstraße 122 |
| Bannwartshaus | Im Klingental 14 |
| Bannwartshaus | Nadelberg 47 |
| Bannwartshütte | St.-Johanns-Vorstadt 23 |
| Bannwartshütte | Spalenberg 36 |
| Bannwarts Hus | Spalenberg 36/38/45 |
| St. Barbara, zur | Totentanz 6 |
| Barbe, zur | Petersberg 16 |
| Barbe, zur | Rheingasse 52 |
| Barbe, zur | Schwanengasse 10 |
| Barbe, zur goldenen | Marktplatz 16 |
| Barfüßerhof | Barfüßerplatz 6 |
| Barfüßermühle | Barfüßerplatz 1 |
| Bargeltlin, zum | Freie Straße 36 |
| Bart, zum | Blumenrain 3/5 |
| Bart, zum | Eisengasse 2 |
| Bart, zum | Schifflände 1 |
| Bart, zum hintern | Spiegelgasse 11a |
| Bart, zum roten | Weiße Gasse 28 |
| Barteneck, zum | Barfüßerplatz 4 |
| Barteneck, zum | Weiße Gasse 28 |
| St. Barthlome, zum | Nadelberg 7 |
| Bartholomei, zum | St.-Alban-Vorstadt 17 |
| Barthsches Familienhaus | Schützenmattstraße 15 |
| Bartmanns Hus | Spalenvorstadt 3 |
| Baselstab, zum | Marktplatz 30 |
| Basilisk, zum | Schützenmattstraße 35 |
| Baslerhof | Bahnhofstraße 19 |
| Baslerhof | Aeschenvorstadt 55 |
| Batterie, zur | Horburgstraße 127 |
| Batzenberg, zum | Gerbergasse 24 |
| Bau, zum neuen | Aeschenvorstadt 14/16 |
| Bau, zum neuen | St.-Alban-Tal 44/46 |
| Baubüro, städtisches | Stadthausgasse 1 |
| Bauchhaus | Kohlenberg 14 |
| Bauernstier, zum | Weiße Gasse 26 |
| Baugarten, zum | Schanzenstraße 21 |
| Bauhaus unserer Frauen | Münsterplatz 3 |
| Bauhaus des Stifts | Schlüsselberg 13 |
| Baum, zum | Kronengasse 10b (gegenüber) |
| Baum, zum | Rheingasse 17 |
| Baum, zum | Schafgäßlein 1/3/5/7 |
| Baum, zum | Spalenberg 54 |
| Baum, zum grünen | Barfüßerplatz 4 |
| Baum, zum hintern | Schafgäßlein 5 |
| Baum, zum schönen | St.-Alban-Graben 16/18/20 |
| Baum, zum untern | Gerbergasse 39 |
| Baum, zum vordern | Rheingasse 17 |
| Baum, zum vordern | Rheingasse 48 |
| Baumannshöhle, zur | Schützengraben 47 |
| Baumgärtlein, zum | Spalenberg 52 |
| Baumgarten, zum | Gundeldingerstraße 290 |
| Baumgarten, zum | Nadelberg, 30/32 |
| Baumgarten, zum | Spalenberg 52/54 |
| Baumgartners Hus | Untere Rebgasse 5 |
| Bauschreiberei | Spalenvorstadt 16 |
| Bauverwalterwohnung | Spalenvorstadt 16 |
| Bebenen, zum | Riehentorstraße 8 |
| Bechern, unter den | Freie Straße 17 |
| Beckenhaus | Rebgasse 3 |
| Beckenhaus | Schnabelgasse 6 |
| Beckenhof | St.-Alban-Anlage 72 |
| Beginenhaus | Gerbergasse 15 |
| Beginenhaus | St.-Johanns-Vorstadt 50/54/56 |
| Beginenhaus, zum alten | Malzgasse 9 |
| Beinhaus | Leonhardsberg 11 |
| Beinwiler, zum | Freie Straße 90 |
| Beinwiler, zum kleinen | Freie Straße 96 |
| Belle, zum | Freie Straße 47 |
| Bellerive, zum | Grenzacherstraße 405 |
| Bellevue, zum | Elsässerstraße 12 |
| Bemund, zum | Steinentorstraße 32/40 |
| Benfelt, zum | Rheinsprung 12 |
| Benken, zum | Heuberg 21 |
| Benner, zum | Roßhofgasse 11 |
| Berchtold, zum | Münsterplatz 18 |
| Berckheim, zum | Spalenberg 55 |
| Berg, zum blauen | Bäumleingasse 6 |
| Berg, zum blauen | Barfüßergasse 2 |
| Berg, zum blauen | Eisengasse 24 |
| Berg, zum blauen | Imbergäßlein 22 |
| Berg, zum blauen | Münsterberg 13/15 |
| Berg, zum grünen | Eisengasse 14 |
| Berg, zum krummen | Spalenberg 26 |
| Berg, zum roten | Eisengasse alt 1586 |
| Berg, zum schönen | Schlüsselberg 13 |
| Berg, zum weißen | Freie Straße 55 |
| Bergen, zu den drei grünen | Heuberg 4 |
| Bergen, zu den drei grünen | Leonhardsgraben 21 |
| Bergen, zu den drei grünen | Spalenberg 46 |
| Bergen, zu den drei roten | Spiegelgasse 6 |
| Bergheim, zum | Steinenberg 1 |
| Bergkein, zum | Greifengasse 30 |
| Berglein, zum | Greifengasse 30 |
| Berichthaus | Freie Straße 64 |
| Beringers Hus | Barfüßerplatz 22 |
| Berlin, zum | Gerbergasse 57 |
| Bern, zum | Weiße Gasse 18 |
| Bernau, zum | Freie Straße 93/95/97 |
| Berner, zum | Freie Straße 23 |
| Berner, zum | Stapfelberg 1 |
| Berners Hus | Freie Straße 23 |

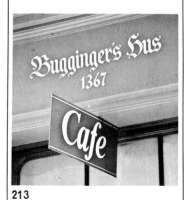

213 Hausinschrift am Spalenberg 16. Die um das Jahr 1300 im Eigentum Johann Buggingers befindliche Hofstatt, zwischen den Häusern zum Hattstatt und zum Wildenstein ‹an der Spalen› gelegen, verkauft 1418 Weinmann Henman Bugginger dem ‹Watmann› (Tuchhändler) Heinrich Krafft.

▶

214 Das Haus zum Augustinergarten an der Malzgasse 17. Das Landhaus in englischem Cottage-Stil hat 1845 Handelsmann Emanuel Dobler-Burckhardt auf dem ‹umbmauerten› Baum- und Rebgarten erbauen lassen, den 1460 die Augustinerchorherren dem Johann Bauwin um 76 Gulden verkauft haben.

| | | | |
|---|---|---|---|
| Berners Hus | Hutgasse 18 | Birseck, zum großen | Nadelberg 28 |
| Berners Hus | Marktplatz 17 | Birseck, zum grünen/obern | Stadthausgasse 10 |
| Berners Schüre | Weiße Gasse 1 | Birseck, zum kleinen | Nadelberg 26 |
| St.-Bernhards-Kapelle | Freie Straße 35 | Birsig, zum | Steinenvorstadt 25 |
| St.-Bernhards-Kapelle | Schlüsselberg 12 | Bischoffin Hus | St.-Alban-Vorstadt 5 |
| Bertensteig, zum | Aeschenvorstadt 7 | Bischoffin Hus | Gerbergäßlein 20 |
| Berwardi, zum | Peterskirchplatz 5 | Bischoffs Hus | Aeschenvorstadt 52/54 |
| Besenstiel, zum | Steinentorstraße 1 | Bischofs Baumgarten | Kartausgasse 10 |
| Besenstiel, zum | Steinentorstraße 6/8/10 | Bischofshof | Münsterhof 1 |
| Besenstil, zum alten neuen | Klosterberg 2 | Bischofshof | Münsterplatz 18 |
| Bestäterei | Schifflände 8 | Bischofshof | Rittergasse 1 |
| Bethaus der Methodisten | Wallstraße 14 | Bischofshof | Theodorskirchplatz 7 |
| Betterberg, zum | Petersgasse 48 | Bischofshof, hinterer | Riehentorstraße 4 |
| Bettlach, zum | Nadelberg 34 | Bischofstein, zum | St.-Johanns-Vorstadt 16/18 (gegenüber) |
| Bettwiler, zum | Barfüßerplatz alt 708 | Bisels Hus | Weiße Gasse 24 |
| Bettwiler, zum | Petersgasse 50/52 | Bitterlishof | Rittergasse 20 |
| Bettwiler, zum | Weiße Gasse 6 | Bläserhof | Untere Rebgasse 17/19 |
| Biber, zum | Gerbergasse 77 | Bläserhof | Untere Rebgasse 25 |
| Biber, zum | Greifengasse 28 | Bläsitor | Untere Rebgasse 27 |
| Biber, zum | Petersberg 30 | Blamont, zum | Augustinergasse 4 |
| Biberach, zum | Petersberg 30 | Blanckenfuß, zum | Aeschenvorstadt 4 |
| Biberstein, zum | Gerbergasse 5 | Blatt, zum | St.-Johanns-Vorstadt 74 |
| Biberstein, zum | Gerbergasse 77 | Blatzheim, zum | Rittergasse 7 |
| Biberstein, zum | Rheingasse 65/67 | Blauen, zum niedern/obern | Stadthausgasse 10 |
| Bichtherren Hus | Steinenberg 7 | Blauenstein, zum | Freie Straße 99 |
| Bichtigerhus | Klingental 11/13/15 | Blauenstein, zum | Heuberg 44 |
| Bickel, zum | Petersberg 11 | Blauenstein, zum | Untere Rebgasse 20 |
| Bickel, zum | Missionsstraße 22 | Blauenstein, zum | Rheingasse 11 |
| Bickel, zum hintern | Petersberg 5 | Blauenstein, zum | Rittergasse 10 |
| Bickel, zum vordern | Petersberg 9 | Blauenstein, zum | Rüdengasse 1 |
| Biedertans Hus | Aeschenvorstadt 52 | Blau-Eselmühle | Teichgäßlein 3 |
| Biedertans Mühle | St.-Alban-Kirchrain 14 | Bleiche, zur alten | Bahnhofstraße 8/12 |
| Bienenkorb, zum | Klingentalgraben 33 | Blickhus | Augustinergasse 21 |
| Bienzen Gut | Sternengasse 13/15 | Blömleinkaserne | Steinenberg 9 |
| Bienzsches Haus | Nadelberg 16 | Blotzheim, zum | Greifengasse 6 |
| Bierburg | Grenzacherstraße 487 | Blotzheim, zum | Heuberg 22 |
| Biergarten, zum | Grenzacherstraße 128 | Blotzheim, zum | Schnabelgasse 2/4 |
| Biergarten, zum | St.-Jakobs-Strasse 3 | Blotzheim, zum | Spalenberg 21 |
| Bierhäuslein | Theaterstraße 8 | Blowners Hus | Rittergasse 10 |
| Bierhaus | Ochsengasse 6/8 | Blumberg, zum | Totengäßlein alt 573 |
| Bierkeller, zum | Hinterer Burgweg 16 | Blume, zur | Blumenrain 1a |
| Biesan, zum | Andreasplatz 1 | Blume, zur | Gerbergäßlein 8 |
| Bild, zum niedern | Marktplatz 13 | Blume, zur | Rappoltshof 16 |
| Bild, zum obern | Marktplatz 14 | Blume, zur goldenen | Marktgasse 4 |
| Bildhaus | Schneidergasse 27/29 | Blume, zur goldenen/vordern | Schwanengasse 4 |
| Billungs Hus | Schwanengasse 6 | Blume, zur hintern | Petersberg 37 |
| Binzen, zum | Untere Rebgasse 23/25 | Blume, zur hintern/kleinen | Blumenrain 8 |
| Binzheim, zum | Fischmarkt 1 | Blumenau, zur | Barfüßerplatz 22 |
| Birbom, zum | Kronengasse 10b | Blumenauerin Hus | Blumenrain 22a |
| Birbom, zum | Rheingasse 84 | Blumenberg, zum | St.-Alban-Vorstadt 19 |
| Birckheim, zum | Steinenberg 1 | Blumenberg, zum | Eisengasse 24 |
| Biren, zur | Kronengasse 10 | Blumenberg, zum | Nadelberg 19 |
| Birke, zur | Steinenvorstadt 11 | Blumenberg, zum | Schneidergasse 2 |
| Birkendorf, zum | Peterskirchplatz 13 | Blumenberg, zum | Webergasse 12 |
| Birmannshof | Birmannsgasse 14 | Blumenberg, zum obern | Imbergäßlein 28 |
| Birs, zur | Gerbergäßlein 26 | Blumenberg, zum obern | Schneidergasse 2 |
| Birseck, zum | Barfüßerplatz 3 | Blumenberg, zum untern | Imbergäßlein 26 |
| Birseck, zum | Leonhardsstapfelberg 1 | | |
| Birseck, zum | Schwanengasse 12 | | |
| Birseck, zum | Stadthausgasse 3 | | |
| Birseck, zum | Steinenberg 1 | | |
| Birseck, zum | Steinenvorstadt 25 | | |

215 Das Haus zum Brotschinken am Gerbergäßlein 27. Bis 1862 gehört das dreistöckige ‹Gebäude in Mauern› zur Liegenschaft Gerbergasse 58, die 1380 den Nonnen des Steinenklosters bodenzinspflichtig ist.

| | |
|---|---|
| Blumeneck, zum | Imbergäßlein 24/26/28 |
| Blumeneck, zum | Webergasse 12 |
| Blumeraineck, zum | Petersgasse 2 |
| Blumenscheune, zur | Riehentorstraße 20 |
| Blumenschmiede | Schwanengasse 3 |
| Blumenschmiede, zur alten | Blumenrain 1 |
| Blumenstein, zum | Untere Rebgasse 20 |
| Blutegelweiher, zum | Lehenmattweg 40 |
| Bock, zum | Eisengasse 10 |
| Bock, zum | Freie Straße 88 |
| Bock, zum | Gerbergasse 45 |
| Bock, zum goldenen | Schwanengasse 14 |
| Bock, zum niedern/weißen | Freie Straße 61 |
| Bock, zum obern/roten | Freie Straße 63 |
| Bockschedels Hus | Heuberg 12 |
| Bockschell, zum | Heuberg 14 |
| Bockstecherhof | St.-Johanns-Vorstadt 4 |
| Bockstecherhof | Totentanz 17 |
| Bodmingers Hus | Gerbergasse 55 |
| Böcken, zu den | Untere Rheingasse 8 |
| Böcken, zu den drei | Gerbergasse 10 |
| Böcken, zu den drei | Münzgäßlein 11 |
| Böcklin, zum | Münzgäßlein 24 |
| Böcklin, zum | Petersberg 3 |
| Bögen, zu den drei | Untere Rheingasse 8 |
| Böggenhus | Untere Rheingasse 8 |
| Böhler, zum | Rheingasse 15 |
| Böhler, zum hintern | Webergasse 34 |
| Böl, zum | Steinenvorstadt 10 |
| Bölchen, zum kleinen | Streitgasse 11 |
| Bölchen, zum großen | Streitgasse 13 |
| Bölers Hus | Rheingasse 15 |
| Böllen, zum | Utengasse 2 |
| Böller, zum hintern | Utengasse 12 |
| Böllerschuß, zum | Rheingasse 15 |
| Bömlin, zum | Freie Straße 80 |
| Böngkens Hus | Heuberg 21 |
| Börlis Hus | Gerbergasse 79 |
| Börse | Marktgasse 8 |
| Bössingers Hus | Schützenmattstraße 10 |
| Böttin, zum blauen | Blumenrain 26 |
| Bogen, zum finstern | Petersberg 15 |
| Bohner, auf dem | Bäumlihofweg 10 |
| Bollwerk, zum | Neue Vorstadt 27 |
| Boltz, zum | Spalenberg 24 |
| Boner, zum | Rheingasse 3 |
| Boners Hus | Gerbergasse 79 |
| Bongarten, zum | Gemsberg 6 |
| Boppen, zum | Gerbergasse 52 |
| Borer, zum | Freie Straße 14 |
| Botanischen Garten, zum | St.-Jakobs-Straße 4/6 |
| Botten- und Milchmännercasino | Aeschenvorstadt 1 |
| Bracken, zum | Nadelberg 37 |
| Brackenfels, zum | Aeschenvorstadt 4 |
| Brackenfels, zum | Gerbergasse 15 |
| Bramen, zum | St.-Alban-Vorstadt 20 |
| Bramen, zum | Bäumleingasse 12 |
| Bramen, zum alten | Martinskirchplatz 1 |
| Bramen, zum alten | Rheinsprung 14 |
| St.-Brandans-Kapelle | Blumenrain 1 b |

216

| | |
|---|---|
| Brandeck, zum | Greifengasse 4/12 |
| Brandeck, zum | Pfluggäßlein 3 |
| Brandis, zum | Blumenrain 32 |
| Brandis Hus | Andreasplatz 1 |
| St.-Brandolfs-Kapelle | Blumenrain 1 b |
| Braunefels, zum | Spalenvorstadt 3 |
| Brauer, zum | Rheinsprung 14 |
| Bregentzers Hus | Gerbergäßlein 20 |
| Bregenz, zum | Gerbergäßlein 24 |
| Breisach, zum | Heuberg 16 |
| Breisach, zum | St.-Johanns-Vorstadt 22 |
| Breisach, zum | Leonhardsgraben 33 |
| Breisach, zum | Spalenvorstadt 19 |
| Bremgarten, zum | Kohlenberg 1 |
| Brenngarten, zum | Kohlenberg 1 |
| Brennhaus | Steinenbachgäßlein 8 |

216 Das heute klassizistische Haus auf Burg am Münsterplatz 4/5. Rechts der Fachwerkbau des einstigen Richterhauses des Erzpriesters. Die Doppelliegenschaft steht auf dem Boden der ehemaligen Nebengebäude der St.-Johannes-Kapelle und beherbergt im Laufe der Jahre namhafte Gelehrte wie den Theologen Johann Jakob Grynaeus, den Astronomen Johann Jakob Huber, den Romanisten Ernst Tappolet und den Historiker Werner Kaegi.

| | |
|---|---|
| Brenzingers Hus | Gemsberg 7 |
| Breo, zum | Nadelberg 12 |
| Breo, zum | Steinenvorstadt 36 |
| Brestenberg, zum | St.-Alban-Tal 23 |
| Brestenberg, zum | Rheinsprung 21 |
| Bresteneck, zum | Münsterberg 3 |
| Bretzelers Hus | Rheingasse 7 |
| Bretzelers Schüre | Utengasse 4 |
| Bretzelers Trotte | Utengasse 4 |
| Bridentor, zum | St.-Alban-Vorstadt 59 |
| Brief, zum blauen/ niedern/obern | Stadthausgasse 10 |
| Brigensen, zum | Freie Straße 89 |
| St. Brigitta, zur | Rittergasse 13 |
| Brigittator, zum | St.-Alban-Vorstadt 58 |
| Brigittator, zum | Malzgasse 2 |
| Brigittengärtli, zum | St.-Alban-Vorstadt 66 |
| Brisand, zum | Andreasplatz 1 |
| Brissigers Hus | Riehentorstraße 11 |
| Brochslerhof | St.-Alban-Tal 47 |
| Brogants Hus | Rheinsprung 1 |
| Brogants Hus | Rümelinsplatz 4 |
| Broglis Hus | Schützenmattstraße 5 |
| Brombach, zum | Nadelberg 16 |
| Bromen, zum alten | Rheinsprung 14 |
| Bronbach, zum | Aeschenvorstadt 15 |
| Brotbeckenturm, zum | Spitalstraße 11/13 |
| Brotbeckenzunft | Freie Straße 26 |
| Brotfraz, zum | Unterer Heuberg 13 |
| Brothaus | Weiße Gasse 7 |
| Brotlaube | Stadthausgasse 1 |
| Brotmeisters Hus | Hutgasse 19 |
| Brotschinken, zum | Gerbergäßlein 27 |
| Bruckhaus | Greifengasse 2 |
| Bruckmeisters Hus | Leonhardsgraben 4 |
| Bruckmüllers Hus | St.-Alban-Vorstadt 1 |
| Bruderers Hus | Neue Vorstadt 2 |
| Brücke, zur obern neuen | Stadthausgasse 5 |
| Brücke, zur untern neuen | Stadthausgasse 7 |
| Brücke, zur weißen | Rheingasse 62 |
| Brücklein, zum | Rheingasse 14 |
| Brücklein, zum | Rheingasse 20 |
| Brügenstein, zum | Freie Straße 89 |
| Brünings Hus | Riehentorstraße 6 |
| Brünlis Hus | St.-Johanns-Vorstadt 60 |
| Brünnlein, zum wilden | Steinentorstraße 19 |
| Brugglins Mühle | Teichgäßlein 3/5 |
| Brughaus | Münzgäßlein 22 |
| Brunneck, zum | Elisabethenstraße 18 |
| Brunnen, zum | Ochsengasse 21 |
| Brunnen, zum | Petersberg 1 |
| Brunnen, zum | Webergasse 8 |
| Brunnen, zum kalten | Streitgasse 12 |
| Brunnen, zum roten | Greifengasse 18 |
| Brunnenberg, zum | Marktplatz 18 |
| Brunnenfels, zum niedern/untern | Marktplatz 18 |
| Brunnenfels, zum obern | Marktplatz 18 |
| Brunnenhaus, zum | Riehenstraße 3 |
| Brunnenmeisterturm, zum | Schützenmattstraße 10 |
| Brunnenschüre | Stiftsgasse 2 |
| Brunnenwerkhof | Roßhofgasse 9 |
| Brunners Hus | Barfüßerplatz 11/12 |
| Brunnkilch, zum | Petersberg 29 |
| Brunnmeisters Hus | Neue Vorstadt 2 |
| Brunnmeisters Hus | Spalenvorstadt 3 |
| Brunnschwilers Garten | Neue Vorstadt 11/13 |
| Brunnschwilers Landhaus | Neue Vorstadt 15 |
| Bruygenmühle | St.-Alban-Tal 41 |
| Bubeneck, zum | Eisengasse 4 |
| Bubeneck, zum | Fischmarkt 12 |
| Buche, zur | Stadthausgasse 18 |

| | |
|---|---|
| Buche, zur untern | Stadthausgasse 14 |
| Bucheck, zum | Augustinergasse 21 |
| Bucheck, zum | Petersgraben 24 |
| Buchenberg, zum | Spalenberg 25/27 |
| Buchenschloß | Elisabethenstraße 2 |
| Buchhaus | Gemsberg 10/12 |
| Buchhaus | St.-Johanns-Vorstadt 24 |
| Buchhaus | Weiße Gasse 28 |
| Buchmagazin | St.-Johanns-Vorstadt 24 |
| Buchmans Hus | Gerbergasse 31 |
| Buchshus | Bäumleingasse 6 |
| Bucken, zum | Grünpfahlgäßlein 6 |
| Bucken, zum | Luftgäßlein 1 |
| Bucken, zum | Steinenvorstadt 11 |
| Büchse, zur goldenen | Fischmarkt 10 |
| Büchsengießerin Hüsli | Totengäßlein 3 |
| Büchsenmeisters Hus | Petersplatz 15 |
| Büderichs Hus | Blumenrain 1a |
| Büghein, zum | Luftgäßlein 1 |
| Bütte, zur blauen/roten | Blumenrain 26 |
| Büttenberg, zum | Gerbergasse 74 |
| Buggingers Hus | Spalenberg 16 |
| Bugheim, zum | Steinenvorstadt 11 |
| Bukenheim, zum | Petersgasse 23 |

217 Reizvolle Dachlandschaft. Zur ausgewogenen architektonischen Komposition einer Fassade gehört auch der Einbezug des Dachs. Ein Blick von Türmen und Toren liefert den Beweis dazu.

218 Der Bischofshof an der Rittergasse 1. Erst Bischof Arnold von Rotberg (1451 bis 1458) läßt anstelle der bescheidenen bischöflichen Behausung eine dem Stand seiner Würde angemessene Residenz errichten. Den Innenausbau, der immer noch einfach genug bleibt und demjenigen der umliegenden Adelshäuser um vieles nachsteht, vollzieht sein Nachfolger, Johannes von Venningen.

| | |
|---|---|
| Bulermühle | Mühlenberg 24 |
| Burckhardtsches Landhaus | Im Surinam 65 |
| Burg, auf | Münsterplatz 4/5 |
| Burg, auf | Schlüsselberg 17 |
| Burg, auf der | Hinterer Burgweg 4 |
| Burg, zur hintern/niedern | Gerbergäßlein 25 |
| Burg, zur niedern/obern/vordern | Gerbergasse 56 |
| Burghof | Dufourstraße 5 |
| Burghof | Schlüsselberg 17/19 |
| Burghof, großer | St.-Alban-Vorstadt 2 |
| Burghof, kleiner | St.-Alban-Graben 22 |
| Burgvogtei | Rebgasse 12/14 |
| Burkarts Hus | Rheingasse 33 |
| Burse, neue | Augustinergasse 17/19 |
| Buschwiler, zum | Schützenmattstraße 12 |
| Buschwilers Garten | Neue Vorstadt 3 |
| Busnangerhof | Münsterplatz 10 |
| Butenheim, zum | Petersgasse 23 |
| Buwers Hus | Gerbergäßlein 26 |
| Byfang, zum | Andreasplatz 1 |
| Byfang, zum kleinen | Horburgstraße 4 |
| Bysantz, zum | Andreasplatz 1 |
| Byseneck, zum | Aeschenvorstadt 26/28 |

| | |
|---|---|
| Café du Marché | Marktplatz 14 |
| Café Spitz | Greifengasse 2 |
| | Rheingasse 4 |
| Cammerershof | Münsterplatz 20 |
| Campanari, zum | Peterskirchplatz 2 |
| Casino, altes | Steinenberg 16 |
| Christ-Ehingersches Gut | Gundeldingerstraße 326 |
| Christian-Friedrich-Spittler-Haus | Socinstraße 13/15 |
| Christians Hus | Rittergasse 7 |
| St. Christoffel, zum | St.-Johanns-Vorstadt 15 |
| St. Christoffel, zum | Steinentorstraße 43 |
| Christoffel, zum großen | Imbergäßlein 31 |
| Christoffel, zum großen | Schnabelgäßlein 17 |
| Christoffel, zum kleinen | Gerbergasse 41 |
| Christoffels Hus | Kohlenberg 1 |
| St.-Clara-Bierbrauerei | Clarastraße 2 |
| St.-Clara-Bad | Clarastraße 19 |
| St.-Clara-Bollwerk | Rebgasse alt 203 |
| St. Claraeck, zum | Clarastraße 1 |
| St. Clarahof | Hammerstraße 56 |
| St. Clarahof | Rebgasse 1 |
| St.-Clara-Mühle | Rappoltshof 11 |
| Collegium | Rheinsprung 9 |
| Collegium Alumnorum | Augustinergasse 2 |
| Collegium Erasmi | Schlüsselberg 3 |
| Colmar, zum | St.-Johanns-Vorstadt 14 |
| Colmar, zum | St.-Johanns-Vorstadt 23 |
| Colmar, zum großen | St. Alban-Graben 8 |
| Columbaria, zum | Gerbergasse 78 |
| Contzmans Hus | Aeschenvorstadt 55 |
| Cristan, zum | Steinenvorstadt 7 |
| Curionischerhof | Elisabethenstraße 19 |

| | |
|---|---|
| Dalbehof | Kapellenstraße 17 |
| Dalbehysli | St.-Alban-Vorstadt 46 |
| Dalchen, zum | Steinentorstraße 37 |
| Dameck, zum | Petersberg 32 |
| David, zum König | Petersgraben 24 |
| De Bary-Landhaus | Riehenstraße 65 |
| Dekanatshaus | Stiftsgasse 3/9 |
| Delphin, zum | Rittergasse 10 |
| Delsberg, zum | Gerbergäßlein 8 |
| Delsberg, zum | Hutgasse 18 |
| Delsberg, zum | Neue Vorstadt 4 |
| Delsberg, zum | Schützenmattstraße 1 |
| Delsberg, zum | Spalenvorstadt 11 |
| Delsberg, zum | Steinenvorstadt 31 |
| Deutsch, zum | St.-Alban-Graben 21/23 |
| Deutschordenskapelle | Rittergasse 29 |
| Diakonatshaus | Leonhardskirchplatz 2 |
| Diakonatshaus | Rebgasse 36/40 |
| Diakonatswohnung | Leonhardskirchplatz 5 |
| Dienast, zum | Rittergasse 21 |
| Dießbacherhof | Rittergasse 8 |
| Dießbacherhof, Garten zum | Rittergasse 1 |
| Dietenhofen, zum | Petersberg 32 |
| Dionysius, zum | Petersgasse 44 |
| Dittingerhaus | Dittingerstraße 31 |
| Docketenkänsterli, zum | Eisengasse 24 |
| Docketenkänsterli, zum | Heuberg 46 |
| Docketenkänsterli, zum | Leonhardsgraben alt 395 |
| Doktorgarten | Petersgraben 6 |
| Dolden, zum | Leonhardsberg 10/12 |
| Dolder, zum | Münzgäßlein 14 |
| Dolder, zum | Rebgasse 15 |
| Dolder, zum hintern | Sattelgasse 18 |
| Dolder, zum hohen | St.-Alban-Vorstadt 35 |
| Dolder, zum hohen | Spalenberg 11 |
| Dolder, zum mittlern | Sattelgasse 17 |
| Dolder, zum vordern | Sattelgasse 19 |
| Domherrenhaus | Petersgasse 54 |
| Domherren-Schaffnei | Münsterplatz 1 |
| Domhof | Münsterplatz 12 |
| Domino, zum | Nauenstraße 55 |
| Dompropstei, zur | St.-Alban-Graben 7 |
| Dompropstei, zur | Rittergasse 18 |
| Dompropsteischeune | St.-Alban-Graben 10/12 |
| Dorers Hus | Roßhofgasse 3 |
| Dorfmans Hus | Schützenmattstraße 5 |
| Dorn, zum | Webergasse 4 |
| Dornach, zum | Schwanengasse 4 |
| Dorneck, zum | Greifengasse 1 |
| Dorneck, zum | Schwanengasse 4 |
| Dorneck, zum | Untere Rheingasse 1 |
| Dossenbach, zum | Totentanz 3 |
| Douane, zum | Barfüßergasse 14 |
| Drachen, zum | Aeschenvorstadt 22 |
| Drachen, zum äußern/grünen/kleinen | Aeschenvorstadt 20 |

219 Hanns Duttelbach des Thurnblesers Hus am Rheinsprung 10. Von 1571 bis 1589 ist das bescheidene Fachwerkhaus von Turmbläsern bewohnt, denen die Aufgabe obliegt, morgens und abends von der Höhe des Martinsturms feierliche Choräle erklingen zu lassen. Die Duttelbachs bildeten eine eigentliche Dynastie unter den seit 1375 bekannten Stadtpfeifern.

| | |
|---|---|
| Drachen, zum grünen | Freie Straße 37 |
| Drachen, zum vordern | Spiegelgasse 6 |
| Drachenfeld, zum | Petersgasse 9 |
| Drachenfels, zum | Aeschenvorstadt 20 |
| Drachenfels, zum | Elisabethenstraße 1 |
| Drachenfels, zum | Freie Straße 37 |
| Drachenfels, zum | Gerbergasse 15 |
| Drachenfels, zum | Petersgasse 9 |
| Drachenmühle | Klingental 1 |
| Drahtzug | Claragraben 9/11/13 |
| Drei Königen, zu den | Blumenrain 8/10 |
| Drei Königen, Café zu den | Blumenrain 12 |
| Drei Königen, zu den | Kronengasse 4 |
| Dreikronen, zum | Rheingasse 29 |
| Dreispitz, zum | Münchensteinerstraße 22 |
| Dreizehn Kantonen, zu den | Rebgasse 12/14 |
| Dreizehn Orten, zu den | Utengasse 21 |
| Drilaps Garten | Kartausgasse 9/15 |
| Droschkenanstalt | Elsässerstraße 4 |
| Druckerei, zur | Münsterberg 2 |
| Druckerei, zur | Nadelberg 8 |
| Dürmenach, zum Schloß | Spalenberg 34 |
| Dürringsche Papiermühle | St.-Alban-Tal 35 |
| Dufourhaus | Dufourstraße 42 |
| Dupf, zum | Rebgasse 43/45 |
| Dupf, zum | Riehentorstraße 23 |
| Duttelbach des Turmbläsers Hus | Rheinsprung 10 |
| Dutten, zur hohen | Streitgasse 15 |
| Dutten, zur langen | Barfüßerplatz 6 |
| Dutten, zur langen | Streitgasse 22 |
| Duttli, zum | Duttliweg 6 |

| | |
|---|---|
| Eben-Ezer, zum | Grenzacherstraße 174 |
| Eber, zum | St.-Alban-Vorstadt 25 |
| Eber, zum roten/schwarzen | St.-Johanns-Vorstadt 37 |
| Eber, zum schwarzen | Gerbergasse 71/73 |
| Eberhard, zum | Eisengasse 11 |
| Eberstein, zum | Aeschenvorstadt 21 |
| Eberstein, zum | Freie Straße 10 |
| Eberstein, zum | St.-Johanns-Vorstadt 37 |
| Ebheu, zum | Heuberg 33 |
| Ebners Hus | Hutgasse 17 |
| Ebheu, zum | Leonhardsberg 16 |
| Eche, zum | gegenüber Imbergäßlein 25 |
| Eck, zum blauen | Webergasse 12 |
| Eck, zum grünen | Barfüßerplatz 20 |
| Eck, zum grünen | Gerbergasse 89 |
| Eck, zum neuen | Leonhardsgraben 3 |
| Eck, zum roten | Heuberg 27 |
| Eck, zum scharfen | Blumenrain 11a |
| Eck, zum scharfen | Unterer Heuberg 3 |
| Eck, zum scharfen | Spalenvorstadt 44 |
| Eck, zum schiefen | Untere Rebgasse 3 |
| Eck, zum schönen | St.-Alban-Vorstadt 49 |
| Eck, zum schönen | Freie Straße 20 |
| Eck, zum schönen | Greifengasse 1 |

220 *Plastik an der Rittergasse 29. Die am Portal der Kapelle der Deutschordensritter vor wenigen Jahrzehnten von Professor Wilhelm Vischer aufgestellte Statue gehört vermutlich zu einer Weihnachtskrippe und stammt aus dem Lützeltal. Die beim St.-Alban-Schwibbogen seit 1268 seßhaften Deutschritter spielten zur Zeit des Konzils (1431–1448) ihre größte Rolle in Basel.*

221 *Hauszeichen am Petersplatz 19. Die 1390 erstmals erwähnte Liegenschaft ist bis gegen Ende des 18. Jahrhunderts nicht mit einem eigenen Namen bezeichnet. Erst beim Übergang der ‹Behausung samt Hofstatt und Höflin in St. Peters Platz Gäßlein› von Catharina Falkeisen an Rosina Thurneysen Anno 1787 wird sie ‹zum Eichhörnlein› genannt.*

*Bischof Arnold von Rotberg*

Ein Bischoff, ewigs rhumes wert,
Liegt hie begraben in der Erdt,
Von Rotperg auß dem Edlen Stamm
Mit Tugent er herbracht sein Namm;
Zum Vorbild stellet er sich fein
Der Clerisey im Leben sein;
Ein Doctor Geistlichs Rechtens weiß,
Verwendet zum Frieden höchsten fleiß;
Dem Vatterland rieht er zu gut,
Wie ein Vatter sein Kindern thut.
Den zuckt der Tod von dieser Zeit,
Der ganzen Statt zu gmeinem Leidt.

Durch Christian Wurstisen 1580 verdeutschte Grabinschrift

| | |
|---|---|
| Eck, zum schönen | Rheingasse 69 |
| Eck, zum weißen | Aeschenvorstadt 25 |
| Eck, zum weißen | Gerbergasse 91 |
| Ecken, zum | Spalenvorstadt 19 |
| Eckenbach, zum | Gerbergäßlein 12 |
| Eckenheim, zum | Gerbergäßlein 12 |
| Eckenheim, zum niedern | Gerbergäßlein 30 |
| Eckspital | Riehentorstraße 28/30 |
| Eckstein, zum | Freie Straße 89 |
| Eckstein, zum | Neubadstraße 147 |
| Eckstein, zum | Steinentorstraße 1 |
| Ecktrotte, zur | Nadelberg 24 |
| Eckweiher, zum | Aeschenvorstadt 47 |
| Efringen, zum | Greifengasse 21 |
| Efringen, zum | Greifengasse 39 |
| Efringen, zum | Schlüsselberg 7/9 |
| Efringen, zum großen | Schneidergasse 7 |
| Efringen, zum kleinen | Andreasplatz 18 |
| Efringen, zum kleinen | Schneidergasse 18 |
| Efringer Garten | gegenüber von St.-Johanns-Vorstadt 17 |
| Efringerhof | Rheinsprung 17 |
| Egertengut | Aeschenvorstadt 71/79 |
| Eglin, zum goldenen | Gerbergasse 27 |
| Eglin, zum großen/kleinen | Eisengasse 6 |
| Eglin, zum lebendigen | Spalenberg 35 |
| Eglingen, zum | Gerbergasse 27 |
| Egliseeholz, zum | Fasanenstraße 221 |
| Egolfsturm, zum | Spalenberg 65 |
| Egringerhof | Untere Rebgasse 22/24 |
| Ehegerichtshaus | Stadthausgasse 4/6/8 |
| Ehegerichtshof | Münsterhof 2/4 |
| Ehre, zur schönen | Riehentorstraße 26/28/30 |
| Ehre, zur schönen | Rheingasse 34 |
| Ehrenberg, zum | St.-Alban-Vorstadt 63 |
| Ehrenberg, zum | Heuberg 7 |
| Ehrenburg, zur | St.-Alban-Vorstadt 63 |
| Ehrenfeld, zum | Freie Straße 29 |
| Ehrenfels, zum | Freie Straße 5 |
| Ehrenfels, zum | Freie Straße 29 |
| Ehrenfels, zum | Freie Straße 84 |
| Ehrenfels, zum | Heuberg 24 |
| Ehrenfels, zum | St.-Johanns-Vorstadt 41/43 |
| Ehrenfels, zum | Schlüsselberg 4 |
| Ehrenfels, zum hintern | Martinsgasse 10/12 |
| Ehrenfelserhof | Martinsgasse 10/12 |
| Ehrengut, zum | Totentanz 2 |
| Ehrenpreis, zum | Freie Straße 84 |
| Ehrenstein, zum | Freie Straße 84 |
| Ehrenstein, zum | Münsterberg 12 |
| Eichbäumlein, zum | Steinenvorstadt 8 |
| Eichbaum, zum | Freie Straße 107/109 |
| Eichbaum, zum | Imbergäßlein 25/27 |
| Eichbaum, zum | Marktplatz 6 |
| Eichbaum, zum | Schneidergasse 21 |
| Eichbaum, zum | Steinenvorstadt 7 |
| Eichberg, zum | Schneidergasse 23/25 |
| Eiche, zur | Gerbergasse 82 |
| Eiche, zur | Freie Straße 109 |
| Eiche, zur | Imbergäßlein 25/27 |
| Eiche, zur | Mühlenberg 3 |
| Eiche, zur | Schneidergasse 21 |
| Eiche, zur hintern | Mühlenberg 12 |
| Eiche, zur hohen | Mühlenberg 10 |
| Eichelar, zum | Spalenvorstadt 40 |
| Eichhörnlein, zum | Eisengasse 36 |
| Eichhörnlein, zum | Freie Straße 76 |
| Eichhörnlein, zum | Imbergäßlein 22 |
| Eichhörnlein, zum | Petersplatz 19 |
| Eichhörnlein, zum | Schneidergasse 30 |
| Eichhorn, zum | Freie Straße 78 |
| Eichhorn, zum | Freie Straße 109 |
| Eichhorn, zum | Hutgasse 5 |
| Eichhorn, zum gelben/obern | Greifengasse 25 |
| Eichhorn, zum hintern | Sattelgasse 15 |
| Eichhorn, zum mittlern | Sattelgasse 16 |
| Eichhorn, zum roten | Greifengasse 23 |
| Eichlers Hus | Gemsberg 10/12 |
| Eichlers Hus | Heuberg 3/7 |
| Eikorns Hus | Freie Straße 78 |
| Eimentingers Hus | Rheingasse 46 |
| Einhörnlin, zum | Eisengasse 36 |
| Einhorn, zum | Hutgasse 5 |
| Einhorn, zum | Imbergäßlein 22 |
| Einhorn, zum | Schneidergasse 30 |
| Einhorn, zum | Schwanengasse 12 |
| Einhorn, zum alten | Greifengasse 19 |
| Einhorn, zum alten/gelben/obern | Greifengasse 25 |
| Einhorn, zum hintern | Sattelgasse 15 |
| Einhorn, zum obern/roten | Greifengasse 23 |
| Einhorn, zum schwarzen | Imbergäßlein 3 |
| Einhorn, zum schwarzen | Schneidergasse 22 |
| Eisenbahnhof, zum | St.-Johanns-Vorstadt 2a |
| Eisenburg, zur | Gerbergasse 73 |
| Eisenburg, zur | Martinsgasse 16/18 |
| Eisenhof | Hardstraße 28 |
| Eisenhut, zum | Freie Straße 39 |
| Eisenhut, zum untern | Pfluggäßlein 9 |
| Elendenherberge | Barfüßergasse 6 |
| Elendenherberge | Herbergsgasse 2 |
| Elendenherberge | Rheingasse 22/24 |

222 Fassadenschmuck am obern Rheinweg 29. Das 1950 von Werner Remund gefertigte Relief spielt auf den Hausnamen ‹zur kleinen Augenweide› an. Vermutlich hat um das Jahr 1800 Perruquier Matthias Masseneck die im topographischen Inventar Felix Platters von 1610 erstmals erwähnte Liegenschaft so bezeichnet, als Pendant zur ‹großen Augenweide› an der gegenüberliegenden Großbasler Rheinfront.

223 Das Haus zur Esse an der St.-Alban-Vorstadt 44. Im einstigen Rebgütlein richtet 1701 Meister Jacob Mäglin eine Werkstatt mit Esse ein, die als Schlosserei bis weit in unser Jahrhundert hinein bestehenbleibt.

224 Das Haus zum Delphin an der Rittergasse 10. Dem 1759/60 von Samuel Werenfels erbauten Herrenhaus fällt der Ruhm zu, als eines der schönsten Beispiele des Basler Dixhuitième gewertet zu werden. Eine ausgewogene Gliederung und ein hübscher, von Kartuschen, Rocaillen und dekorativen Kunstschlosser- und Steinmetzarbeiten geprägter Fassadenschmuck lassen den Einfluß der Régencezeit erkennen.

| | |
|---|---|
| Elendenherberge | Schneidergasse 23 |
| Elendenherberge, alte | Spalenberg 63 |
| Elephant, zum | Eisengasse 28 |
| Elephant, zum | Oberwilerstraße 155 |
| Elephant, zum großen/hintern | Freie Straße 65 |
| Elephant, zum kleinen | Freie Straße 67 |
| Elisabethenhof | Elisabethenstraße 24/26 |
| Elle, zur | Schneidergasse 31 |
| Elle, zur hintern/hohen/kleinen/kurzen/niedern | Kronengasse 2 |
| Elle, zur kurzen | Gerbergasse 57 |
| Elle, zur obern | Kronengasse 4 |
| Ellenbogen, zum | St.-Johanns-Vorstadt 46 |
| Emanuel-Büchel-Haus | Kohlenberg 27 |
| Emerach, zum | Untere Rebgasse 23 |
| Emerach, zum | Schneidergasse 20 |
| Emerach, zum | Webergasse 37 |
| Emerachs Gesäße | Greifengasse 2/14 |
| End, zum gemeinen | St.-Johanns-Vorstadt 15 |
| Ende, an dem | Freie Straße 88 |
| Ende, an dem | Untere Rebgasse 1 |
| Ende, zum gemeinsamen | St.-Johanns-Vorstadt 13 |
| Engel, zum | St.-Alban-Vorstadt 14 |
| Engel, zum | Heuberg 18 |
| Engel, zum | Heuberg 50 |
| Engel, zum | Hutgasse 2 |
| Engel, zum | Marktplatz 14 |
| Engel, zum | Nadelberg 14 |
| Engel, zum | Nadelberg 21 |
| Engel, zum | Petersgasse 4 |
| Engel, zum | Petersgraben 24 |
| Engel, zum | Petersplatz 5 |
| Engel, zum | Petersplatz 15 |
| Engel, zum | Rittergasse 23 |
| Engel, zum | Schwanengasse 5 |
| Engel, zum | Spalenvorstadt 3 |
| Engel, zum | Spalenvorstadt 24 |
| Engel, zum äußern | Spalenvorstadt 28 |
| Engel, zum grünen | St.-Alban-Vorstadt 26 |
| Engel, zum grünen | Klosterberg 31 |
| Engel, zum grünen | Steinentorstraße 13 |
| Engel, zum schönen | Nadelberg 4 |
| Engelberg, zum | Heuberg 18 |
| Engelberg, zum | Leonhardsgraben 35 |
| Engelgarten, zum | Nadelberg 11 |
| Engelhof | Nadelberg 4 |
| Engelhof, zum kleinen | Stiftsgasse 1/3 |
| Engelsburg, zur | Eisengasse 36 |
| Engelsburg, zur | Heuberg 18 |
| Engelsburg, zur | Nadelberg 34 |
| Engelsburg, zur | Theaterstraße 14/16 |
| Engelsches Gut | Gundeldingerstraße 170 |
| Engelsgruß, zum | Spalenvorstadt 43 |
| Engelskopf, zum | Heuberg 50 |
| Enker, zum | Blumenrain 14 |
| Enker, zum | Rheingasse 28 |
| Enker, zum | Oberer Rheinweg 23 |
| Enker, zum | Stadthausgasse 17 |
| Enker, zum großen | Stadthausgasse 19 |
| Ennikon, zum | Blumenrain 23 |

225 Der spätgotische Engel am Nadelberg 4. Die prachtvolle Engelstatue unter dem schönen Baldachin am Engelhof mit der Inschrift ‹Der Engel des Herrn bewacht uns› verdankt die Nachwelt Junker Mathias Eberler zum Grünen Zweig, dessen Wappen die Konsole ziert. Der kunstfreudige Bewohner des schon 1364 genannten Engelhofs ermöglichte um 1474 den Umbau der Marienkapelle zu St. Peter.

226 Das Haus zum kleinen Efringen am Andreasplatz 18. Die badische Handwerkerfamilie Efringen, welche um 1345 die Liegenschaft für einige Jahrzehnte innehat, gelangt 1371 durch Junker Cuntzmann, den Tuchhändler, in den Adelsstand.

*Kinderreim auf den wohltätigen, oft aber auch groben Junker Mathias Eberler*

Der Eberler isch e brave Ma,
Er het der Rock voll Schälle,
Und wenn er iber d'Gasse goht,
So tiend en d'Hind abälle.

Eberler kumm
und schloh mer d'Trumm,
Und fiehr mer mi Biebli im
  Kitscheli rum, rum
  und rum
Und wirf's mer nit um,
Daß i nit um mi Biebli kumm.

| | |
|---|---|
| Ente, zur | Imbergäßlein 14 |
| Ente, zur | Spalenberg 2 |
| Entenloch, zum | Steinenbachgäßlein 8/10 |
| Entlers Hus | Barfüßerplatz 3 |
| Eppelihof | Sternengasse 9 |
| Eppelmans Hus | Gerbergasse 76 |
| Eptingen, zum | Heuberg 26/28/30 |
| Eptingen, zum | Riehentorstraße 24 |
| Eptingen, zum | Rittergasse 21 |
| Eptingen, zum hintern | Petersgasse 14 |
| Eptingen, zum hintern | Petersgasse 20 |
| Eptingen, zum kleinen | St.-Alban-Vorstadt 9 |
| Eptingen, zum kleinen | Petersgasse 18 |
| Eptingen, zum niedern | Petersgasse 16 |
| Eptingen, zum wilden | Petersgraben 1 |
| Eptingerhof | Bäumleingasse 20 |
| Eptingerhof | Martinsgasse 2 |
| Eptingerhof | Neue Vorstadt 2 |
| Eptingerhof | Petersgasse 36/38 |
| Eptingerhof | Rittergasse 12 |
| Eptingerpfrundhaus | Martinskirchplatz 1 |
| Erasmianum | Neue Vorstadt 17 |
| Erasmushaus | Bäumleingasse 18 |
| St. Erasmus' Hus | St.-Alban-Graben 8 |
| Erasmuskollegium | Schlüsselberg 3 |
| Eremans Hus | Petersgraben 1 |
| Ergel, zum | Spalenvorstadt 3 |
| Erimanshof | Petersgraben 1 |
| Erkel, zum | Freie Straße 30 |
| Erker, zum | Gerbergäßlein 4 |
| Erker, zum | Spalenvorstadt 6 |
| Erlacherhof | St.-Johanns-Vorstadt 17 |
| Erlacherhofeck, zum | St.-Johanns-Vorstadt 15 |
| Erlacherhofeck, zum hintern | Spitalstraße 14 |
| Erlbach, zum | Münsterplatz 18 |
| Ermitage, zur | Roßhofgasse 7 |
| Ernauerhof | St.-Alban-Graben 4 |
| Ertzberg, zum | Untere Rebgasse 4/6 |
| Erwiß, zum neuen | Schneidergasse 19 |
| Erzpriesters Gericht | Münsterplatz 6 |
| Eschmans Hus | Aeschenvorstadt 22 |
| Esel, zum | St.-Alban-Vorstadt 35 |
| Esel, zum | St.-Alban-Vorstadt 86 |
| Esel, zum | Eisengasse 15 |
| Esel, zum | Schneidergasse 29 |
| Esel, zum alten | St.-Alban-Tal 27 |
| Esel, zum blauen | Ochsengasse 12 |
| Esel, zum blauen | Petersgasse 4 |
| Esel, zum blauen | Petersgraben 24 |
| Esel, zum blauen | Spiegelgasse 4 |
| Esel, zum blauen | Teichgäßlein 3/5 |
| Esel, zum niedern | Spalenberg 7 |
| Esel, zum schwarzen | Ochsengasse 14 |
| Eselschmitte, zur blauen | Aeschenvorstadt 66 |
| Esse, zur | St.-Alban-Vorstadt 44 |
| Ettinger, zum | Gerbergasse 60 |
| Ettlingermühle | St.-Alban-Tal 41 |
| Eule, zur weißen | Lohnhofgäßlein 8 |
| Extraktfabrik | Bahnhofstraße 3 |

227

227  Das Haus zum Engelskopf am Heuberg 50. Ein kleiner geflügelter Engelskopf am Türsturz gibt dem spätgotischen Haus mit dem reizvoll überkragenden Fachwerk den Namen, der 1781 in einer ‹Kaufs Publicatio› zwischen Maria Schnebelin und dem Schneider Johannes Gysin erstmals auftritt.

| | |
|---|---|
| Fälklein, zum | St.-Alban-Vorstadt 90/92 |
| Fälklein, zum | Freie Straße 93 |
| Fälklein, zum | Stapfelberg 2/4 |
| Fälklein, zum kleinen | Lohnhofgäßlein 14 |
| Färbe, zur | Leonhardsberg 1 |
| Färbe, zur alten | Lohnhofgäßlein 14 |
| Färberei, zur | Rheingasse 45 |
| Faesch-Leißlersches Landhaus | Riehenstraße 42/46 |
| Faeschsches Fideikommiss-Haus | Neue Vorstadt 3 |
| Faeschsches Museum | Petersplatz 14 |
| Fahne, zur goldenen/roten | Freie Straße 26 |
| Fahne, zur roten | Freie Straße 43 |
| Fahrnau, zum | Rheingasse 65 |
| Falken, zum | Freie Straße 47/49/51 |
| Falken, zum | Rümelinsplatz 17 |
| Falken, zum goldenen | Freie Straße 9 |
| Falken, zum goldenen | Steinentorstraße 45 |
| Falken, zum goldenen | Steinenvorstadt 9 |
| Falken, zum hintern | Sattelgasse 8 |
| Falkenberg, zum | Freie Straße 51 |
| Falkenberg, zum | Pfluggäßlein 12 |
| Falkenberg, zum | Rheingasse 24 |
| Falkenkeller, zum | Freie Straße 49 |
| Falkenstein, zum | Bäumleingasse 16 |
| Falkenstein, zum | Münsterplatz 11 |
| Falkenstein, zum | Pfluggäßlein 10/12 |
| Falkenstein, zum | Rheingasse 24 |
| Falkenstein, zum | Schwanengasse 16/18 |
| Falkensteinerhof | Münsterplatz 11 |
| Falkners Garten | Kartausgasse 6 |
| Falkners Hus | Untere Rebgasse 15 |
| Falkners Trotte | Untere Rebgasse 17 |
| Falkners Trotte | Teichgäßlein 7/9 |
| Fallbruck, zur niedern/untern | Sattelgasse 10 |
| Falle, zur hintern | Sattelgasse 8 |
| Falle, zur niedern | Sattelgasse 10 |
| Fallgatter, zum | Grenzacherstraße 93 |
| Fam, zum roten | Rebgasse 21 |
| Farnsburg, zur | Barfüßerplatz 9 |
| Fasan, zum | Freie Straße 74 |
| Fasan, zum | Spalenvorstadt 35 |
| Fasan, zum kleinen | Freie Straße 103 |
| Faust, zur | Gerbergasse 75/77 |
| Faust, zur | Leonhardsgraben 16 |
| Fegfeuer, zum | Totentanz 10 |
| Fehenort, zum | Weiße Gasse 11/13/15 |
| Feierabend, zum | Mostackerstraße 36 |
| Feigenbaum, zum | Steinenvorstadt 50/54 |
| Feldbaum, zum wilden | Steinentorstraße 21 |
| Feldberg, zum | St.-Alban-Vorstadt 39 |
| Feldberg, zum | Roßhofgasse 9/11 |
| Fell, zum kalten | Eisengasse 17 |
| Fellenberg, zum | Roßhofgasse 15 |
| Fels, zum goldenen | Heuberg 32 |
| Felsenstein, zum | Spalenberg 60 |
| Fermel, zum | Bundesstraße 19 |
| Feseneck, zum | Aeschenvorstadt 25 |
| Feseneck, zum | Aeschenvorstadt 35 |
| Feseneck, zum | Aeschenvorstadt 40 |
| Feseneck, zum | Fischmarkt 6 |
| Feuerglocke, zur | Heuberg 32 |
| Feuerkugel, zur schwarzen | Barfüßerplatz 15 |
| Feuerschützenhaus | Schützenmattstraße 54/56 |
| Filzlaus, zur goldenen | Spalenvorstadt 29 |
| Fingerstein, zum | St.-Alban-Vorstadt 4 |
| Finsterling, zum | Ochsengasse 6 |
| Fischberg, zum | Gemsberg 7 |
| Fischernzunft | Fischmarkt 10 |
| Fischerstube, zur | Rheingasse 45 |
| Fischgrat, zum | Gerbergasse 22 |
| Fischgrat, zum | Rheingasse 54 |
| Fischgrat, zum Salmen | Oberer Rheinweg 49 |
| Fischwaage, zur | Rheingasse 68 |
| Flachsländergarten, zum | Spitalstraße 9 |
| Flachsländerhof | Münsterplatz 11 |
| Flachsländerhof | Petersgraben 19 |
| Flachsländerhof | Petersgasse 46 |
| Flachsländerhof | Peterskirchplatz 12/13 |
| Flachsländerhof | Rheinsprung 16 |
| Flasche, zur | Imbergäßlein 5 |
| Flasche, zur leeren | St.-Johanns-Vorstadt 16 |
| Flasche, zur leeren | St.-Johanns-Vorstadt 51/53/55 |
| Flasche, zur niedern/obern/vordern | Schneidergasse 24 |
| Flasche, zur schwarzen | Imbergäßlein 3 |
| Flasche, zur schwarzen/untern | Schneidergasse 22 |
| Flecken, zum | St.-Alban-Vorstadt 36 |
| Fleckenstein, zum | Eisengasse 36 |
| Fleckenstein, zum | Münsterplatz 13 |
| Fleckenstein, zum | Pfluggäßlein 8/10 |
| Fleisch, zum | Nadelberg 30 |
| Fleischschale, pfinnige | Sporengasse 16 |
| Flora, zur | Engelgasse 57 |
| Fluguß, zum | Rebgasse 52 |
| Fluh, zur oberen/roten | Freie Straße 94 |
| Föhre, zur | Socinstraße 69 |
| Formonterhof | St.-Johanns-Vorstadt 27 |
| Fortuna, zur | St.-Alban-Vorstadt 19 |
| Fortuna zur | Blumenrain 13 |
| Fortuna, zur | St.-Johanns-Vorstadt 58 |
| Fortuna, zur | Leonhardsberg 3 |
| Fortuna, zur | Webergasse 24/28 |
| Fortuna, zur kleinen | Münzgäßlein 19 |
| Franken Hus | Rheingasse 44 |
| Frankreich, zum | Regbasse 18/20 |
| Franzosenhof | Nadelberg 20/22 |
| Frau, zur äußern lieben | Spalengraben 13 |
| Frau, zur äußern lieben | Spalenvorstadt 38 |
| Frauenbadstube | Badergäßlein 3 |
| Frauenfeld, zum | Blumenrain 5 |
| Frauenhaus | Heuberg 48 |
| Frauenhaus | Kohlenberggasse 2 |
| Frauenhaus | Leonhardsgraben 18/20 |

228

228 *Hauszeichen am Stapfelberg 2/4. Das Emblem für die seit dem Besitz von Sebastian Falkner Anno 1589 ‹zum Fälkli› genannte Liegenschaft hat Bildhauer Männi Scherrer in neuerer Zeit geschaffen.*

229 *Der Eptingerhof an der Rittergasse 12. Die markante Fassade mit dem prächtigen Rokoko-Portal dürfte im Anschluß an einen 1709 vorgenommenen ‹Augenschein betreffend presthaftem Gebäu› errichtet worden sein. Den ‹alten› Adelssitz der Herren von Eptingen (bis 1521) hatten 1580 die reichen Pulverkrämer Peter und Alexander Löffel ‹in ein zierlich Wesen gebracht›. Das Monogramm ‹TC› im Haustürgitter hat 1915 die damalige Besitzerin, die Seidenbandfabrik Thurneysen und Co., einpassen lassen.*

| | | | | |
|---|---|---|---|---|
| Frauenhaus | Neue Vorstadt 22/26 | | Frieden, zum kleinen | Leonhardsberg 12 |
| Frauen Haus, Unser | Aeschenvorstadt 26/28 | | Friedenau, zum | Leonhardsgraben 1 |
| Frauenstein, zum | Freie Straße 14 | | Friedenau, zur kleinen | Leonhardsgraben 4 |
| Freiburg, zum | Petersgasse 25 | | Friedhof, zum | Petersgasse 32/34 |
| Freiburg, zum | Rheingasse 25 | | Friedhof, zum | Petersgraben 11 |
| Freiburg, zum obern | Münsterberg 16 | | Friedolt, zum | Leonhardsgraben 2 |
| Freiburg, zum untern | Münsterberg 14 | | Friedolt, zum | Spalenvorstadt 1 |
| Freiburger, zum | Spalenberg 42 | | Fries Hus, oberes | Stadthausgasse 13 |
| Freie Straße, zur hintern | Gerbergasse 23 | | Fries Hus, unteres | Stadthausgasse 15 |
| Freimaurerloge, zur | Schlüsselberg 3 | | Frieseck, zum | Gerbergasse 43 |
| Freudenau, zum | (gegenüber) Spalenberg 52/54 | | Friesen, zum | Gerbergasse 43 |
| Freudenau, zum | Spalenvorstadt 1 | | Friesen, zum | Schützenmattstraße 19 |
| Freudenau, zum kleinen | Leonhardsgraben 4 | | Frießel, zum | Gerbergasse 43 |
| Freudenberg, zum | Barfüßerplatz 1 | | Frießen Hus | Heuberg 25 |
| Freudenberg, zum | Hutgasse 2 | | Frießen Hus | Unterer Heuberg 18 |
| Freudenberg, zum | Leonhardsberg 12 | | Frobensches Gut | Brunngäßlein 24/26 |
| Freudenberg, zum | Petersberg 25 | | Froberg, zum | Nadelberg 12 |
| Freudenboltz, zum | Hutgasse 2 | | Froberg, zum | Rheinsprung 5 |
| Freudeneck, zum | Barfüßerplatz 1 | | Frödenberg, zum | Petersberg 21 |
| Freudeneck, zum | Spalenvorstadt 13 | | Frösch, zum | Schützenmattstraße 7/9/11/15/18 |
| Freudenquelle, zur | Hammerstraße 70/72 | | | |
| Freulin, zum | Streitgasse 22 | | Fröwlerin Schüre | Neue Vorstadt 2 |
| Frey-Grynäum | Heuberg 33 | | Fröwlerin Schüre | Utengasse 15 |
| Friburgers Hus | St.-Johanns-Vorstadt 8/10 | | Fröwlershof | Nadelberg 20/22 |
| Friburgers Hus | Schützenmattstraße 22 | | Fröwli, zum | Badergäßlein 2/4 |
| Frickhof | Peterskirchplatz 9 | | Fröwli, zum | Rappoltshof 1 |
| Fridlinsmühle | Rappoltshof 11 | | Fröwlin, zum | St.-Johanns-Vorstadt 14 |
| St. Fridolin, zum | Münsterberg 14/16 | | Fröwlin, zum | Marktplatz 13 |
| St. Fridolin, zum | Münsterplatz 12 | | Fronwaage, zur | Schwanengasse 12 |
| Friedberg, zum | Gemsberg 7 | | Fruchtschütte | Münsterplatz 6 |
| Friedberg, zum | Leonhardsberg 12 | | Fründenstein, zum | Stiftsgasse 3 |
| Friedberg, zum | Petersberg 25 | | Fuchs, zum | Freie Straße 2 |
| Friedberg, zum | Spalenvorstadt 1 | | Fuchs, zum | Freie Straße 30 |
| Friedberg, zum kleinen | Leonhardsberg 12 | | Fuchs, zum | St.-Johanns-Vorstadt 3 (gegenüber) |
| Frieden, zum | Petersgasse 13/15 | | | |
| Frieden, zum | Spiegelgasse 12 | | Fuchs, zum | Leonhardsstapfelberg 1 |

230 Hausinschrift an der Bundesstraße 19. Der Name ‹Fermel›, die im Sundgau gebräuchliche Form von ‹ferme›, erinnert an das weite Kulturland, das hier einst landwirtschaftlich genutzt wurde. Das 1907 von Oscar Abend im Auftrag von Carl Imobersteg erbaute Haus dient heute dem Verein für seelisch Kranke.

231 Der Neubau des Hauses zum Fischgrat und zum Salmen am obern Rheinweg 49. Rosa Bratteler, die 1930 das Hauszeichen in jugendstilmäßigem Kubismus geschaffen hat, fand für die Darstellung des Emblems des Hauses eine ausgezeichnete Lösung. Die beiden ‹Hüsser zum Vischgradt und zum Salmen sind 1562 zu einer Behusung gmacht› worden.

| | |
|---|---|
| Fuchs, zum | Stadthausgasse 25 |
| Fuchs, zum | Steinenvorstadt 29/31 |
| Fuchs, zum | Totentanz 11/17 |
| Fuchsberg, zum | Freie Straße 2 |
| Fürbach, zum | Webergasse 36 |
| Fürst, zum | Gerbergasse 75 |
| Fürstenberg, zum | Gerbergasse 50 |
| Fürstenberg, zum | Gerbergasse 75 |
| Fullers Hus | Streitgasse 11 |
| Funst, zum | Gerbergasse 75/77 |
| Fuß, zum blauen | Aeschenvorstadt 4 |
| Fußen Haus | Ochsengasse 11 |
| Fußisches Haus | St.-Alban-Tal 18/20 |
| Fustes Hus | Rümelinsplatz 15/17 |
| Fustinen Hus | Schützenmattstraße 17 |

| | |
|---|---|
| Gabel, zur | Gerbergasse 1 |
| Gabel, zur | Kirchgasse 4 |
| Gachnang, zum | Gemsberg 2 |
| Gänslein, zum | Nadelberg 23 |
| Gänsmatte, zur | St.-Alban-Kirchrain 6/8/10 |
| Gärtlein, zum | Kellergäßlein 7 |
| Gaishof | Utengasse 5/7 |
| Galander, zum | Gerbergasse 69 |
| Galeere, zur | Lindenberg 21 |
| Galeere, zur | Utengasse 23 |
| St. Gallen, zum | Steinenvorstadt 53 |
| St. Gallen und Laufenburg, zum | Unterer Heuberg 2/4 |
| Gallizian Mühle | St.-Alban-Tal 37 |
| Gallus, zum | St.-Alban-Vorstadt 19 |
| Gambrinus, zum | Falknerstraße 35 |
| Gambrinus, zum | Rümelinsplatz 5 |
| Gans, zur | Aeschenvorstadt 38 |
| Gans, zur | Imbergäßlein 12/13 |
| Gans, zur | Rheingasse 16 |
| Gans, zur | Schneidergasse 34 |
| Ganser, zum | Totentanz 3/5 |
| Gansers Hus | Heuberg 34 |
| Ganters Hus | Freie Straße 57 |
| Garten, zum großen | Leonhardsstraße 1 |
| Gartnern Trinkstube | Gerbergasse 38 |
| Gartnernzunft | Gerbergäßlein 5 |
| Gartnernzunft | Gerbergasse 38 |
| Gasanstalt | Gasstraße 6 |
| Gasfabrik, zur alten | Binningerstraße 12 |
| Gasometer | Hintere Bahnhofstraße 4 |
| Gatter, zum | Steinenvorstadt 33 |
| Gebel, zum | Stadthausgasse 23 |
| Gebharts Hus | St.-Johanns-Vorstadt 19 |
| Gebwiler, zum | Bäumleingasse 10 |
| Gebwiler, zum | Neue Vorstadt 2 |
| Gegenhammers Hüser | Gemsberg 10/12 |
| Gehabedichwohl, zum | Streitgasse 22 |
| Geigismühle | Untere Rheingasse 21 |
| Geilers Hus | Unterer Heuberg 15 |
| Geißböcken, zu den drei | Klosterberg 15/17 |
| Geißböcken, zu den drei hintern | Münzgäßlein 11 |
| Geist, zum | Stadthausgasse 13 |
| Geist, zum heiligen | St.-Alban-Vorstadt 17 |
| Gejäg, zum | Freie Straße 90 |
| Geltenzunft | Marktplatz 13 |
| Gemar, zum | Rittergasse 14 |
| Gemeindeschule St. Peter | Stiftsgasse 2 |
| Gemse, zur | St.-Alban-Vorstadt 3 |
| Gemse, zur | Gemsberg 7 |
| Gemse, zur | Gerbergäßlein 34 |
| Gemse, zur | Unterer Heuberg 7 |
| Gemsenberg, zum | Gemsberg 7 |
| Gemul, zum | Rheingasse 53 |
| Gens, zur | Spalenberg 2 |
| Gens, zur | Totentanz 9 |
| Georg, zum König | St.-Alban-Vorstadt 22 |
| St. Georg, zum Ritter | Aeschenvorstadt 2 |
| St. Georg, zum Ritter | St.-Alban-Vorstadt 27 |
| St. Georg, zum Ritter | Sattelgasse 21 |
| St. Georg, zum Ritter | Steinenvorstadt 19 |
| St. Georgenbrunnen, zum | Sattelgasse 8 |
| St. Georgeneck, zum | Sattelgasse 21 |
| Gerberei | Steinenvorstadt 58 |
| Gerberlaube | Gerbergäßlein 13 |
| Gerbernzunft | Gerbergäßlein 15 |
| Gerbhaus | Sägergäßlein 7 |
| Gerechtigkeit, zur | Rheingasse 10 |
| Gerichtsschreiberei | Rheinsprung 3/5 |
| Gerichtsschreiberei, alte | Petersgraben 21/23 |
| Gerichtsschreiberei, alte | Peterskirchplatz 9 |
| Gerin, zum | Spalenberg 34 |
| St.-Germann-Kapelle | St.-Alban-Tal 21 |
| Gerner, zum | Peterskirchplatz 9 |
| Gerner, zum | Stiftsgasse 13 |
| Gerner, Kapelle der | Peterskirchplatz 6 |
| Gernery, zum | Unterer Heuberg 18 |
| Gernlers Hus | Heuberg 12 |

232

233

232 Hausinschrift am Heuberg 34. Der schalkhafte Hinweis des Eigentümers, Prosper Nepomuk Glucker sei 1726 seine umwälzende Erfindung gelungen, entbehrt hinsichtlich der Besitzerverhältnisse des Hauses nicht einer gewissen ironischen Grundlage, gingen doch hier um das Jahr 1500 ein Herr Glockler und eine Frau Gans ein und aus!

233 Die Häuser zum Grabeneck, zum Eichhörnlein, zum Spitznagel und des Überreiters Hus am Petersplatz 20–17. Die beiden hintern sind 1345 in einem Zinsbuch des Petersstifts erstmals erwähnt, die vordern 1390 in einer Urkunde des Predigerklosters. Das Haus zum Grabeneck im Vordergrund stellt ein reizvolles Beispiel bester baslerischer Barockarchitektur dar. Es ist ein Werk von Rudolf Birmann-Langmesser, der 1767 auf dem Areal des Hauses zum Mehlkästlein mit großer Sorgfalt das kleine Kunstwerk aufrichtete.

| | |
|---|---|
| Gernlersche Behausung | St.-Alban-Vorstadt 71 |
| Gerspach, zum | Riehentorstraße 9 |
| Gertaut, zum | Untere Rebgasse 1 |
| Gesellenhaus | St.-Alban-Tal 18 |
| Gesellschaftsgarten, zum | Grenzacherstraße 82 |
| Gesellschaftshaus | St.-Alban-Tal 27/42 |
| Gesellschaftshaus, zum neuen | Greifengasse 2 |
| Gesellschaftshaus, zum neuen | Rheingasse 4 |
| Gesellschaftstube | St.-Alban-Tal 27 |
| Gesellschaftstrinkhaus | St.-Alban-Tal 27 |
| Gesingen, zum | St.-Alban-Vorstadt 7 |
| Gewelle, zum | Münsterplatz 7/8 |
| Gewerbehalle | Schifflände 6 |
| Gewürzstampfe | Mühlenberg 24 |
| Geyer, zum | Spalenberg 5/7 |
| Geyer, zum | Spalenberg 20 |
| Geyer, zum hintern | Nadelberg 17 |
| Geymul, zum | Freie Straße 96 |
| Geyren, zum | Spalenberg 20 |
| Gheld, zum | Kohlenberggasse 2 |
| Gib, zum | Spiegelgasse 11 a |
| Giebel, zum | Neue Vorstadt 26/28 |
| Giebel, zum hohen | Heuberg 24 |
| Giebenach, zum | Petersberg 30 |
| Giegeneck, zum | Greifengasse 1 (gegenüber) |
| Gießerei, zur neuen | Birsigstraße 26 |
| Gießers Hus | Marktplatz 11 |
| Gießhaus, zum alten | Kartausgasse 5/7 |
| Gießhütte | St.-Alban-Vorstadt 61 |
| Gilge, zur gelben | St.-Johanns-Vorstadt 18 |
| Gilgen, zum | Martinsgasse 6 |
| Gilgen, zum | Untere Rebgasse 18 |
| Gilgen, zum gelben | Freie Straße 32 |
| Gilgen, zum goldenen/roten | Freie Straße 5 |
| Gilgen, zum schwarzen | Rheingasse 8 |
| Gilgen, zum schwarzen | Spiegelgasse 11/12 |
| Gilge, zur weißen | St.-Johanns-Vorstadt 30 |
| Gilgenberg, zum | Greifengasse 21 |
| Gilgenberg, zum | St.-Johanns-Vorstadt 20 |
| Gilgenberg, zum | Münzgäßlein 10 |
| Gilgenberg, zum | Rebgasse 16 |
| Gilgenberg, zum | Spalenberg 7 |
| Gilgenberg, zum | Spiegelgasse 6 |
| Gilgenberg, zum kleinen | Bäumleingasse 16 |
| Gilgenbrunnen, zu den drei | Greifengasse 21 |
| Gilgenfels, zum | Petersplatz 20 |
| Gilgenkronen, zu den drei | Greifengasse 21 |
| Gilgenstein, zum | Martinsgasse 6 |
| Gipsgrube, zur alten/obern/untern | Rheinsprung 19 |
| Gipshäuslein, zum | Rheingasse 21 |
| Gipsmühle, zur | Untere Rebgasse 10 |
| Gipsmühle, zur | Rheinsprung 21 |
| Gipsmühle, zur alten | Falknerstraße 30 |
| Gipsmühle, zur alten | Weiße Gasse 22 |
| Gipstürlein, beim | Rheinsprung 16/18 |
| Gipstürlein, zum | Augustinergasse 16 |
| Girsberg, zum | Gerbergasse 4 |
| Gisingen, zum | St.-Alban-Vorstadt 7 |

234

234 Perfektes spätgotisches Ensemble am Gemsberg/Unteren Heuberg. Im Vordergrund der neugotische Gemsbergbrunnen. Beide Häuser zeigen Spitzbogentüren und überhöhte Kreuzstöcke. Das Haus zum Gemsenberg steht von 1341 bis 1842, als es Metzger Johann Jakob Bell dem Verein der Freunde Israels verkauft, fast ausschließlich im Besitz von Angehörigen des Metzgergewerbes. Das Haus zum Rothenburg an der Ecke zum ehemaligen Scharbengäßlein wird 1747 aus der Pflicht des Wachtgeldes entlassen, weil der derzeitige Bestänader (Mieter), Stadtkonsulent Johann Rudolf Thurneysen, wie alle Mitglieder des akademischen Lehrkörpers, von ‹der Last des Wachens befreyet ist›.

| | |
|---|---|
| Gitterlein, zum | Gerbergasse 82 |
| Glinggensole, zur | Bäumleingasse 20 |
| Glocke, zum | Aeschenvorstadt 45 |
| Glocke, zur | Fischmarkt 11 |
| Glocke, zur | Freie Straße 50 |
| Glocke, zur | Gerbergasse 73 |
| Glocke, zur | Hutgasse 10 |
| Glocke, zur | Untere Rheingasse 8 |
| Glocke, zur | Spalenberg 34 |
| Glocke, zur alten | Fischmarkt 11 |
| Glocke, zur blauen | Spalenberg 32/34 |
| Glocke, zur neuen | Hutgasse 10 |
| Glocke, zur obern | Weiße Gasse 11/13 |
| Glockenberg, zum | Martinskirchplatz 1/2 |
| Glöckleinhaus | Rheingasse 3 |
| Glöcknerei, zur | Peterskirchplatz 2 |
| Glücksrad, zum | Weiße Gasse 21 |
| Glückundheilshus | Spalenvorstadt 42 |
| Glüen, zum | Gerbergasse 1 |
| Gluggerturm, zum | Heuberg 34 |
| Gnadental, zum | Petersgraben 50/52 |
| Gnadental, Kloster | Spalenvorstadt 2 |
| Gnadentalerhof | Spalenvorstadt 14/16 |
| Gnadenwohl, zum kleinen | Spalenvorstadt 29 |
| Gölinen Hus | St.-Johanns-Vorstadt 48 |
| Göllhartmatt, zur | St.-Alban-Ring 225 |
| Götzen Badstube | Barfüßerplatz 11/12 |
| Götzens Hus | Gerbergasse 83 |
| Götzinen Hus | Totentanz 10 |
| Gold, zum | Marktplatz 5/6 |
| Gold, zum | Martinsgäßlein 4 |
| Goldbächlein, zum | Schwanengasse 14 |
| Goldbrunnen, zum | Petersberg 11 |
| Goldbrunnen, zum | Schneidergasse 6 |
| Goldeck, zum | Rüdengasse 9 |
| Goldenen Stern, Zunft zum | Freie Straße 71 |
| Goldenfels, zum | Freie Straße 49 |
| Goldgrube, zur | Rheingasse 45 |
| Goldschmieds Hus | St.-Alban-Graben 8 |
| Goldschmieds Hus | Gerbergasse 15 |
| Gottesackerkapelle | Elisabethenstraße 55 |
| Graben, am | Spalenberg 63 |
| Grabeneck, zum | Petersplatz 20 |
| Grafinen Hus | Spalenberg 18 |
| Grat, zum | Gerbergasse 22 |
| Grat, zum | Rheingasse 54 |
| Grates Hus | Gerbergasse 51a |
| Grautücherlaube | Sporengasse 14 |
| Greifen, zum | Steinenvorstadt 14 |
| Greifen, zum goldenen | Greifengasse 29 |
| Greifen, zum großen | Greifengasse 33 |
| Greifen, zum hintern | Gerbergäßlein 11 |
| Greifen, zum kleinen | Greifengasse 31 |
| Greifen, zum kleinen | Stadthausgasse 22 |
| Greifen, zum roten | Steinenvorstadt 14 |
| Greifen, zum vordern | Gerbergasse 42 |
| Greifenklaue, zur | Stadthausgasse 20 |
| Greifennest, zum | Steinenvorstadt 14 |
| Greifenscheune, zur | Greifengasse 35 |
| Greifenstein, zum | Hirzbodenweg 42 |
| Greifenstein, zum | Stadthausgasse 20 |
| Greifenstein, zum | Steinenvorstadt 14 |

235 Am Rheinsprung. Links das Blaue Haus mit seinen markanten Abwehrsteinen gegen das Anfahren der Kutschen. In der Tiefe das ehemalige Pfarrhaus zu St. Martin und des Turmbläsers Duttelbach Hus (Fachwerk). Rechts die Hinterfassade des alten Kollegiengebäudes der Universität.

236 Die Wappen- und Inschrifttafel vom ehemaligen Kornhaus am Giebel der alten Gewerbeschule am Petersgraben 52. Sie erinnert an den Bau des Kornhauses im Jahr 1574 anstelle der verlotterten Kirche des 1530 aufgehobenen Klosters Gnadental.

| | | | |
|---|---|---|---|
| Grempers Hus | Imbergäßlein 33 | Gutenberg, zum | Mostackerstraße 25 |
| Grentzingen, zum | Hutgasse 18 | Gutenfels, zum | Blumenrain 21 |
| Grentzingers Hus | Gerbergasse 74 | Gutenfels, zum kleinen | Petersgasse 2/4 |
| Grenzach, zum | Riehentorstraße 13 | Gutenhof | Elisabethenstraße 13/15 |
| Grenzacherhof | Grenzacherstraße 119 | Gutenstein, zum | Gerbergasse 55 |
| Greuel, zum | Greifengasse 9 | Guthof, kleiner | Elisabethenstraße 11 |
| Griebenhof | Nadelberg 12 | Gylien, zum | Ochsengasse 9 |
| Griebhaus | Münzgäßlein 3 | Gyren, zu den | Steinenvorstadt 31/40/42 |
| Grienmanns Hus | Petersberg 28 | Gyren, zum | Spalenberg 20 |
| Grimeli, zum | Gerbergasse 25 | Gyren, zum alten | Steinenvorstadt 29 |
| Grisen, zum | St.-Johanns-Vorstadt 11/13 | Gyren, zum hintern | Nadelberg 37 |
| Grönenberg, zum | Blumenrain 1 | Gyrengarten, zum | Neue Vorstadt 7/9/15 |
| Großhüningen, zum | Blumenrain 11 | Gyrengarten, zum | Petersplatz 12 |
| Großhüningen, zum | Spiegelgasse 1 | Gysenbetterinen Hus | Steinenvorstadt 27 |
| Grünberg, zum | Spalenvorstadt 3 | | |
| Grüneck, zum | Gerbergasse 89 | | |
| Grüneck, zum | Rebgasse 12/14 | |  |
| Grünenberg, zum | St.-Alban-Vorstadt 63 | Haderes Hus | Heuberg 38 |
| Grünenberg, zum | Blumenrain 30 | Häberli, zum | Spalenberg 30 |
| Grünenberg, zum | Eisengasse 14 | Hägen-Egerten, zum | Aeschenvorstadt 73 |
| Grünenberg, zum | Freie Straße 49 | Hägenen Garten | Aeschenvorstadt 71/73 |
| Grünenberg, zum | Heuberg 4 | Hähnlein, zum schwarzen | Pfluggäßlein 10 |
| Grünenberg, zum | Marktplatz 15 | Hännli, zum | Pfluggäßlein 10 |
| Grünenberg, zum | Schlüsselberg 11 | Haeren, zur | Rheingasse 4 |
| Grünenberg, zum | Spalenberg 26 | Häring, zum | Aeschenvorstadt 18/20 |
| Grünenstein, zum | Freie Straße 93 | Häring, zum | Freie Straße 117 |
| Grünenstein, zum | Kirchgasse 4/6 | Häsingen, zum | Petersgraben 22 |
| Grünenstein, zum | Petersberg 7/9 | Häslein, zum | Totentanz 12 |
| Grünenstein, zum | Rüdengasse 1 | Häusern, zu den hohen | Steinenvorstadt 59 |
| Grünenstein, zum | Streitgasse 10 | Häusern, zu den vier | Augustinergasse 9 |
| Grünensteins Mühle | St.-Alban-Kirchrain 14 | Hafen, zum | Aeschenvorstadt 18 |
| Grünenzwigs Hüser | Nadelberg 17/19 | Hafen, zum | Greifengasse 26 |
| Grüningen, zum | Spalenberg 37 | Hag, zum | St.-Johanns-Vorstadt 26/28 |
| Grüningers Scheune | Schützenmattstraße 5 | Hagberg, zum | St.-Alban-Vorstadt 12 |
| Grüningisches Hus | Totentanz 9 | Hagenbacherhof | Rheinsprung 24 |
| Grünstein, zum | Freie Straße 93 | Hagendornshof | Nadelberg 10 |
| Grünstein, zum | Gerbergasse 64/65 | Hagenhof | St.-Johanns-Vorstadt 23 |
| Grundfels, zum | Rheingasse 35 | Hagental, zum | Spalenvorstadt 15 |
| Gruß, zum englischen | Spalenvorstadt 43 | Hagental, zum | Totengäßlein 7/9/11 |
| Gschilteterhof | Petersberg 27 | Hahn, zum | Gerbergasse 38 |
| Gürtlers Hus | Schneidergasse 23 | Hahn, zum | Petersberg 30/32 |
| Gütterlein, zum | Aeschenvorstadt 39 | Hahn, zum roten | St.-Alban-Vorstadt 19 |
| Gütterlein, zum | Gerbergasse 82 | Hahn, zum roten | Gerbergäßlein 10 |
| Guggehyrli, zum | Eisengasse 5 | Hahn, zum roten | Weiße Gasse 24 |
| Guggehyrli, zum | Oberer Rheinweg 31 | Hahn, zum schwarzen | Sattelgasse 6 |
| Guldenfels, zum | Freie Straße 49 | Hahnenbrunnen, zum | Gerbergasse 6 |
| Gumpostorse, zum | Petersberg 25 | Hahnenbrunnen, zum | Spalenvorstadt 44 |
| Gunach, zum | Gemsberg 2 | Hahnenkopf, zum | Barfüßerplatz 16 |
| Gundeldingen, großes | Gundeldingerstraße 446 | Hahnenkopf, zum | Mühlenberg 1 |
| Gundeldingen, oberes mittleres | Bachofenstraße 1 | Hahnenkopf, zum | Sattelgasse 1 |
| | | Hahnstein, zum | Gerbergasse 6 |
| Gundeldingen, unteres mittleres | Gundeldingerstraße 280 | Halbmond, zum | Freie Straße 3 |
| Gundeldingen, vorderes | Gundeldingerstraße 170 | Halde, zur | Rheinsprung 17 |
| Gundeldingerhof | Bruderholzweg 1/3 | Halderwank, zum | Freie Straße 87 |
| Gundoldsbrunnen, zum | Petersberg 34 | Halle, zur | Spalenvorstadt 11 |
| Gundoldsheim, zum | St.-Alban-Vorstadt 17 | Hallerhof | Nadelberg 12 |
| Gundolsheimerhof | Münsterplatz 18 | Halln, zum | Leonhardsberg 1 |
| Gurlins Hus | Schnabelgasse 1/3/5/7 | Halm, zum grünen | Gemsberg 5 |
| Gurtnau, zum | Greifengasse 3 | Halseisen, zum | Marktplatz alt 18 |
| Gustav-Benz-Haus | Klingentalstraße 76 | Haltingen, zum kleinen/ niedern/obern/untern | Greifengasse 17 |
| Gutenau, zum | Greifengasse 2 | | |

237

▶

238 *An der Malzgasse. Zwischen den beiden Fachwerkhäusern St. Albaneck (links) und zur köstlichen Jungfrau das bescheidene Biedermeierhaus zum Malefizen. Sein Name ergibt sich aus dem alten Wort ‹Malenzei› für Aussatz und erinnert an das erste städtische Siechenhaus, das vom St.-Alban-Kloster in dieser Gegend unterhalten wurde.*

237 *Die Wappen Heusler, Treu und Pantaleon am Heuslerschen Haus am St.-Alban-Tal 34. Das Relief hat Niclaus Heusler, zweimal verheirateter Großsohn des Begründers der bekannten Papiermacherfamilie im Dalbenloch, Anno 1614 anbringen lassen.*

| | |
|---|---|
| Haltingen, zum obern | Ochsengasse 1 |
| Haltingerhof | Rheingasse 39/43 |
| Hammeneck, zum | Gerbergasse 26 |
| Hammer, zum gelben | St.-Johanns-Vorstadt 20 |
| Hammer, zum gelben | St.-Johanns-Vorstadt 44 |
| Hammer, zum gelben | Klosterberg 19 |
| Hammer, zum obern blauen | Kohlenberg 5 |
| Hammer, zum untern blauen | Kohlenberg 3 |
| Hammereck, zum | Gerbergasse 28 |
| Hammerschmiede | Riehentorstraße 27 |
| Hammerschmieds Hus | Steinenvorstadt 48 |
| Hammerschmitte | St.-Alban-Tal 35 |
| Hammerschmitte | Mühlenberg 19/21 |
| Hammerstein, zum | Gerbergasse 28 |
| Hammerstein, zum | Kohlenberg 3 |
| Hammerwerk, zum | Gerbergasse 28 |
| Hammerwerk, zum | Grünpfahlgäßlein 2 |
| Handelshof | Nauenstraße 63/63a |
| Handschuhberg, zum | Gerbergasse 24 |
| Hanfstengels Hus | Fischmarkt 12 |
| Hapengut | Aeschenvorstadt 71/79 |
| Harberg, zum | Leonhardsberg 2 |
| Hardhof | Hardstraße 52 |
| Harmonie, zur | Freie Straße 2 |
| Harmonie, zur | Petersgraben 71 |
| Harmonie, zur | Roßhofgasse 10 |
| Harnisch, zum | Schwanengasse 4 |
| Harrerin Hus | Münzgäßlein 26 |
| Haselach, zum | Barfüßergasse 2 |
| Haselburg, zur | Elisabethenstraße 6 |
| Haselbusch, zum | St. Johanns-Vorstadt 26/30/32/34 |
| Haselhurst, zum | St.-Johanns-Vorstadt 26/30/32/34 |
| Haselstaude, zur | St.-Alban-Vorstadt 42 |
| Haselstaude, zur | Imbergäßlein 7 |
| Haselstaude, zur | St.-Johanns-Vorstadt 19 |
| Haselstaude, zur | St.-Johanns-Vorstadt 26/30/32/34 |
| Hasemburg, zur | Elisabethenstraße 6 |
| Hasen, zum | Aeschenvorstadt 18 |
| Hasen, zum | Marktplatz 10 |
| Hasen, zum | Rheingasse 4 |
| Hasen, zum | Spalenvorstadt 43 |
| Hasen, zu den drei | Aeschenvorstadt 40 |
| Hasen, zu den drei hintern | Sternengasse 2 |
| Hasen, zu den drei vordern | Aeschenvorstadt 40 |
| Hasen, zum hintern | Martinsgasse 4 |
| Hasen, zum vordern | Aeschenvorstadt 38 |
| Hasenberg, zum | St.-Leonhards-Berg 2 |
| Hasenburg, zur | Aeschenvorstadt 11 |
| Hasenburg, zur | St.-Alban-Vorstadt 33 |
| Hasenburg, zur | Freie Straße 99/101 |
| Hasenburg, zur | Hasenberg 9 |
| Hasenburg, zur | Heuberg 48 |
| Hasenburg, zur | Roßhofgasse 13/15 |
| Hasenburg, zur | Schneidergasse 20 |
| Hasenhof | Nadelberg 4 |
| Hasenklee, zum | Spalenvorstadt 43 |
| Hasenloch, zum | Barfüßergasse 2 |
| Haslen, zur | St.-Johanns-Vorstadt 30 |
| Haslers Hus | Untere Rheingasse 15 |

| | |
|---|---|
| Hattstätterhof | Lindenberg 8/12 |
| Hattstätterhof, unterer | Oberer Rheinweg 91 |
| Hattstatt, zum hintern | Nadelberg 31 |
| Hattstatt, zum hohen | Hutgasse 20 |
| Hattstatt, zum hohen | Leonhardsberg 12 |
| Hattstatt, zum niedern | Hutgasse 22 |
| Hattstatt, zum obern | Spalenberg 14 |
| Haue, zur | Eisengasse alt 1585 |
| Hauenstein, zum | Aeschenvorstadt 77 |
| Hauenstein, zum | Gemsberg 12 |
| Hauenstein, zum | Gerbergasse 54 |
| Hauenstein, zum | Schnabelgasse 1 |
| Hauenstein, zum hintern | Schnabelgasse 3/5/7 |
| Haupt, zum | Schneidergasse 28 |
| Haus, altes | Eisengasse 10 |
| Haus, blaues | Rheinsprung 16 |
| Haus, deutsches | Freie Straße 29 |
| Haus, deutsches | Rittergasse 35 |
| Haus, deutsches | Schifflände 5 |
| Haus, zum deutschen | St.-Alban-Graben 21/23 |
| Haus, großes | St.-Alban-Vorstadt 69/71 |
| Haus, grünes | Freie Straße 14 |
| Haus, zum grünen | Spalenberg 5 |
| Haus, zum hintern schönen | Nadelberg 8 |
| Haus, zum hintern/neuen | Martinsgasse 14/15 |
| Haus, zum hintern roten | Martinskirchplatz 7 |
| Haus, zum hohen | St.-Alban-Vorstadt 69/71 |
| Haus, zum hohen | Greifengasse 33 |
| Haus, zum hohen | Petersgraben 29 |
| Haus, zum hohen | Spalenvorstadt 31 |
| Haus, zum hohen | Stiftsgasse 13 |
| Haus, zum kleinen schönen | Nadelberg 15 |
| Haus, zum neuen | St.-Alban-Tal 14 |
| Haus, zum neuen | Eisengasse 5 |
| Haus, zum neuen | Eisengasse 11/13 |
| Haus, zum neuen | Elisabethenstraße 20 |
| Haus, zum neuen | Martinskirchplatz 14/15 |
| Haus, zum neuen | Spalenvorstadt 28 |
| Haus, neues/weißes | Weiße Gasse 17 |
| Haus, zum obern weißen | Schneidergasse 27 |

239 Fassadenschmuck am Rheinsprung 18. Der zu einer dämonischen Fratze ausgebildete Louis-XV-Schlußstein über dem Portal zum Weißen Haus verkörpert die Wucht und Kraft, mit welcher die beiden Sarasinschen Monumentalbauten von 1762 bis 1768 die Großbasler Rheinfassade beherrschen.

*E voll Härz*

Isch der dy Härzli voll Fraid und waisch nit
Wo de wit use und ane dermit,
Meinsch, es mecht 's Ibergwicht eppe biko:
Fang nur a z'singe, es lychteret scho.

Wit aber singen, und waisch de nit was?
Lueg nur durch's Fänster, wie grien isch nit 's Gras!
D'Baimli voll Bletter und d'Bliemli voll Pracht
Thiend der's scho sagen, und d'Sunne, wo lacht.

Schynt aber d'Sunne nit, lyt dusse Schnee,
Sihsch e kai Laibli, kai Bliemeli meh;
He, so mach d'Auge zue, juchzge druf zue!
Fir e voll Härz isch e Juchzger scho gnue.

Theodor Meyer-Merian (1818–1867)

| | | | | |
|---|---|---|---|---|
| Haus, offenes | Totengäßlein alt 572 | Heberling, zum krummen | Spalenberg 28/30 | |
| Haus, zum roten | Gerbergasse 64 | Hecht, zum | Schwanengasse 4 | |
| Haus, zum roten | Sporengasse 3 | Hecht, zum | Steinenvorstadt 41/43 | |
| Haus, rotes | St.-Alban-Vorstadt 59/61 | Heckberg, zum | Petersberg 23 | |
| Haus, rotes | Brunngäßlein 13 | Hecke, zur | Gerbergasse 64 | |
| Haus, rotes | Gerbergasse 60 | Heckendorn, zum | Nadelberg 10 | |
| Haus, zum schönen | Nadelberg 6 | Hecklers Gesäß | Utengasse 33/37 | |
| Haus, schönes | Spalenberg 25 | Hecklers Hus | Utengasse 6 | |
| Haus, schönes | Stiftsgasse 5/7 | Hedwigs Badestube | Streitgasse 22 | |
| Haus, zum schwarzen | Freie Straße 7 | Hegelerin Hus | St.-Alban-Vorstadt 9 | |
| Haus, zum untern freien | Stadthausgasse 15 | Hegenheim, zum | Barfüßerplatz 18 | |
| Haus, zum vordern | St.-Alban-Tal 8 | Hegenheim, zum | Ringgäßlein 5 | |
| Haus, zum vordern schönen | Nadelberg 6 | Hegenheim, zum | Streitgasse 20 | |
| Haus, zum weißen | Rümelinsplatz 4 | Hegenheim, zum kleinen | Streitgasse 22 | |
| Haus, zum weißen | Sattelgasse 14/16 | Hegenheims Hus | Spalenvorstadt 30 | |
| Haus, weißes | Heuberg 32 | Hegisheimerhof | Münsterplatz 10 | |
| Haus, weißes | Rheinsprung 18 | Heidelberg, zum | Schneidergasse 9 | |
| Haus, weißes | Rümelinsplatz 4 | Heidelberg, zum | Spalenberg 15 | |
| Hauserturm, zum | Eisengasse 16 | Heiden, zum | Freie Straße 46 | |
| Hausfries, zu obern | Stadthausgasse 13 | Heilbrunns Schmiede | Spalenvorstadt 16 | |
| Hausfries, zum untern | Stadthausgasse 15 | Heiligen Geist, zum | St.-Alban-Vorstadt 17 | |
| Hausgenossenzunft | Freie Straße 34 | Heilsarmeeschlößchen | Gundeldingerstrasse 446 | |
| Hebelhaus | Neue Vorstadt 3 | Heimatland, zum | Riehenstraße 246 | |
| Hebelhaus | Totentanz 2 | Heimgarten, im | Neubadstraße 137 | |

*Lust und Freudt*

Ein Sprüchwort hat man im Latein,
Daß wann man etwas hinderm Wein
Zusagt und bey dem Trunkh verspricht,
Das mög man halten oder nicht.
Welchs ich in seinem Wärt laß pleiben,
Wann Einer hinderm Trunkh wolt weiben;
Wann mans aber schlacht in die Handt,
Dasselbig ist ein gleistet Pfandt,
Das man es vestiglich soll halten,
Wie ich vom neuen und vom alten
Herrn Burgermeister ein Zusag
Verstanden hab ich am Donnerstag
Im Spital nach dem Morgenessen,
Welchs ich in khein Weg hab vergessen;
Wiewohl ich damals nit was lär,
Und mir der Kopf war etwas schwär.
Noch weiß ich, was mit Mundt und Handt
Die Herren mir versprochen handt:
Es wöllen beide Burgermeister
Sampt Herr Laurenz, dem Judenmeister,
Und Stattschreibern sich lan bewegen,
Alle Gechäft neben sich legen,
Und aber doch nit ist vergessen,
Mit Doctor Felix z'Morgen essen
Bei ringer Speiß und schlechter Kost,
Damit die Freundtschaft nit verrost.
Gott will, daß die freundlich Khurtzweil
Nit mehr so lang Zeit sich verweil
Sonder all Monat khommen zsammen,
In meiner Bhausung! Amen, Amen
Wünsche ich E. Weißheit Gvatter
Und dienstwilliger Felix Platter.

(1536–1614)

| | |
|---|---|
| Hitzmanns Hus | Hutgasse 9 |
| Helblings Hus | Schwanengasse 3 |
| Helden, zum | Bäumleingasse 2 |
| Helden, zum | Freie Straße 67/69 |
| Helden, zum kleinen | Pfluggäßlein 8 |
| Helefant, zum großen | Freie Straße 65 |
| Helefant, zum kleinen/obern | Freie Straße 67 |
| Helefant, zum | Rheingasse 17 |
| Helfenberg, zum | Heuberg 20 |
| Helfenberg, zum | Leonhardsgraben 37 |
| Helfenstein, zum | Gerbergasse 59/61/63 |
| Helfenstein, zum | Heuberg 20 |
| Helfenstein, zum | Rheingasse 12 |
| Helfenstein, zum | Rheingasse 17 |
| Helfenstein, zum hintern | Utengasse 16 |
| Helfenstein, zum kleinen | Freie Straße 2 |
| Helfers Hus | Peterskirchplatz 8 |
| Helfers Hus | Rheinsprung 12 |
| Helgenmühle | St.-Alban-Tal 2 |
| Hell, zum | Rheinsprung 1 |
| Helm, zum | Eisengasse 16 |
| Helm, zum | Fischmarkt 4 |
| Helm, zum großen | Spalenberg 49 |
| Helm, zum grünen | Fischmarkt 4 |
| Helm, zum grünen | Gemsberg 5 |
| Helm, zum grünen | Leonhardsgraben 9 |
| Helm, zum grünen | Trillengäßlein 8 |
| Helm, zum hintern | Trillengäßlein 6 |
| Helm, zum roten | Spalenberg 59 |
| Helm, zum schwarzen | Eisengasse 26 |
| Helmers Hus | Gerbergasse 30 |
| Helmers Turm | Roßhofgasse 11 |
| Hemmerlis Hus | Leonhardsberg 15 |
| Hemminghaus | Elisabethenstraße 43 |
| Henhorn, zum | Marktplatz 17 |
| Henker, zum | Stadthausgasse 17 |
| Henkerhaus | Kohlenberggasse 2 |

240 Der barocke Gartensaal und die Rheinfront des Hohenfirstenhofs. Vom ‹hängenden Garten› bietet sich eine ‹prachtvolle Aussicht in die jenseitigen Gefilde und in die sanften Schönheiten der landreichen Umgebung der kleineren Stadt (1814)›!

| | |
|---|---|
| Henne, zur | Nadelberg 34 |
| Henne, zur fetten | Marktplatz 17 |
| Henne, zur hintern | Utengasse 54 |
| Henne, zur hintern/roten | Nadelberg 36 |
| Henne, zur kleinen/roten | Rheingasse 3 |
| Henne, zur roten | Gerbergasse 39 |
| Henne, zur roten | Nadelberg 32 |
| Henne, zur schwarzen | Pfluggäßlein 10 |
| Henne, zur vordern | Rheingasse 59/61 |
| Henne, zur weißen | Marktplatz 17 |
| Hennenberg, zum | Rheingasse 3 |
| Hennenberg, zum | Rheingasse 22 |
| Hennenbrunnen, zum | Gerbergasse 6 |
| Henneweib, zum | Utengasse 54 |
| Hentschenberg, zum | Gerbergasse 24 |
| Henzenberg, zum | Freie Straße 24 |
| Heppengut | Aeschenvorstadt 73 |
| Herberge, zur kalten | Rebgasse 46 |
| Herberge, zur roten | Kohlenberggasse 4 |
| Herberge, zur schwarzen | Heuberg 25 |
| Herbergmühle | St.-Alban-Tal 15/25/27/31 |
| Herbergscheune | Leonhardsgraben 6 |
| Herbst, zum reichen/vollen | Rebgasse 8 |
| Hermelin, zum großen/obern | Freie Straße 15 |
| Hermelin, zum kleinen | Freie Straße 13 |
| Herren, zum | Klosterberg 8 |
| Herren, zum | Spalenberg 2 |
| Herrenfluh, zur | St.-Alban-Vorstadt 12 |
| Herrenkeller, zum | Freie Straße 49 |
| Herrenkeller, zum | Roßhofgasse 15 |
| Herrenschmiede | Spalenvorstadt 24 |
| Herrentrinkstube | Petersberg 1 |
| Herten, zum | Freie Straße 70 |
| Hertenstein, zum | Aeschenvorstadt 7 |
| Hertenstein, zum | Münzgäßlein 24 |
| Hertor | Steinentorstraße 42 |
| Herzberg, zum grünen | Spalenberg 26 |
| Herzberg, zum grünen | Spalenvorstadt 3 |
| Herzogsches Haus | St.-Alban-Vorstadt 55 |
| Herzogs Hus | Heuberg 19 |
| Hesels Hus | Schneidergasse 29 |
| Hesingers Hus | Spiegelgasse 5 |
| Hesingers Mühle | Teichgäßlein 3/5 |
| Heuhäuslein | Im Davidsboden 3 |
| Heuel, zum | Eisengasse alt 1585 |
| Heurling, zum lebenden | Spalenberg 35 |
| Heuslersches Haus | St.-Alban-Tal 34 |
| Heußlers Mühle | St.-Alban-Tal 39 |
| Heuwaage | Hammerstraße 2/4 |
| Heydeck, zum | St.-Alban-Vorstadt 2 |
| Heyden, zum | Untere Rebgasse 1 |
| Heyden, zum | Spalenberg 15 |
| Heytwiler, zum | Bäumleingasse 10 |
| Heytwiler, zum | Weiße Gasse 17/19/21 |
| Hiltalingerhof | Rheingasse 39/43 |
| Hiltmans Hus | Rheingasse 17 |
| Himmel, zum | Freie Straße 33 |
| Himmel, zum | Rebgasse 22 |
| Himmel, zum | Untere Rheingasse 15 |
| Himmel, zum | Webergasse 37 |
| Himmel, zum weißen | St.-Johanns-Vorstadt 62 |

241 Der Schöne Hof und das Schöne Haus am Nadelberg 8 und 6. Im Hintergrund der Engelhof und die Peterskirche. Das Schöne Haus trägt mit Recht seinen Namen, gilt der von Buchdrucker Johannes Oporin und Bürgermeister Johann Rudolf Wettstein bewohnte Adelshof mit den einmaligen Wand- und Deckenmalereien doch als ältester, größter und schönster Basels.

| | |
|---:|:---|
| Himmelspforte, zur | Freie Straße 6/8 |
| Himmelspforte, zur | Utengasse 31 |
| Himmelzunft | Freie Straße 33 |
| Himmelzunft | Schlüsselberg 8 |
| Hinden, zum | Freie Straße 66 |
| Hinden, zum hintern/kleinen | Streitgasse 1/3 |
| Hindenberg, zum | Streitgasse 3 |
| Hirsch, zum springenden | Barfüßerplatz 23 |
| Hirschen, zum | Aeschenvorstadt 50 |
| Hirschen, zum | Spalenberg 26 |
| Hirschen, zum | Stadthausgasse 22 |
| Hirschenbrunnen, zum | Kleinriehenstraße 30 |
| Hirscheneck, zum | Lindenberg 23 |
| Hirschenschmiede | Aeschenvorstadt 52 |
| Hirschenschmiede | Hirschgäßlein 3 |
| Hirschhorn, zum | Fischmarkt 8 |
| Hirtenhaus St. Alban | St.-Alban-Vorstadt 81 |
| Hirtenhofstatt, zur | Mühlenberg 1 |
| Hirtz, zum | Bäumleingasse 11 |
| Hirtz, zum | Spalenberg 18 |
| Hirtzberg, zum | Barfüßerplatz 23 |
| Hirtzberg, zum grünen | Spalenberg 26 |
| Hirtzen, zum | Aeschenvorstadt 50 |
| Hirtzen, zum | Spalenberg 16 |
| Hirtzen, zum | Stadthausgasse 22 |
| Hirtzen, zum | Webergasse 7 |
| Hirtzen, zum alten | Aeschenvorstadt 48 |
| Hirtzen, zum goldenen | Aeschenvorstadt 55 |
| Hirtzen, zum springenden | Spalenvorstadt 12 |
| Hirtzfelden, zum | Barfüßerplatz 22b |
| Hirtzhorn, zum schwarzen | Schneidergasse 22 |
| Hirtzkopf, zum | Gerbergasse 66 |
| Hirzberg, zum | Lindenberg 9 |
| Hirzberg, zum | Riehentorstraße 9 |
| Hirzbrunnen, zum | Kleinriehenstraße 30 |
| Hirzburg, zur | Marktplatz 5/6 |
| Hirzburg, zur | Riehentorstraße 9 |
| Hirzburgeck, zum | Lindenberg 23 |
| Hirzelins Hus | Riehentorstraße 9 |
| Hirzen und Hasen, zum | Spalenberg 26 |
| Hirzenboden, im | Rennweg 73 |
| Hirzenhörnli, zum | Aeschenvorstadt 55 |
| Hirzenhörnli, zum | Gerbergasse 66 |
| Hirzhorn, zum | Imbergäßlein 1 |
| Hirzhorn, zum roten | Gerbergasse 66 |
| Hirzhorn, zum schwarzen | Imbergäßlein 3 |
| Hirzlimühle | St.-Alban-Kirchrain 12 |
| Hirzmatt, zur | Hirzbodenweg 43 |
| Hissches Gut | Elsässerstraße 12 |
| Hochberg, zum | Barfüßerplatz 13 |
| Hochberg, zum | Münsterberg 13 |
| Hochberg, zum untern | Münsterberg 11 |
| Hochberg, zum obern | Münsterberg 15 |
| Hochentwiel, zum | Leonhardsgraben 38/44 |
| Hochhaus | Spalenvorstadt 34 |
| Hochlieben, zum | Münzgäßlein 24 |
| Hochstein, zum | Gerbergäßlein 23 |
| Hochstein, zum | Gerbergasse 54 |
| Höflein, im | Steinenbachgäßlein 12 |
| Höflein, im | Totentanz 11 |
| Höflein, zum | Heuberg 14 |
| Höfli, im | Rittergasse 16 |

242 Der Holzacherhof am Lindenberg 15. Das zweiachsige Barockhäuschen, dem nie ein eigener Name zustand, hat sich in neuerer Zeit nach der Ministerialenfamilie Holzach benennen lassen, die während Jahrzehnten im nahen Hattstätterhof saß. Die kurz nach dem großen Erdbeben erstmals erwähnte ‹Wohnbehausung› hat Musikus und Zitherspieler Johann Jakob Huber um 1773 ‹überbessern› (umbauen) lassen.

| | | | | |
|---|---|---|---|---|
| Hölis Hus | Gemsberg 4 | | Holzacherhof | Utengasse 5/7 |
| Hölle, zur | Rheinsprung 5 | | Holzbehälter, zum | Petersplatz 8 |
| Hölle, zur | Steinentorstraße 20 | | Holzheim, zum | Ochsengasse 25 |
| Hölle, zur | Totentanz 12/13/14 | | Holzhein, zum | Lindenberg 17/19 |
| Hölle, zur obern/untern | Rheinsprung 19 | | Holzhein, zum | Webergasse 12/14/16 |
| Höllmühle | Webergasse 17 | | Holzschuh, zum | St.-Alban-Vorstadt 49 |
| Hönenstein, zum | Sporengasse 8 | | Holzwurm, zum | Klosterberg 7 |
| Hörnern, zu den | Freie Straße 42 | | Hombergs Hus | Unterer Heuberg 15 |
| Hörnli, zum | Gerbergasse 66 | | Homburg, zur | Spalenberg 6/8 |
| Hörnlein, zum gelben | Münsterberg 2 | | Honwalt, zum | Münzgäßlein 17 |
| Höruff, zum | Freie Straße 22 | | Honwalt, zum | Aeschenvorstadt 48 |
| Höwers Hus | Steinenvorstadt 40 | | Horberg, zum | Leonhardsstapfelberg 3 |
| Hof, zum | St.-Alban-Vorstadt 36 | | Horburg, zum | Horburgstraße 98 |
| Hof, zum | Münzgäßlein 13 | | Horburg, zum kleinen | Mattweg 10 |
| Hof, zum neuen | St.-Alban-Vorstadt 10 | | Horn, zum | Gerbergasse 89a |
| Hof, zum roten | Kellergäßlein 4 | | Horn, zum | St.-Johanns-Vorstadt 15 |
| Hof, zum roten | Münsterplatz 11 | | Horn, zum gelben | Leonhardsberg 1 |
| Hof, zum roten | Petergasse 7 | | Horn, zum gelben | Lohnhofgäßlein 14 |
| Hof, zum roten | Stiftsgasse 11 | | Horn, zum gelben | Rebgasse 27/29 |
| Hof, zum schönen | Grellingerstraße 12 | | Horn, zum gelben | Spalenberg 17 |
| Hof, zum schönen | Klingentalstraße 37 | | Horn, zum gelben/ | |
| Hof, zum schönen | Nadelberg 6/8 | | goldenen | St.-Johanns-Vorstadt 9 |
| Hoferin Hus | Aeschenvorstadt 58 | | Horn, | |
| Hoffnung, zur frohen | Klingentalstraße 37 | | zum gelben/schwarzen | Steinenvorstadt 12 |
| Hofstatt, zur alten | Freie Straße 109/111 | | Horn, zum goldenen | Münsterberg 2 |
| Hofstetten, zum | Andreasplatz 16 | | Horn, zum goldenen | Schwanengasse 10 |
| Hofstetten, zum | Freie Straße 109/111 | | Horn, zum gelben/hintern | |
| Hoger, zum | Gerbergasse 70 | | kleinen/mittlern/roten | Spiegelgasse 6/8/10 |
| Hoger, | | | Horn, zum schwarzen | Leonhardsberg 1 |
| zum mittlern/niedern/obern | Gerbergasse 68 | | Horn, zum schwarzen | Spiegelgasse 8 |
| Hogers Hus | Aeschenvorstadt 52/54 | | Horn, zum schwarzen | Steinenbachgäßlein 7 |
| Hoggen, zum niedern | Gerbergasse 68 | | Horn, zum weißen | Münzgäßlein 22 |
| Hogger, zum niedern | Gerbergäßlein 37 | | Hornberg, zum | Barfüßerplatz 13 |
| Hohemberg, zum | Gerbergasse 54 | | Hornberg, zum | Gerbergasse 89 |
| Hohenak, zum | Roßhofgasse 3 | | Hornberg, zum | Leonhardsberg 3 |
| Hohenberg, zum niedern | Münsterberg 13 | | Horners Hus | Gerbergasse 59 |
| Hohenburg, zur | Münsterberg 9 | | Horstenhus | Schneidergasse alt 583 |
| Hohenburg, zur | Münsterberg 15 | | Hospiz Rheinblick | Oberer Rheinweg 75 |
| Hohenburg, zur | Rheingasse 46 | | Hosseleben, zum | Gerbergasse 46/48 |
| Hohenburg, zur kleinen/ | | | Hosteins Hus | Gerbergasse 54 |
| mittlern/niedern | Münsterberg 13 | | Hoven, zum | Greifengasse 26 |
| Hohenburg, zur obern | Münsterberg 11 | | Hubers Mühle | St.-Alban-Tal 1 |
| Hoheneck, zum | Blumenrain 11a | | Hüeter, zum hintern | Hutgasse 18 |
| Hoheneck, zum | Leonhardsstraße 1 | | Hüeter, zum vordern | Hutgasse 16 |
| Hohenegg, zum | Unterer Batterieweg 73 | | Hündin, zur | Freie Straße 66 |
| Hohenfels, zum | Freie Straße 70 | | Hündin, zur kleinen/ | |
| Hohenfels, zum | Gerbergasse 79 | | untern | Streitgasse 1/3 |
| Hohenfels, zum | Stiftsgasse 13 | | Hündin, zur obern | Streitgasse 1 |
| Hohenfirstenhof | Rittergasse 19 | | Hünenberg, zum | Rheingasse 22 |
| Hohensteg, zum | Freie Straße 85 | | Hünenberg, zum | Oberer Rheinweg 17 |
| Hol, zum | Blumenrain 13a | | Hüningen, zum großen | Blumenrain 11 |
| Holbein, zum | Gerbergasse 31 | | Hüningen, zum großen | Blumenrain 16 |
| Holbeins Hus | St.-Johanns-Vorstadt 22 | | Hüningen, zum kleinen | Blumenrain 18 |
| Holder, zum großen | Eisengasse 12 | | Hürling, zum lebendigen | Spalenberg 35 |
| Holder, zum kleinen | Eisengasse alt 1538 | | Hüsikon, zum | Rebgasse 43 |
| Holderbaum, zum | Totentanz 14 | | Hüsingen, zum | Rebgasse 43 |
| Holderwank, zum | Freie Straße 87 | | Hüsingers Hus | Utengasse 20 |
| Holeehaus | Holeestraße 158 | | Hütte, zur | St.-Johanns-Vorstadt 23 |
| Holeelettengut | Neubadstraße 81 | | Hüttingers Hus | Totentanz 3 |
| Holofernes, zum | Blumenrain 13a | | Hullerin, zum | Gerbergasse 76 |
| Holsteinerhof | Neue Vorstadt 28/30/32 | | Humpelhus | Totentanz 10 |
| Holzacherhof | Lindenberg 8/12/15 | | Hunckele, zur | Hirschgäßlein 5/9/13/15 |

*Alt-Baslerisch*

Vil Thirm und Mure sind um
  d'Stadt,
De kennsch mi Haimed gli;
Und zwische dure still und glatt
Vil Waidlig trait der Rhi.

Und d'Minsterthirm, die gsiht
  me wit,
De kennsch mi Haimed gli;
Wit iber's Land tent 's Kircheglit
E-n alti Melodi.

E richi Stadt, e frommi Stadt,
De kennsch mi Haimed dra;
D'Stadt Basel isch mi Vatterstadt,
I mecht kai schenri ha.

Do wohn i gärn, do blib i gärn,
Do z'Basel an mim Rhi;
'S isch färn wie hir und hir wie
  färn
E schene Läbtig gsi.

Jakob Probst (1848–1910)

▶

243 *Das Haus zum hintern Johannes an der Martinsgasse 13. Die Hofeinfahrt bietet einen reizvollen Durchblick auf das charmante Hinterhäuschen des alten Markgräfischenhofs am Rheinsprung 24. Zum Eingang des spätklassizistischen einstigen Wohnhauses führt eine stattliche Freitreppe mit schönem schmiedeisernem Louis-XV-Geländer.*

| | |
|---|---|
| Hund, zum | Hutgasse 1 |
| Hungerstein, zum | Münzgäßlein 24 |
| Hunggelin, zum | Sternengasse 23/27/33 |
| Hurlibushus | Gerbergässlein 17 |
| Hus uf der Stegen | Leonhardskirchplatz 1 |
| Hut, zum | Gerbergasse 46/48 |
| Hut, zum | Pfluggäßlein 7 |
| Hut, zum hintern | Gerbergäßlein 17 |
| Hut, zum roten | Freie Straße 36 |
| Hut, zum roten | Pfluggäßlein 16 |
| Hut, zum roten | Spalenvorstadt 34 |
| Hut, zum roten | Weiße Gasse 7 |
| Hut, zum grünen/roten | Spalenvorstadt 34 |
| Hut, zum schwarzen | Rheinsprung 4 |
| Hypokras, zum | Imbergäßlein 20/22 |
| Hypokras, zum | Nadelberg 23 |
| Hutte, zur | Gerbergasse 46/48 |
| Huttingers Hus | Schützenmattstraße 19 |
| Huwen, zum | Eisengasse alt 1585 |

| | |
|---|---|
| Iberg, zum | St.-Johanns-Vorstadt 25 |
| Ifelen, zum großen/kleinen | Streitgasse 7/9 |
| Igel, zum | Freie Straße 57 |
| Igel, zum | Gerbergasse 62 |
| Igel, zum | Rheingasse 10 |
| Igel, zum | Rheingasse 21 |
| Igel, zum | Rheingasse 48 |
| Igel, zum | Schafgäßlein 6/8 |
| Igelberg, zum | Gerbergasse 62 |
| Igelburg, zur | Gerbergasse 62 |
| Imber, zum | Andreasplatz 7/8/10/11/12/13 |
| Imber, zum | Imbergäßlein 30 |
| Imber, zum | Nadelberg 17 |
| Imber, zum kleinen | Imbergäßlein 26/28 |
| Imberhof | Andreasplatz 8 |
| Immen, zum neuen | Nadelberg 15 |
| Inlassers Hus | Leonhardsberg 2 |
| Irmis Badstube | Andreasplatz 14 |
| Irrgarten, zum | St.-Johanns-Vorstadt 43/45 |
| Isenburg, zur | Gerbergasse 73/79 |
| Isenburg, zur | Martinsgasse 16/18 |
| Isener, zum | Gerbergasse 64 |
| Isenheim, zum | St.-Johanns-Vorstadt 42 (gegenüber) |
| Isenhut, zum | Freie Straße 39 |
| Isenhut, zum | Pfluggäßlein 9 |
| Isenhut, zum grünen | Spalenberg 60 |
| Istein, zum | Marktplatz 13 |
| Istein, zum | Rheingasse 17 |
| Istein, zum | Rheingasse 57 |
| Isteinertor, zum | Untere Rebgasse 27 |
| Isvogel, zum | Riehentorstraße 31 |
| Itingerbad, zum | Blumenrain 12 |

| | |
|---|---|
| Jäger, zum | Greifengrasse 18 |
| Jäger, zum | Nadelberg 7 |
| Jäger, zum grünen | Stadthausgasse 22 |
| Jäger, zum grünen | Totengäßlein 11 |
| Jäger, zum niedern | Totengäßlein 7 |
| Jäger, zum obern | Totengäßlein 9 |
| Jagberg, zum | Heuberg 4 |
| Jagberg, zum | St.-Johanns-Vorstadt 23/25 |
| Jagberg, zum | Nadelberg 19 |
| Jagberg, zum | Webergasse 27 |
| Jagdberg, zum | Webergasse 27 |
| St. Jakob, zum | Aeschenvorstadt 52/54 |
| St. Jakob, zum | Freie Straße 79 |
| St. Jakob, zum | Gerbergasse 8 |
| Jakob, zum schlafenden | Steinenvorstadt 26 |
| St. Jakobsbrunnen, zum | Aeschenvorstadt 45 |
| Jakobs Hus | Freie Straße 79 |
| St. Jakobs Hus | Petersberg 34 |
| Jakobskeller, zum | Freie Straße 70 |
| Jecklishof | Steinenvorstadt 58/60 |
| Jeremiaskapelle | St.-Alban-Tal 21 |
| Jerusalem, zum kleinen | Aeschenstraße 19 |
| Jettingen, zum | Gerbergasse 79 |
| St. Jörg, zum | St.-Alban-Vorstadt 27 |
| St. Jörg, zum | Steinenvorstadt 19 |
| St. Jörgenbrunnen, zum | Sattelgasse 8 |
| St. Johann, zum | Eisengasse 15 |
| St. Johann, zum | Martinskirchplatz 13 |
| St. Johann, zum | Steinenbachgäßlein 36 |
| St. Johannes, zum | Bäumleingasse 9 |
| St. Johannes, zum | Rittergasse 19 |
| St. Johannes, zum hintern | Martinsgasse 13 |
| St.-Johannes-Kapelle zum Kreuz | Münsterplatz 2 |
| St. Johannhus | Münsterplatz 2 |
| Johanniter, zum kleinen | St.-Johanns-Vorstadt 32 |
| Johanniterhaus | St.-Johanns-Vorstadt 84 |
| Johanniterhof | St.-Johanns-Vorstadt 38 |
| St. Johannkirchhof, zum | St.-Johanns-Vorstadt 71 (gegenüber) |
| St.-Johann-Schwibbogen | Blumenrain 29 |
| St.-Johanns-Kapelle | Münsterplatz 2/3 |
| St.-Johann-Tor | St.-Johanns-Vorstadt 81 |
| Joners Hus | Gerbergasse 59 |
| St. Jost, zum | Aeschenvorstadt 68/70 |
| St. Jost, zum | Rittergasse 20 |
| Juden, zum | Eisengasse 12 |

244

245

244 Haus zum kleinen Johanniter an der St.-Johanns-Vorstadt 32. Der heutige Hausname ist historisch nicht faßbar. Dagegen wird die Liegenschaft 1473 als ‹St. Wendlin by S. Anthöni› umschrieben. Eine nicht mehr genau deutbare Darstellung des Schutzpatrons der Haustiere hat vermutlich 1571 zur Namensänderung ‹zum Schäfer› geführt.

245 Hausinschrift und Wappentafeln am Münsterplatz 2. Anstelle des mittelalterlichen Kirchleins Johannes des Täufers auf Burg läßt 1839 Handelsmann Martin Burckhardt-His – dessen Wappen über dem Rundbogenportal angebracht sind – einen Neubau errichten. Nach 1870 geht das Haus in den Besitz von Professor Dr. Johann Jakob Bachofen-Burckhardt, dem berühmten Erforscher des Mutterrechts. Heute ist es Sitz des Erziehungsdepartements.

246

| | |
|---|---|
| Juden, zum roten | Aeschenvorstadt 3 |
| Juden, zum roten | Spalenberg 40 |
| Judenbad, zum | Gerbergäßlein 1 |
| Judenkirchhof, zum | Hirschgäßlein 17 |
| Judenschule | Grünpfahlgäßlein 1 |
| Judensynagoge | Unterer Heuberg 5 |
| Jugendfleiß, zum | Schützengraben 42 |
| Julianahäuslein, zum | Rittergasse 13 |
| Jungbrunnen, zum | Barfüßerplatz 6 |
| Jungfrau, zur | Gerbergasse 15 |
| Jungfrau, zur äußern | Aeschenvorstadt 28 |
| Jungfrau, zur köstlichen | Malzgasse 3 |
| Jungfrauenbrunnen, zum | Barfüßerplatz 6 |
| Jungfrauenbrunnen, zum | Streitgasse 15 |
| Junghansen Mühle | St.-Alban-Tal 1 |
| Justitia, zur | Münsterplatz 14 |
| Justitia, zur | Rheingasse 10 |

| | |
|---|---|
| Käfig, zum | Roßhofgasse 11 |
| Kämmerei, zur | St.-Alban-Graben 6 |
| Kämmerlein, zum | Petersplatz 15 |
| Kämpfer, zum | Freie Straße 69 |
| Kämpfer, zum | Petersberg 28 |
| Känel, zum | Gerbergasse 76 |
| Känel, zum hintern | Lohnhofgäßlein 8/10 |
| Känel, zum obern | Leonhardsberg 1 |
| Känel, zum obern | Lohnhofgäßlein 12 |
| Kaffeehaus | Blumenrain 12 |
| Kaiser, zum | Nadelberg 18 |
| Kaiser, zum | Petersgraben 49 |
| Kaiser, zum | Spalenberg 63 |
| Kaiser Heinrichs Pfrundhaus | Schlüsselberg 13 |
| Kaiser, zum Sigmund | Nadelberg 18 |
| Kaisersberg, zum | St.-Johanns-Vorstadt 14 |
| Kaisersberg, zum | Untere Rebgasse 14 |
| Kaisersberg, zum | Spalenberg 63 |
| Kaisersberg, zum | Webergasse 38 |
| Kaiserschwert, zum | Spalenberg 43/46 |
| Kaiserstuhl, zum | Rheingasse 23 |
| Kaiserstuhl, zum | Rittergasse 35 |
| Kaiserstuhl, zum hintern | Utengasse 22 |

247

246 Fassadenschmuck am Leonhardskirchplatz 2. Die Inschrift ‹Mont Jop› weist auf die Augustinerchorherren vom Großen St. Bernhard hin, die um die Mitte des 13. Jahrhunderts an der Straße ins Elsaß eines ihrer an wichtigen Punkten der Nord-Süd-Verbindung gelegenen Filialhospize unterhielten.

247 Der Imberhof am Andreasplatz 8. Die ruhige Wohnlage des Hauses am hintern Plätzlein muß schon in alter Zeit besonders geschätzt worden sein, haben sich im Laufe der Jahre doch manche Träger berühmter Basler Namen hier niedergelassen, wie Junker Ulrich zum Luft, Bürgermeister Adelberg Meyer, Professor Johannes Bernoulli, Isaac Liechtenhahn und die Handelsleute Stickelberger.

| | | |
|---|---|---|
| Kalb, zum | Bäumleingasse 1 | |
| Kalchhof | Roßhofgasse 7 | |
| Kalhof | Roßhofgasse 9 | |
| Kalt, zum | Spalenvorstadt 42 | |
| Kaltbadanstalt | Rappoltshof 16 | |
| Kaltschmieds Hus | Spalenvorstadt 42 | |
| Kamel, zum | Bäumleingasse 1 | |
| Kamel, zum | Bäumleingasse 15 | |
| Kameltier, zum | Freie Straße 97 | |
| Kammerei, zur | Münsterplatz 2 | |
| Kammerers Hof | Bäumleingasse 18 | |
| Kammerers Hus | Luftgäßlein 3 | |
| Kammerers Hus | Stadthausgasse 15 | |
| Kammrad, zum | Webergasse 12 | |
| Kammradmühle | Webergasse 19/21 | |
| Kampratz Hus | Spalenberg 29 | |
| Kandern, zum | Untere Rheingasse 13 | |
| Kanne, zur roten/schwarzen | Spalenvorstadt 5 | |
| Kanne, zur schwarzen | Lindenberg 13 | |
| Kanne, zur schwarzen | Spalenvorstadt 41 | |
| Kannenbaum, zum | Fischmarkt 15 | |
| Kannenbaum, zum | Schwanengasse 11 | |
| Kanzel, zur | Steinentorstraße 20 | |
| Kanzler, zum | Aeschenvorstadt 1 | |
| Kapelle, zur | Andreasplatz 14 | |
| Kapelle | Elisabethenstraße 55 | |
| Kapelle | St.-Johanns-Vorstadt 73 | |
| Kapelle, zur | Münsterplatz 1 | |
| Kapelle | Peterskirchplatz 9 | |
| Kapelle | Rittergasse 29 | |
| Kapelle | Theodorskirchplatz 6 | |
| Kapitelhaus | Münsterhof 4 | |
| Kapitelhof, zum neuen | Münsterplatz 12 | |
| Kardinal, zum | Freie Straße 36 | |
| Kardinal, zum hintern | Pfluggäßlein 14 | |
| Kardinalshut, zum | Freie Straße 36 | |
| Kargen Hus | Weiße Gasse 20 | |
| Karolspach, zum | Heuberg 20 | |
| Karpf, zum | Lange Gasse 88 | |
| Karren, zum | Spalenvorstadt 21 | |
| Karren, zum halben | Ochsengasse 18 | |
| Karren, zum hintern | Webergasse 16 | |
| Karren, zum großen | Ochsengasse 20 | |
| Karren, zum großen | Webergasse 20 | |
| Karren, zum großen/hintern/vordern | Ochsengasse 16/18 | |
| Karren, zum kleinen | Webergasse 22 | |
| Karren, zum vordern | Webergasse 28 | |
| Karpf, zum | Lange Gasse 88 | |
| Karren, zum obern/untern | Spalenvorstadt 23 | |
| Karren, zum schwarzen | Ochsengasse 17 | |
| Karreneck | Ochsengasse 18 | |
| Karrenhof | Spalenvorstadt 16 | |
| Karrers Hofstatt | Heuberg 6 | |
| Karspach, zum | Rümelinsplatz 11 | |
| Karst, zum | Riehentorstraße 7 | |
| Kartause, zur | Riehentorstraße 2 | |
| Kartauseck, zum | Riehentorstraße 12 | |
| Kartauseckstall | Kartausgasse 4 | |
| Kartausreben | Kartausgasse 8/9/10/15 | |
| Kartausreben | Riehentorstraße 2/10 | |

248

249

248 Männerkopf am Haus zum Knöbel an der Steinenvorstadt 16.

249 Der Mentelinshof am Münsterplatz 14. Das von schmalen hohen Fenstern umrahmte stattliche Portal in vollendeter Spätrokokoschnitzerei betont den hohen Rang der Häuser am Münsterplatz. Mit der Übernahme durch Zunftmeister Hieronymus Mentelin im Jahr 1604 legt sich der ehemalige Eckhof zur Justitia seinen heute noch bekannten Namen zu.

250 Das Kleine Klingental am untern Rheinweg 26. Die Gebäulichkeiten der von 1274 bis 1557 am Kleinbasler Rheinufer niedergelassenen Klingentaler Nonnen dienen seit der Aufhebung des Klosters profanen Zwecken. So 1832 als Choleraspital, 1865 als Blatternspital, 1871 als Lazarett für internierte Franzosen und seit 1939 als Stadt- und Münstermuseum.

| | |
|---|---|
| Kaserne der Standeskompagnie | Theaterstraße 5 |
| Kaßpach, zum | Rümelinsplatz 11 |
| Kater, zum schwarzen | Luftgäßlein 3 |
| St. Katharina, zur | Luftgäßlein 9 |
| Katharinenhof | Münsterplatz 18 |
| Katharinenhof | Neue Vorstadt 2 |
| Katharinenhof | Petersgraben 22/24 |
| Katz, zur hintern | Petersberg 22 |
| Kaufhaus | Freie Straße 12 |
| Kaufhaus | Steinenberg 8/10/12 |
| Kaufhaus, zum neuen | Barfüßerplatz 8 |
| Kauz, zum | Eisengasse 7 |
| Kaysersperg, zum | Spalenberg 63 |
| Keffin, zum | Roßhofgasse 11 |
| Kegelins Hus | Neue Vorstadt 22 |
| Keigers Hus | Gerbergasse 43 |
| Keinemberg, zum | Münsterberg 3 |
| Kelch, zum obern/untern | Augustinergasse 5 |
| Keld, zum | Kohlenberggasse 2/14 |
| Kelle, zur | Pfluggäßlein 5 |
| Kellenberg, zum | Nadelberg 16 |
| Keller, zum | Pfluggäßlein 5 |
| Keller, zum alten/neuen | Rebgasse 16 |
| Keller, zum großen/schönen | Kellergäßlein 7 |
| Keller, zum großen/langen/kalten | Peterskirchplatz 2/3 |
| Keller, zum hohen/langen | Spalenberg 23 |
| Keller, zum kalten | Marktplatz 11 |
| Keller, zum kalten | Petersberg 5/7 |
| Keller, zum kalten | Petersberg 23 |
| Keller, zum kalten/langen | Kellergäßlein 4 |
| Keller, zum kleinen | Ochsengasse 16 |
| Keller, zum kleinen | Webergasse 24 |
| Keller, zum kleinen kalten | Petersberg 38 |
| Keller, zum kleinen/schönen | Ochsengasse 4 |
| Keller, zum langen | Stadthausgasse 25 |
| Keller, zum liechten | Spalenberg 19 |
| Keller, zum neuen | Freie Straße 47 |
| Keller, zum neuen | Spalenberg 23 |
| Keller, zum neuen | Weiße Gasse 1/3 |
| Keller, zum schönen | Greifengasse 17 |
| Keller, zum schönen | Peterskirchplatz 1 |
| Keller, zum schönen | Weiße Gasse 5 |
| Keller, zum steinernen | Schneidergasse 24 |
| Keller, zum tiefen | Schlüsselberg 5 |
| Keller, zum tiefen | Stapfelberg 2 |
| Keller, zum weiten | Untere Rheingasse 2 |
| Kellereck, zum kalten | Kellergäßlein 7 |
| Kellerladen, zum | Heuberg 13 |
| Kellers Hus | Eisengasse 14 |
| Kellers Hus | Utengasse 5/7 |
| Kembel, zum | Bäumleingasse 1 |
| Kempfen, zum | Freie Straße 69 |
| Kempfen, zum | Spalenvorstadt 30 |
| Kempfer, zum | Petersberg 28 |
| Kempshennin, zum | Rheingasse 55 |
| Kerich, zum | St.-Johanns-Vorstadt 44 |
| Kernenbad, zum | Spalenberg 28 |
| Kernenbrötlis Hus | Spalenvorstadt 3 |
| Kernenbrot, zum | Spalenberg 28/30 |
| Kernenturm, beim | Theodorskirchplatz 7 |
| Kertzberg, zum | Freie Straße 2 |
| Kerze, zur | Gerbergasse 77 |
| Kerze, zur | Schneidergasse 2 |
| Kerze, zur | Totengäßlein alt 573 |
| Kerze, zur graden | Schnabelgasse 15 |
| Kerzenberg, zum | Freie Straße 2 |
| Kessel, zum | Münzgäßlein 5/7/9 |
| Kessel, zum schwarzen | Spiegelgasse 3/5/7 |
| Kesselach, zum | Schneidergasse 20 |
| Kesselberg, zum | Rebgasse 18/20 |
| Kesselberg, zum | Riehentorstraße 24 |
| Kessellach, zum | Stadthausgasse 20 |
| Kessen, zum | Rebgasse 40/42 |
| Keßlerin Hus | Rebgasse 42/48 |
| Keßlers Hus | Nadelberg 19 |
| Keßlers Hus | Webergasse 25/27 |
| Keßlers Keller | Münsterberg 1 |
| Kestlach, zum | Aeschenvorstadt 53 |
| Kestlach, zum | Schneidergasse 20 |
| Kestlach, zum hintern | Brunngäßlein 6/8 |
| Kestlach, zum untern | Andreasplatz 2 |
| Kestlach, zum untern | Schneidergasse 20 |
| Kettenhof | Freie Straße 113/115 |
| Kettenhof | Gerbergäßlein 40 |
| Kettenhof, zum neuen | St.-Alban-Vorstadt 72 |
| Kiel, zum | Rebgasse 4 |
| Kiel, zum | Schifflände alt 1520 |
| Kiel, zum goldenen | Marktplatz 15 |
| Kielbrunnen, zum | Streitgasse 12 |
| Kienberg, zum | Barfüßerplatz 11/12 |
| Kienberg, zum | Freie Straße 92/94 |
| Kienberg, zum großen | Barfüßerplatz 10 |
| Kienberg, zum kleinen | Barfüßerplatz 13 |
| Kilchberg, zum | Freie Straße 84 |
| Kilchberg, zum | Greifengasse 14 |

251 Hauszeichen an der Greifengasse 9. Aus Anlaß der Eröffnung seines Geschäftes läßt Bäckermeister Gustav Beck 1926 die Fassade des Neubaus mit dem Abbild einer Garbe aus Stein schmücken.

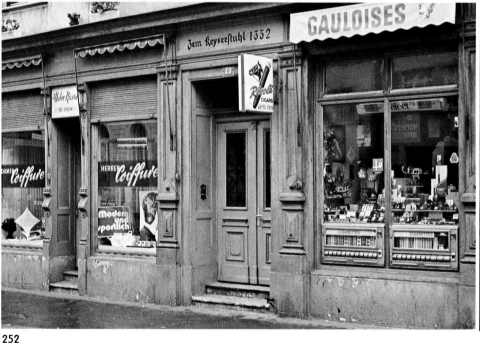

252 Das Haus zum Kaiserstuhl an der Rheingasse 23. Die schon 1352 ‹ze Keyserstul› genannte und dem Kaplan am Altar der Heiligen Drei Könige in der nahen St.-Niklaus-Kapelle zustehende Liegenschaft belehnt 1495 Magister Johannes Amerbach, der berühmte Buchdrucker. 1547 wird dessen Sohn Bonifazius, ‹hochgelehrter Doctor keyserlicher Rechte› und Stifter der weitbekannten Amerbachschen Kunst- und Raritätensammlung, Besitzer des Hauses.

| | | | |
|---|---|---|---|
| 253 | | | |
| Kilchen, zum | Greifengasse 38/40 | Kistenberg, zum | Martinsgasse 4 |
| Kilchen, zum | Rebgasse 2 | Klaue, zur | Kronengasse 10 |
| Kilchmann, zum mittlern | Rheingasse 7 | Klaue, zur | Utnere Rheingasse 8 |
| Kilchmann, zum obern | Rheingasse 9 | Klauen, zu den drei | Kronengäßlein 10 |
| Kilchmann, zum untern | Rheingasse 5 | Klaus, zum | Leonhardsberg 4 |
| Killwarts Hus | St.-Johanns-Vorstadt 25 | Klaus und Kämpfer, zum | Leonhardsstapfelberg 2 |
| Kindeck, zum | Greifengasse 18 | Klause, zur | Leonhardsberg 4 |
| Kinden, zum | Greifengasse 18 | Klause, zur | Leonhardsstapfelberg 2 |
| Kinding, zum | Aeschengraben 28/30/32 | Klaye, zur | Gerbergasse 1 |
| Kindt, zum | Untere Rebgasse 1 | Klecklis Hus | Rheingasse 69 |
| Kirche, zur | Steinenvorstadt 3/11 | Klecklis Hus | Rheingasse 3 |
| Kirchhöflein, zum | Rittergasse 31 | Klee, zum | Kronengasse 10 |
| Kirchhof, zum | Rittergasse 29 | Klee, zum gelben | St.-Johanns-Vorstadt 18 |
| Kirschbaum, zum | Blumenrain 7 | Kleinhansen Mühle | Klingental 1 |
| Kirschbaum, zum | Gemsberg 7/10/12 | Kleinhüningen, zum | Blumenrain 18 |
| Kirschbaum, zum | Heuberg 7 | Kleinkinderschulhaus | Elisabethenstraße 16 |
| Kirschbaum, zum | Rebgasse 20 | Kleinmanns Hus | Gerbergäßlein 30 |
| Kirschbaum, zum | Spalenberg 37 | Klein-Riehen, zum | Riehenstraße 394 |
| Kirschgarten, zum kleinen | Elisabethenstraße 29 | Klettenfels, zum | Rappoltshof 5/7 |
| Kirschgarten, zum kleinen | Imbergäßlein 15 | Klewen, zum | Kronengasse 10 |
| Kirschgarten, zum kleinen | Spalenberg 4 | Klingenberg, zum | Rheingasse 18 |
| Kirschgarten, zum vordern | Elisabethenstraße 27 | Klingental, kleines | Klingental 19 |
| Kirsingers Hus | Schützenmattstraße 10 | Klingental, kleines | Unterer Rheinweg 26 |
| Kiste, zur leeren | Martinsgasse 4 | Klingentaler Badstube | Ochsengasse 15 |

253 Fassadenschmuck am Blumenrain 8. Die lebensgroßen Heiligen Drei Könige (Balthasar, Kaspar und Melchior), die zum Besuch der seit 1681 unter dem Namen ‹zu den Drei Königen› firmierenden ‹Herrenherberge› einladen, sind vermutlich um die Mitte des 18. Jahrhunderts von Gastwirt Johann Christoph Imhoff aufs Podest erhoben worden.

| | | | | |
|---|---|---|---|---|
| Klingentalmühle | St.-Alban-Tal 35 | Königsfeld, zum | Gerbergäßlein 32 | |
| Klingentalmühle | Klingental 2/6/7 | Königsches Haus | St.-Alban-Tal 16 | |
| Klingentalmühle, hintere | Klingental 3/5 | Königsstuhl, zum | Gerbergäßlein 22 | |
| Klingentalmühle, vordere | Klingental 7 | Körblein, zum | Aeschenvorstadt 6 | |
| Klingnau, zum | St.-Johanns-Vorstadt 52/54 | Köstlach, zum hintern/vordern | Aeschenvorstadt 53 | |
| Klösterlein zum | St.-Alban-Vorstadt 56 | Kötzen Hus | Rheingasse 27 | |
| Klösterlein, zum | St.-Johanns-Vorstadt 35 | Kötzingers Hus | St.-Johanns-Vorstadt 60 | |
| Klösterlein, zum | Rebgasse 20 | Kogen, zum | Münzgäßlein 16 | |
| Klösterlein, zum vordern | St.-Alban-Vorstadt 88 | Kogen, zum | Spalenberg 38 | |
| Klösterli, zum | Riehentorstraße 29 | Kogenberg, zum | Barfüßerplatz 15 | |
| Klösterli, inneres | St.-Johanns-Vorstadt 31 | Kohlenberg, zum | Kohlenberg 7 | |
| Klus, zur | Leonhardsberg 4 | Kohler, zum kleinen | Petersberg 38 | |
| Klus, zur | Leonhardsstapfelberg 2/5 | Kohlerhof | Petersgasse 28/30 | |
| Klybeckschlößli | Klybeckstraße 246 | Kohlerhof | Petersgraben 7/9 | |
| Knabengemeindeschulhaus | Nadelberg 2 | Kohlerhof, vorderer | Petersgasse 24/26 | |
| Knabenschule | Luftgäßlein 5 | Kohlischwibbogen, zum | Rittergasse 8 | |
| Knabenschulhaus | Steinenberg 6 | Kolben, zum | Blumenrain 11a | |
| Knabenschule von St. Leonhard | Kanonengasse 1 | Kolben Hus | Nadelberg 32/34 | |
| Knabenschule zu St. Theodor | Kirchgasse 8 | Kolben, zum roten | Schwanengasse 3 | |
| Knebel, zum | Kohlenberggasse 9 | Kolben, zum schwarzen | Gerbergasse 51 | |
| Knebel, zum | Steinenvorstadt 16 | Kolbin, zum | Leonhardsberg 3 | |
| Kneblins Hus | Greifengasse 1 | Koler, zum | Rheinsprung 12 | |
| Knöbel, zum | Steinenvorstadt 16 | Kolmers Hus | Gerbergäßlein 26 | |
| Knopf, zum | Spalenvorstadt 32 | Konstanz, zum großen | Pfluggäßlein 3 | |
| Knopf, zum goldenen | St.-Alban-Vorstadt 3 | Konstanz, zum kleinen | Weiße Gasse 2 | |
| Knopf, zum goldenen | Gerbergasse 74 | Konzlins Hus | Heuberg 32 | |
| Knopf, zum goldigen | Schnabelgasse 4 | Koppen Hus | Aeschenvorstadt 34 | |
| Knopf, zum roten | Nadelberg 49 | Kopf, zum | Nadelberg 28 | |
| Koch, zum | St.-Johanns-Vorstadt 62 | Kopf, zum | Totentanz 2 | |
| Kochhus | Heuberg 27 | Kopf, zum gelben/ goldenen/roten | Freie Straße 59 | |
| Köchlins Hus | St.-Johanns-Vorstadt 56 | Kopf, zum goldenen | St.-Alban-Vorstadt 3 | |
| Köllen, zum | Pfluggäßlein 5 | Kopf, zum goldenen | Augustinergasse 5 | |
| Kölnerhof | Petersgasse 24/28/30 | Kopf, zum goldenen | Gerbergasse 76 | |
| König, zum | Aeschenvorstadt 12 | Kopf, zum goldenen | Schifflände 3 | |
| König, zum | Gerbergäßlein 22/32 | Kopf, zum roten | Nadelberg 49 | |
| König, zum | Greifengasse 18 | Kopf, zum roten | Rheingasse 25 | |
| König, zum | Kronengasse 4 | Kopf, zum roten | Rümelinsplatz 2 | |
| König David, zum | Aeschenvorstadt 12 | Kopf, zum roten | Sattelgasse 3 | |
| König, zum roten | Fischmarkt 9 | Kopf, zum roten | Schifflände alt 1536 | |
| Königsberg, zum | Gerbergäßlein 22/32 | Kopf, zum roten | Schneidergasse 33 | |
| | | Kopf, zum schwarzen | St.-Johanns-Vorstadt 64 | |
| | | Kopf zum schwarzen | Schifflände 8a | |
| | | Korb, zum | Blumenrain 3 | |
| | | Korb, zum | Münsterberg 2 | |
| | | Korb, zum | Sägergäßlein 5 | |
| | | Korb, zum | Schwanengasse 2 | |
| | | Korb, zum | Spiegelgasse 13 | |
| | | Korbers Hus | St.-Alban-Vorstadt 63 | |
| | | Korneck, zum | Freie Straße 91 | |
| | | Korners Hus | Freie Straße 91/97 | |
| | | Kornhaus | Petersplatz 2 | |
| | | Kornhaus | Untere Rebgasse 20/22 | |
| | | Kornhaus | Rheinsprung 10 | |
| | | Kornhaus | Rheinsprung 21 | |
| | | Kornhaus | Spalenvorstadt 2 | |
| | | Kornhaus, inneres | Roßhofgasse 15 | |
| | | Kornhaus, obrigkeitliches | Freie Straße 47 | |
| | | Kornhaus zu Augustinern | Stapfelberg 2/4 | |
| | | Kornmans Hus | Münzgäßlein 11/13 | |
| | | Kornmessers Hus | Peterskirchplatz 2 | |

255

254

254 Hausinschrift an der Riehentorstraße 29. Der Name ‹Klösterlin› erscheint 1610 erstmals in Felix Platters ‹Beschreibung der Statt Basel›, der zugleich den Vermerk anbringt: ‹ist lähr›. Die Hausbezeichnung könnte auf Bastian Brun, Kaplan zu St. Theodor, zurückgehen, der die ‹Hoffstatt mit dem Gärtlin darhinder› am Vorabend der Reformation erworben hatte.

255 Das Haus zur schwarzen Kanne am Lindenberg 13. Während einiger Jahre gehört die Liegenschaft der Witwe des begüterten und händelsüchtigen Cunrat Sintz, Agnes zum Angen, die das ‹Hus zer swartzen Kanne› schließlich als Mitgift in das Steinenkloster einbringt. Ehe sie 1451 als letzte ihres Geschlechts stirbt, stiftet sie zum Seelenheil ihrer Familie vier Messen auf den Dreifaltigkeitsaltar des Konvents.

256 Fassadenschmuck an der Rheingasse 3. Die angebrachte Jahreszahl läßt sich urkundlich nicht belegen. Auch die Herkunft des 1862 erstmals genannten Hausnamens zum Kupferturm liegt im dunkeln. Bis 1674 bestand die Liegenschaft aus zwei Häusern: dem ‹Hennenberg› und dem Klecklis Hus.

| | |
|---|---|
| Kornschütte | Rheinsprung 10 |
| Koserlins Hus | Schneidergasse 31 |
| Kotzens Hus | Rheingasse 27 |
| Krähe, zur | Spalenvorstadt 13 |
| Krähe, zur schwarzen | Spalenvorstadt 39 |
| Krämer, zum kleinen | Eisengasse 8 |
| Kränzlein, zum | Freie Straße 1 |
| Kränzlein, zum | St.-Johanns-Vorstadt 39 |
| Kränzlein, zum | Marktplatz 14 |
| Kränzlein, zum | Schifflände 7/9 |
| Kränzlein, zum | Spalenberg 46 |
| Kränzlein, zum | Spalenberg 52/54 |
| Kränzlein, zum grünen | Spalenberg 39 |
| Krätzen, zum | Elisabethenstraße alt 925 |
| Kraftshof | Augustinergasse 4/6/8 |
| Krafts Hus | Heuberg 32 |
| Kranich, zum | Sporengasse 2 |
| Kranich, zum goldenen/ großen/kleinen | Freie Straße 18/20 |
| Kranichstreit, zum | Rheinsprung 7 |
| Krankwerks Mühle | Untere Rheingasse 14 |
| Krauel, zum roten | Webergasse 34 |
| Krautbädlein | Badergäßlein 6 |
| Krayel, zum | Greifengasse 9 |
| Krayel, zum | Hutgasse 6 |
| Krebs, zum | Gerbergasse 20/22 |
| Krebs, zum hintern | Gerbergäßlein 23 |
| Krebs, zum hintern/roten/ vordern | Gerbergasse 52 |
| Krebs, zum roten | Aeschenvorstadt 18 |
| Krebs, zum roten | Gerbergäßlein 21 |
| Krebs, zum roten | Greifengasse 5 |
| Krebsers Hüser | St.-Johanns-Vorstadt 67 |
| Kreuel, zum | Greifengasse 9 |
| Kreuz, zum | Blumenrain 7 |
| Kreuz, zum | Freie Straße 64 |
| Kreuz, zum | St.-Johanns-Vorstadt 2 |
| Kreuz, zum | St.-Johanns-Vorstadt 16 |
| Kreuz, zum | St.-Johanns-Vorstadt 25/28 |
| Kreuz, zum | St.-Johanns-Vorstadt 72 |
| Kreuz, zum | Spalenberg 48 |
| Kreuz, zum | Totentanz 5 |
| Kreuz, zum gelben | Gerbergäßlein 30 |
| Kreuz, zum gelben | St.-Johanns-Vorstadt 20 |
| Kreuz, zum gelben | Totentanz 15 |
| Kreuz, zum goldenen/ heiligen | Augustinergasse 15 |
| Kreuz, zum heiligen/kleinen | St.-Johanns-Vorstadt 61 |
| Kreuz, zum roten | Ochsengasse 11 |
| Kreuz, zum schwarzen | St.-Johanns-Vorstadt 27 |
| Kreuz, zum schwarzen | St.-Johanns-Vorstadt 36 |
| Kreuz, zum schwarzen | Spiegelgasse 3/5/7 |
| Kreuz, zum schwarzen | Totentanz 10 |
| Kreuz, zum steinernen | Schützenmattstraße 12/14/16/17 |
| Kreuz, zum steinernen | Spalenvorstadt 29 |
| Kreuz, zum weißen | St.-Johanns-Vorstadt 30 |
| Kreuz, zum weißen | St.-Johanns-Vorstadt 52 |
| Kreuz, zum weißen | Ochsengasse 13 |
| Kreuz, zum weißen | Rheingasse 8 |
| Kreuz, zum weißen | Spalenvorstadt 38 |
| Kreuz, zum weißen | Totentanz 9 |
| Kreuzberg, zum | Gerbergäßlein 30 |
| Kreuzberg, zum | Leonhardsberg 4 |
| Kreuzberg, zum | Leonhardsstapfelberg 2 |
| Kreuztor | Blumenrain 29 |
| Krewen, zum | Hutgasse 6 |
| Kreyenberg, zum | Spalenvorstadt 13 |
| Kreygen, zum schwarzen | Hutgasse 4 |
| Krezenberg, zum | Elisabethenstraße alt 925 |
| Krezenberg, zum | Hutgasse 4 |
| Krezenberg, zum | Ochsengasse 6/8 |
| Kriechbaum, zum | Blumenrain 7 |
| Kriechen, zum | Bäumleingasse 20 |
| Krieg, zum | St.-Johanns-Vorstadt 76 |
| Krippe, zur | St.-Alban-Vorstadt 70 |
| Krippe, zur | Freie Straße 83 |
| Kröbel, zum | Kohlenberggasse 9 |
| Kröbel, zum | Steinenvorstadt 16 |
| Krösenbad, zum | Ochsengasse 13 |
| Krösenherberge | Ochsengasse 10 |
| Krösmuleck, zum | Ochsengasse 10 |
| Krone, zur | Freie Straße 45 |
| Krone, zur | Lindenberg 1 |
| Krone, zur | Rheingasse 7 |
| Krone, zur | Schifflände 5 |
| Krone, zur goldenen | Steinentorstraße 12 |
| Kroneck, zum | Luftgäßlein 1 |
| Kronen, zu den drei | Rheingasse 29 |
| Kronenberg, zum | Freie Straße 45 |
| Kronenberg, zum | Untere Rebgasse 3 |
| Kronenberg, hinterer | Eisengasse 28 |
| Kronenberg, zum niedern/ obern | Rheingasse 29 |
| Kronenberg, zum obern | Eisengasse 30 |
| Kronenberg, zum untern | Eisengasse 32 |
| Krüpfe, zur | Freie Straße 85 |
| Krug, zum schwarzen | Spiegelgasse 3/5/7 |
| Krugscher Fideicommiß | Spalenvorstadt 30 |
| Kruttbedlin, zum | Badergäßlein 6 |
| Kuchi, zur | Petersberg 22 |
| Küche, zur alten | Claraplatz 1 |
| Küchlintheater | Steinenvorstadt 55 |
| Küferhaus | Gemsberg 9 |
| Küng, zum | Gerbergäßlein 22/32 |
| Küngs Hus | Aeschenvorstadt 38 |
| Küngstul, zum | Rebgasse 16 |
| Kürschnerlaube | Sporengasse 16 |
| Kürschners Mühle | St.-Alban-Tal 1 |
| Kürschnernzunft | Gerbergasse 14 |
| Küyenberg, zum | Rittergasse 9 |
| Kugel, zur roten | Blumenrain 13 |
| Kugel, zur schwarzen | Barfüßerplatz 15 |
| Kugel, zur schwarzen | Gerbergasse 89 |
| Kugelhut, zum roten | Fischmarkt 16 |
| Kugelins Hus | Neue Vorstadt 12 |
| Kulmis Hus | Nadelberg 45 |
| St. Kunigunde, zur | Nonnenweg 21 |
| Kunsthalle | Steinenberg 7 |
| Kuonen Hus | Eisengasse 11/13 |
| Kupferberg, zum | Freie Straße 97 |
| Kupfernagel, zum | Sattelgasse 7 |
| Kupfernagel, zum | Steinenvorstadt 27 |
| Kupferschmiede | Bäumleingasse 1 |

257 Die Krähe am Gesellschaftshaus zur Krähe an der Spalenvorstadt 13. Das Emblem der Vorstadtgesellschaft zur Krähe stammt vom alten Korporationshaus, das die in einer Art Wachtorganisation zusammengeschlossenen Spalener 1442 errichteten und 1816 durch einen Neubau ersetzten.

| | |
|---|---|
| Kupferschmieds Hus | Schneidergasse 25 |
| Kupferschmieds Hus | Sattelgasse 16 |
| Kupferturm, zum | Freie Straße 41 |
| Kupferturm, zum | Rheingasse 3 |
| Kupferturm, zum großen | Eisengasse 7 |
| Kupferturm, zum kleinen | Eisengasse 16 |
| Kupferturm, zum obern/vordern | Untere Rheingasse 5 |
| Kupferturm, zum untern | Untere Rheingasse 7 |
| Kusters Hus | Mühlenberg 12 |
| Kustoshaus | Nadelberg 2 |
| Kustoshaus | Peterskirchplatz 8 |
| Kuttelhaus | Münzgäßlein 17 |
| Kutty, zum | Grenzacherstraße 213 |
| Kutzers Hus | Nadelberg 19 |

| | |
|---|---|
| Lachs, zum | Fischmarkt 7 |
| Lachs, zum | Rheingasse 42 |
| Lachs, zum | Rheingasse 46 |
| Laden, zum mittleren | Sporengasse 4 |
| Lällekönig, zum | Schifflände 1 |
| Lämmlein, zum | Aeschenvorstadt 32 |
| Lämmlein, zum | Blumenrain 2 |
| Lämmlein, zum | Freie Straße 91 |
| Lämmlein, zum | St.-Johanns-Vorstadt 70 |
| Lämmlein, zum | Leonhardsstapfelberg 1 |
| Lämmlein, zum | Münzgäßlein 8 |
| Lämmlein, zum | Roßhofgasse 13 |
| Lämmlein, zum | Spalenberg 23 |
| Lämmlein, zum | Sporengasse 5 |
| Lämmlein, zum | Totentanz 1 |
| Lämmlein, zum | Webergasse 5 |
| Lämmlein, zum blauen | Steinenvorstadt 40 |
| Lämmlein, zum goldenen | Gerbergasse 82 |
| Lämmlein, zum grünen | Spalenberg 5 |
| Länderle, zum | Rheingasse 35 |
| Läpplins Stall | Aeschenvorstadt 15 |
| Lalishof | Petersgraben 18/22 |
| Lallo, zum | Petersgraben 18 |
| Lallosturm, zum | Freie Straße 45 |
| Lambers Hus | Schützenmattstraße 7 |
| Lamm, zum | Barfüßerplatz alt 708 |
| Lamm, zum blauen | Steinenvorstadt 40 |
| Lamm, zum goldenen | Gerbergasse 2 |
| Lamm, zum goldenen | Rebgasse 16 |
| Lamm, zum heiligen | Gerbergasse 78/80 |
| Lamm, zum obern | Spalenberg 25/27 |
| Lampartereck | Weiße Gasse 19/21 |
| Landau, zum | Gerbergasse 45 |
| Landauer, zum | Grenzacherstraße 419 |
| Landeck, zum kleinen | Eisengasse 4 |
| Landeck, zum niedern | Schifflände 3 |
| Landeck, zum obern | Eisengasse 2 |
| Landeck, zum untern | Schifflände 1 |
| Landeckerhof | Rittergasse 17 |
| Landenbergerhof | Rheinsprung 17/18 |
| Landenbergerhof | Rittergasse 20 |
| Landern, zum | Gerbergasse 69 |
| Landgut an der mittleren Straße | Mittlere Straße 105 |
| Landser, zum | St.-Alban-Vorstadt 6 |
| Landser, zum | Schlüsselberg 15 |
| Landshut, zum | Heuberg 22 |
| Landsperg, zum | St.-Johanns-Vorstadt 3 |
| Landvogtei, zur | Rebgasse 12/14 |
| Landvogts Hus | Spalenvorstadt 19 |
| Langental, zum | Petersberg 30/32 |
| Langmessers Hofstatt | St.-Alban-Vorstadt 4 |
| Langstoffels Hus | Neue Vorstadt 6 |
| Largen, zum | St.-Johanns-Vorstadt 2 |
| Laßburg, zur niedern/untern | Hutgasse 17 |
| Last, zur schweren | Petersberg 35 |
| Laterne, zur | Blumenrain 9 |
| Laterne, zur | Nadelberg 30 |
| Laterne, zur | Spiegelgasse 3 |

258 Das Haus zum Fleckenstein am Münsterplatz 13. Das schlanke ‹Orthus› (Eckhaus) mit dem typischen elsässischen Krüppelwalmgiebel und dem auskragenden Obergeschoß gilt als der vermutlich älteste Riegelbau Basels. Es ist seit spätestens 1601 dem Münstersigrist als Amtssitz zugewiesen.

| | | | |
|---|---|---|---|
| Laterne, zur | Steinentorstraße 31 | St-Leonhards-Spital | Leonhardsberg 1 |
| Lattfuß, zum | Aeschenvorstadt 4/6 | Leopard, zum | Rittergasse 27 |
| Lattfuß, zum | Elisabethenstraße 4 | Leopard, zum | Sporengasse 6 |
| Laub, zum grünen | Roßhofgasse 13 | Leopard, zum | Stadthausgasse 9 |
| Laubberg, zum | Greifengasse 1 | Lerche, zur | Schifflände 3 |
| Laube, zur | Grenzacherstraße 136 | Lerche, zur | Totentanz 16 |
| Laube, zur | Sporengasse 14 | Lerchenberg, zum | Ochsengasse 3 |
| Laubeck, zum | Imbergäßlein 23 | Lesegesellschaft | Münsterplatz 8 |
| Laubeck, zum | Schneidergasse 28 | Lesserstor, beim | Lindenberg 8/12 |
| Lauchers Hus | Schützenmattstraße 7 | Lesserstürli, beim | Riehentorstraße 4 |
| Laufen, zum | Heuberg 12/13 | Letten, zum | Neubadstraße 5 |
| Laufen, zum | Rebgasse 42 | Letwolf, zum | Freie Straße 26 |
| Laufenberg, zum | Blumenrain 24 | Leublins Haus | Roßhofgasse 13 |
| Laufenburg, zum | Gerbergasse 18 | Leuchtenberg, zum | Gerbergasse 37 |
| Laufenburg, zum | Unterer Heuberg 2/4 | Leuchter, zum | Leonhardsstapfelberg 5 |
| Laufenburg, zur Stadt | Blumenrain 24 | Leutpriesterei | Heuberg 27 (gegenüber) |
| Laufenhof | Petersgasse 22 | Licht, zum niedern | Spalenberg 8 |
| Laufenhof | Petersgasse 36/38 | Licht, zum obern | Spalenberg 10 |
| Laufen Hus | St.-Johanns-Vorstadt 20 | Lichtenberg, zum | Greifengasse 7 |
| Lauhof | Steinenvorstadt 58/60 | Lichtenberg, zum | Petersberg 23 |
| Laus, zur goldenen | Spalenvorstadt 29 | Lichteneck, zum | Elisabethenstraße 1 |
| Laute, zur | Marktplatz 15 | Lichtenfels, zum | Blumenrain 22 a |
| Laute, zur | Rebgasse 45 | Lichtenfelserhof | Münsterberg 7/9 |
| Laute, zur goldenen | Blumenrain 3 | Lichtensteg, zum | Stadthausgasse 2 |
| Lautenburg, zur | Gerbergasse 37 | Lichtenstein, zum | Greifengasse 7 |
| Lautengarten, zum | Malzgasse 28/30 | Lichtenstein, zum | Totengäßlein alt 572 |
| Lechbart, zum | Sporengasse 6 | Lichtenstein, zum obern/ unterm | Stadthausgasse 2 |
| Lederwalke | Sägergäßlein 3 | Liebburg, zur | Nadelberg 30 |
| Legellers Hus | Marktplatz 9 | Liebeck, zum | Eisengasse 25 |
| Lehr, zum | Münzgäßlein 20 | Liebeck, zum | Nadelberg 30 |
| Lehrerwohnung | Augustinergasse 9/13/15 | Liebenstein, zum | Gemsberg 8 |
| Lehrerwohnung | Bäumleingasse 11 | Liebenstein, zum | Heuberg 8 |
| Lehrerwohnung | Rheinsprung 17 | Lieberg, zum | Eisengasse 25 |
| Lehrerwohnung | Rittergasse 6 | Lieberts Hus | Nadelberg 30 |
| Lehrerwohnung | Rümelinsplatz 17 | Liechtenfelserhof | Dufourstraße 9/11 |
| Leichenhaus | Elisabethenstraße 59 | Liechentenfelserhof, zum neuen | Dufourstraße 21 |
| Leichenhaus | Mittlere Straße 4 | Liechtenstein, zum neuen | Gartenstraße 59 |
| Leimen, zum | Freie Straße 86 | Lielburg, zur | Nadelberg 30 |
| Leimen, zum | Rheingasse 53 | St. Lienhardsberg, auf | Leonhardsstraße 2 |
| Leimen, zum | Sporengasse 4 | St. Lienharts Badstube | Lohnhofgäßlein 4 |
| Leimenberg, zum | Leonhardsgraben 17 | St. Lienhartsgarten, zum | Leonhardsstraße 1 |
| Leimenberg, zum | Spalenberg 51 | St. Lienhardts-Türlin, vor | Leonhardsstraße 2 |
| Leimenhof | Gemsberg 12 | Liesberg, zum | Freie Straße 57 |
| Leimenhof | Heuberg 3/7 | Liesberg, zum | Petersberg 23 |
| Leimenhof | Leonhardsgraben alt 367 | Ließenkeller, zum | Spalenberg 19 |
| Leimentor | Leonhardsgraben alt 367 | Liestal, zum | Petersgasse 4 |
| Leimers Hus | Münzgäßlein 26 | Liestals Keller, zum | Riehentorstraße 33 |
| Leimers Mühle | St.-Alban-Tal 1 | Lilie, zur | Freie Straße 32 |
| Leinlachen, zum weißen | Webergasse 21 | Lilie, zur gelben | St.-Johanns-Vorstadt 18 |
| Leiter, zur | St.-Johanns-Vorstadt 23/25 | Lilie, zur goldenen | Freie Straße 5 |
| Leiter, zur | Weiße Gasse 5 | Lilienberg, zum | Greifengasse 21 |
| Leiter, zur langen | Gerbergäßlein 29 | Lilienberg, zum | Spalenberg 7 |
| Leiter, zur langen | Gerbergasse 60 | Lilienhof | Gellertstraße 9 |
| Leiter, zur langen | Schneidergasse 19 | Limburg, zum | Leonhardsgraben 17 |
| Leiter, zur niedern | Schneidergasse 21 | Limburg, zum | Spalenberg 51 |
| Leiter, zur obern | Schneidergasse 23 | Lindau, zum | Gerbergasse 45 |
| Lemblins Hus | Sporengasse 5 | Lindau, zum | Rheingasse 48 |
| Lengelins Hus | Untere Rebgasse 12/14 | Linde, zur | Eisengasse 23 |
| Lenzburg, zur | Greifengasse 32 | Linde, zur | Lindenberg 1/5 |
| St. Leonhard, zum | Heuberg 50 | Linde, zur | Pfluggäßlein 12 |
| St. Leonhard, zum | Leonhardsgraben 52 | | |
| St. Leonhardsgarten, zum | Leonhardsstraße 1 | | |

259

*Sinnspruch*

Wer auff Erden hatt waß er will
Und hatt vor ihm kein ander zill,
Der ist ein Thor und ist nicht weiß,
Kompt auch nicht in das paradeiß.

Jakob Meyer (1590–1622)

▶

259 *Hauszeichen am Nonnenweg 21. Die Marmortafel mit der Kaiserin Kunigunde, Basler Stadtheilige und Schutzpatronin des Katholischen Frauenbundes, ist 1966 nach einem Entwurf von Dorothea Hofmann angefertigt worden.*

260 *Fassadenschmuck am untern Rheinweg 46. Das den wilden Mann, eines der drei Kleinbasler Ehrenzeichen, darstellende Mosaik hat Bildhauer Otto Meyer in den 1920er Jahren geschaffen.*

| | |
|---|---|
| Linde, zur | Rheingasse 7 |
| Linde, zur | Rheingasse 17/19 |
| Linde, zur | Rheingasse 43/48 |
| Linde, zur | Utengasse 41 |
| Lindeck, zum | Schafgäßlein 2 |
| Linden, zum | Schafgäßlein 4 |
| Linden, unter den | Münsterplatz 5/6/7 |
| Lindenbaum, zum | Utengasse 58 |
| Lindenfels, zum | Freie Straße 77/79 |
| Lindenhof | Kohlenberg 19 |
| Lindenhof | Lindenweg 6 |
| Lindenhof | Steinengraben 55 |
| Lindenstein, zum | Rheingasse 17/19/48 |
| Lindenturm, zum | Mühlenberg alt 1326 |
| Lindlin, zum | Neue Vorstadt 32 |
| Lindoc, zum | Rheingasse 19 |
| Linsis, zum | Spalenvorstadt 34 |
| Linsmeisters Hus | Klingental 11 |
| Lippismühle | St.-Alban-Tal 1 |
| Lisettli, zum | Spalenberg 5 |
| Lobenberg, zum | Gerbergasse 89 |
| Loch, im | Barfüßergasse 1 |
| Loch, im | Freie Straße 2 |
| Loch, zum | Totengäßlein 3 |
| Löblis Hus | Roßhofgasse 13/15 |
| Löblis Hus | Sattelgasse 3 |
| Löchlein, zum | Barfüßergasse 1 |
| Lörchen, zum | St.-Johanns-Vorstadt 2 |
| Lörrach, zum | St.-Alban-Vorstadt 25 |
| Lörrach, zum | Barfüßerplatz 3 |
| Lörrach, zum | Greifengasse 15/17 |
| Lörrach, zum | Hutgasse 13 |
| Lörrach, zum | St.-Johanns-Vorstadt 22 |
| Lörrach, zum | Nadelberg 39 |
| Lörrach, zum | Ochsengasse 3 |
| Lörrach, zum | Weiße Gasse 28 |
| Lörtschers Hus | St.-Alban-Vorstadt 28 |
| Löschburg, zur | Münzgäßlein 3 |
| Löwelin, zum | Totentanz 7 |
| Löwen, zum | St.-Alban-Tal 23/31 |
| Löwen, zum | Heuberg 2 |
| Löwen, zum | Spalenvorstadt 22/24 |
| Löwen, zum | Sporengasse 1 |
| Löwen, zum | Sternengasse 38 |
| Löwen, zum gelben | Steinenvorstadt 59 |
| Löwen, zum gelben/goldenen | Aeschenvorstadt 4 |
| Löwen, zum gelben/goldenen/roten | Greifengasse 13 |
| Löwen, zum goldenen | St.-Alban-Vorstadt 36/38 |
| Löwen, zum goldenen | Elisabethenstraße 3 |
| Löwen, zum goldenen | Heuberg 2 |
| Löwen, zum goldenen | Malzgasse 24 |
| Löwen, zum goldenen | Rheingasse 39/43 |
| Löwen, zum goldenen/roten | Greifengasse 18 |
| Löwen, zum großen/kleinen/obern/roten | Freie Straße 31 |
| Löwen, zum grünen | Kronengasse 10 e |
| Löwen, zum hintern | Utengasse 12 |
| Löwen, zum hintern/roten/weißen | Petersberg alt 181 |
| Löwen, zum hohen gelben/hintern | Steinenvorstadt 61 |
| Löwen, zum kleinen | Aeschenvorstadt 51 |
| Löwen, zum kleinen | Badergäßlein 3 |
| Löwen, zum kleinen gelben | Greifengasse 10 |
| Löwen, zum kleinen/goldenen | Gerbergasse 4 |
| Löwen, zum obern/goldenen | Freie Straße 14 |
| Löwen, zum roten | Aeschenvorstadt 49 |
| Löwen, zum roten | Brunngäßlein 4 |
| Löwen, zum roten | Petersberg 18 |
| Löwen, zum roten | Rheingasse 7 |
| Löwen, zum roten | Webergasse 38 |
| Löwen, zum schwarzen | Streitgasse 6 |
| Löwen, zum silbernen | Greifengasse 11 |
| Löwen, zum untern/goldenen | Freie Straße 12 |
| Löwen, zum weißen | Schwanengasse 16 |
| Löwenberg, zum | Aeschenvorstadt 28 |
| Löwenberg, zum | Aeschenvorstadt 35 |
| Löwenberg, zum | Aeschenvorstadt 49/51 |
| Löwenberg, zum | Eisengasse 17 |
| Löwenberg, zum | Greifengasse 10 |
| Löwenberg, zum | Heuberg 26/28 |
| Löwenberg, zum | Martinskirchplatz 11 |
| Löwenberg, zum | Spalenberg 50 |
| Löwenberg, zum | Spalenberg 56 |
| Löwenberg, zum hintern | Martinsgasse 11 |
| Löwenberg, zum mittleren | Aeschenvorstadt 26 |
| Löwenberg, zum niedern | Aeschenvorstadt 49 |
| Löwenbergerhof | St.-Alban-Vorstadt 30/32 |
| Löwenbergerhof | Petersgasse 24/26/28/30 |
| Löwenbergshof | Münsterplatz 13 |
| Löwenbergshof | Petersgasse 5/7 |
| Löwenburg, zur | Eisengasse 19/36 |
| Löwenburg, zur | Greifengasse 10 |
| Löwenfels, zum | Steinenvorstadt 36 |
| Löwenfels, zum äußern | Steinenvorstadt 38 |
| Löwenfelserhof, hinterer | Steinenbachgäßlein 28 |
| Löwengrube, zur | Heuberg 2 |
| Löwengrube, zur | Leonhardsgraben 19 |
| Löwenhofstatt | Riehentorstraße 33 |
| Löwenkopf, zum gelben | Rittergasse 6 |
| Löwenmühle | St.-Alban-Tal 31 |
| Löwenpurs, zum | Blumenrain 34 |
| Löwenschar, zum | Steinenvorstadt 59 |
| Löwenschlößlein, zum | Nadelberg 7 |
| Löwenschlößlein, zum | Totengäßlein 9/11 |
| Löwenschmiede | Untere Rheingasse 15 |
| Löwenstein, zum | Gerbergasse 61 |
| Löwenstein, zum | Leonhardsstapfelberg 3 |
| Löwenstein, zum | Petersberg 7 |
| Löwenstein, zum | Spalenberg 14 |
| Löwenstein, zum | Spalenberg 56/58 |
| Löwenzorn, zum | Gemsberg 2/4 |
| Löwlein, zum | Badergäßlein 3 |
| Löwlis Hus | Leonhardsstapfelberg 1 |
| Lohhof | Steinenvorstadt 58/60 |
| Lohmühle | Hammerstraße 2/4 |
| Lohnhof | Leonhardskirchplatz 3 |
| Lorbeerbaum, zum | Sattelgasse 20/22 |

261

*Sinnspruch*

Hier schwangen einst ihr
  tapfer Schwert
Die Väter – ach da floß zur Erd
Ihr Blut zum Heil der Söhnen.
Wir schwingen hier recht
  tapfer auch
Die Gläser – ha dann fließt
  in Bauch
Uns Wein – aufs Wohl
  der Schönen!

Wernhard Huber
(1753–1818)

261 Hauszeichen am Schlüsselberg. Vermutlich seit 1540 besaß Basel in der Herrenherberge zum Wilden Mann an der Freien Straße 35 einen der bekanntesten Gasthöfe weit und breit, dessen ‹Wirtshausschild nach dem Abbruch Anno 1901 an die Hinterfassade versetzt wird›.

| | |
|---|---|
| Lorbeerkranz, zum | Heuberg 17 |
| Lorbeerkranz, zum | Neue Vorstadt 10 |
| Lorbeerkranz, zum | Schafgäßlein 3 |
| Lorenzenberg, zum | Ochsengasse 10 |
| Losberg, zum obern | Hutgasse 17 |
| Losers Hus | St.-Alban-Tal 34/36 |
| Losers Mühle | St.-Alban-Tal 39 |
| Losers Scheune | St.-Alban-Tal 34/36 |
| Loubers Hus | Fischmarkt 1 |
| Louchers Hüser | Pfluggäßlein 15 |
| Luchs, zum | Freie Straße 70 |
| Luchs, zum | Stadthausgasse 7/9 |
| Lübeck, zum | Sporengasse 1 |
| Lüderlin, zum | Mühlenberg 5 |
| Lüphenstein, zum | Heuberg 48 |
| Lüpolt, zum | Gerbergasse 85 |
| Lütingen, zum | Gerbergasse 79 |
| Lütoldsdorf, zum | Gerbergasse 78 |
| Lütoldsdorf, zum | Steinenvorstadt 37 |
| Lützel, zum | Gerbergäßlein 18 |
| Lützel, zum | Heuberg 21 |
| Lützelburg, zur | Gerbergasse 65 |
| Lützelburg, zur | Nadelberg 30 |
| Lützelgarten, zum | Riehentorstraße 2 |
| Lützelhof | Freie Straße 35 |
| Lützelhof | Schlüsselberg 7/9 (gegenüber) |
| Lützelhof | Spalenvorstadt 11 |
| Lützelhof, zum kleinen | Spalenvorstadt 9 |
| Lützelstein, zum | Petersberg 6 |
| Lützelstein, zum | Schwanengasse 20 |
| Luft, zur | Bäumleingasse 18 |
| Luft, zur | Luftgäßlein 2/4 |
| Luft, zur | Schwanengasse 7 |
| Luft, zur | Stiftsgasse 4 |
| Luft, zur hintern/vordern | Augustinergasse 3 |
| Luft, zur hohen | St.-Alban-Vorstadt alt 1321/1322 |
| Lufteck, zum | Ochsengasse 11 |
| Luftmatt | St.-Jakobs-Straße 99 |
| Luginsland, zum | Aeschenvorstadt 6 |
| Luginsland, zum | Spitalstraße 11/13 |
| Lupenhofers Hus | Rappoltshof 10/12 |
| Lupolds Hus | Gerbergasse 65 |
| Lurtsch, zum | Schnabelgäßlein 15/17 |
| Lutenbach, zum hintern | Stiftsgasse 7 |
| Lutenbachhof | Münsterhof 2/4 |
| Lutenbachhof | Rittergasse 2 |
| Luterbach, zum | St.-Johanns-Vorstadt 16/18 |
| Luterbach, zum | Petersgraben 35/37 |
| Luterbachs Hus | Petersgraben 22 |
| Luterburg, zum | Gerbergasse 57 |
| Lutrichs Hus | Grünpfahlgäßlein 8 |
| Luzela, zum | Petersgasse 50/52 |
| Luzernen, zum | Blumenrain 9 |
| Lysbüchel, auf dem | Elsässerstraße 161 |
| Lyß, zur | Auf der Lyß 14 |

| | |
|---|---|
| Macellum, zum | Fischmarkt 17 a |
| Madbach, zum | St.-Johanns-Vorstadt 22 |

262 Das Haus zum Mörsberg am Heuberg 24. Auf Geheiß des Rats baut 1671 Zimmermann Adam Nußbaumer die abgebrannte Liegenschaft des Malers Bernhard Beck wieder auf. Für Fertigstellung des mit 120 Gulden dotierten Auftrags setzt ihm die Obrigkeit eine Baufrist von 10 Wochen!

| | | | | |
|---|---|---|---|---|
| Madebach, zum | Schneidergasse 26 | Marbach, zum | Bäumleingasse 13 | *Lebensweisheit* |
| Mädchenschule | Rheingasse 84 | Marbach, zum | Blumenrain 34 | |
| Mädchenschule | | Marbach, zum | Rittergasse 10 | Ohn leyden lebt kein mensch uf erdt, |
| zu St. Leonhard | Kohlenberggasse 2 | Marbach, zum | Schneidergasse 26 | Umb leyden niemandt z'leben b'gerdt. |
| Mädchenschulhaus | Steinenberg 4 | Marder, zum | Gerbergasse 87 | |
| Mädchenschulhaus | Theodorskirchplatz 3 | Marder, zum roten | St.-Alban-Vorstadt 25 | |
| Mädchenschulhaus, katholisches | Riehentorstraße 5 | Margaretha, zum der Tal der seligen | Theodorskirchplatz 7 | Halt den Kragen warm, Füll nicht zu voll den Darm, |
| Mädchenschulhaus der Münstergemeinde | Rittergasse 1 | Markgräfischerhof, alter Markgräfischerhof, | Rheinsprung 24 | Thu der Greden nicht zu nache, So wirst du nicht bald grauw. |
| Mägd, zur | Barfüßergasse 4 | hinterer alter | Martinsgasse 9 | |
| Mägd, zur | St.-Johanns-Vorstadt 23 | Markgräfischerhof, | | Wer durch die Finger sehen kann, |
| Mägd, zur | St.-Johanns-Vorstadt 29 | mittlerer alter | Martinsgasse 11 | Wen sein fraw winckt eim andern Man |
| Mägd, zur kleinen | St.-Johanns-Vorstadt 14 | Markgräflerhof | Neue Vorstadt 2/4 | Da lacht die Katz die Maus süsz an. |
| Mägdeburg, zur | Nadelberg 5 | Markgräflerhof, kleiner | Augustinergasse 17 | |
| Mägerlin, zum | Augustinergasse 4 | Markgrafenhof | Augustinergasse 17/19 | |
| Männlein, zum weißen | Gerbergäßlein 16 | Marklismühle | Mühlenberg 24 | Welche mit jagwerck vil gehen umb, |
| Magd, zur | Barfüßergasse 1 | Marschalksturm, zum | Rheinsprung 24 | Die werden gmeinlich wild und thumb, |
| Magdeburg, zu | Nadelberg 5 | Marstall, zum | Luftgäßlein 9 | Mancher auf hundt wendt geldt und guott, |
| Magsomen, zum | Riehentorstraße 15 | Marstall, zum | Roßhofgasse 9 | Und kompt dardurch in grosz armuot. |
| Magstatt, zum | Freie Straße 8 | Marstall, zum | Theaterstraße 11 | |
| Magstatt, zum | Gerbergasse 7 | Marthastift | Peterskirchplatz 1 | |
| Magstatt, zum | Hutgasse 20 | St. Martin, zum | St.-Alban-Vorstadt 17 | Mannes Kunst ist behendt, |
| Magstatt, zum niedern | Freie Straße 4 | St. Martin, zum | Spalenberg 60 | Frauwen List hatt kein Endt, |
| Magstatt, zum obern | Freie Straße 6 | St. Martinshaus | Totengäßlein 9/11 | Selig ist der Mann, |
| Magstatt, zum | Spalenvorstadt 3 | Martinshügel, zum | Freie Straße 3 | Der sich vor Weiberlist hüeten kan. |
| Mahlmühle | St.-Alban-Tal 2 | Martins Hus | Schützenmattstraße 12 | |
| Mahlmühle | Sägergäßlein 2 | St. Martinskirchhof, unter | Rheinsprung 4 | |
| Mailand, zum | Rheinsprung 17/19 (gegenüber) | St. Martins Pfrundhaus | Rittergasse 21 | Einn starkher undt gesunder Lyb, |
| Mailand, zum | Schneidergasse 9 | Marx-Schürlin, zum | Heuberg 12 | Ein frommes und holdsäligs Wyb, |
| Mailand, zum großen | Streitgasse 14 | Maser, zum | Eisengasse 21 | Guot Geschrey undt auch Bargäldt |
| Mailand, zum kleinen | Streitgasse 16 | Materialverwaltung | Heumattstraße 1 | Is jetzt das Best in diszer Wäldt. |
| Malefizen, zum | Malzgasse 1 | Matten, zu den | St.-Alban-Vorstadt 16 | |
| Malertrinkstube | Schlüsselberg 5/7/8 | Matten, zu den grünen | Aeschenvorstadt 28 | Jakob Götz (1555–1614) |
| Manen, zum | Gerbergasse 35 | Maulbaum, zum niedern/ vordern | Bäumleingasse 4 | |
| Manharts Badestube | Barfüßerplatz 6 | Maulbaum, zum obern | Bäumleingasse 12 | |
| Manheit, zum | Barfüßerplatz 6 | Maulbeerbaum, zum | Bäumleingasse 4 | |
| Mann, zum blauen | Freie Straße 44/48 | Maulbeerbaum, zum | Bäumleingasse 10/12 | |
| Mann, zum goldenen | Freie Straße 3 | Maulbeerbaum, zum vordern | Freie Straße 105 | ▶ |
| Mann, zum grauen | Kartausgasse 1/3 | Maurerin Hus | Ochsengasse 11 | 263 *Renaissance-Portalaufsatz am Haus zur Mücke am Schlüsselberg 14. Die Schrifttafel des meisterhaft gearbeiteten Hochreliefs hält das Andenken an die verantwortliche Obrigkeit wach, unter der 1545 ‹dises Huß von grund uff zu ehren gemeynen Nutz und Statt Basel erbuwen worden›. Am 5. November 1439 wählte das in der Mücke tagende Konklave des Konzils zu Basel Papst Felix V.* |
| Mann, zum grünen | Gerbergasse 25 | Mayen, zum | Greifengasse 12 | |
| Mann, zum roten | Heuberg 42 | Mayen, zum | Kronengäßlein 5 | |
| Mann, zum roten | Leonhardsgraben 59 | Mechelmühle | Webergasse 15/17 | |
| Mann, zum roten | Petersberg 5 | von Mechelsche Mühle | Untere Rheingasse 17 | |
| Mann, zum schönen | Spalenberg 47 | von Mechelsches Haus | Utengasse 25 | |
| Mann, zum weißen | Gerbergäßlein 14/16 | Meder, zum roten | St.-Alban-Vorstadt 25 | |
| Mann, zum weißen | Gerbergasse 5 | Mederlis Hus | Schwanengasse 7 | |
| Mann, zum weißen | Schneidergasse 5 | Meders Pfrundhaus | Imbergäßlein 4 | |
| Mann, zum weißen/wilden | Steinenvorstadt 17 | Meerkatze, zur | Münsterberg 10 | |
| Mann, zum wilden | Augustinergasse 13 | Meerkatze, zur | Petersberg 19/26 | |
| Mann, zum wilden | Freie Straße 35 | Meerkatze, zur | Spiegelgasse 15 | |
| Mann, zum wilden | Klosterberg 25/27 | Meerkatze, zur hintern | Petersberg 22 | |
| Mann, zum wilden | Neue Vorstadt 2/4 | Meerring, zum niedern | Kronengäßlein 6 | |
| Mann, zum wilden | Rheinsprung 6 | Meerschwein, zum | Steinentorstraße 33/37 | |
| Mann, zum wilden | Schlüsselberg 5 | Meerwunder, zum | Augustinergasse 3 | |
| Mann, zum wilden | Schlüsselberg 10 | Meerwunder, zum | Leonhardsgraben 36 | |
| Mann, zum wilden | Schwanengasse 5 | Meerwunder, zum | Rheingasse 8 | |
| Mann, zum wilden | Steinenvorstadt 17 | Meerwunder, zum | Spalenberg 49 | |
| Mannenbad | Gerbergäßlein 1 | Meerwunder, zum niedern | Spalenberg 47 | |
| Mannenbadstube, große | Ochsengasse 15 | Mehlbaum, zum niedern | Bäumleingasse 4 | |
| Mannenhof | Gerbergasse 14 | | | |

| | | | | |
|---|---|---|---|---|
| Mehlhäuslein | Untere Rebgasse 4/6 | | Minderhüsli | Riehentorstraße 10 |
| Mehlhaus, zum | Spalenberg 62 | | Mischlete, zur | Petersberg 34 |
| Mehlhaus, zum | Spalenvorstadt 14 | | Mittelmühle | Klingental 1 |
| Mehlkästlein | Petersplatz 20 | | Mittelmühle | Webergasse 15/17 |
| Mehlwaage, zur | Claraplatz 4 | | Mödelis Hus | Greifengasse 1 |
| Meier, zum | Leonhardsstapfelberg 4 | | Mönch, zum geilen | Freie Straße 81/83 |
| Meiers Hus | Spalenberg 31/33 | | Mönch, zum geilen/gelben | Münsterberg 1 |
| Meiershof | Leonhardsberg 8/10 | | Mönch, zum geilen/roten/rotgelben | Kronengasse 7 |
| Meigen, zum hintern | Eisengasse 16 | | Mönch, zum gelben | Münsterberg 1 |
| Meigenberg, zum | Rümelinsplatz 8 | | Mönchen, zu den drei | Heuberg 31/33/36 |
| Meise, zur | St.-Johanns-Vorstadt 18 | | Mönchhof | Bäumleingasse 3 |
| Meise, zur | Münsterberg 2 | | Mönchhof | Herbergsgasse 2/4/6 |
| Meise, zur | Rheingasse 88 | | Mören, zum kleinen/niedern | Kronengasse 6 |
| Meise, zur großen | Schneidergasse 23 | | Mörenberg, zum | St.-Johanns-Vorstadt 16/18 |
| Melchior, zum | Spiegelgasse 4 | | Mörers Hus | Freie Straße 107 |
| Mellwers Hus | Rheinsprung 4 | | Mörers Hus | Gerbergasse 26 |
| Memmingen, zum | Aeschenvorstadt 23 | | Mörnachs Hus | Spalenvorstadt 43 |
| Mennlis Hus | Riehentorstraße 17 | | Mörsberg, zum | Heuberg 24 |
| Mentelinshof | Münsterplatz 14 | | Mörsberg, zum | Leonhardsgraben 41 |
| Menzenau, zum | Blumenrain 21 | | Mörsel, zum | Leonhardsstapfelberg 2 |
| Menzingers Hus | Rheingasse 16 | | Mörser, zum goldenen | Streitgasse 7 |
| Merklis Mühle | Mühlenberg alt 1307 | | Mörsperg Gesäß | Nadelberg 24 |
| Merkur, zum | Theaterstraße 24 | | Mösinshof | Petersberg 31 |
| Mermans Hus | Unterer Heuberg 15 | | Mohn, zum blauen | Aeschenvorstadt 41 |
| Merspurgs Gesäß | Nadelberg 24 | | Mohr, zum | St.-Johanns-Vorstadt 20 |
| Merz, zum | Petersberg 17 | | Mohr, zum schwarzen | Gerbergasse 26 |
| Métropol-Monopol, zum | Barfüßerplatz 3 | | Mohre, zur | Freie Straße 109 |
| Metz, zum | Fischmarkt 12 | | Mohre, zur obern Mohre, | Kronengasse 8 |
| Metzerlon, zum | Leonhardsgraben 18 | | zur roten/schwarzen | Freie Straße 107 |
| Metzgerei, kleine | Untere Rheingasse 5 | | Mohren, zum | Gerbergäßlein 32 |
| Metzgerei, kleine/neue | Rüdengasse 5/7 | | Mohren, zum | Rebgasse 31 |
| Metzgernzunft | Sporengasse 10/12 | | Mohren, zum schwarzen | St.-Johanns-Vorstadt 4/6 |
| Metzgt, zur | Blumenrain 6 | | Mohrenkönig, zum | Steinenvorstadt 63 |
| Metzgt, zur kleinen | Untere Rheingasse 5 | | Mohrenköpflein, zum schwarzen | St.-Johanns-Vorstadt 20 |
| Meuchen, zum | Freie Straße 103 | | Mohrenkopf, zum | Barfüßerplatz 21 |
| Meyel, zum grünen | Barfüßerplatz 20 | | Mohrenkopf, zum | Gerbergäßlein 32 |
| Meyel, zum | Kronengasse 5 | | Mohrenkopf, zum | Pfluggäßlein 4 |
| Meyen, zum | Lindenberg 18/20 | | Mohrenkopf, zum | Steinenvorstadt 63 |
| Meyen, zum | Riehentorstraße 18/20 | | Mond, zum blauen/halben | Gerbergasse 35 |
| Meyen, zum hintern/kleinen | Kronengasse 3 | | Mond, zum halben | Barfüßerplatz 3 |
| Meyenberg, zum | Gerbergasse 64 | | Mond, zum halben | Freie Straße 3 |
| Meyenberg, zum | Greifengasse 12 | | Mond, zum halben | Rebgasse 23 |
| Meyenberg, zum | Petersplatz 6 | | Mond, zum halben | Steinenvorstadt 30 |
| Meyenberg, zum | Rheingasse 1 | | Mons Jovis, zum | Leonhardskirchplatz 2 |
| Meyenberg, zum | Spalenvorstadt 26 | | Mont Jop, zum | Leonhardskirchplatz 2 |
| St. Michael, zum | Blumenrain 13a | | Morchtun, zum | Freie Straße 103 |
| St. Michael, zum | Petersgasse 38/40 | | Morgenbrödlins Hus | Rheingasse 64/66 |
| St. Michael, zum | Petersgraben 24 | | Morgenbrödlins Hus | Oberer Rheinweg 59 |
| St. Michael, zum | Rheingasse 78 | | Morgenstern, zum | Eisengasse 4 |
| St. Michael, zum | Rittergasse 23 | | Morgenstern, zum | Kannenfeldstrasse 23 |
| St. Michael, zum | Spalenberg 39 | | Morgenstern, zum | Rennweg 2 |
| St.-Michaels-Kapelle | Spalenberg 61 | | Morgenstern, zum | Schneidergasse 8 |
| Michelfelden, zum | Rebgasse 11 | | Morgenstern, zum | Spalenberg 30 |
| Michlenbach, zum | Spalenberg 39 | | Moris, zum | Gerbergasse 26 |
| Milchbröcklismühle | Untere Rebgasse 8 | | Moritürli, zum | Augustinergasse 4 |
| Milchhäuslein | Hegenheimerstraße 2 | | Morituro sat, zum (Für einen, der sterben wird, ist es genug) | Augustinergasse 4 |
| Milchhäuslein | Missionsstraße 61 | | | |
| Mildenberg, zum | Freie Straße 60 | | | |
| Mildenberg, zum | Spalenvorstadt 45 | | | |
| Mildenberg, zum | Steinenvorstadt 5 | | | |
| Mildenberg, zum kleinen | Steinenvorstadt 5 | | | |

265

265 Fassadenschmuck am Haus zum neuen Nirgau an der Webergasse 29. Die groteske Maske aus dem frühen 17. Jahrhundert, halb Mensch, halb Pflanze darstellend, zeigt einen Schwarzkünstler (in Anlehnung an das im Mittelalter gebräuchliche Wort ‹nigromanticus› für Zauberer).

| | |
|---|---|
| Morlis Hus | Gerbergasse 67 |
| Mornach, zum | Nadelberg 32 |
| Mornhartshof | Rheinsprung 18 |
| Morswin, zum | Steinenvorstadt 33/37 |
| Mosis, zur Tafel | Weiße Gasse 8 |
| Mostacker, zum | Holbeinstraße 9 |
| Mostacker, zum | Schützenmattstraße 25 |
| Mücke, zur | Freie Straße 45 |
| Mücke, zur | Kronengasse 10b |
| Mücke, zur | Schlüsselberg 14 |
| Mücke, zur alten/kleinen | Freie Straße 32 |
| Mühle, zur | Spiegelgasse 4 |
| Mühle, zur alten | Barfüßerplatz 1 |
| Mühle, hintere | St.-Alban-Tal 25 |
| Mühle, hintere | St.-Alban-Tal 31 |
| Mühle, hintere | Klingental 3/5 |
| Mühle, kleine | Sägergäßlein 5 |
| Mühle, mittlere | Klingental 1 |
| Mühle, neue | St.-Alban-Tal 33 |
| Mühle, neue | Mühlenberg 19/20 |
| Mühle, neue | Untere Rheingasse 17 |
| Mühle, neue | Sägergäßlein 5 |
| Mühle, neue | Webergasse 2 |
| Mühle, niedere | Klingental 3/5/7 |
| Mühle, obere | Klingental 2/6 |
| Mühle, schöne | Teichgäßlein 3/5 |
| Mühle, vordere | Klingental 7 |
| Mühle, vordere | Mühlenberg 19/21 |
| Mühle, weiße | St.-Alban-Tal 23 |
| Mühleck, zum | Gerbergäßlein 2 |
| Mühleck, zum | Teichgäßlein 1 |
| Mühleisen, zum | Spalenvorstadt 10 |
| Mühlen, zu den | Webergasse 11 |
| Mühlenberg, zum | St.-Alban-Vorstadt 43 |
| Mühlerad, zum | Aeschenvorstadt 56 |
| Mühlerad, zum | Webergasse 21 |
| Mühlerad, zum roten | Aeschenvorstadt 9 |
| Mühlerad, zum roten | St.-Alban-Graben 4 |
| Mühlestein, zum | Gerbergäßlein 1 |
| Mühlestein, zum kleinen | Grünpfahlgäßlein 5 |
| Mülhausen, zum | Aeschenvorstadt 9 |
| Mülhausen, zum | Augustinergasse 2 |
| Mülhausen, zur Stadt | Gerbergasse 7 |
| Mülhausen, zur Stadt | Spalenvorstadt 7 |
| Mülhausen, zum wilden | Spalenvorstadt 7 |
| Mülimans Hus | Gerbergasse 25 |
| Müllerstube | St.-Alban-Tal 27 |
| Müllertrinkstube | St.-Alban-Tal 23 |
| Münchendorf, zum | Heuberg 31/33 |
| Münchenstein, zum | St.-Alban-Vorstadt 37 |
| Münchenstein, zum | Petersberg 29 |
| Münchshof | Herbergsgasse 2 |
| Münchshof | St.-Johanns-Vorstadt 17 |
| Münsterbauhütte, zur | Klingental 17a |
| Münsterhof | Rittergasse 3 |
| Münze | Fischmarkt 10 |
| Münze | Schwanengasse 2 |
| Münze, zur alten | Eisengasse 22 |
| Münze, zur alten | Fischmarkt 7 |
| Münze, zur alten | Kellergäßlein 2 |
| Münze, zur alten | Münzgäßlein 3/5/7/9 |
| Münze, zur alten | Rüdengasse 3 (gegenüber) |

266 Das Marthastift und der Kirchturm zu St. Peter. Bis 1875 die wohltätige Institution des Marthastifts den schon 1294 erwähnten markanten gotischen Bau bezieht, zeichnet eine Reihe von Adelsleuten als Besitzer des Hauses zum schönen Keller: Ritter Heinrich Zerkinden, Junker Kunzlin von Laufen, Junker Hermann von Hagenbach und Junker Hans Heinrich Münch von Münchenstein.

### Der Baselstab

Vo klainem Bueb uff kennsch der Baselstab,
An alle-n Ecke sihsch en anegmolt,
Am Spalethor, am Rothhus iberal,
In alle Kirche, schwarz im wisse Fäld.
I ha-n en mäng Johr gseh und alli Tag,
Wie 's aim so goht, 's isch halt der Baselstab,
'S isch d'Stadtfarb ebe-n us der alte Zit.
Jetz gestert ha-n i do-n emol dehaim
Die alte Biecher uf em Estrig bschaut,
Und blettered und alti Helge gluegt;
Do kunnt e Baselstab und 's stoht derbi,
Wohär er käm und was d'Biditig sig.
Dä Baselstab, dä sig halt z'sämme gsetzt
Us Zwaierlai, eso stoht's in mim Buech:
Der ober Thail dervo, das isch e Stick,
Dä Hoogge main i, no vom Bischofsstab.
Das Ding kunnt halt vo-n anno selbetsmol,
Wo hindrem Minster in der alte Zit
E Bischof gwohnt het in sim schene Hof.
Der under Thail, dä Dreispitz, lueg en rächt;
Gang frog e Fischer an der Rhigaß gschwind,
Dä sait der gli, das ist jo 's Underthail
Vo däne Stange, wo me d'Waidlig mit
Der Rhi uff stoßt.
Der under Thail vom Baselstab, er sait:
Der Burger lit nit uf der fule Hut,
Er tribt si Handwärk mit Verstand und Lust
Und schafft, wie 's fir e rächte Ma si schickt.
– Das isch der Baselstab

Jakob Probst (1848–1910)

| | |
|---|---|
| Münze, zur goldenen | Sporengasse 1 |
| Münze, zur hintern goldenen | Martinskirchplatz 8 |
| Münze, öffentliche | Fischmarkt 10 |
| Münzhaus | Weiße Gasse 26 |
| Münzmeisters Hus | Stadthausgasse 13 |
| Mueshaus | Spalenvorstadt 14 |
| Mulbaum, zum | St.-Johanns-Vorstadt 11 |
| Mulbaum, zum | Totentanz 10/11 |
| Mulbaum, zum niedern/vordern | Bäumleingasse 4 |
| Mule, zum | Spiegelgasse 4 |
| Muleck, zum | Ochsengasse 10 |
| Multenberg, zum | Steinenvorstadt 9 |
| Mumpatum, zum | Peterskirchplatz 10 |
| Munzach, zum | St.-Alban-Vorstadt 13 |
| Muospachhof | Aeschenvorstadt 15 |
| Murers Hus | Badergäßlein 14 |
| Murers Hus | Freie Straße 41 |
| Murhof | Rebgasse 32 |
| Murnharts Scheune | Riehentorstraße 13 |
| Murnharts Trotte | Riehentorstraße 20 |
| Musbacherhof | Aeschenvorstadt 15 |
| Muschel, zur | Freie Straße 58 |
| Museck, zum | Petersgasse 35 |
| Musenberg, zum | Spalenberg 61 |
| Musinger, zum | Spalenberg 61 |
| Muspach, zum | Gerbergasse 33 |
| Muspach, zum | Nadelberg 32 |
| Muspachs Hus | Spalenberg 42 |
| Mutz, zum braunen | Barfüßerplatz 10 |
| Mutzlerin Hus | St.-Johanns-Vorstadt 28 |

| | |
|---|---|
| Nachtigall, zur | Freie Straße 103 |
| Nachtigall, zur | Münzgäßlein 26 |
| Nadelberg, zum | Nadelberg 32 |
| Nägelisgarten, zum | Schneidergasse 9 |
| Nagelschmiede | Kohlenberg 2 |
| Nagerin Hus | Gerbergasse 75/77 |
| Napf, zum | Freie Straße 93/95 |
| Narenbachers Hus | Nadelberg 49 |
| Narren, zum | Barfüßerplatz 22 |
| Narren, zum | Imbergäßlein 29 |
| Narren, zum | Sattelgasse 5 |
| Narren, zum | Utengasse 18 |
| Narren, zum hintern | Utengasse 20 |
| Narrenhaus, das | Steinenberg 8/12 |
| National-Fruchtschütte | Rheinsprung 19/21 |
| Nauen, zum | Aeschenvorstadt 9 |
| Nauen, zum | Gerbergasse 32/34 |
| Nauen, zum | Rüdengasse 1 |
| Nauen, zum kleinen | Barfüßerplatz 5 |
| Nauenberg, zum | Gerbergasse 18 |
| Nauenburg, zum | Gerbergasse 18 |
| Neben, zum | Gerbergasse 5/7 |
| Neben, zum | Rebgasse 23 |
| Nebenhus | Schneidergasse 18 |
| Neerhof | Peterskirchplatz 10 |
| Negberberg, zum | Freie Straße 44 |
| Negberin Hus | Streitgasse 7 |
| Negeber, zum | Freie Straße 44 |
| Neger, zum | Gerbergasse 75/77 |
| Neggbor, zum | Aeschenvorstadt 45 |
| Nepper, zum | Aeschenvorstadt 45 |
| Nepper, zum | Brunngäßlein 5 |
| Nepper, zum | Freie Straße 44 |
| Neschers Hus | Spalenberg 8 |
| Neuenburg, zum | Gerbergasse 18 |
| Neuenburg, zum | Petersplatz 14 |
| Neuenburg, zum | Schwanengasse 7 |
| Neuenburg, zum | Steinenvorstadt 13 |
| Neuenburg, zum großen/kleinen | Marktplatz 11 |
| Neuenhof, zum | Stiftsgasse 5 |
| Neuenpfirt, zum | Heuberg 11 |
| Neuenstein, zum | Aeschenvorstadt 5 |
| Neuenstein, zum | St.-Alban-Vorstadt 27 |
| Neuenstein, zum | Gerbergasse 61/63 |
| Neuenstein, zum | Rheingasse 48 |
| Neuenstein, zum | Schafgäßlein 2 |
| Neuhof, zum | Leonhardsgraben 10 |
| Neumühle | Untere Rheingasse 17 |
| Nidau, zum | Aeschenvorstadt 4 |
| Nidau, zum kleinen | Aeschenvorstadt 5 |
| Nideck, zum | Greifengasse 1 |
| Nideck, zum | Petersgasse 54 |
| Nideck, zum | Rebgasse 45/47 |
| Niederburg, zur | Gerbergäßlein 18 |
| Niederburg, zur | Gerbergasse 56 |
| Niederemerach, zum | Webergasse 35 |
| Niederfallen, zum | Sattelgasse 8 |
| Nierin Hus | St.-Johanns-Vorstadt 14 |
| Nigran, zum | Webergasse 29 |
| St. Niklaus, zum | Gerbergäßlein 9 |
| St. Niklaus, zum | Gerbergäßlein 16 |
| St. Niklaus, zum | Gerbergasse 30 |
| St. Niklaus, zum | Weiße Gasse 24 |
| St.-Niklaus-Kapelle | St.-Alban-Tal 21 |
| St.-Niklaus-Kapelle | Petersgraben 27 |
| St.-Niklaus-Kapelle | Peterskirchplatz 6 |
| St.-Niklaus-Kapelle | Rheingasse 4 |
| St.-Niklaus-Kapelle | Stiftsgasse 13 |
| Nirgau, zum neuen/untern | Webergasse 29 |
| Nirgau, zum obern | Webergasse 31 |
| Nöggers, zum | Gerbergasse 75/77 |
| Nollingen, zum | Schneidergasse 23 |
| Notabenehäuslin | Kohlenberg 10 |
| Nottenbohne Häuslein | Kohlenberg 10 |
| Notstall | Spalenvorstadt 38 |
| Nürnberg, zum | Münsterberg 10 |
| Nürnberg, zum | Petersgraben 22/24 |
| Nürnberg, zum | Petersplatz 15 |
| Nugron, zum | Webergasse 29/31 |
| Nugronmühle | Webergasse 15 |
| Nußbaum, zum | St.-Alban-Vorstadt 2 |
| Nußbaum, zum | St.-Alban-Vorstadt 42 |
| Nußbaum, zum | Gerbergasse 32 |
| Nußbaum, zum | Riehentorstraße 10 |
| Nußbaum, zum | Sporengasse 8 |

*Heimweh*

De bisch doch au! Hesch denn kai Fraid
An nitt meh uf der Wält?
Me mag der biete, was me will,
'S wird Alles aim vergällt.
Kai schener Plätzli wit und brait,
Kai schattigers ka's gä,
Und wär sich in der Seel nit frait,
E Sonderling isch dä.
Lueg doch, wie waich das Gras do isch,
Wie herlig goht der Luft,
Und sälbi Baim, wie grien und frisch,
D'Bärg dert – in welem Duft!
E so-n-e-n Ussicht git's nit bald;
Und z'hinderst lauft der Rhi
Nur wie-n e schmale Silberspalt –
Wie wit mag's eppe si?
De hersch mi nit, i sih der's a,
Ganz anderi Sache sinnsch.
So sag mer's, daß i hälfe ka,
Wo fählt's der? – Was! de grinsch?
Wahrhaftig, Thräne! Scho so wit
Isch 's Ibel bi der ko?
Jetz isch zur Kur die hechsti Zit,
Jetz gstand enanderno!
I fiehr di umme-n iberal,
I zaig der unser Stadt...
Was schluchzgisch jetz no gar?
I dänk, au Basel het si Thail –
Aha! jetz wird's mer klar!
Wie Schuppe fallt's mer jetz vom Gsicht:
'S isch 's Haimweh! – arme Ma:
Der Rhi dert in der Färni bricht
Der 's Härz: di Dorf lit dra,
Im Bindtnerland, im stille Gländ.
Das isch e hailige Schmärz:
Wäm 's Haimweh nit im Härze brennt,
Dä het im Lib kai Härz!

Jakob Mähly (1828–1902)

▶

**267** Am obern Rheinweg. Nur das Haus Nummer 17 mit der überdachten Terrasse trägt bis heute den ihm zustehenden Namen an der Fassade: ‹zem Hünenberg›, von Steinmetz Jakob Labahürlin 1479 so genannt.

| | |
|---|---|
| Oberbruck, zur | Stadthausgasse 5 |
| Oberburg, zur | Gerbergäßlein 27 |
| Oberburg, zur | Gerbergasse 58 |
| Oberstein, zum | Greifengasse 1 |
| Obersthelferwohnung | Rittergasse 4 |
| Oberstpfarrhaus | Münsterhof 2/4 |
| Oberstpfarrhaus | Münsterplatz 19 |
| Oberwil, zum | Spalenberg 57 |
| Oberwiler, zum | Münsterberg 1 |
| Obstgarten, zum | St.-Jakob-Straße 54 |
| Ochsen, zum | Riehentorstraße 27 |
| Ochsen, zum roten | Ochsengasse 10 |
| Ochsen, zum schwarzen | Schützenmattstraße 2 |
| Ochsen, zum schwarzen | Spalenvorstadt 17 |
| Ochsenhäuslein | Ochsengasse 17 |
| Ochsenkopf, zum | Weiße Gasse 26 |
| Ochsenmühle | Ochsengasse 13 |
| Ochsenscheune | Schützenmattstraße 13 |
| Ochsenstein, zum | Eisengasse 34 |
| Ochsenstein, zum | Untere Rheingasse 4 |
| Öchslein, zum | Aeschenvorstadt 60 |
| Öchslein, zum | Elisabethenstraße 21 |
| Öchslein, zum roten | Aeschenvorstadt 15/17 |
| Öchslein, zum roten | Steinenvorstadt 42 |
| Öchslein, zum schwarzen | Münsterberg 8 |
| Öchslein, zum schwarzen/ untern | Spalenberg 41/45 |
| Ögheim, zum | Utengasse 37 |
| Ölbaum, zum | Weiße Gasse 18 |
| Ölenberg, zum | Heuberg 48 |
| Ölenberg, zum | Leonhardsgraben 63 |
| Ölstampfe | Münzgäßlein 3 |
| Öltrotte | Untere Rheingasse 17 |
| Ölzweig, zum | Grellingerstraße 87 |
| Ömelis Hus | Schützenmattstraße 6 |
| Ömelis Hus | Spalenberg 35 |
| Ömelis Hus | Spalenvorstadt 17 |
| Örtlin, zum goldenen | Bäumleingasse 2 |
| Ösis Hus | Spalenvorstadt 17 |
| Österreich, zum | Barfüßerplatz 23 |
| Österreich, zum | Freie Straße 20 |
| Österreich, zum | Petersgraben 1 (gegenüber) |
| Österreich, zum | Spalenvorstadt 33 |
| Österreich, zum | Steinenvorstadt 52 |
| Österreich, zum alten | Blumenrain 34 |
| Österreich, zum kleinen | Weiße Gasse 4 |
| Ofen, zum | Greifengasse 24 |
| Ofenhaus | Kohlenberg alt 756 |
| Ofenhaus | Petersberg 38 |
| Ofenhaus | Steinenvorstadt 1 |
| Ofenhaus | Totengäßlein 3 |
| Offenburgerhof | Petersgasse 40/42/44 |
| Offenburgerhof, neuer | Petersgraben 15/17 |
| Offenburgerkapelle, zur neuen | Petersgraben 27 |
| Offenburgerkapelle, zur neuen | Peterskirchplatz 6 |
| Ogst, zum | Bäumleingasse 16 |
| Ogst, zum | Leonhardsstapfelberg 5 |
| Olsberg, zum | Freie Straße 35 |
| Olsberg, zum hintern | Schlüsselberg 12 |
| Olspergerhof | Rittergasse 27 |
| Omnibus, zum | Schützenmattstraße 6 |
| Oppelmans Hus | Gerbergasse 76/82 |
| Oppelmans Hus | Rheingasse 15 |
| Oppenheim, zum | Hutgasse 2 |
| Oppenheim, zum | Marktplatz 17 |
| Oranienhaus | St.-Alban-Vorstadt 19 |
| Oremanns Hus | Barfüßerplatz 22c |
| Orgenpfrund, zum | Petersgasse 54 |
| Orient, zum | Imbergäßlein 20 |
| Orient, zum | Spalenberg 2 |
| Orismühle | Mühlenberg 24 |
| Orleiter, zur | Gerbergasse 60 |
| Ort, zum gemeinen | St.-Johanns-Vorstadt 15/17 |
| Ort, zum goldenen | Bäumleingasse 2 |
| Ort, zum neuen | Sattelgasse 21 |
| Ort, zum neuen | Schneidergasse 1 |
| Ort, zum neuen | Stadthausgasse 11 |
| Ort, zum schönen | Petersgraben 18 |
| Ort, zum schönen | Schneidergasse 19 |
| Ort, zum schönen | Steinenvorstadt 56 |
| Orteck, zum | Webergasse 4 |
| Orten, zu den drei silbernen | Petersgasse 15 |
| Ortenberg, zum | Freie Straße 64 |
| Ortenberg, zum | Streitgasse 2 |
| Orthus | Totengäßlein 3 |
| Ortmühle | Webergasse 2 |
| St.-Oswalds-Kapelle | Leonhardsberg 11 |
| St. Oswalds Pfrundhaus | Rheinsprung 17 |
| Otendorffs Hus | Barfüßerplatz 23 |
| Otterbach, zum | Freiburgerstraße 62/66 |

*In Nomine Dei*

Wer für der Armen Heil
und Zucht
Mit Rat und Tat gut wachet,
Dem Übel recht zu wehren
sucht,
Das oft sie dürftig machet,
Den segnet Gott hier in der
Zeit,
Noch mehrers in der Ewigkeit.

Daniel Bruckner
(1707–1781)

268 Fassadenschmuck an der Pilgerstraße 13. Der Hausname der 1897 von Baumeister Rudolf Linder erstellten Liegenschaft steht in Verbindung mit dem nahen Missionshaus, der Stätte menschlicher Begegnung und christlicher Nächstenliebe.

| | |
|---|---|
| Palast, zum | Freie Straße 54 |
| Palast, zum | Schneidergasse 11/13 |
| Palast, zum | Weiße Gasse 15 |
| Palast, zum hintern/kleinen | Sternengasse 20 |
| Palast, zum innern | Ringgäßlein 4 |
| Palast, zum | Neue Vorstadt 4 |
| Palast, zum mittlern | Ringgäßlein 2 |
| Palast, zum untern | Elisabethenstraße 43 |
| Palmbaum, zum | Eisengasse 17 |
| Palmbaum, zum | Martinskirchplatz 12 |
| Palmbaum, zum hintern | Martinsgasse 12 |
| Palme, zur | Bäumleingasse 11 |
| Palme, zur | Eisengasse 15 |
| Palmesel, zum | Eisengasse 15/17 |
| Palmesel, zum | Spiegelgasse 4 |
| Panorama, zum | Sternengasse 17/19/21 |
| St. Pantaleon, zum | Aeschenvorstadt 4/6/8/10 |
| Panthier, zum | Rittergasse 22a |
| Papagei, zum | Webergasse 14 |
| Papiermühle | St.-Alban-Tal 34/35/36/37 |
| Papiermühle, obere | St.-Alban-Tal 41 |
| Papst, zum | Gerbergasse 31 |
| Paradies, zum | Aeschenvorstadt 13 |
| Paradies, zum | Aeschenvorstadt 39 |
| Paradies, zum | Elisabethenstraße 30 |
| Paradies, zum | Falknerstraße 31 |
| Paradies, zum | Heuberg 6 |
| Paradies, zum | Hutgasse 13/15 |
| Paradies, zum | Klosterberg 8 |
| Paradies, zum | Leonhardsgraben 23 |
| Paradies, zum | Rebgasse 28/30 |
| Paradies, zum | Sattelgasse 9 |
| Paradies, zum | Steinentorstraße 7 |
| Paradies, zum | Totentanz 10 |
| Paradies, zum | Weiße Gasse 14/16 |
| Paradies, zum äußern | Steinentorstraße 11 |
| Paradies, zum hintern/obern/untern | Utengasse 27/29 |
| Paradies, zum kleinen | Petersplatz 14 |
| Paradies, zum obern/untern | Utengasse 29 |
| Paradiesmühle | Webergasse 21 |
| Paris, zum kleinen | Hutgasse 15 |
| Parten, zum | Schifflände 1 |
| Parzifans Hus | Nadelberg 18 |
| Pattella, zum | St.-Alban-Vorstadt 17 |
| Paulers Hus | Freie Straße 32 |
| St. Pauli, zum | Bäumleingasse 9 |
| Paulus, zum Sankt | Freie Straße 39 |
| St. Paulus Hus | Blumenrain 32 |
| Pelikan, zum | Leonhardsgraben 13 |
| Pelikan, zum | Spalenberg 55 |
| Pelikan, zum | Spalenvorstadt 10/12 |
| Pelikan, zum | Steinenvorstadt 33 |
| Pelz, zum faulen | Badergäßlein 3 |
| St. Peter, zum | Falknerstraße 30 |
| St. Peter, zum | Weiße Gasse 20/22 |
| Peterinen Mühle | Untere Rheingasse 14 |
| St. Petersberg, zum | Petersgasse 42/44 |

269 Der Petershof am Petersgraben 19. Das 1857 ‹gegen den Graben neu erbaute Gebäude, mit Falzziegeln gedeckt und zu ³/₄ in Mauern und ¹/₄ in Riegel›, gehört als Hinterhaus zum Flachsländerhof an der Petersgasse 46.

| | |
|---|---|
| St. Petersberg, zum | Petersgasse 48 |
| Petershof | Petersgraben 19 |
| St.-Peters-Stift | Stiftsgasse 4 |
| Petrihof | Steinentorstraße 13 |
| Pfännlein, zum | Streitgasse 6/8 |
| Pfaffengarten, zum | St.-Alban-Vorstadt 90/92 |
| Pfaffenhof | Petersgasse 40/42/44 |
| Pfahl, zum grünen | Grünpfahlgäßlein 6 |
| Pfahl, zum schwarzen | Petersgasse 10 |
| Pfahl, zum schwarzen | Petersgasse 22 |
| Pfallenz, zum neuen | Schlüsselberg 15 |
| Pfalz, zur | Neue Vorstadt 28/30 |
| Pfanne, zur schwarzen | St.-Alban-Vorstadt 23 |
| Pfannenberg, zum | Gerbergasse 2 |
| Pfannenberg, zum | Streitgasse 6/8 |
| Pfannenberg, zum hintern | Hutgasse 9 |
| Pfannenberg, zum obern | Hutgasse 11/15 |
| Pfannenberg, zum untern/vordern | Hutgasse 7 |
| Pfarrhaus | Kellergäßlein 6 |
| Pfarrhaus | Klybeckstraße 248 |
| Pfarrhaus | Leonhardsgraben 63 |
| Pfarrhaus | Martinskirchplatz 3 |
| Pfarrhaus | Petersgraben 33 |
| Pfarrhaus | Peterskirchplatz 8 |
| Pfarrhaus | Rebgasse 38 |
| Pfarrhaus | Rheinsprung 12 |
| Pfarrhaus | Spitalstraße 1 |
| Pfarrhaus | Steinenberg 7 |
| Pfarrhaus | Stiftsgasse 9 |
| Pfarrhaus St. Alban | St.-Alban-Vorstadt 65 |
| Pfarrhaus St. Alban | Mühlenberg 12 |
| Pfarrhaus, altes | Kartausgasse 9 |
| Pfarrhaus des Lütpriesters | Theodorskirchplatz 3 |
| Pfarrhof zu St. Clara | Untere Rebgasse 4/6 |
| Pfarrwohnung | Klingental 13 |
| Pfarrwohnung | Klingental 26 |
| Pfarrwohnung | Lindenberg 12 |
| Pfauen, zum | St.-Johanns-Vorstadt 13 |
| Pfauen, zum | Weiße Gasse 15 |
| Pfauen, zum alten/kleinen/mittlern | Sporengasse 16 |
| Pfauen, zum goldenen | Sporengasse 14 |
| Pfauen, zum großen/vordern | Marktplatz alt 18 |
| Pfauen, zum kleinen | Aeschenvorstadt 36 |
| Pfauen, zum kleinen | Sternengasse 4 |
| Pfauenberg, zum | Marktplatz alt 18 |
| Pfauenberg, zum | Sporengasse 16 |
| Pfaueneck, zum | Marktplaz alt 18 |
| Pfeffer, zum langen | Barfüßerplatz 3 |
| Pfeffer, zum langen | Gerbergasse 45 |
| Pfeffer, zum langen | Weiße Gasse 28 |
| Pfefferhof | St.-Alban-Berg 2/4 |
| Pfefferhof | St.-Alban-Tal 48/50/52 |
| Pfeffingerhof | Sevogelstraße 21 |
| Pfeil, zum | Spalenberg 25 |
| Pfeil, zum gelben | Spalenberg 24 |
| Pfeil, zum großen | Freie Straße 11 |
| Pfeil, zum obern | Spalenberg 31 |
| Pfeiler, zum gelben | Spalenberg 24 |
| Pfeiler, zum hohen | Stadthausgasse 11 |
| Pfennig, zum | Totengäßlein 3 |
| Pfennigessers Hus | Totengäßlein alt 572 |
| Pfennigs Hus | St.-Alban-Vorstadt 21 |
| Pfiffershüsli | Riehentorstraße 4 |
| Pfin, zum alten | Aeschenvorstadt 42 |
| Pfirsichbaum, zum | Elisabethenstraße 18/20 |
| Pfirsichbaum, zum | Grünpfahlgäßlein 6 |
| Pfirsichbaum, zum | Riehentorstraße 17/19 |
| Pfirt, zum alten | Aeschenvorstadt 42 |
| Pfirterhof | Heuberg 30/32 |
| Pfirterhof | Münsterplatz 18 |
| Pfirterhof | Petersgasse 24/28/30 |
| Pflegelers Hus | Hutgasse 9 |
| Pflügers Hus | Spalenvorstadt 27 |
| Pflüglins Hus | Gerbergasse 42 |
| Pflug, zum | Freie Straße 31/38 |
| Pflug, zum | Gemsberg 1 |
| Pflug, zum | Hutgasse 14 |
| Pflug, zum | Untere Rheingasse 11 |
| Pflug, zum | Sattelgasse 14 |
| Pflug, zum | Schnabelgasse 2/4 |
| Pflug, zum | Spalenberg 21 |
| Pflug, zum obern | Spalenberg 40 |
| Pflug, zum roten | Spiegelgasse 14 |
| Pflugberg, zum | Hutgasse 14 |
| Pflugers Hus | Gerbergäßlein 18 |
| Pflugers Hus | Schützenmattstraße 13 |
| Pforzheim, zum | Greifengasse 6 |
| Pfrundhaus | Neue Vorstadt 4 |
| Pfrundscheune | St.-Alban-Vorstadt 36 |
| Phallantz, zum | Streitgasse 3 |
| Pharisäer, zum | Bäumleingasse 13 |
| Phirters Hus | St.-Alban-Vorstadt 41 |
| Phönix, zum | Freie Straße 36 |
| Picke, zum | Elisabethenstraße 2 |
| Piemont, zum | Steinentorstraße 32/40 |
| Piemont, zum neuen | Steinentorstraße 32/34 |
| Pilger, zum | Eisengasse 8/10 |
| Pilger, zum | Gerbergasse 8 |
| Pilger, zum | Münzgäßlein 18 |
| Pilgerhaus | Pilgerstraße 13 |
| Pilgern, zu den drei | Gerbergasse 8 |
| Pilgerstab, zum | Eisengasse 19 |
| Pilgerstab, zum | Eisengasse 25 |
| Pilgerstab, zum | Sporengasse 1 |
| Pippenberg, zum | Gerbergasse 89 |
| Pippo, zum | Utengasse 54 |
| Planeten, zu den sieben | Sattelgasse 8 |
| Platte, zur | St.-Alban-Vorstadt 17 |
| Platte, zur | Nadelberg 24 |
| Platte, zur | Schneidergasse 25 |
| Platte, zur | Schweizergasse 25 |
| Platte, zur weißen | Gerbergasse 91 |
| Platten, zu den sieben | Sattelgasse 8 |
| Plattern, zum | Münzgäßlein 5 |
| Plattfuß, zum | Aeschenvorstadt 4 |
| Plattfuß, zum | Elisabethenstraße 4 |
| Plattfuß, zum | Münsterberg 8 |
| Pokal, zum goldenen | Freie Straße 84 |
| Polizeiposten | Claraplatz 4 |
| Polizeiposten | Eisengasse 1 |
| Polizeiposten | Petersgraben 42 |

*'S Rothsgleckli*

'S isch mängs verschwunde mit der alte Zit,
Mäng schene Bruuch isch nimme do;
Käm Ain, wo hundert Johr im Krizgang lit,
Er wurd, waiß Gott, gärn wider goh.

Mängs hän mer no, me luegt's so gspässig a,
Und was 's bidited, waiß me nit;
Me dänkt vilicht: ‹Die Alte händ's halt gha,
'S isch eppis us der alte Zit.›

So hän mer z'Basel, was sunst niene meh,
'S Rothsgleckli us der alte Zit;
'S kennt's Jede wohl; und doch wott i no gseh,
Wie Mänge no verstoht si Glit.

‹'S Rothsgleckli, ach das waiß jo jedes Kind,
Das lited z'sämme halt in Roth!›
'S isch gli gsait; isch Alles, guete Frind?
Gsihsch, as es Kain meh rächt verstoht.

D'Rotshere mieste gar vergäßli si,
Wenn nur fir si's Rothsgleckli wär;
Drum merk's, 's isch eppis anders no derbi,
Wenn 's lited vo zet Marti här.

Lueg do der Maister, wenn 's Rothsgleckli goht,
Lipft s' Käppli ab, sait fir si still:
‹Gott hälf ech, mini Here, gehnd in Roth!›
Lueg, Das isch's, was s' Rothsgleckli will.

Jakob Probst (1848–1910)

▶

**270** Über den Dächern der Innerstadt der neogotische Rathausturm (1898–1904).

| | |
|---|---|
| Polizeiposten | Unterer Rheinweg 20 |
| Pomeranzenbaum, zum | Steinenvorstadt 24 |
| Pomeranzenhaus, zum | Elisabethenstraße 22 |
| Pompiermagazin, großes | Schneidergasse 2 |
| Porte, zur goldenen | Rheingasse 55 |
| Post | Freie-Straße 12 |
| Post, zur | Gerbergasse 16 |
| Post, zur | Münzgäßlein 13 |
| Postgebäude, hinteres | Gerbergasse 15 |
| Posthäuslein | Marktplatz alt 17 |
| Posthaus | Stadthausgasse 13 |
| Potsdamerhof | Engelgasse 50 |
| Präsenz, zur kleinen | Bäumleingasse 14 |
| Präsenzerhof | Bäumleingasse 3 |
| Predigerkloster | Totentanz 19 |
| Predigertor | Blumenrain 29 |
| Pregeck, zum | Ochsengasse 18 |
| Presepe, zum | Freie Straße 83 |
| Probsteihof | Peterskirchplatz 10 |
| Profosenwohnung | Neue Vorstadt 31 |
| Proselitenhaus | Gemsberg 7 |
| Provisorei | Peterskirchplatz 5 |
| Provisorenwohnung | Kirchgasse 11 |
| Pruntrut, zum | Gerbergasse 73 |
| Pruntrut, zum | Streitgasse 12 |
| Psiticus, zum | Gerbergäßlein 6 |
| Puers Hus | Gerbergäßlein 26 |
| Pulchers Hus | Gerbergasse 72 |
| Pulvermagazin | Bachlettenstraße 10 |
| Pulvermagazin | Münchensteinerstraße 23/25 |
| Pulverstampfe | St.-Alban-Tal 23 |
| Pulverstampfe | Mühlenberg 24 |
| Pulverturm | Kanonengasse 3/9 |
| Pulverturm | Mühlenberg alt 1326 |

| | |
|---|---|
| Quaderstein, zum | Freie Straße 86 |
| Quartier, zum neuen | Heumattstraße 14 |
| Quartier, zum neuen | Spitalstraße 13 |
| Quelle, zur | Gerbergäßlein 28 |
| Quotidian, zum | Bäumleingasse 3 |
| Quotidianhaus | Münsterplatz 1 |
| Quotidianhof | Münsterplatz 10/11 |

| | |
|---|---|
| Raben, zum | Aeschenvorstadt 15/17 |
| Rad, zum gelben | Aeschenvorstadt 48 |
| Rad, zum gelben | Aeschenvorstadt 56 |
| Rad, zum goldenen/schwarzen | Rebgasse 10 |
| Rad, zum goldenen/schwarzen | Schwanengasse 8 |
| Rad, zum halben | Spalenberg 26 |
| Rad, zum obern | Mühlenberg 24 |
| Rad, zum schwarzen | Aeschenvorstadt 9 |
| Rad, zum schwarzen | Untere Rheingasse 6 |
| Rad, zum schwarzen | Spalenvorstadt 17 |
| Rad, zum schwarzen | Spalenvorstadt 31 |

| | |
|---|---|
| Rad, zum schwarzen | Steinenvorstadt 6 |
| Rad, zum untern | St.-Alban-Tal 23 |
| Rad, zum weißen | Untere Rheingasse 13 |
| Räderdorf, zum | Spalenvorstadt 36 |
| Räpplein, zum | Hutgasse 4 |
| Räpplein, zum | Marktplatz 17 |
| Rahmenhäuschen | Kohlenberggasse 12 |
| Rahmenhaus, großes und kleines | Theaterstraße 7 |
| Rain, zum hohen | Schneidergasse 17 |
| Raitzberg, zum | Leonhardsberg 4 |
| Ramspach, zum | Gerbergäßlein 4 |
| Ramstein, zum kleinen hintern | Rittergasse 19 |
| Ramsteinerhof, großer | Rittergasse 17 |
| Ramsteinerhof, vorderer | Rittergasse 22/24 |
| Rank, zum | Grenzacherstraße 305 |
| Rankhof | Grenzacherstraße 325 |
| Rappen, zum | Aeschenvorstadt 15/17 |
| Rappen, zum | Freie Straße 44 |
| Rappen, zum | Utengasse 56/58/60 |
| Rappen, zum schwarzen | Unterer Heuberg 2/4 |
| Rappenberg, zum | Hutgasse 4 |
| Rappenberg, zum | Steinenvorstadt 12 |
| Rappenfels, zum | Augustinergasse 7 |
| Rappenhaus | Gerbergasse 72/74 |
| Rappoltshof | Rappoltshof 3/8/9 |
| Rappoltshofeck, zum | Untere Rebgasse 12 |
| Rathaus | Greifengasse 2 |
| Rathaus | Marktplatz 9 |
| Rathaus, altes | Marktplatz alt 18a |
| Rathaus, altes | Untere Rheingasse 2 |
| Rätien, zum alt fry | Steinenring 54 |
| Ratperg, zum | Rheinsprung 16 |
| Rätzdorf, zum | Spalenvorstadt 36 |
| Rauchenstein, zum | Gerbergäßlein 12 |
| Ravensburg, zum | Rümelinsplatz 5 |
| Ravensburg, zum | Rümelinsplatz 17 |
| Ravensburg, zum | Stadthausgasse 22 |
| Rebacker, zum | Ochsengasse 6 |
| Rebeneck, zum | Grenzacherstraße 305 |
| Rebeneck, zum | Schanzenstraße 19 |

271 Fassadenschmuck an der St.-Johanns-Vorstadt 3. Der vermutlich durch den spätern Oberstzunftmeister und Bürgermeister Johann Ryhiner-Iselin um 1760 errichtete Spätbarockbau hat seinen Namen von Junker Hans Rudolf von Reinach, der das Gesäß am ‹Eckh neben der Lottergasse› 1596 verkauft hat.

272 Hausnamen an der St.-Alban-Vorstadt 20. Die 1403 als ‹zer Bramen› bezeichnete Liegenschaft erhielt erst in neuester Zeit durch einen initiativen Goldschmied ihren zweiten Namen.

| | |
|---|---|
| Rebersches Gut | Elsässerstraße 12 |
| Rebgarten, zum | St.-Alban-Vorstadt 60 |
| Rebhäuslein | Im Davidsboden 2 |
| Rebhäuslein | Elisabethenstraße 33/35/37 |
| Rebhäuslein, zum | Mittlere Straße 52 |
| Rebhahn, zum | Schneidergasse 34 |
| Rebhaus | Riehentorstraße 11 |
| Rebhuhn, zum | Schneidergasse 32 |
| Reblaube, zur | Unterer Heuberg 11 |
| Reblaube, zur | Untere Rebgasse 21 |
| Reblaus, zur | Steinentorstraße 25/31 |
| Rebleutenlaube | Sporengasse 12 |
| Rebleutentrinkstube | Riehentorstraße 11 |
| Rebleutenzunft | Freie Straße 50 |
| Rebleutenzunft | Sporengasse 14 |
| Reblob, zum | Kronengasse 10d |
| Reblob, zum schwarzen | Kronengasse 10f |
| Rebmans Hus | Freie Straße 52 |
| Rebscheune | Elisabethenstraße 17 |
| Rebstock, zum | Aeschenvorstadt 71 |
| Rebstock, zum | Klingentalstraße 67 |
| Rebstock, zum | Marktplatz 5/6 |
| Rebstock, zum | Rappoltshof 16/19 |
| Rebstock, zum | Ringgäßlein 5 |
| Rebstock, zum | Streitgasse 20 |
| Rebstock, zum | Webergasse 25 |
| Rebstock, zum alten/hintern/neuen, | Sattelgasse 11 |
| Rebstock, zum kleinen | Martinskirchplatz 1 |
| Rechberg, zum | Lindenberg 9 |
| Rechberg, zum | Petersberg 4 |
| Rechberg, zum | Petersplatz 13 |
| Rechberg, zum | Riehentorstraße 9 |
| Rechberg, zum | Schneidergasse 33 |
| Rechberg, zum untern | Münsterberg 9/11 |
| Rechburgerhof | Rittergasse 17 |
| Rechen, zum | Blumenrain 27 |
| Rechen, zum | Leonhardsgraben 1 |
| Rechen, zum | Sattelgasse 1/3 |
| Rechen, zum hintern | Petersgasse 14 |
| Rechenberg, zum | Blumenrain 27 |
| Rechtberg, zum | Fischmarkt 14 |
| Rechtenberg, zum | Utengasse 50 |
| Reckholderbaum, zum | Gerbergasse 21 |
| Redings Seife | Webergasse 21 |
| Reff, zum | Kohlenberggasse 2 |
| Reff, zum | Kohlenberggasse 28 |
| Reff, zum obern | Hutgasse 2 |
| Regenbogen, zum | Eisengasse 12 |
| Regenbogen, zum | Kartausgasse 5/7/9 |
| Regenbogen, zum | Sattelgasse 5 |
| Regenbogen, zum | Sporengasse 10 |
| Regensheimerhof | Münsterplatz 10 |
| Regisheimerhof | Münsterplatz 10 |
| Reh, zum | Schwanengasse 20 |
| Rehstein, zum | Eisengasse 38 |
| Reichensteinerhof | Martinsgasse 1 |
| Reichensteinerhof | Rheinsprung 16 |
| Reinach, zum hintern | Barfüßerplatz 21 |
| Reinach, zum niedern | Nadelberg 1 |
| Reinach, zum niedern | Totengäßlein 15 |
| Reinach, zum obern | Leonhardsstapfelberg 3 |

273 Das Rebhaus an der Riehentorstraße 11. Davor der prächtige Renaissance-Rebhausbrunnen. Die schon 1388 als Besitz der Ehrengesellschaft zum Rebhaus bezeugte ‹Reblüten Trinkstube› ist das einzige noch erhaltene Kleinbasler Gesellschaftshaus. (Seit 1841 verfügen die Kleinbasler im Café Spitz über ein gemeinsames Gesellschaftshaus.) 1769 wird das ursprüngliche, vom ‹Alter mürbe und faule Gebäude› durch ein ‹Gebäu, welches anständig und kommlich, fürnehmlich aber solid und dauerhaft› ist, ersetzt.

| | | | |
|---|---|---|---|
| Reinach, zum obern | Nadelberg 3 | Rheintörlein, zum mittleren | Rheingasse 68 |
| Reinacherhof | Augustinergasse 6/8 | Rheintor | Eisengasse 1 |
| Reinacherhof | St.-Johanns-Vorstadt 3 | Rheintor, zum | Blumenrain 4 |
| Reinacherhof | Münsterplatz 18 | Rheintürlein, zum | St.-Alban-Tal 21 |
| Reinacherhof | Spitalstraße 2 | Richartins Hus | Schützenmattstraße 14 |
| Reinbolds Hus | Stiftsgasse 2 | Richen, zum | Utengasse 5 |
| Reischacherhof | Münsterplatz 16 | Richenberg, zum | Gemsberg 5 |
| Reisenhof | Rheingasse 51/53 | Richenbergs Mühle | Ochsengasse 12 |
| Reisenhof | Utengasse 39 | Richenhof | Gerbergasse 30/32/34 |
| Reisenhof | Lindenberg 7/9 | Richenmühle | St.-Alban-Tal 41 |
| Reißens Hus | Gerbergasse 89 | Richenstein, zum | Bäumleingasse 1 |
| Reiterhaus | Reiterstraße 1 | Richisheim, zum | Freie Straße 113 |
| Reitschule | St.-Johanns-Vorstadt 27 | Richtbrunnen, zum | Gerbergäßlein 24/28 |
| Reitschule | Rheingasse 4 | Richtbrunnen, zum | Gerbergasse 46/48 |
| Rekens Hus | Spalenberg 43 | Richterhaus | |
| Relins Hus | Freie Straße 21 | des Erzpriesters | Münsterplatz 6 |
| Remen, zum | Rheinsprung 4 | Richthaus | Greifengasse 2 |
| Renckens Hus | Spalenberg 43 | Richthaus | Marktplatz 9 |
| Renkenhof | Spiegelgasse 2 | Riechen, zum | St.-Johanns-Vorstadt 54/56 |
| Renners Hus | Petersberg 28 | Rieden, zum schwarzen | Freie Straße 24 |
| Retzers Hus | Barfüßergasse 4 | Riedschnepf, zur | Aeschenvorstadt 60 |
| Reuschenberg, zum | Freie Straße 42 | Riehen, zum | Sattelgasse 22 |
| Rheinbrücke, zur | Eisengasse 1 | Riehen, zum | Schneidergasse 17 |
| Rheinburg, zur | Grenzacherstraße 124 | Riehenhof | Martinsgasse 1 |
| Rheinburg, zur alten | Klybeckstraße 240 | Riehenstein, zum | St.-Alban-Vorstadt 26 |
| Rheineck, zum | Eisengasse 3 | Riehentor | Riehentorstraße 32 |
| Rheineck, zum | Rheingasse 46 | Riesen, zum | Gemsberg 10/12 |
| Rheinfähre, zur untern | Unterer Rheinweg 32 | Riesen, zum | Gerbergasse 44 |
| Rheinhaldenhof | Rittergasse 19 | Riesen, zum | Marktplatz 9a |
| Rheinhof | St.-Alban-Vorstadt 25 | Riesen, zum | Schneidergasse 17 |
| Rheinhof | Rheingasse 17 | Riesen, zum | Steinenvorstadt 1 |
| Rheinkeller, zum | Untere Rheingasse 11 | Riesen, zum großen | Fischmarkt 3 |
| Rheinlagerhaus | Schiffländе 6 | Riesen, zum kleinen | Steinenvorstadt 2/67/69 |
| Rheinlust, zur | Oberer Rheinweg 93 | Riesen, | |
| Rheinmühle | St.-Alban-Tal 31 | zum untern kleinen | Gerbergasse 89 |
| Rheinsprung, zum | Rheinsprung 5 | Riesenhof, zum | Lindenberg 7 |
| | | Riedy, zum | St.-Alban-Graben 18 |
| | | Rigoletto, zum kleinen | Rheingasse 41 |
| | | Rilliseck, zum | Aeschenvorstadt 30 |
| | | Rinau, zum | Schiffländе 5 |
| | | Rinau, zum niedern | Eisengasse 3 |
| | | Rinau, zum obern | Rheinsprung 1 |
| | | Rinchers Hus | Gerbergasse 20 |
| | | Rindsfuß, zum | Hutgasse 21 |
| | | Rineck, zum niedern | Eisengasse 3 |
| | | Ring, zum blauen | Gerbergasse 78 |
| | | Ring, zum blauen/gelben/ | |
| | | goldenen/grünen/ | |
| | | kleinen/vordern | Streitgasse 10 |
| | | Ring, zum blauen/goldenen/ | |
| | | grünen/roten | Fischmarkt 9 |
| | | Ring, zum goldenen | St.-Alban-Vorstadt 20 |
| | | Ring, zum goldenen | Petersgasse 11 |
| | | Ring, zum goldenen | Stadthausgasse 10 |
| | | Ring, zum goldenen | Stadthausgasse 22 |
| | | Ring, zum goldenen | Totentanz 16 |
| | | Ring, zum goldigen | St.-Alban-Vorstadt 20 |
| | | Ring, zum grünen | Freie Straße 56 |
| | | Ring, zum grünen/ | |
| | | krummen/roten | Gerbergasse 80 |
| | | Ring, zum obern/weißen | Spalenberg 45 |
| | | Ringelhof | Petersgasse 23/25 |

274

*Wein*

Wein nützet, druncken wie sich
   zimpt,
Schadet, so man dessen z'vil
   nimpt,
Wein sterckt, druncken mit
   Bscheidenheit,
Schwecht, so man dessen zvil
   thuot Bscheidt,
Wein's Hertz erfreuwt, druncken
   mit Mos,
Zevil druncken bringt eim ein
   Stos,
Wein, zimlich gnossen, scherpft
   die Sinn,
Schwecht sy, so man misbrau-
   chet ihn.

   Felix Platter (1536–1614)

▶
276  *Hausinschrift am untern
       Heuberg 11. Der Name
       stützt sich vermutlich auf
       die Annexen im ausgedehnten
       Garten der Liegenschaft
       Rümelinsplatz 11, zu der
       die ‹Reblaube› bis 1763
       gehörte.*

275

274  *Pferdekopf an der Roßhofgasse, an die einst dem Roßhof zugehörigen zahlreichen Stallungen der für Kurierdienste eingesetzten Pferde und Maulesel erinnernd.*

275  *Die aus alten Bauelementen zusammengesetzten Hinterhausfassaden der Aeschenvorstadthäuser zum Riedschnepf, zum Winkelin und zur Armbrust an der Henric-Petri-Straße. Die mit ‹Reblandern bewaxenen Hinderhäuslein› grenzten ursprünglich an den offenen Stadtgraben. Eigentümlich sind oft die Geschlechtsnamen und die Berufe der Besitzer. So begegnen uns die Familien Mundbrot, Tschientschin, Klingenhammer, Ryßeisen und Gnöpff oder Angehörige des Handwerks der Strumpfausbreiter, Holzsetzer und der Tabakspinner.*

| | |
|---|---|
| Ringelhof | Petersgasse 28 |
| Ringen, zu den drei | Malzgasse 11 |
| Ringgenberg, zum | Gerbergasse 20 |
| Ringkers Hus | Gerbergasse 20 |
| Rinkenberg, zum | Eisengasse 28 |
| Rinslein, zum kleinen | Marktplatz 19 |
| Rinsli, zum | Hutgasse 2 |
| Rippens Hus | Petersberg 28 |
| Ritter, zum | Gerbergäßlein 13 |
| Ritter, zum | Gerbergasse 4 |
| Ritter, zum | Gerbergasse 44 |
| Ritter, zum | Rittergasse 21 |
| Ritter, zum schmalen | Schützenmattstraße 6 |
| Ritter, zum schwarzen | Unterer Heuberg 2/4 |
| Ritterhof | Rittergasse 20 |
| Rochenbach, zum | St.-Alban-Vorstadt 34 |
| Rochusloch, zum | Rappoltshof 17 |
| Rodersdorf, zum | Spalenvorstadt 36 |
| Rödelis Hus | Rebgasse 5 |
| Röhrlinsmühle | Untere Rheingasse 14 |
| Rölinseck, zum | Aeschenvorstadt 30/32 |
| Röllings Hus | Freie Straße 21 |
| Röllstab, zum | Spalenvorstadt 8 |
| Römer, zum | Gerbergasse 36 |
| Röschenz, zum | Steinentorstraße 43 |
| Röslein, zum | Petersgasse 52 |
| Röslinberg, zum | Nadelberg 21 |
| Röslinseck, zum | Aeschenvorstadt 30 |
| Rößlein, zum | Eisengasse 18 |
| Rößlein, zum | Rümelinsplatz 3 |
| Rößlein, zum roten | Kronengasse 9 |
| Rößlein, zum schwarzen/weißen | Spalenvorstadt 37 |
| Rößlein, zum weißen | Barfüßerplatz 3 |
| Rößlein, zum weißen | Kronengasse 11 |
| Rößlein, zum weißen | Lohnhofgäßlein 4 |
| Rößlein, zum weißen | Rheingasse 5 |
| Rößlein, zum weißen | Schnabelgäßlein 15 |
| Rößlein, zum weißen | Webergasse 23 |
| Rößleinberg, zum | Nadelberg 21 |
| Rößleinmühle | Klingental 2/6 |
| Röttelen, zum | Stiftsgasse 4 |
| Röttenengarten, zum | Spitalstraße 7 |
| Roffenberg, zum | Spalenberg 41 |
| Roggenbach, zum | St.-Alban-Vorstadt 10 |
| Roggenbach, zum | Gerbergasse 51 a/53 |
| Roggenbach, zum | Imbergäßlein 1 |
| Roggenbach, zum | Rheingasse 27 |
| Roggenbach, zum | Rümelinsplatz 3 |
| Roggenbach, zum | Webergasse 20 |
| Roggenbach, zum großen | Gerbergäßlein 4 |
| Roggenberg, zum | Gerbergasse 51 a/53 |
| Roggenberg, zum | Hutgasse 18 |
| Roggenberg, zum | Imbergäßlein 1 |
| Roggenberg, zum | Rümelinsplatz 3 |
| Roggenburg, zur | St.-Alban-Vorstadt 10 |
| Roggenburg, zur | St.-Alban-Vorstadt 34 |
| Roggenburg, zur | Gerbergasse 51 a/53 |
| Roggenburg, zur | Rheingasse 27 |
| Roggenburg, zur | Rümelinsplatz 3 |
| Roggenburg, zur | Utengasse 26 |
| Rogwiler, zum | Gerbergasse 53 |
| Rohrhäuslein | Schützenmattstraße 52 |
| Roiblinsgarten, zum | Leonhardsstraße 14 |
| Rolleneck, zum | Aeschenvorstadt 30 |
| Rollerhof, großer | Münsterplatz 20 |
| Rollerhof, hinterer | Augustinergasse 4 |
| Rollerhof, kleiner | Münsterplatz 19 |
| Rom, zum hintern | Petersgraben 21/23 |
| Rom, zum hintern | Peterskirchplatz 9 |
| Romers Hus | Rebgasse 25 |
| Romulus und Remus, zum | Spalenvorstadt 25 |
| Rosam, zum | Peterskirchplatz 5 |
| Roschach, zum | Steinenvorstadt 48 |
| Rose, zur | Aeschenvorstadt 36 |
| Rose, zur | Gerbergasse 68 |
| Rose, zur | Malzgasse 5 |
| Rose, zur | Nadelberg 28 |
| Rose, zur | Neue Vorstadt 8 |
| Rose, zur | Petersgraben 31 |
| Rose, zur | Rebgasse 7/9/11/13 |
| Rose, zur | Rebgasse 17 |
| Rose, zur | Spalenberg 52 |
| Rose, zur | Stadthausgasse 10 |
| Rose, zur | Stiftsgasse 11 |
| Rose, zur | Utengasse 15 |

*Eingangsspruch*

O Herre Gott, erbarm dych mein,
Laß dir die Gsellschafft befohlen seyn,
Dz sy von unß nach deynem wyllen
G'regiert mög werden, deyn G'satz z'erfüllen,
Und g'handthapt werdt der Grechtigkeytt,
Nycht rychten jyemandt z'lieb noch z'leydt,
Hie frydlich mit einanderen leben
Demnach die ewig Freuwd erwerben.

Vorstadtgesellschaft zur Mägd, 1600

278

277

277 Häuserzeile am obern Petersplatz. Nur eines der Häuser gegen das ehemalige Platzgäßlein - das Haus zum hintern Rosenberg (Nr. 4, links außen) - tritt schon im Mittelalter (1447) als selbständige Liegenschaft auf, gehörten diese ursprünglich doch zu ihren ‹Mutterhäusern› an der Spalenvorstadt.

278 Das Haus zur Rose im Winkel am Petersplatz 16. Erster urkundlich bezeugter Eigner des ‹Huses und der Hofstatt, samt dem Gärtli dahinder, uff St. Petersplatz, zu hinderst im Platzgeßli› ist Heinrich Spieß, Kaplan zu St. Peter, im Jahr 1396. Für den günstigen Preis von nur 14 Gulden verkauft 1451 Diebold Vogler das Haus dem Hans Myßner, behält sich aber ‹einen Wingkel in der Stuben mit zwen Venstern› für den weitern Eigengebrauch vor! Später sitzt Hans Brun, ‹der Statt Basel Louffersbotten›, in der dem Spital und dem Kloster Gnadental an der Spalenvorstadt zinspflichtigen Liegenschaft.

| | |
|---|---|
| Rose, zur goldenen | Stadthausgasse 18 |
| Rose, zur neuen | Elisabethenstraße 21 |
| Rose, zur neuen/oberen | Sternengasse 18 |
| Rose, zur roten | Stadthausgasse 21 |
| Rose, zur weißen | Stadthausgasse 23 |
| Rose im Winkel, zur | Petersplatz 16 |
| Roseck, zum | Eisengasse 38 |
| Roseck, zum | St.-Johanns-Vorstadt 4 |
| Roseggs Hus | Sattelgasse 8 |
| Rosen, zu den drei | Horburgstraße 1 |
| Rosen, zum | Petersgasse 14 |
| Rosenbaum, zum | Spalenberg 52 |
| Rosenberg, zum | Aeschenvorstadt 40 |
| Rosenberg, zum | Nadelberg 3 |
| Rosenberg, zum | Ochsengasse 6/8 |
| Rosenberg, zum | Pfluggäßlein 1 |
| Rosenberg, zum | Untere Rebgasse 18 |
| Rosenberg, zum | Spalenvorstadt 20 |
| Rosenberg, zum | Stapfelberg 2 |
| Rosenberg, zum | Weiße Gasse 1 |
| Rosenberg, zum hintern | Petersplatz 4 |
| Roseneck, zum | Stadthausgasse 2 |
| Rosenburg, zur | Aeschenvorstadt 47 |
| Rosenburg, zur | Nadelberg 33 |
| Rosenburg, zur | Steinenvorstadt 12 |
| Rosenfeld, zum | Freie Straße 40 |
| Rosenfeld, zum | Petersgasse 11 |
| Rosenfeld, zum | Rümelinsplatz 7 |
| Rosenfels, zum | Nadelberg 3 |
| Rosenfels, zum | Steinenvorstadt 10 |
| Rosengarten, zum | Grenzacherstraße 106 |
| Rosengarten, zum | Leonhardsgraben 10 |
| Rosengarten, zum | Leonhardsgraben 38 |
| Rosengarten, zum | Leonhardsstraße 5 |
| Rosengarten, zum | Leonhardsstraße 10 |
| Rosengarten, zum | Utengasse 15 |
| Rosengarten, zum hintern | Schifflände 7/9 |
| Rosengarten, zum kleinen | Leonhardsstraße 10 |
| Rosengarten, zum kleinen/vorderen | Schifflände 7a |
| Rosengarten, zum vorderen | Leonhardsstraße 6/8 |
| Rosenkranz, zum | Eisengasse 6 |
| Rosenkranz, zum | St.-Johanns-Vorstadt 16 |
| Rosenkranz, zum | Untere Rebgasse 9 |
| Rosenkranz, zum | Rheingasse 21 |
| Rosenkranz, zum | Schifflände 9 |
| Rosenkranz, zum | Spalenvorstadt 18 |
| Rosenkranz, zum kleinen | Schifflände 7 |
| Rosenstaude, zur | Schnabelgasse 15 |
| Rosenstock, zum | Eisengasse 34/36 |
| Rosenstock, zum | Greifengasse 12 |
| Rosenstock, zum | Münzgäßlein 24 |
| Rosenstöcklein, zum | Leonhardsberg 2 |
| Rosental, zum | Mattweg 2/4 |
| Roß, zum | Fischmarkt 1 |
| Roß, zum | Stadthausgasse 5 |
| Roß, zum niedern | Kronengasse 9 |
| Roßbach, zum | Steinentorstraße 43 |
| Roßbaum, zum | Spalenberg 52 |
| Roßberg, zum | Schlüßelberg 1/3 |
| Roßberg, zum | Stapfelberg 2 |
| Roßgarten, zum | Schneidergasse 9 |

279 Die patrizischen Häuser zum Delphin (links), zur hohen Sonne und der Rotbergerhof an der Rittergasse. Die um 1820 errichtete und seit 1849 im Besitz der Bankiers La Roche befindliche mittlere Liegenschaft mit der breiten Vortreppe und den schönen neobarocken Fenstergittern (Nr. 25) leitet ihren Namen von den Herren von Rotberg ab, dem im 15. Jahrhundert auf dieser Liegenschaft nachgewiesenen bischöflichen Dienstmannengeschlecht.

280 
| | |
|---|---|
| Roßgarten, zum kleinen | Schifflände 7 |
| Roßhof | Nadelberg 20/22 |
| Roßhof, hinterer | Roßhofgasse 8 |
| Rotbergerhof | Rittergasse 7/15 |
| Rotbergerhof, alter/vorderer | Rittergasse 25 |
| Rotbergerhof, hinterer | Rittergasse 16 |
| Rotbergischerhof | Rebgasse 21 |
| Rotbergstürlein, zum | Rheingasse 68 |
| Rotenberg, zum | Eisengasse alt 1586 |
| Rotenberg, zum | Spiegelgasse 6 |
| Rotenburg, zum | Unterer Heuberg 1 |
| Rotenburg, zum | Steinenvorstadt 5 |
| Roteneck, zum | Heuberg, 27 |
| Roteneck, zum | Sevogelstraße 1 |
| Rotenfluh, zum | Spiegelgasse 14 |
| Rotenfluh, zum großen/obern | Freie Straße 94 |
| Rotenfluh, zum hintern | Petersberg 31/33/35 |
| Rotenfluh, zum untern | Freie Straße 92 |
| Rotenmund, zum | Schneidergasse 10 |
| Rotens Hus | Fischmarkt 12 |
| Rotenstein, zum | Rebgasse 19/21 |
| Rotes Hus | St.-Alban-Vorstadt 59/61 |
| Rotischen Gut, zum alten | Mittlere Straße 86 |
| Rotochsenmühle | Ochsengasse 12 |
| Rotochsenmühle | Teichgäßlein 1 |
| Rottenhof | Stiftsgasse 11 |
| Rubers Hus | Totentanz 15 |
| Ruderbach, zum | Gerbergasse 53 |
| Ruderbach, zum | Heuberg 17 |
| Rübe, zur | Blumenrain 13 |
| Rübgarten, zum | Blumenrain 13 |
| Rübsamen, zum | Steinenbachgäßlein 12 |
| Rückenberg, zum | Eisengasse 28 |
| Rückenberg, zum | Gerbergasse 20 |
| Rüdegers Hus | Untere Rebgasse 16 |
| Rüden, zum blauen | Steinentorstraße 25/27 |
| Rüden, zum schwarzen | Leonhardsberg 14 |
| Rüden, zum schwarzen | Rüdengasse 3 |
| Rüedin, zum | St.-Alban-Graben 16/18 |
| Rümelinsmühle | Rümelinsplatz 1 |
| Rünslin, zum | Hutgasse 4 |
| Rüntzli, zum | St.-Johanns-Vorstadt 23 |
| Rüsse, zur | Neue Vorstadt 15 |
| Rumpel, zum | Rappoltshof 14 |
| Runs, zum | Marktplatz 19 |
| Runsli, zum | St.-Johanns-Vorstadt 25 |
| Runspach, zum | Barfüßerplatz 20 |
| Runspach, zum | Gemsberg 10 |
| Runspach, zum | Gemsberg 14 |
| Runspach, zum | Riehentorstraße 29 |
| Runspachs Hus | Pfluggäßlein 9 |
| Rupf, zum hohen | Aeschenvorstadt 11 |
| Ruschenberg, zum | Freie Straße 42 |
| Ruschenberg, zum | Freie Straße 49 |
| Russin, zum | Petersplatz 18 |
| Rust, zum | St.-Alban-Vorstadt 1 |
| Rust, zum | Gerbergasse 16 |
| Rust, zum | Lindenberg 8 |
| Ryhiner-Leißlersches Landhaus | Riehenstraße 159 |
| Ryhinersches Landhaus | Hammerstraße 23 |
| Rypenlöwlis Hus | Hutgasse 7/9 |
| Ryspachhof | Heuberg 3/7 |

| | |
|---|---|
| Sackmühle | Untere Rebgasse 8 |
| Sackmühle | Teichgäßlein 7 (gegenüber) |
| Sackpfeife, zur | Eisengasse alt 1587 |
| Säge, zur | Riehenstraße 1 |
| Säge, zur | Sägergäßlein 1/3 |
| Sägemühle | Untere Rheingasse 14 |
| Sägemühle | Sägergäßlein 1/3 |
| Säule, zur hohen/schwarzen | St.-Johanns-Vorstadt 19 |
| Safran, zur alten | Gerbergasse 12 |
| Safran, zum kleinen | Mühlenberg 24 |
| Safranzunft | Gerbergasse 11 |
| Salis, zum | Schifflände 6 |
| Salmen, zum | Eisengasse 12/14 |
| Salmen, zum | Marktplatz 12 |
| Salmen, zum | Rheingasse 44 |
| Salmen, zum | Rheingasse 54 |
| Salmen, zum | Rheingasse 65 |
| Salmen, zum alten | Spalenvorstadt 45 |
| Salmen, zum kleinen | Rheingasse 63 |
| Salmen, zum roten | Eisengasse 22 |
| St. Salvator, zum | Augustinergasse 9/11 |
| Salzberg, zum | Fischmarkt 13 |
| Salzberg, zum hintern | Spiegelgasse 3/5/7 |

*Uf em Rhy-Schänzli*

I waiß e härzig Plätzli,
Ganz noch am stille Rhy,
Dert bin i mit mym Schätzli
Gar mängmol z'Obe gsi.

Dert hämmer traumt vor Zyte
Scho unser sieße Traum,
Und träffen is no hite
Bym glyche Lindebaum.

In syner dunkle Rinde
Mäng Johr zwei Nämme stehnd,
Die wird me zämme finde,
Bis au die Baim vergehnd.

Vo färn här grieße d'Bärge
Im Obesunnegold,
Und d'Lilabisch verbärge
Das Plätzli still und hold.

Es singe d'Nachtigalle,
Tief unde ruscht der Rhy,
Und wenn's is lang duet gfalle,
So schyne d'Stärnli dry.

Nur 's Stadtthor het e bitzli
D'‹Tanten Eglinger› gmacht
Und het by unsre Schmitzli
Still vor sich ane glacht.

Und simmer z'lang dert gsässe,
So het si ibere gschilt:
‹Diend d'Zyt mer nit vergässe,
Sunscht händ er's Glick verspilt!›

– Das isch mi härzig Plätzli,
'S isch's Schänzli dert am Rhy.
Gäll Schätzli, nuggisch Schätzli,
Bald kunsch du wider hi!

Rudolf Geering (1871-1958)

281 Gegen St. Martin: Das alte Kollegiengebäude der Universität mit dem modernen Hörsaal der Zoologischen Anstalt von 1962, darüber das mächtige Pfarrhaus zu St. Martin und das kleine Turmbläserhaus, dann die Häuser zum Kranichstreit und zum Steinfels und die Spillmannsche Liegenschaft zur goldenen Sonne mit dem Café Bachmann.

280 Das prachtvolle spätgotische Portal des Ringelhofs an der Petersgasse 23. Im Kleeblattsturz die Bildnisse des reichen Refugianten Christoforo d'Annone und seiner Frau Angela Augusta. Die Köpfe könnten nicht nur die Eitelkeit der Bauherrschaft ausdrücken, sondern auch Gäste willkommen geheißen oder als sogenannte Spionfenster gedient haben.

| | |
|---|---|
| Salzburg, zur | Fischmarkt 13 |
| Salzhaus | Blumenrain alt 122 |
| Salzhaus, altes | Petersberg 28 |
| Salzmagazin | St.-Alban-Vorstadt 99 |
| Salzmagazin | Klingental 16 |
| Salztürlein, zum | Blumenrain 4 |
| Salzturm | Blumenrain alt 122 |
| Samariter-Sod, zum | Greifengasse 16 |
| Samenung, zum großen | Gerbergasse 22a |
| Samson, zum | St.-Alban-Graben 4 |
| Samson, zum | Neue Vorstadt 1 |
| Samson, zum | Petersgraben 18 |
| Samson, zum | Petersgraben 22 |
| Samson, zum | Schneidergasse 25 |
| Samson, zum | Spalenvorstadt 15 |
| Samson, zum großen/vorderen | Fischmarkt 15 |
| Samson, zum kleinen | Fischmarkt 16 |
| Samson, zum obern | Petersgraben 20 |
| Samsons Hus | Stadthausgasse 20 |
| Sandgrube, zur | Riehenstraße 154 |
| Sandgrube, zur | Vogelsangweg 3/4 |
| Sandhof | Rebgasse 5 |
| Sandhof | Rheingasse 37 |
| Sarberg, zum großen | Schneidergasse 6 |
| Sarberg, zum kleinen | Schneidergasse 4 |
| Sarburg, zur | Nadelberg 14 |
| Sarburg, zur | Schneidergasse 4/6 |
| Sarasinsche Häuser | St.-Alban-Vorstadt 90/92 |
| Sargans, zum Schloß | Aeschenvorstadt 39 |
| Sattlers Hus | Rappoltshof 6/8 |
| Sau, zur hinteren/roten/vordern | St.-Alban-Vorstadt 25 |
| Sausen, zum | Blumenrain 28 |
| Sausenberg, zum | St.-Alban-Vorstadt 5 |
| Sausenberg, zum | Blumenrain 28 |
| Sausenberg, zum | Hutgasse 8 |
| Sausenburg, zum Schloß | Hutgasse 8 |
| Sausenwind, zum | St.-Alban-Vorstadt 7 |
| Schabers Hus | Hutgasse 12 |
| Schäfer, zum | St.-Johanns-Vorstadt 32 |
| Schäferei, zur | St.-Johanns-Vorstadt 11 |
| Schärern, zu | Freie Straße 71 |
| Schäflein, zum | Gerbergasse 82 |
| Schärhaus | Freie Straße 66 |
| Schärhaus | Freie Straße 93 |
| Schärhaus | Streitgasse 4 |
| Schärhaus zum Bäumlein | Freie Straße 80 |
| Schärtlinshof | Blumenrain 8 |
| Schaf, zum | Aeschenvorstadt 32 |
| Schaf, zum | St.-Johanns-Vorstadt 39 |
| Schaf, zum | Rebgasse 16 |
| Schaf, zum | Rebgasse 30 |
| Schaf, zum | Schafgäßlein 14 |
| Schaf, zum | Schwanengasse 18 |
| Schaf, zum | Spalenberg 33 |
| Schaf, zum gelben/goldenen | Gerbergasse 2 |
| Schaf, zum goldenen | Blumenrain 2 |
| Schaf, zum goldenen | Rebgasse 16 |
| Schaf, zum goldenen | Schifflände 10 |
| Schaf, zum großen | Spalenberg 29 |
| Schaf, zum vordern | Schifflände 8 |

282

| | |
|---|---|
| Schaffnei, zur | St.-Johanns-Vorstadt 11 |
| Schaffnei, zur | Peterskirchplatz 8 |
| Schaffneihaus | Petersgraben 50 |
| Schafschmiede | Rebgasse 10 |
| Schafstall | St.-Johanns-Vorstadt 41 |
| Schalbach, zum | Greifengasse 1 |
| Schalbach, zum | Rebgasse 39/41 |

283

282 Schwungvolle Barockkartusche am Münsterplatz 15 mit der Inschrift ‹Moribus et litteris sacrum› (‹Den guten Sitten und den Wissenschaften geweiht›). Die Jahreszahl 1766 bezeugt die äußere Erneuerung der Schule auf Burg (Humanistisches Gymnasium) durch den obrigkeitlichen Architekten, Ingenieur Johann Jakob Fechter.

283 Das Haus zum Salmen an der Rheingasse 65. Clewi Thomann, der Weber, und seine Frau, Elsi Eberstreit, belasten 1438 ihr ‹Seßhus oben an der Ringassen› mit einer Hypothek, die ihnen das Kloster Klingental gewährt.

| | |
|---|---|
| Schalbach, zum | Untere Rheingasse 1 |
| Schalen, zur | Greifengasse 1 |
| Schalen, zur | Sporengasse 12 |
| Schalerhof | Rheinsprung 7 |
| Schalerhof | Rheinsprung 18 |
| Schaletzturm, zum | Andreasplatz 14 |
| Schaltenbrand, zum | Freie Straße 81 |
| Schaltenbrand, zum | Münsterberg 5 |
| Schaltenbrand, zum | Rittergasse 10 |
| Schantiklierens Hus | Peterskirchplatz 2 |
| Schappelin, zum | Marktplatz 14 |
| Scharben, zum | Schnabelgäßlein 8 |
| Scharben, zum alten | Unterer Heuberg 3 |
| Scharben, zum grünen | Trillengäßlein 5 |
| Scharben, zum mittlern | Trillengäßlein 6 |
| Scharben, zum niedern | Trillengäßlein 4/5 |
| Scharben, zum obern | Trillengäßlein 6 |
| Scharfrichterwohnung | Kohlenberggasse 2/4 |
| Schatzes Hus | Gerbergasse 74 |
| Schaub, zum hintern | Heuberg 10 |
| Schaub, zum hintern | Leonhardsgraben 2 |
| Schauenberg, zum | St.-Alban-Vorstadt 4 |
| Schauenberg, zum | St.-Alban-Vorstadt 13 |
| Schauenberg, zum obern | St.-Alban-Vorstadt 11 |
| Schauenburg, zur | Aeschenvorstadt 5 |
| Schauenburg, zur | Aeschenvorstadt 54 |
| Schauenburg, zur | St.-Alban-Vorstadt 13 |
| Schauenburg, zur obern | St.-Alban-Vorstadt 11 |
| Schaufel, zur | Freie Straße 81/83 |
| Schaufel und Spieß, zur | Münsterberg 2 |
| Schauhaus | Theaterstraße 10 |
| Schecks Hus | Leonhardsberg 4 |
| Scheflibergers Hus | Gerbergasse 53 |
| Scheibenhaus | Schützenmattstraße 60 |
| Schellenberg, zum | St.-Alban-Vorstadt 3 |
| Schellenberg, zum | Fischmarkt 13 |
| Schellhammer, zum | Kohlenberg 3 |
| Schenkenberg, zum | Leonhardsstapfelberg 2 |
| Schenkenhof | Blumenrain 8 |
| Scheppelin, zum | Freie Straße 1 |
| Scheppelin, zum | St.-Johanns-Vorstadt 39 |
| Scheppelin, zum | Untere Rebgasse 7 |
| Scherben, zum | Freie Straße 34 |
| Scherben, zum | Unterer Heuberg 3 |
| Schere, zur | Barfüßerplatz 1 |
| Schere, zur | Elisabethenstraße 4 |
| Schere, zur | Freie Straße 4 |
| Schere, zur | Gerbergasse 81 |
| Schere, zur | Heuberg 20 |
| Schere, zur großen | Schneidergasse 13 |
| Schere, zur mittlern | Schneidergasse 11 |
| Schere, zur niedern | Freie Straße 2 |
| Schere, zur niedern | Schneidergasse 31 |
| Schere, zur obern | Freie Straße 4 |
| Schere, zur obern | Schneidergasse 15 |
| Schere, zur obern | Schneidergasse 29 |
| Schererin Hus | Ochsengasse 1 |
| Scherppen, zur | Gerbergasse 65 |
| Schertlinshof | Blumenrain 8 |
| Schettyhäuser | Claraplatz 2/3 |
| Scheuer, zur kleinen | Greifengasse 40 |
| Scheune, zur | Heuberg 13 |

284 Das Haus zum dürren Sod am Rümelinsplatz 15. Anno 1429 mit diesem Namen erstmals erwähnt, geht die Liegenschaft 1567 aus einer Gant an Hans Beckel, den Schnabelwirt, der sie zehn Jahre später umbauen läßt. Die Fassadenmalerei mit der visionären Darstellung von Musen stammt von Kunstmaler Weinhold (1956).

*Die Deckelschnecke*

‹Schnäck, Schnäck, streck dyni Herner us!›
So rieft e Biebli vor em Hus,
Hebt 's Schnäckehysli hoch und rieft,
Bis daß er ändlig useschlieft;
d'Fraid lacht im Biebli us em G'sicht,
Wo's die vier Hernli dusse sicht;
's dänkt in der Unschuld nonig dra,
Was so ne Schnäck aim lehre ka!

Denn wenn me nur sy Hysli bschaut,
Wie kinstlig isch di Wohnig baut!
Das gwunde Dach bis obenus,
Die fyni Arbet an däm Hus?
Kai Bauherr brächt das zwäg e so,
Si wäre numme Stimper do!
Blick uf! dert obe suech die Kraft,
Wo ghaimnisvoll die Wunder schafft!

Aisteckig isch im Schnäck sy Hus,
Gar kummlig kan er dry und drus;
Expräß, daß er nit styge mues,
Wohnt er as Husherr ebesfueß;
Das isch sy Vortel und sy Gwinn,
Er fallt kai Stägen abe drinn,
Und lehrt aim in der Nidrigkait
E bschaidne Sinn und Zfridehait.

's pressiert im Schnäck nit uf sym Gang,
E Schluchi blybt er läbeslang!
Er luegt zerst won er ane will,
Prieft syni Wäg ganz myslistill
Und sait aim ebe do dermit:
‹Gang langsam, iberyl di nit!
Dänk, was dy Sprichwort sage thuet:
Zue großi Yl thuet niemols guet!›

Me maint, er brächt kai Arbet zwäg;
Doch lueg, was glänzt dert uf sym Wäg?
Er loßt, bigoscht, by jedem Ruck
E schene Silberfade zruck!
Sichsch, was er laistet, wenn er wylt,
Und si im Gang nit iberylt,
Mach's by de Gschäften au e so,
Bidächtigkeit zieht 's Silber noh!

Philipp Hindermann
(1796–1884)

| | |
|---|---|
| Scheunentor, zum | Petersgasse 7 |
| Scheuren, zum | Aeschenvorstadt 16 |
| Scheuren, zum | Gemsberg 9 |
| Scheuren, zum | Rebgasse 2/6 |
| Scheurenberg, zum | Petersgasse 7 |
| Schießstand | Schützenmattstraße 58 |
| Schiff, zum | Barfüßerplatz 3 |
| Schiff, zum | Fischmarkt 11 |
| Schiff, zum | Schwanengasse 6 |
| Schiff, zum | Weiße Gasse 28 |
| Schiffgarten | Sternengasse 29/31 |
| Schiffleutenzunft | Schifflända alt 1520 |
| Schiffscheune, zur | Rheingasse 9 |
| Schild, zum | Marktplatz 13 |
| Schild, zum | Weiße Gasse 4 |
| Schild, zum blauen | Untere Rebgasse 9/11/15 |
| Schild, zum blauen | Sattelgasse 4/6 |
| Schild, zum blauen | Schneidergasse 33 |
| Schild, zum blauen/ goldenen/grünen | Hutgasse 24 |
| Schild, zum grünen | Unterer Heuberg 5/7/9 |
| Schild, zum grünen | Rümelinsplatz 1 |
| Schild, zum grünen | Trillengäßlein 5 |
| Schild, zum grünen/roten | Untere Rheingasse 4 |
| Schild, zum roten | Rümelinsplatz 9 |
| Schild, zum weißen | Heuberg 38 |
| Schildeck, zum | Barfüßerplatz 5 |
| Schildeck, zum | Sattelgasse 4 |
| Schillingsches Haus | Rebgasse 50/52 |
| Schillingshaus | Steinenvorstadt 9 |
| Schiltberg, zum | Barfüßerplatz 5 |
| Schilthof | Freie Straße 96 |
| Schimmel, zum weißen | St.-Johanns-Vorstadt 62 |
| Schindelhof | St.-Alban-Tal 34/44/46 |
| Schindeln, zum | Gerbergäßlein 24 |
| Schinthaus | Schneidergasse 1 |
| Schinznachs Hus | Imbergäßlein 7 |
| Schiris Hus | St.-Johanns-Vorstadt 41 |
| Schlachthaus | Greifengasse 1 |
| Schlachthaus | Untere Rheingasse 5 |
| Schlachthaus | Weiße Gasse 7 |
| Schläfer, zum | Hutgasse 16/18 |
| Schläfer, zum | Steinenvorstadt 26 |
| Schlatthof | Greifengasse 35/37 |
| Schlatthof | Untere Rebgasse 3 |
| Schlatthof | Steinenvorstadt 24 |
| Schlechts Hus | Blumenrain 11a |
| Schlechts Hus | Martinsgasse 8 |
| Schlegel, zum | Freie Straße 68 |
| Schlegel, zum | Rebgasse 21 |
| Schlegel, zum | Rheingasse 26 |
| Schlegel, zum | Rheingasse 43 |
| Schlegel, zum | Streitgasse 5 |
| Schlegelshof | Petersgasse 46 |
| Schleife, zur | Webergasse 2 |
| Schleife, zur alten | Ochsengasse 14 |
| Schleife, zur neuen | Münzgäßlein 3 |
| Schleife, zur neuen | Untere Rebgasse 10 |
| Schleife, zur obern/untern | Untere Rheingasse 7 |
| Schleife zum Hinterars | Sattelgasse 14 |
| Schleifmühle, neue | Sattelgasse 14 |

| | |
|---|---|
| Schleifstein, zum | Gemsberg 7 |
| Schleifstein, zum | Gerbergäßlein 41 |
| Schleifstein, zum | Gerbergasse 72 |
| Schleifstein, zum | Unterer Heuberg 1 |
| Schleifstein, zum | Trillengäßlein 4 |
| Schleifstein, zum | Webergasse 1 |
| Schleifstein, zum mittlern | Trillengäßlein 6 |
| Schlettstadt, zum | Greifengasse 37 |
| Schliengen, zum | Heuberg 18 |
| Schliengen, zum | Webergasse 9/13 |
| Schliengen, zum untern | Webergasse 11 |
| Schlierbach, zum | Gemsberg 57 |
| Schlierbach, zum | Heuberg 3/7 |
| Schlierbach, zum | Leonhardsstraße 4/6/8 |
| Schlierbach, zum | Spalenberg 54/56 |
| Schlierbachhof | St.-Johanns-Vorstadt 17 |
| Schlitten, zum | Nadelberg 19 |
| Schloßberg, zum | Freie Straße 117 |
| Schloßberg, zum hintern | Luftgäßlein alt 1201 |
| Schloßburg, zur | Greifengasse 28 |
| Schluch, zum | Fischmarkt 9 |

| | |
|---|---|
| Schluch, zum alten | Greifengasse 6 |
| Schlüssel, zum | Freie Straße 25 |
| Schlüssel, zum roten | Marktplatz alt 18 |
| Schlüsselzunft | Freie Straße 25 |
| Schlüsselzunft | Schlüsselberg 1 |
| Schluppens Hus | St. Johanns-Vorstadt 36 |
| Schmaleneck, zum | Schneidergasse 32/34 |
| Schmalzens Hus | Kirchgasse 8 |
| Schmelze, zur | Webergasse 15 |
| Schmelzlins Hus | Schneidergasse 31 |
| Schmidlis Schleife | Untere Rebgasse 10 |
| Schmiedberg, zum | Kirchgasse 4 |
| Schmiede, zur | Webergasse 12 |
| Schmiedenzunft | Gerbergasse 24 |
| Schmiedenzunft | Rümelinsplatz 6 |
| Schmiedenzunft, Trinkstube | Spalenberg 63 |
| Schmiedtshof | Münsterplatz 16 |
| Schmitberg, zum | Riehentorstraße 22 |
| Schmitte, zur alten | Greifengasse 38 |
| Schmitte, zur alten | Totentanz 9 |
| Schmitte, zur alten | Sägergäßlein 3 |
| Schnabel, zum | Gerbergasse 16 |
| Schnabel, zum | Greifengasse 33 |
| Schnabel, zum | Trillengäßlein 2 |
| Schnabel, zum goldenen | Grünpfahlgäßlein 1 |

285 *Hausinschrift an der Greifengasse 6. Der heute stadtbekannte Name der typischen Kleinbasler Wirtschaft, die vor über hundert Jahren durch Weinschenk Fritz Madöry in der schon 1417 zum Blotzheim genannten Liegenschaft etabliert worden ist, ist nur wenige Jahrzehnte alt.*

*Sinnsprüche*

Die Kunst offt kümmerlich ihr
  Brodt sucht zu gewinnen,
Ein Esel fliegt empor, ob er
  gleich dumm von Sinnen,
Doch bleibt die Kunst geehrt,
  man laß sich nur genügen:
Traw Gott undt seiner Kunst,
  undt laß den Esel pflügen.

Heucheley, der Laster Laster,
  Heucheley, der Seelen
  Mordt,
Heucheley, der Boßheit Pflaster,
Heucheley, der Höllen
  Port;
Wer sich mahlt mit deiner
  Schminke,
Ist des Satans Conterfey,
Und wer folget deinem Winke
Ist nicht Gott noch Menschen
  treu.

  Johann Heinrich
  Schrotberger, 1695 und 1727

▶
286 *Die Häuser zur köstlichen Jungfrau und zum Schnäggedanz an der Malzgasse 3 und 5. Aufwand und Umstände während der letzten Handänderung haben den Liegenschaften zu ihren neuen, originellen Namen verholfen. Das Haus mit dem lustigen Fischweibchen im Oberlichtgitter ersteht 1728 Glasmaler Hans Georg Wannenwetsch. Das verputzte Fachwerkhaus zum Schnäggedanz wird 1511 als ‹zur Rose ussenthalb Brydenthor› lokalisiert.*

| | |
|---|---|
| Schnabelstall | Schnabelgasse 8 |
| Schnabelweide, zur | Hasenberg 5 |
| Schnäggedanz, zum | Malzgasse 5 |
| Schneck, zum | Rheingasse 5 |
| Schneck, zum | Steinenvorstadt 44 |
| Schneck, zum | Webergasse 7 |
| Schneck, zum gelben | Rheingasse 76 |
| Schneck, zum roten | Rheingasse 72 |
| Schneck, zum roten | Oberer Rheinweg 67 |
| Schnecken, zum | Webergasse 11/13 |
| Schnecke, zur gelben | Imbergäßlein 8 |
| Schneckenhäuslein, zum | Hutgasse 23 |
| Schneckenhäuslein, zum | Steinenvorstadt 44 |
| Schneckenhöflein, zum | Klosterberg 4 |
| Schneeberg, zum | Hutgasse 20/22 |
| Schneeberg, zum | Nadelberg 37 |
| Schneegans, zur | Aeschenvorstadt 36 |
| Schneidernzunft | Gerbergäßlein 3 |
| Schneidernzunft | Gerbergasse 36 |
| Schnellenberg, zum | Aeschenvorstadt 45 |
| Schnöwlins Hus | Rheinsprung 16 |
| Schönau, zum | Freie Straße 12 |
| Schönau, zum | Greifengasse 15 |
| Schönau, zum | Neue Vorstadt 3 |
| Schönau, zum | Petersgraben 31 |
| Schönau, zum | Rheingasse 8 |
| Schönau, zum | Stiftsgasse 7 |
| Schönauer, zum | Stiftsgasse 11 |
| Schönauerhof | Rittergasse 2 |
| Schönauers Scheune | Spitalstraße 22 |
| Schöneck, zum | St.-Alban-Vorstadt 49 |
| Schöneck, zum | Rheingasse 69 |
| Schöneck, zum | Rüdengasse 1 |
| Schönenberg, zum | Petersberg 23 |
| Schönenberg, zum | Schlüsselberg 13 |
| Schönenberg, zum | Spalenberg 27 |
| Schönendorf, zum | Steinenvorstadt 65 |
| Schönenwerd, zum | Greifengasse 1 |
| Schönishof | Petersgasse 46 |
| Schönkindenhof | Heuberg 32 |
| Schönkindhof | Petersgasse 34 |
| Schönkinds Hus | Fischmarkt 1 |
| Schönmans Hus | Spalenberg 47 |
| Schöns Hus | Gerbergasse 72 |
| Schöntalerhof | Blumenrain 11a |
| Scholerhof | Rheinsprung 7 |
| School | Untere Rheingasse 5 |
| School, alte/fremde/neue | Rüdengasse 5 |
| School, zur alten | Marktplatz alt 16 |
| School, neue | Weiße Gasse 7 |
| School, zur neuen | Blumenrain 4/6 |
| School, zur obern | Barfüßerplatz 22a |
| Schorenbrücke, zur | Schorenweg 7 |
| Schorpen, zum | Gerbergasse 65 |
| Schotten, zum | Eisengasse 10 |
| Schotten, zum | Spalenvorstadt 25 |
| Schotten, zum | Spalenvorstadt 35 |
| Schraube, zur gelben | Andreasplatz 5 |
| Schraube, zur gelben | Imbergäßlein 6 |
| Schreiberleins Hus | Rappoltshof 3 |
| Schreibstube | Freie Straße 21 |
| Schribers Hus | Münsterplatz 6 |
| Schribers Säge | Sägergäßlein 1/3 |
| Schrimpfen, zum | Unterer Heuberg 25 |
| Schuchhus | Rheinsprung 4 |
| Schüler, zum | Hutgasse 13 |
| Schülins Hus | Gerbergasse 31 |
| Schürberg, zum | Ochsengasse 11/13 |
| Schürberg, zum | Petersgasse 7 |
| Schürberg, zum | Stiftsgasse 5 |
| Schüre, zur | Unterer Heuberg 9 |
| Schüren, zum | Gemsberg 9 |
| Schüren, zum | Heuberg 8 |
| Schüren, zum | Spalenberg 47 |
| Schüren, zum | Stiftsgasse 3 |
| Schürhof | Münsterplatz 19 |
| Schürhof | Petersgraben 33 |
| Schürhof | Stiftsgasse 7/9 |
| Schützenhaus | Petersplatz 9/10 |
| Schützenhaus | Schützenmattstraße 56 |

*Schicksal*

Was mir das Schicksal hat
    beschieden,
Mit dem bin ich allzeit zufrieden;
Ist mein Becher nicht ganz voll,
So hab ich doch, was ich soll.
Ich kann mich nicht in Purpur
    kleiden,
Und Wolle dient mir anstatt
    Seiden;
Ich verlange keinen Pracht,
Den ein Weiser nur verlacht.
Wie brüsten sich doch jene
    Narren
Mit ihren hochfrisierten Haaren,
Jenem Thurm zu Babel gleich,
Leer an Witz, an Hochmuth reich.
Wie viele suchen Compagnien,
Um ihren Nächsten durchzu-
    ziehen;
Ich begehr nur einen Freund,
Der es redlich mit mir meynt.
So will ich denn zufrieden leben,
Und nicht nach hohen Dingen
    streben;
Wer den Meisten unbekannt,
Lebt beglückt in seinem Stand.

Nicolaus Miville (1718–1791)

287 Das Gymnasium auf Burg und der Reischacherhof am Münsterplatz 15 und 16. Die Münsterschule, eine der drei städtischen Lateinschulen, welche nach dreijähriger Schulzeit den Zugang zur Universität vermittelten, wird 1766 von Grund auf erneuert. Im Reischacherhof, nach dem süddeutschen Adeligen Ludwig von Reischach 1539 so benannt, empfängt 1775 Ratsschreiber Isaak Iselin Johann Rudolf von Goethe auf seiner ersten Schweizer Reise.

| | |
|---|---|
| Schützenhaus, zum | Münsterberg 3 |
| Schützenmatte, zur | Barfüßerplatz 22 |
| Schützenmattscheune | Schützenmattstraße 64 |
| Schufelon, zum | Gemsberg 5 |
| Schuh, zum schwarzen | Rheinsprung 4 |
| Schuh, zum schwarzen | Schafgäßlein 10 |
| Schuhknechtstube | Schwanengasse 6 |
| Schuhmachernzunft | Freie Straße 52 |
| Schuhmachernzunft, zur | Hutgasse 6 |
| Schule | Heuberg 48 |
| Schule | Kirchgasse 8 |
| Schule | Leonhardskirchplatz 2 |
| Schule, zur | Martinskirchplatz 2 |
| Schule, zur | Peterskirchplatz 2 |
| Schule, alte | Martinskirchplatz 1 |
| Schule, alte | Rheinsprung 14 |
| Schule, hinter der alten | Leonhardsberg 15 |
| Schule, zur hohen | Elisabethenstraße 9/11 |
| Schule, lateinische | Münsterplatz 6 |
| Schule auf Burg | Münsterplatz 15 |
| Schulerin Hus | St.-Alban-Vorstadt 3 |
| Schulers Herberge | Rebgasse 28 |
| Schulers Hus | Hutgasse 13 |
| Schulers Hus | Schifflände 5 |
| Schulers Hüser | St.-Johanns-Vorstadt 54/56 |
| Schulgebäude | Kohlenberg 2 |
| Schulhaus, altes | Martinsgasse 6 |
| Schulhaus, rotes | Rittergasse 3 |
| Schulhaus St. Theodor | Kirchgasse 11/13 |
| Schulmeisterwohnung | Nadelberg 5/7 |
| Schulsack, zum | Bäumleingasse 15 |
| Schulsack, zum | Rittergasse 10 |
| Schupfen, zum | Untere Rebgasse 11/13 |
| Schuppen Hus | St.-Johanns-Vorstadt 36 |
| Schurlenkeller | Spalenberg 12 |
| Schurlens Hus | Spalenberg 8 |
| Schurliens Hus | Spalenberg 14 |
| Schurlinshof | Spalenberg 12 |
| Schutzturm, zum | Rappoltshof alt 259 |
| Schwaben, zum | Blumenrain 13a |
| Schwalbennest, zum | Greifengasse 2 |
| Schwalbennest, zum | Rheingasse 2 |
| Schwan, zum | Pfluggäßlein 1 |
| Schwan, zum goldenen | Schwanengasse 7 |
| Schwan, zum goldenen | Stadthausgasse 19 |
| Schwanau, zur | Greifengasse 15 |
| Schwanau, zur niedern | Freie Straße 22 |
| Schwander, zum | Nadelberg 32 |
| Schwanen, zum | Schwanengasse 5/7 |
| Schwanen, zum blauen/ kleinen/obern | Freie Straße 22 |
| Schwanen, zum goldenen | Kronengasse 2 |
| Schwanen, zum großen | Freie Straße 24 |
| Schwanen, zum hintern | Schwanengasse 3 |
| Schwanen, zum schwarzen | Weiße Gasse 4 |
| Schwanenau, zur | Freie Straße 24 |
| Schwanenfels, zum | Schifflände 8 |
| Schwanenhals, zum hintern | Schifflände 10 |
| Schwanenhals, zum vordern | Schifflände 8 |
| Schwarber, zum | Nadelberg 32 |
| Schwarzenberg, zum | Freie Straße 53 |
| Schwarzenburg, zum | Petersberg 11 |

288 Fassadenausschnitt vom Seidenhof am Blumenrain 34. Den noch heute gebräuchlichen Hausnamen trägt das ursprüngliche Haus zum Wallbach, nach Johann von Wahlbach (1363) so genannt, seitdem 1573 die Brüder Claudius und Cornelius Pellizari –vornehme Refugianten aus der Lombardei, die sich hier erfolgreich dem Seidenhandel widmeten – ‹Hof und Gesäß innerthalb der Vorstatt ze Crütz› erworben hatten.

| | |
|---|---|
| Schwarz-Eselmühle | Ochsengasse 14 |
| Schwedenhäuslein | St.-Alban-Graben 1a |
| Schweinespieß, zum | Heuberg 3/7 |
| Schweinsspieß, zum | Schlüsselberg 8 |
| Schweizer, zum | Petersplatz 3 |
| Schweizerbund, zum | St.-Alban-Vorstadt 86 |
| Schweizerhaus, zum | Steinenring 17 |
| Schweizerhof, zum | Petersgraben 1 |
| Schwelle, zur | Freie Straße 82 |
| Schwelle, zur | Freie Straße 95 |
| Schwelle, zur hohen | St.-Johanns-Vorstadt 17 |
| Schwelle, zur niedern/untern | Freie Straße 111 |
| Schwelle, zur obern | Freie Straße 86 |
| Schwelle, zur obern | Freie Straße 103 |
| Schwert, zum | Petersberg 11 |
| Schwert, zum | Schneidergasse 25 |
| Schwert, zum goldenen | Hutgasse 20 |
| Schwert, zum obern | Webergasse 28 |
| Schwert, zum roten | Eisengasse 14 |
| Schwert, zum roten | Marktplatz 15 |
| Schwert, zum roten | Petersberg 11 |
| Schwert, zum untern | Webergasse 26 |
| Schwertfegers Hus | Spalenberg 18 |
| Schwibbogen, zum | Hutgasse 16 |
| Schwibbogen, zum finstern | Petersberg 32 |
| Schwibbogen, zum fünften | Petersberg 32 |
| Schwibbogen, zum kleinen/schwarzen | Petersberg 15 |
| Schwibbogen, zum schwarzen | Streitgasse 8 |
| Schwizerhüsli, zum | St.-Johanns-Vorstadt 49 |
| Sechslis Hus | Spalenberg 8 |
| Seckingen, zum | Leonhardsgraben 20 |
| Seebachhof | Blumenrain 17/19 |
| St. Seeunden, zum | Eisengasse 14 |
| Segen, zum roten | Nadelberg 26 |
| Segensen, zum | Spalenberg 44/46/50 |
| Segensen, zum roten | Nadelberg 28 |
| Segerhof | Blumenrain 19 |
| Segerhof, zum kleinen | Blumenrain 17 |
| Seidenfaden, zum | Spalenberg 40/42 |
| Seidenfärbe, alte | St.-Johanns-Vorstadt 30 |
| Seidenfarb, zur | Petersgasse 20 |
| Seidenhof | Blumenrain 34 |
| Seidenhof, zum hintern | Steinenvorstadt 47 |
| Seidenhof, zum vordern | Steinenvorstadt 51 |
| Seidenhut, zum | Heuberg 14 |
| Seidenhut, zum | Leonhardsgraben 31 |
| Seifenhaus | Steinenvorstadt 24 |
| Seilen, zum | St.-Alban-Vorstadt 52 |
| Seilerin Hus | Gemsberg 2 |
| Seilers Hus | Petersberg 25 |
| Seilers Hus | Spalenberg 57 |
| Seilers Keller | Petersberg 23 |
| Selbviert, zum | Augustinergasse 11 |
| Seltensbergermühle | Klingental 2/6 |
| Senfmühle | Kohlenberg 9 |
| Senfte, zur | St.-Alban-Vorstadt 53 |
| Senfte, zur | Mühlenberg alt 1322 |
| Senftlis Hus | Rappoltshof 6/8 |
| Sennenhof | Gerbergäßlein 27 |
| Sennenhof | Heuberg 33 |
| Sennenhof | Leonhardsberg 16 |
| Sennenhof, zum untern | Leonhardsberg 8/10 |
| Sennenhof, zum untern | Leonhardsstapfelberg 4 |
| Sennheim, zum | Untere Rheingasse 9 |
| Sennheim, zum alten | Untere Rheingasse 8 |
| Septer, zum | Neue Vorstadt 8 |
| Septershof | Steinentorstraße 21/23 |
| Seraphins Hus | Heuberg 20 |
| Sessel, zum | Nadelberg 15 |
| Sessel, zum | Totengäßlein 3 |
| Sessel, zum hintern | Andreasplatz 5/14 |
| Seufzen, zum | Stadthausgasse 4/6/8 |
| Sevenbaum, zum | Sattelgasse 6 |
| Sevibom, zum | Hutgasse 14 |
| Sevibom, zum | Sattelgasse 6 |
| Sevogel, zum | Freie Straße 1 |
| Sevogelhof | Münsterplatz 20 |
| Sevogels Hus | Kronengasse 7 |
| Sevogels Scheune | Rheingasse 48 |
| Sevogels Scheune | Utengasse 43 |
| Sevogels Schleife | Untere Rebgasse 10 |
| Sevogels Schleife | Teichgäßlein, gegenüber von 7 |
| Sevogels Turm | Rheingasse 53 |
| Siebental, zum | Sattelgasse 12 |
| Siegmunds Scheune | Nadelberg 17 |
| Siegristen Hus | Theodorskirchplatz 4 |
| Siegrist's Hus | Steinenvorstadt 13 |
| Sierentz, zum | Schwanengasse 7d |
| Sigeberti, zum | Petersgasse 23/25 |
| Sigelis Hus | Barfüßerplatz 2 |
| Sigkust, zum | Heuberg 15 |
| Siglis Hus | Gemsberg 4 |
| Siglist, zum | Gerbergäßlein 4 |
| Signants Hus | Steinenvorstadt 13 |
| Sigristenwohnung | Leonhardskirchplatz 1 |
| Sigristenwohnung | Martinskirchplatz 2 |
| Sigristenwohnung | Münsterplatz 13 |
| Sigristenwohnung | Petersgasse 54 |
| Sigristenwohnung | Theodorskirchplatz 4 |
| Sikust, zum | Hutgasse 23 |
| Silberberg, zum | Gerbergasse 45 |
| Silberberg, zum | Hutgasse 23 |
| Silberberg, zum | Schafgäßlein 12 |

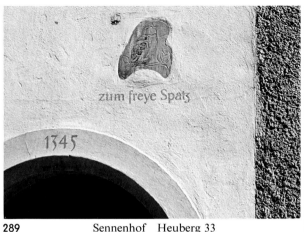

289 Hauszeichen am Petersplatz 18. Die Bezeichnung der 1345 ‹Domus der Russin› genannten Liegenschaft ist Johann Peter Hebel im Gedenken an seine unvergängliche ‹Erinnerung an Basel› gewidmet: ‹Wie ne freie Spatz, uffem Peters Platz, fliegi um, und 's wird mer wohl, wie im Buebe-Kamisol.›

*Sonntagsfrühe*

Sabbatstille fließt zur Erde,
Leise mit dem Morgentau –
Wie mit lächelnder Geberde
Schaut der Himmel auf die Au.

Von den lichten Blütenzweigen
Wehn die Düfte heilend lind.
Taugeschmückt die Halme neigen
Wie zum Beten sich im Wind.

Schüchtern nur die Vöglein tauschen
Ihren ersten Frühgesang,
Und so ernst die Bäume rauschen
Zu der Morgenglocken Klang. –

Sieh, auch mich, auch mich verlanget,
Herr, nach deiner Sabbatruh!
Wie die Frühlingswelt erpranget,
Prang in meinem Herzen du!

Und die Seligkeit, der Friede,
Der die Seele mir durchweht,
Steig' empor in meinem Liede,
Dir ein angenehm Gebet!

Friedrich Oser (1820–1891)

290 *Sonntägliche Stille am Martinskirchplatz. Das Bild läßt die Zeiten wieder lebendig werden, da nicht Motorengebrumm den Kirchplatz erfüllte, sondern die Bruderschaften der Küfer und Schuster, die Zunftbrüder zu Schiffleuten und Weinleuten, die Junker und Ritter der nahen Adelshöfe wie die Bürger, die zu Füßen des St.-Martins-Sporns wohnten, sich zu frommer Andacht in ihrer Kirche versammelten.*

| | |
|---|---|
| Silberberg, zum | Utengasse 13/15 |
| Silberberg, zum hintern | Rebgasse 18 |
| Silberberg, zum kleinen | Utengasse 11 |
| Silberhorns Hus | Petersgasse 15 |
| Silbernagel, zum | Schwanengasse 3 |
| Silbernagelhaus | Petersgasse 50 |
| Silberort, zum | Petersgasse 15 |
| Silberrohr, zum | Petersgasse 15 |
| Singer, zum | Karl-Jaspers-Allee 4 |
| Singerhaus | Stadthausgasse 10 |
| Sinn, zum | Sägergäßlein 5 |
| Sinnhäuslein | Sporengasse 16 |
| Sintzen Gesäße | Kartausgasse 8 |
| Sintzenhof | Nadelberg 20/22 |
| Sintzen Hus | Schneidergasse 18 |
| Sirene, zur | Augustinergasse 3 |
| Sirritz, zum | Schwanengasse 7d |
| Sitkust, zum | Gerbergäßlein 6 |
| Sittikust, zum | Ochsengasse 25 |
| Sittikust, zum | Webergasse 14/16/18 |
| Skorpion, zum | Gerbergasse 63 |
| Snotzli, zum | Gerbergasse 72 |
| Snürlins Hus | Gerbergasse 43 |
| Socinshof | Nadelberg 8 |
| Socins Hus | Schützenmattstraße 6 |
| Sod, zum | St.-Johanns-Vorstadt 10/12 |
| Sod, zum | St.-Johanns-Vorstadt 46 |
| Sod, zum | Kirchgasse 8 |
| Sod, zum dürren | Gemsberg 4/6/7 |
| Sod, zum dürren | Rümelinsplatz 15 |
| Sod, zum dürren | Schnabelgasse 6 |
| Sod, zum dürren | Trillengäßlein 6 |
| Sod, zum obern | Greifengasse 16 |
| Sodeck, zum | Freie Straße 72/74 |
| Sodeck, zum | Greifengasse 16 |
| Sögrers Hus | Rheinsprung 5 |
| Sole, zu glinggen | Bäumleingasse 20 |
| Solitude, zur | Grenzacherstraße 206 |
| Solothurn, zum | Gerbergasse 85 |
| Solothurn, zum | Neue Vorstadt 8 |
| Solothurn, zum | Schneidergasse 5 |
| Solothurn, zum | Schwanengasse 4 |
| Sommerau, zur | Imbergäßlein 1 |
| Sommerau, zur | Spalenberg 53 |
| Sommercasino | Münchensteinerstraße 1 |
| Sondenstorf, zum | Heuberg 44 |
| Sondenstorf, zum | Leonhardsgraben 61 |
| Sonne, zur | St.-Alban-Graben 14 |
| Sonne, zur | Augustinergasse 19 |
| Sonne, zur | Bäumleingasse 14 |
| Sonne, zur | Rebgasse 12/14 |
| Sonne, zur | Rheingasse 25 |
| Sonne, zur | Rittergasse 11 |
| Sonne, zur | Schneidergasse 29 |
| Sonne, zur | Utengasse 24 |
| Sonne, zur | Webergasse 23 |
| Sonne, zur äußern/obern | Aeschenvorstadt 10 |
| Sonne, zur goldenen | Rheinsprung 1 |
| Sonne, zur großen/obern | Freie Straße 19 |
| Sonne, zur hohen | Pfluggäßlein 4 |
| Sonne, zur hohen | Rittergasse 21 |
| Sonne, zur hohen | Spalenberg 58 |
| Sonne, zur kleinen/niedern | Freie Straße 17 |
| Sonne, zur kleinen | Webergasse 23 |
| Sonne, zur neuen | Nadelberg 17 |
| Sonne, zur obern | Aeschenvorstadt 12 |
| Sonne, zur obern | Stapfelberg 5 |
| Sonne, zur schmalen | Freie Straße 8/10 |
| Sonnenberg, zum | Aeschenvorstadt 8 |
| Sonnenberg, zum | St.-Alban-Graben 14 |
| Sonnenberg, zum | Bäumleingasse 12 |
| Sonnenberg, zum | Bäumleingasse 18 |
| Sonnenberg, zum | Elisabethenstraße 62 |
| Sonnenberg, zum | Greifengasse 38/40 |
| Sonnenberg, zum | Pfluggäßlein 6 |
| Sonnenberg, zum | Rittergasse 21 |
| Sonnenberg, zum | Spalenberg 47 |
| Sonnenfroh, zum | Rheinsprung 2 |
| Sonnenhof | Salinenstraße 6 |
| Sonnenluft, zur hohen | Augustinergasse 1 |
| Sonnenrain, zum | Socinstraße 55 |
| Spach, zum | Gerbergäßlein 2 |
| Spätzli, zum | Nadelberg 45 |
| Spalenbrunnen, zum | Spalenvorstadt 17 |
| Spalenhof, zum | Imbergäßlein 19 |
| Spalenhof | Spalenberg 12 |

*Testament*

Mein Sohn, du wirst von mir sehr wenig erben,
Als etwann ein gut Buch und meinen Lebenslauf,
Den setzt' ich hier zu deiner Nachricht auf.
Mein Wunsch war meine Pflicht. Bei tausend Hindernissen
Befliß ich mich stets auf ein gut Gewissen.
Verstrich ein Tag, so fing ich zu mir an:
‹Der Tag ist hin; hast du was Gut's, was Nützliches gethan,
Und bist du frömmer, weiser als am frühen Morgen?›
Dies, lieber Sohn, dies waren meine ernsten Sorgen.
So fand ich denn von Zeit zu Zeit
Zu meinem täglichen Geschäfte
Mehr Eifer und zugleich mehr Kräfte
Und in der Pflicht stets mehr Zufriedenheit.
So lernt' ich, mich mit Wenigem begnügen,
Und steckte meinem Wunsch ein Ziel.
‹Hast du genug›, dacht' ich, ‹so hast du viel,
Und hast du nicht genug, so wird's die Vorsicht fügen.
Was folgt dir, wenn du heute stirbst?
Die Würden, die dir Menschen gaben?
Der Reichtum? – Nein! Das Glück, der Welt genützt zu haben.
Drum sei vergnügt, wenn du dir dies erwirbst.›
So dacht' ich, liebster Sohn, so sucht' ich auch zu leben,
Und dieses Glück kannst du mit Gott dir selber geben.
Vergiß es nicht: das wahre Glück allein
Ist, ein rechtschaffner Mann zu sein.

Sebastian Spörlin
(1745–1812)

291 Das Haus zur hohen Sonne an der Rittergasse 21. Der stilvolle, J. J. Fechter zugeschriebene Barockbau mit den für Basel charakteristischen prächtigen Korbgittern vor den Fenstern ist unter der Bauherrschaft von Tuchhändler Johann Jakob Bischoff-Werthemann um 1758 errichtet worden.

| | |
|---|---|
| Spalenhof, zum kleinen | Spalenberg 10 |
| Spalenturm | Spalenberg 65 |
| Spange, zur | Streitgasse 3 |
| Spatz, zum freye | Petersplatz 18 |
| Spatzenmühle | Klingental 2/6 |
| Specht, zum | Heuberg 15 |
| Specht, zum | Heuberg 38 |
| Sper, zum | Spalenberg 35 |
| Sperber, zum | Münzgäßlein 12 |
| Sperber, zum großen/kleinen/obern/untern | Spalenberg 9 |
| Spermachers Hus | Spalenberg 41 |
| Speyr, zum | Schlüsselberg 13/15 |
| Spichwartes Hus | Eisengasse alt 1584 |
| Spiegel, zum | St.-Alban-Tal 25/31 |
| Spiegel, zum | Heuberg 16 |
| Spiegel, zum goldenen/hintern/vordern | Blumenrain 13 |
| Spiegelberg, zum | Schneidergasse 32 |
| Spiegelhof | Spiegelgasse 2/6/12 |
| Spiegelmühle | St.-Alban-Kirchrain 14 |
| Spiegelmühle | St.-Alban-Tal 25/31 |
| Spieß, zum | Heuberg 3/7 |
| Spieß, zum | Münsterberg 2 |
| Spieß, zum | Schützenmattstraße 8 |
| Spieß, zum | Spalenberg 48 |
| Spieß, zum blauen | Rheingasse 13 |
| Spieß, zum goldenen | Streitgasse 4 |
| Spieß, zum halben | Nadelberg 24 |
| Spießhof | Heuberg 3/7 |
| Spinners Hus | St.-Alban-Tal 12 |
| Spinnwetternzunft | Eisengasse 5 |
| Spinnwetters Hus | Eisengasse alt 1584 |
| Spinnwidder, zum | Spalenberg 61 |
| Spinnwieden, zur | Spalenberg 61 |
| Spirale, zur | Schützenmattstraße 15 |
| Spirers Hus | Rümelinsplatz 5 |
| Spis, zur | Rümelinsplatz 5 |
| Spise, zur | Schifflände 3 |
| Spisselis Mühle | Mühlenberg 19/21 |
| Spital, altes | St.-Alban-Vorstadt 49 |
| Spital, altes | Freie Straße 68/70 |
| Spital, altes | Leonhardsberg 1 |
| Spital, altes | Leonhardskirchplatz 1 |
| Spital, altes | Lohnhofgäßlein 14 |
| Spital, altes/kleines | Riehentorstraße 28/30 |
| Spital, kleines | Steinenvorstadt 36 |
| Spital, neues | Freie Straße 70 |
| Spitaleck, zum | Riehentorstraße 30 |
| Spitalmühle | St.-Alban-Tal 4 |
| Spitalmüllers Mühle | St.-Alban-Tal 1 |
| Spitalscheune | Elisabethenstraße alt alt 898/899 |
| Spitalschmiede | Freie Straße 91 |
| Spitaltrotte | Barfüßergasse 1 |
| Spitznagel, zum | Petersplatz 18 |
| Sporen, zum goldenen | Fischmarkt 8 |
| Sporisenen Höflein | Steinentorstraße 3 |
| Spott, zum | Totengäßlein 5/7 |
| Sprelen, zum | Münsterberg 1 |
| Sprickelechtigerhof | Freie Straße 90 |
| Spritzenhaus | St.-Alban-Vorstadt 81 |

292

292 Das Haus zum Spätzli und das Bannwartshaus am Spalenberg 45 und 47. Zusammen mit dem links anstoßenden Haus zum schwarzen Sternen bilden die beiden Häuser von 1373 bis 1455 eine einzige Liegenschaft. Diese geht 1411 aus dem Besitz von Hensli und Thine Remi in denjenigen des Kürschners Henman Zimmermann. Grundeigentümer aber bleiben nach wie vor die ‹geistlichen Brüder des Klosters ze den Barfüßern›.

| | | | | |
|---|---|---|---|---|
| Spritzenhaus | Barfüßergasse 6 | Stegli, zum | Freie Straße 103 | *Regierungslast* |
| Spritzenhaus | Klingental 21 | Steglin, zum | Petersberg 27 | |
| Spritzenhaus | Petersplatz 8 | Steglin, zum | Streitgasse 6/8 | Wer sich nun hier |
| Spritzenhaus | Riehenstraße 15 | Steglinshof | Petersgasse 17 | dem Stand zu dienen hat bestimbt, |
| Spritzenhaus | Riehentorstraße 10 | Stegreiffs Mühle | St.-Alban-Tal 37 | Und die Regierungslast |
| Spyr, zum | Rümelinsplatz 5 | Stehelis Hus | Gerbergasse 29 | auff seine Schulteren nimbt, |
| Stachel, zum | Spalenvorstadt 38 | Stein, zum | Münzgäßlein 24 | der such' des Volckes Wohl |
| Stachelschützenhaus | Petersplatz 9/10 | Stein, zum blauen | Freie Straße 89 | und nicht sein Eigen Glücke |
| Stadtcasino | Steinenberg 14 | Stein, zum blauen | Freie Straße 99 | Und sey zum Heil des Lands |
| Stadthaus | Stadthausgasse 13 | Stein, zum blauen | Untere Rebgasse 20 | ein Werckzeug ohne Tücke. |
| Stadthof | Gerbergasse 84 | Stein, zum großen | Gerbergasse 56 | Bild't aber Euwer Hertz |
| Stadtmünze | Münzgäßlein 9 | Stein, zum grünen | Gerbergäßlein 33 | auch in der ersten Jugend, |
| Stadtschlosserei, | | Stein, zum grünen | Gerbergasse 64 | Secht auff die Weißheit viel, |
| ehemalige | Petersgraben 48 | Stein, zum guten | Gerbergasse 55 | doch weit mehr auf die Tugend, |
| Stadtschreiberei | Klingental 11/13/15 | Stein, zum hangenden | Gerbergäßlein 23 | Lehrnt, daß nichts Seelig macht |
| Stadtturm | Petersgraben 43 | Stein, zum hangenden | Gerbergasse 54 | als ein Ruhig Gewissen |
| Stadtturm, zum | Petersplatz 7 | Stein, zum hintern | | Und daß zu Euwerem glück |
| Stadtweibelwohnung | Petersplatz 7 | hangenden | Gerbergäßlein 30 | Ihrs böse könet missen, |
| Stättlershof | Gerbergasse 34 | Stein, zum roten | Münzgäßlein 16 | Daß wer daß Richter Ambt |
| Stall | Spalenberg 20 | Stein, zum roten | Webergasse 1 | mit Hochmuth thut verwalten, |
| Stall, zum | Rheingasse 22 | Steinach, zum obern | Leonhardsstapfelberg 3 | Von aller Welt verlacht |
| Stall zum Wolf | Petersberg 42 | Steinaxt, zur | Barfüßerplatz 14 | und für ein Thor wird Ghalten, |
| Stamler, zum kleinen | Sattelgasse 14 | Steinach, zum | Rittergasse 7 | Daß Gelt zwar Weise ziert, |
| Stamlershof | St.-Johanns-Vorstadt 17 | Steinbock, zum | Freie Straße 61 | doch nur durch reine Mittel, |
| Stamlers Hus | Schneidergasse 15/17 | Steinbock, zum | Hutgasse 16 | Daß Tugend Ehre bringt |
| Stamlers Hus | Schneidergasse 32 | Steinbock, zum | Ochsengasse 7 | und nicht ein langer Tittel; |
| Stamlers Pfrundhaus | Imbergäßlein 6 | Steinbock, zum | Spalenberg 33 | Kein Reitz sey Starck genug, |
| Stamm, zum hohen | Schneidergasse 15/17 | Steinbock, zum goldenen/ | | der Euwre Pflicht verhindret, |
| Stampfe, zur | Hutgasse 21 | weißen | Schwanengasse 14 | Kein Nutzen groß genug, |
| Stampfe, zur | Imbergasse 29 | Steinbogen, zum | Hutgasse 16 | der Standes Nutzen Mindret; |
| Stampfe, zur | Kohlenberg 11/13 | Steinbrunnen, zum neuen | Schützenmattstraße 1 | Sucht in des Landes Wohl |
| Stampfe, zur | Mühlenberg 24 | Steinbrunnen, zum | Blumenrain 25 | und nicht beim Gmeinen Ehr, |
| Stampfe, zur | Münzgäßlein 5 | Steinbrunnen, | | Seyt billich und Gerecht, |
| Stampfe, zur alten | Sägergäßlein 5 | zum niedern | Blumenrain 27 | erhält auff gleicher Waage |
| Stampfe, zur untern | Münzgäßlein 3 | Steineck, zum | Gerbergasse 56 | Des Großen drohend Recht, |
| Star, zum | Barfüßerplatz 22 | Steineck, zum | Leonhardsstapfelberg 1 | und eines Gringen Klage; |
| Starkenfels, zum | Blumenrain 2/4 | Steineck, zum | Petersgasse 26 | Wan Ihr Diß werdet Thun |
| Stauf, zum goldenen | Gerbergasse 25 | Steineck, zum | Steinentorstraße 6 | und nicht schiebet auff Morgen, |
| Stauf, zum goldenen/ | | Steineck, zum | Steinenberg 1 | So wirt Gott stets für Euch, |
| hintern | Augustinergasse 5 | Steineck, zum | Steinenberg 29 | mehr als Ihr Selber Sorgen, |
| Staufenberg, zum | Gerbergäßlein 34 | Steineck, zum | Weiße Gasse 2 | Zugleich werd Ihr Euch Selbst |
| Staufenburg, zur | Gerbergäßlein 34 | Steineck, zum obern | Leonhardsstapfelberg 3 | Euwr Lob in Marmor Graben |
| Stauffer Hof | Heuberg 26/28/30 | Steinenbruck, an der | Steinenvorstadt 45 | Und Jeder Burgers Man |
| Steblin, zum | Freie Straße 27 | Steinenklösterli, zum | Steinenvorstadt 13 | Wird Ehrforcht für Euch haben. |
| Steblinsbrunnen, zum | Freie Straße 18/20 | Steinenklostermühle | St.-Alban-Tal 1/2 | |
| St. Stefan, zum | Freie Straße 113 | Steinenmühle | Kohlenberggasse 30/32 | Wappenbuch der Zunft |
| St. Stefan, zum | Rittergasse 7 | Steinenmühle | Steinenbachgäßlein 42 | zu Schuhmachern, 1698 |
| Steg, zum | Fischmarkt 4 | Steinentor | Steinentorstraße 42 | ▶ |
| Steg, zum | Fischmarkt 8 | Steinfalken, zum | Stapfelberg 2/4 | |
| Steg, zum | Steinenbachgäßlein 38 | Steinfels, zum | Gerbergasse 59 | 293 *Das Haus zum untern* |
| Steg, zum hohen | Freie Straße 85 | Steinfels, zum | Rheinsprung 5 | *Sennenhof am Leonhardsberg* |
| Steg, zum liechten | Fischmarkt 5 | Steinhammer, zum | Barfüßerplatz 14 | *8. Im Hintergrund das Haus* |
| Stege, zur | Barfüßerplatz 11 | Steinhauer, zum | Eisengasse 34 | *zum Klaus und Kämpfer am* |
| Stege, zur | Rheinsprung 2 | Steinhauer, zum | Stadthausgasse 3 | *Leonhardsstapfelberg 2. Mit* |
| Stege, auf der | Leonhardskirchplatz 1 | Steinhauers Hus | Stadthausgasse 5 | *der Überschreibung der* |
| Stege, auf der | Webergasse 12 | Steinhof | St.-Alban-Vorstadt 87 | *gotischen Liegenschaft an* |
| Stege, auf der hölzernen | Heuberg 50 | Steinhof, zum | Rebgasse 32/34/36 | *den Stein- und Bruch-* |
| Stege, lange | Martinskirchplatz 6 | Steinhütte, zur | Rebgasse 32/34 | *schneider Johann Kohler im* |
| Stege, an der langen | St.-Johanns-Vorstadt 34 | Steinkeller, zum | Rebgasse 21 | *Jahre 1623 wird die bis* |
| Stege, zur steinernen | Leonhardsberg 15 | Steinkeller, zum | Schneidergasse 24 | *anhin Meyerhof genannte* |
| Stegerin Hus | St.-Johanns-Vorstadt 48 | Steinkeller, zum | Spalenberg 44 | *Hofstatt als ‹Sennhof›* |
| Steglein, zum | Utengasse 18 | Steinkeller, zum | Stiftsgasse 4 | *bezeichnet.* |

| | |
|---|---|
| Steinkette, zur | Sattelgasse 19 |
| Steinkreuz, zum | Schützenmattstraße 17 |
| Steinlins Hus | Hutgasse 10 |
| Steinlis Hus | Rheingasse 25 |
| Steinung, zum | Leonhardsstapfelberg 3 |
| Steinwand, zur | Unterer Heuberg 11/13 |
| Steinwerkhof | Rebgasse 36 |
| Stelins Hus | Riehentorstraße 14/16 |
| Stelzen, zur | Weiße Gasse 15 |
| Stemphelis Hus | Leonhardsgraben 20 |
| Stern, zum | Gerbergasse 1 |
| Stern, zum blauen | Steinenvorstadt 21 |
| Stern, zum blauen/niedern/obern | Petersberg 7 |
| Stern, zum finstern | Petersberg 5 |
| Stern, zum gelben | Aeschenvorstadt 71 |
| Stern, zum gelben | Petersberg 26 |
| Stern, zum gelben | Steinentorstraße 10 |
| Stern, zum gelben | Utengasse 3 |
| Stern, zum goldenen | Fischmarkt 8 |
| Stern, zum goldenen | Steinentorstraße 10 |
| Stern, zum grünen | Gerbergäßlein 2 |
| Stern, zum grünen | Rümelinsplatz 11 |
| Stern, zum kleinen | Aeschenvorstadt 46 |
| Stern, zum kleinen | Greifengasse 22 |
| Stern, zum obern | Nadelberg 41 |
| Stern, zum roten | Schwanengasse 2 |
| Stern, zum schwarzen | Gerbergasse 3 |
| Stern, zum schwarzen | Hutgasse 15 |
| Stern, zum schwarzen | Nadelberg 43 |
| Stern, zum schwarzen | Untere Rebgasse 8 |
| Stern, zum schwarzen | Schwanengasse 6 |
| Stern, zum schwarzen | Spalenvorstadt 27/29 |
| Stern, zum untern | Nadelberg 43 |
| Sternen, zum | Aeschenvorstadt 44 |
| Sternen, zum | Gerbergasse 23 |
| Sternen, zum | Nadelberg 41 |
| Sternen, zum | Sternengasse 7 |
| Sternen, zum alten | Untere Rebgasse 8 |
| Sternen, zum alten/gelben | Utengasse 3 |
| Sternen, zum alten/gelben/goldenen/großen/kleinen/schwarzen | Greifengasse 22 |
| Sternen, zum blauen/gelben | Steinentorstraße 8 |
| Sternen, zum gelben | Blumenrain 22 |
| Sternen, zum gelben | Petersberg 28 |
| Sternen, zum gelben | Steinenvorstadt 35 |
| Sternen, zum gelben/goldenen | Steinentorstraße 10 |
| Sternen, zum goldenen | St.-Alban-Rheinweg 70 |
| Sternen, zum goldenen/schwarzen | Aeschenvorstadt 44 |
| Sternen, zum goldenen/schwarzen | Webergasse 21 |
| Sternen, zum hintern | Spiegelgasse 13 |
| Sternen, zum roten | Petersberg 11 |
| Sternen, zum schwarzen | Aeschenvorstadt 34 |
| Sternen, zum schwarzen | Münzgäßlein 5 |
| Sternen, zum schwarzen | Münzgäßlein 16 |
| Sternen, zum schwarzen | Nadelberg 43 |
| Sternen, zum schwarzen | Schützenmattstraße 6 |
| Sternen, zum schwarzen | Teichgäßlein, gegenüber von 7 |
| Sternen und Kessel, zum | Münzgäßlein 5/7 |
| Sternenberg, zum | Gerbergasse 23 |
| Sternenberg, zum | Greifengasse 24 |
| Sternenberg, zum | Heuberg 15 |
| Sternenberg, zum | Nadelberg 41 |
| Sternenberg-Bierkeller | Grenzacherstraße 487 |
| Sternenbergmühle | Rappoltshof 11 |
| Sterneneck, zum | Aeschenvorstadt 71 |
| Sterneneck, zum | Barfüßerplatz 2 |
| Sterneneck, zum | Bruderholzrain 45 |
| Sterneneck, zum | Greifengasse 20 |
| Sterneneck, zum | Sternengasse 38 |
| Sterneneck, zum | Utengasse 1 |
| Sternenfels, zum | Steinenvorstadt 33/35 |
| Sternenfels, zum | Bäumleingasse 7 |
| Sternenfels, zum untern | Bäumleingasse 5 |
| Sternenhäuslein | Untere Rebgasse 15 |
| Sternenhof | Sternengasse 27 |
| Sternenmühle | Untere Rebgasse 8 |
| Stetenberg, zum | Grünpfahlgäßlein 8 |
| Stetten, zum | Freie Straße 29 |
| Stetten, zum | St.-Johanns-Vorstadt 16 |
| Stetten, zum großen | Schneidergasse 1 |
| Stetten, zum kleinen | Schneidergasse 3 |
| Stetten Gesäß | Riehentorstraße 4 |
| Stettenberg, zum | Rümelinsplatz 2 |
| Stiefel, zum | Schützenmattstraße 15 |
| Stiefel, zum | Spalenberg 2/4 |
| Stiefel, zum | Spalenberg 11/13 |
| Stiefel, zum | Streitgasse 11 |
| Stiefel, zum grünen | Spalenberg 6 |
| Stifelerin Hus | Aeschenvorstadt 6 |
| Stift, zum | Peterskirchplatz 5 |
| Stiftshaus | Schlüsselberg 17 |
| Stock, zum | Nadelberg 24 |
| Stock, zum alten | Leonhardsgraben 14 |
| Stock, zum großen | Kohlenberggasse 2 |
| Stöcklein, zum | Petersberg 3 |
| Stöckli | Barfüßerplatz 1 |
| Stöckli, zum alten | Gerbergasse 2 |
| Stöckis Hus | Schützenmattstraße 13 |
| Störchlein, zum | Rheingasse 17 |
| Störchlein, zum blauen | St.-Alban-Vorstadt 1 |
| Störchlein, zum hintern | Schafgäßlein 5 |
| Störchlein, zum hintern | Utengasse 16 |
| Störklin, zum | Spalenvorstadt 27 |

295

294

294 Hausinschrift an der Webergasse 1. Der Hausname ‹zum roten Stein› wird im Kleinbasler Gerichtsbuch von 1512 erstmals erwähnt.

295 Der zu einem Gartenpavillon umgebaute spätromanische Stadtturm am Petersgraben 43. Er bildet den einzigen noch erhaltenen Befestigungsturm, der um das Jahr 1200 angelegten innern Stadtmauer, die sich vom St.-Alban-Schwibbogen (Rittergasse) via Äschenschwibbogen (Freie Straße), Eselsturm (Steinenberg), Spalenschwibbogen (Spalenberg) zum St.-Johann-Schwibbogen (Blumenrain), also den heutigen ‹Gräben› entlang, hinzog.

| | |
|---|---|
| Stof, zum | Gerbergäßlein 34 |
| Stollenberg, zum | Grünpfahlgäßlein 8 |
| Storchen, zum | Stadthausgasse 25 |
| Storchen, zum | Utengasse 16 |
| Storchen, zum blauen | St.-Alban-Vorstadt 1 |
| Storchen, zum blauen | Petersberg 7 |
| Storchen, zum goldenen/hintern | Stadthausgasse 25 |
| Storchen, zum kleinen | Weiße Gasse 4 |
| Storchen, zum vordern | Rheingasse 17 |
| Storchenberg, zum | Barfüßerplatz 4 |
| Storchenfeld, zum | Barfüßerplatz 4 |
| Storchenfels, zum | Barfüßerplatz 4 |
| Storchenfels, zum | Petersgasse 2 |
| Strafanstalt, alte | Petersgraben 2 |
| Strahl, zum großen | Freie Straße 11 |
| Strahl, zum kleinen | Freie Straße 2 |
| Strampfersches Haus | St.-Alban-Tal 40 |
| Straßburg, zum | Augustinergasse 17 |
| Straßburg, zum | Riehentorstraße 11 |
| Straßburg, zum | Rümelinsplatz 15/17 |
| Straßburg, zum obern | Schnabelgasse 10 |
| Straßburg, zum obern | Trillengäßlein 1 |
| Straßburg, zum untern | Schnabelgasse 12 |
| Straßburgerhof | Petersberg 29 |
| Straßburgerhof | Petersgasse 46 |
| Strauben, zum | Imbergäßlein 6 |
| Strauß, zum | Aeschenvorstadt 4 |
| Strauß, zum | Gerbergasse 76 |
| Strauß, zum | St.-Johanns-Vorst. 31/33/35 |
| Strauß, zum | Nadelberg 39 |
| Strauß, zum | Rümelinsplatz 9 |
| Strauß, zum kleinen | Barfüßerplatz 15 |
| Strauß, zum Vogel | Barfüßerplatz 16 |
| Streit, zum | Streitgasse 18 |
| Streit, zum hintern/kleinen | Ringgäßlein 5 |
| Streitaxt, zur | Gerbergasse 84 |
| Strelers Hus | Neue Vorstadt 8 |
| Strittkolben, zum | Rheingasse 18 |
| Ströwleinshof | Rheingasse 35 |
| Strumpf, zum blauen | Aeschenvorstadt 4 |
| Stube, zur hohen | Schlüsselberg 14 |
| Stube, zur hohen | Stadthausgasse 4/6/8 |
| Stube, zur neuen | Streitgasse 4 |
| Stud, zum hohem | St.-Johanns-Vorstadt 19 |
| Studers Hus | Gerbergasse 64 |
| Studlershof | Gerbergasse 30/32/34 |
| Stultzins Hus | Leonhardsberg 3 |
| Sturgkow, zum | Steinentorstraße 15/17 |
| Suburbana, zum | St.-Alban-Anlage 25 |
| Sündenfall, zum kleinen | Rheingasse 70 |
| Sündenfall, zum kleinen | Oberer Rheinweg 65 |
| Süßens Hus | Blumenrain 28 |
| Sulzberg, zum | St.-Alban-Vorstadt 15 |
| Sunden, zum | Rüdengasse 3 |
| Sunderstorfs Hus | Heuberg 44 |
| Suppolts Hus | Gerbergasse 65 |
| Surinam, zum kleinen | Riehenstraße 275 |
| Susanna, zur | St.-Johanns-Vorstadt 56 |
| Susen, zum | Blumenrain 28 |
| Suttenkeller, zum | Petersgasse 23 |
| Suttenkeller, zum | Petersberg 27 |

296

| | |
|---|---|
| Suttens Hus | Petersberg 25 |
| Sydlers Hus | Aeschenvorstadt 1 |
| Sydlers Hus | St.-Alban-Graben 2 |
| Sykust, zum | Unterer Heuberg 21 |
| Synagoge | Unterer Heuberg 21 |

| | |
|---|---|
| Tabakmühle | St.-Alban-Kirchrain alt 1307 |
| Tabakstampfe | Rümelinsbachweg 18 |
| Tännlein, zum | Aeschenvorstadt 51 |
| Täublein, zum | St.-Alban-Vorstadt 4 |
| Täublein, zum | Heuberg 34/36/38 |
| Täublein, zum | Leonhardsgraben 55 |
| Täublein, zum weißen | Münsterberg 5 |
| Tagstern, zum | Petersberg 26 |
| Tagstern, zum | Schneidergasse 8 |
| Tanne, zur | Gerbergasse 33 |
| Tanne, zur | Greifengasse 38/40 |
| Tanne, zur | Leonhardsgraben 15 |
| Tanne, zur | Rebgasse 37 |
| Tanne, zur | Spalenberg 33 |
| Tanne, zur | Stadthausgasse 12 |
| Tanne, zur | Steinenvorstadt 25 |
| Tanne, zur | Streitgasse 11 |
| Tanne, zur | Webergasse 5 |
| Tanne, zur blauen | Stadthausgasse 18 |
| Tanne, zur hintern/hohen/niedern/schönen | Spalenberg 31 |
| Tanne, zur hohen | St.-Alban-Vorstadt 18 |
| Tanne, zur hohen | Augustinergasse 21 |
| Tanne, zur kleinen | Spalenberg 27 |
| Tanne, zur kleinen | Stadthausgasse 16 |
| Tanne, zur obern | Spalenberg 53 |
| Tanne, zur roten | St.-Alban-Vorstadt 64 |
| Tanne, zur untern | Spalenberg 33 |
| Tanneck, zum | Gerbergasse 33 |
| Tanneck, zum | Unterer Heuberg 17/19 |
| Tannenbaum, zum | Freie Straße 101 |
| Tannenberg, zum | Blumenrain 11a |
| Tannenberg, zum | Freie Straße 76 |
| Tannenberg, zum | Freie Straße 101 |
| Tannenberg, zum | Streitgasse 11 |
| Tanneneck, zum | Petersberg 32 |
| Tannenwald, zum | Freie Straße 101 |
| Tannruggs Häuser | Neue Vorstadt 20 |
| Tanz, zum | St.-Johanns-Vorstadt 74 |

296 Hausinschrift am Blumenrain 28. Anno 1345 nach dem Schmied Süß benannt, wird der ursprüngliche Name 1486 in ‹zem Susen› und 1575 in ‹zum Susenberg› umgeformt, bis in neuerer Zeit wieder die älteste Bezeichnung angenommen wird.

297 Fassadenschmuck am Reverenzgäßlein 2. Die Darstellung in Gußeisen (Ofenplatte) zeigt eine Paradiesszene und spielt auf den Hausnamen zum kleinen Sündenfall an.

| | | | | |
|---|---|---|---|---|
| Tanz, zum hintern/untern/vordern | Fischmarkt 2 | Torberg, zum obern/untern | Fischmarkt 4 | *Dr Dood vo Basel* |
| Tanz, zum obern/vordern | Eisengasse 20 | Torberg, zum vordern | Fischmarkt 14 | |
| Tasvennen, zum | Untere Rebgasse 24 | Torers Hus | Roßhofgasse 5 | I bi dr Dood |
| Taubadelerhof | Neue Vorstadt 12/14 | Torrückenberg, zum obern | Eisengasse 28 | Uff alle Greber schtoht |
| Taubadelerhof | Rütimeyerstraße 58 | Torwartshäuslein | Spalenvorstadt, gegenüber von 44 | my Bitt an d'Wält: |
| Taube, zur | Heuberg 36 | | | Alles vergoht! |
| Taube, zur | Marktplatz 8 | Totengräberhaus | Kohlenberggasse 4/6/8 | Alles fallt, |
| Taube, zur | Sporengasse 2 | Trappen, zum | Rheingasse 16 | wie-n-im Winter 's Laub, |
| Taube, zur weißen | Heuberg 38 | Traube, zur | Bäumleingasse 8 | und wird Schtaub. |
| Taube, zur weißen | Lindenberg 2 | Traube, zur | Greifengasse 19 | Es mues halt sy |
| Taube, zur weißen | Marktplatz 16 | Traube, zur | Greifengasse 34 | 's Läbe bruucht Gränze – |
| Taube, zur weißen | Rheingasse 90 | Traube, zur | Klingentalstraße 84 | Und d'Gränze bi-n-y. |
| Taubenschlag, zum | Rheingasse 54 | Traube, zur | Ochsengasse 2/4 | As es nit mues verschtigge |
| Taubhäuslin | Barfüßerplatz 11 | Traube, zur äußern | Steinentorstraße 45 | am aigene Wuchs, |
| Tazzins Hus | Gemsberg 2 | Traube, zur alten | Nadelberg 15 | du-n-ych en knigge. |
| Tegernau, zur | Münsterplatz 11 | Traube, zur innern | Steinentorstraße 39 | So gib i e Zyl, |
| Tell, zum Wilhelm | Aeschenvorstadt 5 | Traube, zur mittlern | Steinentorstraße 41 | en Ornig, e Zyt: |
| Tell, zum Wilhelm | Spalenvorstadt 38 | Traubenkeller, zum | Rheingasse 20 | d'Gschicht vo dr Wält, |
| Tellsbrunnen, zum | Aeschenvorstadt 25 | Treibeck, zum | Blumenrain 10 | wo-n-in luter Greber lyt. |
| Tempel, zum | Weiße Gasse 6 | Tremel, zum | Gerbergasse 59 | I bi dr Dood. |
| Tempheli, zum | Totengäßlein 11 | Treu, zur | Hammerstraße 66 | 's kunnt jede-n-an Danz. |
| Tengerhof | St.-Johanns-Vorstadt, gegenüber von 44 | Treu, zur | Schlüsselberg 13 | E kaine blybt dusse. |
| | | Treu, zur alten | Nadelberg 15/17/19 | I ha si ganz. |
| Tengerhof | Rheingasse 39/43 | Treu, zur alten | Neue Vorstadt 26 | |
| Teuchelhaus | St.-Alban-Tal 42 | Treu, zur alten | Totengäßlein 1/3 | Fritz Knuchel (1891–1966) |
| Teufel, zum | Rheinsprung 14 | Treu, zur großen | Gerbergasse 47 | |
| Teufelshaus | Utengasse 43 | Treu, zur hintern/obern | Gerbergasse 51 | |
| Theodor, zum kleinen | Theodorkirchplatz 2 | Treu, zur kleinen | Gerbergasse 49 | |
| St. Theodorshof | Theodorkirchplatz 1 | Tribock, zum | St.-Alban-Vorstadt 40 | |
| Theodorstor, zum | Riehentorstr. 32 | Tribock, zum | Blumenrain 10 | |
| Thierstein, zum | Aeschenvorstadt 7 | Tribock, zum | Gerbergasse 10 | |
| Thierstein, zum | Greifengasse 34 | Tribock, zum | Klosterberg 17 | |
| Thiersteinerhof | St.-Alban-Graben 14 | Trillapp, zum | Kartausgasse 11 | |
| Thiersteinerhof | Freie Straße 90/96 | Trinitate, zur | St.-Alban-Vorstadt 13 | |
| Thiersteinerhof | Rittergasse 25 | Trinkhaus | St.-Alban-Tal 27 | |
| Thomas-Platter-Haus | Gundeldingerstraße 280 | Trinkhaus | Hutgasse 2 | |
| Thurneisenhof | Leonhardsstraße 1 | Trinkstube | Münsterplatz 6 | ▶ |
| Tiefe, in der | Freie Straße 92 | Trölers Hus | Blumenrain 30 | |
| Tierbein, zum | Fischmarkt 14 | Tröschen Hus | Blumenrain 11a | 298 Das Haus zum roten Stein an der Webergasse 1. Die Geschichte der ‹Hofstatt mit der Gesichten der drygen Fenstern hinden uß, so es hat in miner Frauen von Clingenthal Gärtlin›, spricht oft von Händel der Besitzer mit den Nachbarn. Entweder sind es Dachkännel und Wassersteine, welche die Gemüter erhitzen, oder dann aber ‹ein Schweinestall im Keller und ein Gaißstall unter der Treppe›! Der Fassadenschmuck stellt einen Ausschnitt aus dem berühmten Totentanzgemälde des Klingentalklosters dar, dessen kümmerliche Reste, ‹unrettbar dem Verderben verfallen›, beim Bau der Kaserne im Jahr 1860 endgültig verschwunden sind. |
| Tierberg, zum | Fischmarkt 14 | Tröttlin, zum | Heuberg 19 | |
| Tiergarten, zum | Greifengasse 8 | Tröttlin, zum | Unterer Heuberg 8 | |
| Tiergarten, zum | Lindenberg 8/12 | Trotte, zur | St.-Alban-Vorstadt 60/62 | |
| Tiergarten, zum | Spalenberg 6 | Trotte, zur | Malzgasse 7 | |
| Tiergarten, zum | Stiftsgasse 5 | Trotte, zur | Nadelberg 24 | |
| Tiger, zum | Rittergasse 27 | Trotte, zur | Rheingasse 80 | |
| Tirlins Türlein, zum | Rheingasse 44/46 | Trotte, zur | Schützenmattstraße 5 | |
| Todtnau, zum | Martinsgasse 10/12 | Trotte, zur | Weiße Gasse 12 | |
| Tönierhof | St.-Johanns-Vorstadt, gegenüber von 42 | Trotte, zur alten | Rebgasse 38 | |
| | | Trottenhaus | Rheingasse 45/47 | |
| Toggenburgs Mühle | St.-Alban-Tal 25/31 | Trottenhaus | Rheingasse 82 | |
| Tor, zum | Eisengasse 19 | Trottenstein, zum | Rebgasse 28 | |
| Tor, zum | Eisengasse 28 | Trottenstein, zum | Rebgasse 38 | |
| Tor, zum | Fischmarkt 4 | Truchseß, zum | St.-Alban-Vorstadt 45 | |
| Tor, zum | Freie Straße 101 | Truchsessenhaus | Rittergasse 10 | |
| Tor, zum | Freie Straße 111/113/115 | Truchsessen Hofstatt | Mühlenberg 1 | |
| Tor, zum obern | Eisengasse 28 | Truchsesserhof | Aeschenvorstadt 1 | |
| Tor, oberes | Riehentorstraße 32 | Truchsesserhof | St.-Alban-Graben 16/18/20 | |
| Tor, zum roten | Leonhardsberg 6 | Truchsesserhof | Heuberg 28/30 | |
| Torberg, zum | Aeschenvorstadt 11 | Truchsesserhof | Leonhardsgraben 45 | |
| Torberg, zum hintern/obern | Eisengasse 28 | Truchsesserhof, zum hintern | St.-Alban-Graben 2 | |
| | | Trüblerin Hus | Blumenrain 15 | |

299 Das Portal zum Ulmenhof an der Gartenstraße 93. Von Professor Jakob Wackernagel-Stehlin 1893 in Auftrag gegeben und von den Architekten Vischer und Fueter ausgeführt, erhält das neobarocke Herrschaftshaus seinen Namen von einer mächtigen Ulme, die im gepflegten Garten der Liegenschaft steht.

| | |
|---|---|
| Trütlerin Hus | Rümelinsplatz 17 |
| Trüwlin, zum | Badergäßlein 6 |
| Truten Hus | Leonhardsberg 15 |
| Trutenkeller, zum | Rheingasse 20 |
| Trutlins Hus | Heuberg 19 |
| Tschachternellen Hus | Totentanz 7 |
| Tuchhaus, zum | Münsterplatz 18 |
| Tüffenstein, zum | Rittergasse 5 |
| Tüllingen, zum | Greifengasse 36 |
| Türe, zur eisernen | Bäumleingasse 16 |
| Türe, zur eisernen | Blumenrain 12 |
| Türe, zur niedern/roten | Leonhardsberg 8 |
| Türe, zur obern/roten | Leonhardsberg 6 |
| Türe, zur roten | Gerbergäßlein 40 |
| Türe, zur roten | Leonhardsstapfelberg 5 |
| Türkis, zum goldenen | Totentanz 16 |
| Türlins Hofstatt | Rheingasse 39/43 |
| Türmlin, zum goldenen | Auberg 15 |
| Tüschlers Hus | Weiße Gasse 6 |
| Tugstein, zum | Spalenvorstadt 1 |
| Tuners Hus | Spalenvorstadt 3 |
| Tunsel, zum | Greifengasse 1 |
| Turm, zum | Aeschenvorstadt 75 |
| Turm, zum | Heuberg 40/42 |
| Turm, zum | Leonhardsstapfelberg 5 |
| Turm, zum | Leonhardsstraße 1 |
| Turm, zum grünen | Gerbergasse 44 |
| Turm, zum grünen/hohen | Hutgasse 12 |
| Turm, zum hohen | Barfüßerplatz 5 |
| Turm, zum hohen | Rheingasse 55 |
| Turm, zum hohen/roten | Streitgasse 15 |
| Turm, zum roten | Freie Straße 44 |
| Turm, zum roten | Gerbergäßlein 42 |
| Turm, zum roten | Leonhardsberg 6 |
| Turm, zum roten | Leonhardsgraben 6 |
| Turm, zum roten | Münsterberg 3 |
| Turm, zum roten | Münzgäßlein 16 |
| Turm, zum roten | Nadelberg 41 |
| Turm, zum roten | Rheingasse 40 |
| Turm, zum roten | Rheinsprung 6/8 |
| Turm, zum roten | Spalenberg 7/9 |
| Turm, zum roten | Spalenberg 41 |
| Turm, zum roten/weißen | Freie Straße 2 |
| Turm, zum schwarzen | Aeschenvorstadt 39 |
| Turm, zum schwarzen | Gerbergäßlein 2 |
| Turm, zum schwarzen | Rümelinsplatz 1 |
| Turm, zum schwarzen | Steinentorstraße 47/49 |
| Turm in der Lottergasse | St.-Johanns-Vorstadt 43 |
| Turmschale, zur hintern | Andreasplatz 17 |
| Turmschale, zur mittlern niedern/untern | Schneidergasse 12/14 |
| Turmschale, zur obern | Schneidergasse 16 |
| Turnschule, zur hintern | Andreasplatz 17 |
| Turnschule, zur mittlern | Schneidergasse 14 |
| Turnschule, zur obern | Schneidergasse 16 |
| Turnschule, zur untern | Schneidergasse 12 |
| Tuttenkolben, zum | Rheingasse 16/18/20 |
| Tyrers Hus | Steinenvorstadt 7 |

| | |
|---|---|
| Überreiters Hus | Petersplatz 17 |
| Uettingen, zum | Heuberg 12 |
| Uffholz, zum | Blumenrain 10 |
| Ufheim, zum | Schifflände 8/10 |
| Uggelis Mühle | Untere Rheingasse 14 |
| Uggelis Mühle | Teichgäßlein 3/5 |
| Ulm, zum | St.-Johanns-Vorstadt 15/17 |
| Ulm, zum großen/mittlern | St.-Johanns-Vorstadt 5 |
| Ulm, zum kleinen | St.-Johanns-Vorstadt 7 |
| Ulmenhof | Gartenstraße 93 |
| Ulmerhof | Peterskirchplatz 10 |
| St. Ulrichseck, zum | Rittergasse 9 |
| St. Ulrichsgärtlein | Rittergasse 11 |
| St. Ulrichs Hus | Aeschenvorstadt 24 |
| St.-Ulrichs-Kapelle | St.-Alban-Tal 21 |
| St.-Ulrichs-Kapelle | Rittergasse 3 |
| St. Ulrichskirchhöflein, zum | Rittergasse 5 |
| Ulrichsmühle | Untere Rebgasse 8 |
| Ungers Hus | Gerbergasse 25 |
| Unkelin, zum | Hirschgäßlein 5/9/13/15 |
| Unkelin, zum | Sternengasse 23/27/33 |
| Unterbom, zum | Gerbergasse 39 |
| Unterlinden, zum | Rheingasse 31/33 |

*Sinnspruch*

Wer nicht liebt ein schönes Schwerdt,
Darzu auch ein schönes Pferdt,
Und darneben kein schönes Weib,
Der hat kein Hertz in seinem Leib.

Christof Hofmann
(1609–1679)

300 Hauszeichen an der St.-Johanns-Vorstadt 5. Zusammen mit den Häusern zum großen und zum kleinen Ulm ist 1524 auch die Liegenschaft zum mittleren Ulm erwähnt, die dem Domstift jährlich mit 9 Pfund 6 Schilling Zinspfennig, 8 Ring Brot und einem Pfund Pfeffer abgabepflichtig ist.

| | | | | |
|---|---|---|---|---|
| Untersteineck, zum | Leonhardsstapfelberg 1 | Vogelgesang, zum | Rheingasse 67 | |
| Untertor | Untere Rebgasse 27 | Vogelsang, zum | Münsterberg 2 | |
| Uranienhof | Riehenstraße 154 | Vogelsang, zum | Vogelsangweglein 10 | |
| St. Urban, zum | Blumenrain 13 | Vogelsang, zum niedern | Münsterberg 4 | |
| St. Urbanseck, zum | Blumenrain 17 | Vogelsang, zum obern | Münsterberg 6 | |
| St. Urbanseck, zum | Blumenrain 22 | Voglers Hus | Spalenvorstadt 37/39 | |
| St. Urbanshof | Blumenrain 17/19 | Volkeri, zum | Unterer Heuberg 13 | |
| St. Urbans Hofstatt | Blumenrain 18 | Vollmars Hus | Greifengasse 34 | |
| Uristier, zum | Weiße Gasse 26 | Volman, zum | Greifengasse 34 | |
| Urlis Hus | Heuberg 40 | Vorgasse, zur | Petersgasse 5 | |
| Urrin, zum | Spalenberg 8 | Vorgassen, zu | Nadelberg 15 | |
| St. Urs, zum | St.-Johanns-Vorstadt 31 | Vorgassenhof | Nadelberg 10 | |
| Urs-Graf-Haus | Marktgasse 16 | | | |
| St. Ursula, zur | Schwanengasse 1 | | | |
| St. Ursula, zur | Schwanengasse 9 | | | |
| Utenheimerhof | Rittergasse 19 | | | |
| Utingen, zum | Gerbergasse 79 | | | |
| Utingerbad | Blumenrain 5/12 | | | |
| Utingerhof | Utengasse 5/7 | | | |

| | | | |
|---|---|---|---|
| | | Waage, zur | Aeschenvorstadt 37 |
| Vecheneck, zum | Gerbergasse 47 | Waage, zur | Aeschenvorstadt 43 |
| Vehen, zum | Weiße Gasse 15 | Waage, zur | St.-Johanns-Vorstadt 25 |
| Vehenort, zum | Steinenvorstadt 15 | Waage, zur | St.-Johanns-Vorstadt 61/63 |
| Vehinort, zum | Gerbergasse 45 | Waage, zur | Weiße Gasse 28 |
| Vehinort, zum | Pfluggäßlein 16 | Waage, zur alten | Schwanengasse 12 |
| Vehinort, zum | Weiße Gasse 11/13/15 | Waage, zur goldenen | Barfüßerplatz 4 |
| Veldenberg, zum | Spalenberg 62 | Waage, zur neuen | Petersberg 32 |
| Vellenberg, zum | Roßhofgasse 9/11 | Waage, zur roten | Petersberg 13 |
| Venedig, zum kleinen | Gerbergasse 19 | Waagenberg, zum | Aeschenvorstadt 43 |
| Venedig, zum kleinen | Schlüsselberg 3 | Waaghaus | Gerbergasse 15 |
| Vereinigung, zur | Schneidergasse 8/10 | Wache, zur alten | St.-Johanns-Vorstadt 106 |
| Verena zum Folden, zum | Leonhardsberg 10 | Wacher, zum | Spalenberg 41 |
| Vergnügen, zum | Bäumleingasse 14 | Wachholderbaum, zum | Gerbergasse 21 |
| Versammlungshaus | Ringgäßlein 3 | Wachthaus | |
| Versammlungshaus | Streitgasse 20 | der Gasanzünder | Rüdengasse 5 |
| Veyelshof | Peterskirchplatz 9 | Wachtmeister, zum | Hutgasse 24 |
| Vicedoms Turm | Heuberg 20 | Wachtmeisterin, zur | Peterskirchplatz 4 |
| Vieh, zum schönen | Pfluggäßlein 16 | Wachtmeisterin Hofstatt | Andreasplatz 3 |
| Vielshof | Peterskirchplatz 9 | Wachtmeisterin Hofstatt | Imbergäßlein 2 |
| Vigilanz, zur | Freie Straße 21 | Wachtmeisterin Hus | Sattelgasse 22 |
| Vigilanz, zur | Stapfelberg 3 | Wachtstube | Untere Rebgasse 20/22 |
| St. Vinzenzenhof | Münsterberg 7/9 | Wacker, zum | Spalenberg 41 |
| Violenhof | Petersgraben 21/23 | Wackerin Hus | Totentanz 7 |
| Violenhof | Peterskirchplatz 8 | Wackers Hus | Spalenberg 41 |
| Vislis Hus | Fischmarkt 5 | Wächterhäuslein | Augustinergasse 9 |
| Vitenmühle | Untere Rheingasse 19 | Wächterhäuslein | Rheinsprung 17 |
| Vitztumhaus | Peterskirchplatz 8 | Wächterhaus, zum | St.-Johanns-Vorstadt 43 |
| Vitztumshof | Gerbergasse 20/22 | Wächtershaus | Peterskirchplatz 8 |
| Vitztumshof | Heuberg 26/28/30/32 | Wächtershof, zum | St.-Johanns-Vorstadt 41/43 |
| Vivians Hus | Freie Straße 28 | Wändlein, zum | Rümelinsplatz 8 |
| Vögelins Hus | Gerbergasse 76 | Waffenheim, zum | St.-Alban-Vorstadt 8 |
| Vogel, zum | Nadelberg 49 | Wagdenhals, zum | Kohlenberggaasse 30/32 |
| Vogel, zum | Spalenvorstadt 39 | Wagenburg, zur | Aeschenvorstadt 43 |
| Vogel, zum blauen | Heuberg 40 | Wagners Hus | Freie Straße 36 |
| Vogel, zum blauen/roten | Marktplatz 16 | Waisenhaus | Riehentorstraße 4/6/8 |
| Vogel, zum großen/ | | Waisenhaus | Theodorskirchplatz 7 |
| kleinen/schwarzen | Spalenvorstadt 37 | Walchen, in der | Untere Rheingasse 14 |
| Vogel, zum grünen | Schneidergasse 17 | Walchen, zum | Ochsengasse 14 |
| Vogel, zum roten | Ochsengasse 5 | Wald, zum | Freie Straße 68/70 |
| | | Waldaffen, zum | Andreasplatz 7/8/13 |
| | | Waldeck, zum | Greifengasse 1 |
| | | Waldeck, zum | Totentanz 8 |
| | | Waldeck, zum großen | Gerbergasse 27 |
| | | Waldeck, zum kleinen | Gerbergasse 29 |
| | | Waldenburg, zum | Gerbergasse 41 |

301 Die mit einem schönen Oberlicht versehene Biedermeiertüre des Hauses zur alten Treu am Nadelberg 17. Druckerherr Johannes Froben, der 1521 die ‹drü Hüser uff S. Petersberg zu oberst im Imbergeßlin› gekauft hat, überläßt dieses Haus 1522 für sieben Jahre mietweise seinem Autor Erasmus von Rotterdam.

| | |
|---|---|
| Waldenburg, zum | Marktplatz 9 |
| Waldenburg, zum | Rheinsprung 8 |
| Waldenburg, zum | Utengasse 6 |
| Waldshut, zum | Heuberg 22 |
| Waldshut, zum | Leonhardsgraben 20 |
| Waldshut, zum | Leonhardsgraben 39 |
| Waldshut, zum | Marktplatz 18 alt |
| Waldshut, zur hintern | Rüdengasse 2 |
| Waldshut, zum hintern/ kleinen/mittlern | Freie Straße 20 |
| Waldshut, zum kleinen/ obern | Untere Rheingasse 10 |
| Waldshut, zum niedern | Untere Rheingasse 13 |
| Waldshut, zum untern | Sägergäßlein 2 |
| Waldshut, zum vordern | Freie Straße 16/18/20 |
| Waldteufel, zum | Heuberg 20 |
| Waldvögeli, zum | Rebgasse 40 |
| Walenberg, zum | Aeschenvorstadt 43 |
| Walke, zur | Kohlenberg 9/11/13 |
| Walke, zur | Rümelinsplatz 2 |
| Walke, zur | Rümelinsplatz 17 |
| Walke, zur | Schnabelgasse 17 |
| Walken, zum | Untere Rheingasse 14 |
| Walkenberg, zum | Freie Straße 45/47 |
| Wallbach, zum | Blumenrain 34 |
| Wallisers Hus | Petersberg, gegenüber von 23 |
| Wallraff, zum | Peterskirchplatz 5 |
| Walpach, zum | Nadelberg 23 |
| Walrafen, zum | Andreasplatz 7 |
| Walrafen, zum | Andreasplatz 13 |
| Wallrand, zum | Spalenvorstadt 39/41 |
| Walspach, zum | Blumenrain 34 |
| Walspach, zum | Marktplatz 18 |
| Waltenheim, zum | Spalenvorstadt 36 |
| Walter, zum | Gerbergäßlein 28 |
| Waltpach, zum | Marktplatz 11 |
| Waltpurg, zum | Rheinsprung 6/8 |
| Waltpurg, zum | Rheinsprung 18 |
| Wandersmann, zum | Kartausgasse 9 |
| Wanne, zur hohen | St.-Alban-Vorstadt 2 |
| Wannenberg, zum | St.-Alban-Vorstadt 2 |
| Warteck, zum | Clarastraße 59 |
| Wartenberg, zum | St.-Johanns-Vorstadt 41/43 |
| Wartenberg, zum | Spalenberg 48 |
| Wartenberg, zum | Steinenvorstadt 18 |
| Warthus, zum | Mühlenberg alt 1326 |
| Waschhaus | Totentanz 14 |
| Wasen, zum grünen | St.-Johanns-Vorstadt 45 |
| Waseneck, zum | Riehentorstraße 6 |
| Wasenmeisterei | Hegenheimerstraße 33 |
| Wasenmeisterwohnung | Kohlenberggasse 2/4 |
| Wassereck, zum | St.-Johanns-Vorstadt 41/43/45 |
| Wasserhaus, zum | Bachlettenstraße 23 |
| Wasserstelze, zur | Totentanz 14 |
| Wasserwaage, zur | Augustinergasse 1 |
| Wayen, zum | Aeschenvorstadt 57 |
| Weberblatt, zum | St.-Johanns-Vorstadt 74 |
| Weberhaus | Klingental 11 |
| Weberhaus | Steinenvorstadt 46 |
| Webernzunft | Steinenvorstadt 23 |
| Weckenberg, zum | Freie Straße 62 |
| Wecker, zum | Spalenberg 41 |
| Weg, am | Blumenrain 30 |
| Wegenstetten, zum | Stiftsgasse 7 |
| Wegenstetterhof | Heuberg 26/28/30 |
| Wegenstetterhof | Petersgraben 35/37 |
| Wegenstetts Orthus | Riehentorstraße 21 |
| Weiberbad | Andreasplatz 15 |
| Weiberbad | Münzgäßlein 18 |
| Weide, zur | Petersberg 21 |
| Weide, zur | Petersberg 34 |
| Weide, zur | Webergasse 7 |
| Weidelich, zum | Barfüßerplatz 22 |
| Weidenbaum, zum | Petersberg 21 |
| Weidenbaum, zum | Rheinsprung 16 |
| Weidenbaum, zum | Steinentorstraße 19 |
| Weidenrute, zur | Petersberg 21 |
| Weidenstock, zum | Steinentorstraße 19/21 |
| Weiher, zum | Aeschenvorstadt 57 |
| Weiler, zum hohen | Kapellenstraße 33 |
| Weiler, zum hohen | Leonhardsgraben 42 |
| Weinberg, zum | Freie Straße 77 |
| Weingarten, zum | Petersgasse 52 |
| Weinleutenzunft | Marktplatz 13 |
| Weinmanns Haus | Elisabethenstraße 25 |
| Weinsperg, zum | Gerbergasse 67 |
| Weinzollstätte | Bachlettenstraße 19 |
| Weißenburg, zum | Freie Straße 90 |
| Weißenburgerhof | Peterskirchplatz 12/13 |
| Weißeneck, zum | Barfüßerplatz 25 |
| Weißenhaus, zum niedern | Schneidergasse 25 |
| Weißenhaus, zum obern | Schneidergasse 29 |
| Weißenstein, zum | Freie Straße 55 |
| Weißhaars Mühle | Untere Rheingasse 17 |
| Weißlederers Trinkstube | Gerbergasse 45 |
| Weitnau, zum | Greifengasse 21 |
| Weitnau, zum | Greifengasse 27 |
| Weitnau, zum | Peterskirchplatz 12/13 |
| Weitnauerhof | Petersgasse 36/38 |
| Welt, zur niedern | Freie Straße 73 |
| Welt, zur obern | Freie Straße 75 |
| St. Wendelin, zum | St.-Johanns-Vorstadt 32 |
| St. Wendelin, zum | Nadelberg 26 |
| St. Wendelin, zum | Rümelinsplatz 8 |
| Wendelstörferhof | Martinsgasse 3 |
| Wendelstörferhof | Rheinsprung 18 |
| Wenkenberg, zum | Gerbergasse 71 |
| Wentikums Hus | Spiegelgasse 2 |
| Wenznauers Schüren | Spitalstraße 22 |
| Wenzwiler, zum | Nadelberg 30 |
| Wenzwiler Stampfmühle | Spalenberg 39 |
| Wenzwilers Hus | Heuberg 34 |
| Wenzwilers Hus | Neue Vorstadt 4 |
| Werdeck, zum | Spalenberg 38 |
| Werdenberg, zum | Spalenberg 48/50 |
| Werdenberg, zum | Steinenvorstadt 18 |
| Wergasts Garten | Sternengasse 33 |
| Werkhaus | Münsterplatz 3 |
| Werkhof | Petersgraben 44 |
| Werkhof | Rebgasse 32 |
| Werkhof | Rheingasse 18 |
| Weselinen Hus | Rebgasse 44 |

302

302 Hauszeichen an der Rebgasse 40. Während der Name historisch nicht belegbar ist, zeugt die Jahreszahl vom Neubau des Hauses auf dem der Kirchgemeinde St. Martin gehörenden Boden durch den Steinknecht Claus Singer.

▶

303 An der Rittergasse. Links das von Architekt Emanuel La Roche in Neobarock erbaute Aliothsche Haus zum St. Ulrichsgärtlein. Das kunstvolle schmiedeiserne Gitter stammt vom ehemaligen Rotbergerhof an der Rittergasse 15. Im Hintergrund der Hohenfirstenhof. Rechts außen das Haus zur hohen Sonne.

| | | | |
|---|---|---|---|
| Wesemlin, zum | St.-Johanns-Vorstadt 45 | Wildsau, zur | Kohlenberggasse 2 |
| Wessenberg zum | Rittergasse 10 | Wildtsches Haus | Petersplatz 13 |
| Wettingen, zum | Gerbergasse 79 | Willisau, zum | Webergasse 30 |
| Wettingen, zum | Greifengasse 32 | Wilon, zum | Rittergasse 20 |
| Wettingerhof | Rebgasse 12/14 | Winartins Hus | Hutgasse 10 |
| Wettschers Hus | Aeschenvorstadt 15 | Wind, zum | Heuberg 26/28/30 |
| Wettsteinhäuschen | Claragraben 38 | Wind, zum | Hutgasse 5 |
| Wetzels Hus, des bösen | Hutgasse 23 | Wind, zum | Petersgasse 2 |
| Wetzlins Hus | Leonhardsberg 15 | Wind, zum äußern blauen | Steinentorstraße 27 |
| Weye, zur | Aeschenvorstadt 59 | Wind, zum blauen | Hutgasse 3 |
| Weyer, zum | Aeschenvorstadt 47 | Wind, zum blauen | Neue Vorstadt 26/28/30/32 |
| Wichsers Hus | Schneidergasse 30 | Wind, zum blauen | Ochsengasse 6/8 |
| Wickmanns Hus | St.-Alban-Vorstadt 10 | Wind, zum blauen | Steinentorstraße 25 |
| Wibdaum, zum | Rheinsprung 16/18 | Wind, zum blauen | Totengäßlein 9 |
| Widder, zum | Spalenberg 61 | Wind, zum blauen/weißen | Neue Vorstadt 4 |
| Widder, zum blauen | Ochsengasse 6/8 | Wind, zum frohen | Marignanostraße 85 |
| Widder, zum blauen | Untere Rebgasse 9 | Wind, zum gelben/goldenen | Hutgasse 1 |
| Widder, zum kleinen | Klosterberg 9 | Wind, zum gelben/goldenen/obern/roten/weißen | Gerbergasse 2 |
| Widder, zum roten | Heuberg 40/42 | Wind, zum hohen | Petersberg 2 |
| Widder, zum schwarzen | Steinenvorstadt 4 | Wind, zum hohen | Riehentorstraße 22 |
| Widder, zum schwarzen/weißen | Hutgasse 19 | Wind, zum kalten | Spalenvorstadt 42/44 |
| Widder, zum weißen | Steinenvorstadt 2 | Wind, zum kleinen | St.-Johanns-Vorstadt 74 |
| Widder, zum weißen und schwarzen | Hutgasse 19 | Wind, zum kleinen | Nadelberg 7 |
| Widderhorn, zum | Aeschenvorstadt 14/16 | Wind, zum niedern/untern/weißen | Totengäßlein 5/7 |
| Widderlin, zum | Klosterberg 11/15 | Wind, zum obern | Leonhardsberg 14 |
| Widderlin, zum | Spalenberg 30 | Wind, zum schwarzen | Gerbergasse 5/7 |
| Widderlin, zum kleinen | Klosterberg 25 | Wind, zum schwarzen | Leonhardsberg 16 |
| Widderlin, zum obern | Elisabethenstraße 20 | Wind, zum stillen | Lindenberg 21 |
| Widerstein, zum | Schützenmattstraße 17 | Wind, zum weißen | Gerbergäßlein 9 |
| Wiederhorn, zum | Aeschenvorstadt 14/16 | Wind, zum weißen | Gerbergäßlein 14 |
| Wiell, zum hohen | Leonhardsgraben 40/44 | Wind, zum weißen | Gerbergasse 40 |
| Wier, zum | Aeschenvorstadt 47 | Wind, zum weißen | Sattelgasse 12 |
| Wiesenbannwartwohnung | Horburgstraße 163 | Windbäumlein, zum | Steinentorstraße 19 |
| Wiger, zum | Aeschenvorstadt 47 | Winde, zur | St.-Johanns-Vorstadt 76 |
| Wighaus | Gerbergasse 74 | Winde, zur kleinen | St.-Johanns-Vorstadt 74 |
| Wildeck, zum | Gerbergasse 29 | Windeck, zum | Elisabethenstraße 18 |
| Wildeck, zum | Greifengasse 1 | Windeck, zum | Heuberg 26/28/30 |
| Wildeck, zum | Spalenberg 6 | Windeck, zum | Marktplatz 9 |
| Wildeck, zum Schloß | Leonhardskirchplatz 4 | Windeck, zum | Petersgasse 2 |
| Wildenbäumlin, zum | Steinentorstraße 19 | Windeck, zum hohen | Blumenrain 21 |
| Wildenberg, zum | Freie Straße 51 | Windeck, zum hohen | Petersgasse 2 |
| Wildenberg, zum | St.-Johanns-Vorstadt 13 | Winden, zu allen | St.-Alban-Vorstadt 14 |
| Wildenberg, zum | Spalenberg 6 | Windgefäß, zum | Steinentorstraße 13 |
| Wildenstein, zum | Greifengasse 39 | Windgesäß, zum | Steinentorstraße 13 |
| Wildenstein, zum | Heuberg 25 | Windhaspel, zum | Amselstraße 54 |
| Wildenstein, zum | Heuberg 25 | Windhund, zum | Hutgasse 1/3/5 |
| Wildenstein, zum | Unterer Heuberg 18 | Windhund, zum weißen | Gerbergasse 40 |
| Wildenstein, zum | St.-Johanns-Vorstadt 13 | Windleiter, zur | Schneidergasse 19 |
| Wildenstein, zum | Leonhardsberg 2 | Windmühle, zur | Ochsengasse 14 |
| Wildenstein, zum | Nadelberg 33 | Windmühle, zur | Teichgäßlein 3/5 |
| Wildenstein, zum | Rümelinsplatz 2 | Winkel, im | Aeschenvorstadt 24 |
| Wildenstein, zum | Schneidergasse 23/25 | Winkel, im | Freie Straße 90 |
| Wildenstein, zum | Spalenberg 6 | Winkel, im | St.-Johanns-Vorstadt 31 |
| Wildenstein, zum | Spalenvorstadt 42 | Winkel, im | Petersgasse 18 |
| Wildenstein, zum hintern | Nadelberg 33 | Winkel, im | Rheinsprung 7 |
| Wildenstein, zum obern | Spalenberg 18 | Winkel, zum | Heuberg 38 |
| Wildenstein, zum untern | Spalenberg 18 | Winkelhaus | Heuberg 48 |
| Wildensteinerhof | St.-Alban-Vorstadt 30/32 | Winkeli, zum | Elisabethenstraße 5 |
| Wild-Eptingen, zum | Petersgasse 16 | Winkelin, zum | Aeschenvorstadt 62 |

304 Besitzertafel an der Petersgasse 36/38. Die Inhaber des 1865 gegründeten Handelshauses Weitnauer haben 1951 den stattlichen Adelshof vorbildlich restaurieren lassen.

| | |
|---|---|
| Winkelmans Hus | Spalenvorstadt 43 |
| Winkelried, zum | Riehentorstraße 31 |
| Winsperg, zum | Freie Straße 77 |
| Wintersingen, zum | Kirchgasse 11/13 |
| Wintersperg, zum | Gerbergasse 67 |
| Winterthur, zum | Spalenberg 55 |
| Wirtenberg, zum | Freie Straße 87 |
| Wises Hus | Heuberg 32 |
| Wissenburg, zum | Freie Straße 55/90 |
| Wissenburg, zum | Gemsberg 2 |
| Wißkilch, zum | St.-Alban-Vorstadt 23 |
| Witnau, zum | Greifengasse 27 |
| Witnau, zum | Peterskirchplatz 12/13 |
| Wittenberg, zum | Stadthausgasse 12 |
| Wizins Hus | Schneidergasse 31 |
| Woghals, zum | Petersberg 15 |
| Wolf, zum | Petersberg 42 |
| Wolf, zum | Spalenberg 20/22 |
| Wolfers Schüre | Spiegelgasse 14 |
| Wolfsbrunnen, zum | Petersberg 36/40 |
| Wolfsschlucht, zur | Gerbergasse 50 |
| Wolfswiler, zum | Spalenberg 47 |
| Wolfswilers Hus | Gerbergasse 39 |
| Wolkenburg, zur | Gerbergasse 71 |
| Wolkenburg, zur | Kohlenberggasse 24/26 |
| Wollbach, zum | Nadelberg 23 |
| Wolmans Hus | Greifengasse 34 |
| Worms, zum | Weiße Gasse 16 |
| Worms, zur freien Stadt | Weiße Gasse 14 |
| Wühlen, zur | Lindenberg 19 |
| Württemberg, zum | Freie Straße 87 |
| Württemberg, zum | Stadthausgasse 12 |
| Württembergerhof | St.-Alban-Graben 14 |
| Württembergerhof | Martinsgasse 5 |
| Württembergerhof, zum hintern | Brunngäßlein 11 |
| Wulkenberg, zum | Steinenvorstadt 5 |
| Wulmans Hus | Greifengasse 34 |
| Wunderbaum, zum | Gerbergasse 39 |
| Wunderbaum, zum | Petersgasse 8/12 |
| Wunderbaum, zum | Sattelgasse 20 |
| Wurmserhof | Petersberg 29 |
| Wurstwinkel | Sattelgasse 4 |
| Wurzstampfe | Mühlenberg 24 |
| Wyger, zum | Steinenvorstadt 13 |
| Wygergarten, zum | St.-Alban-Tal 34/36 |
| Wylen, zum | Lindenberg 17/19 |
| Wymans Hus | Untere Rebgasse 22 |
| Wynleiter, zur | Weiße Gasse 6 |
| Wysard, zum | Fischmarkt 2 |

| | |
|---|---|
| Ymp, zum | Elsässerstraße 3 |

| | |
|---|---|
| Zahlers Hus | Gerbergasse 65 |
| Zahn, zum großen | Spalenberg 49 |
| Zahnlücke, zur weißen | St.-Alban-Vorstadt 25 |
| Zall, zum | Aeschenvorstadt 21 |
| Zange, zur | Schifflände 8/10 |
| Zangenberg, zum | Spalenberg 26 |
| Zanggerin Hus | St.-Alban-Vorstadt 19 |
| Zangmeisters Hus | Rebgasse 45/47 |
| Zank, zum | St.-Alban-Vorstadt 21 |
| Zankers Hus | Gerbergasse 64 |
| Zapfengießers Hus | Gerbergasse 64 |
| Zedel, zum | Webergasse 35 |
| Zedernhof | Riehenstraße 192 |
| Zegellers Hus | Kohlenberggasse 2 |
| Zeglingen, zum | Eisengasse 6 |
| Zeglingen, zum | Gerbergasse 27 |
| Zehntausend Rittern, zu den | Martinsgasse 6 |
| Zehntenscheune, zur | St.-Alban-Graben 10/12 |
| Zehntenscheune | Elisabethenstraße 36 |
| Zehntenscheune | Elisabethenstraße 54/56/58/60/62 |
| Zehntentrotte | St.-Alban-Vorstadt 58 |
| Zehntentrotte | Riehentorstraße 12 |
| Zeichnungs- und Modellierschule | Steinenberg 6 |
| Zeisichen, zum | Rümelinsplatz 13 |
| Zeisig, zum | Rümelinsplatz 13 |
| Zell, zum | Freie Straße 1 |
| Zelle, zur | Untere Rebgasse 18 |
| Zellemberg, zum | Weiße Gasse 1 |
| Zellenberg, zum | Elisabethenstraße 1 |
| Zellenberg, zum | Freie Straße 40 |
| Zellenberg, zum | Riehentorstraße 19/21 |
| Zellners Hus | Gerbergasse 65 |
| Zelten, zum | Nadelberg 26 |
| Zenderlis Hus | Schützenmattstraße 21 |
| Zentralhallen | Streitgasse 20 |
| Zergelts Mühle | Untere Rheingasse 14 |
| Ze Rhein, zum | Nadelberg 11 |
| Ze Rhein-Hof | Bäumleingasse 18 |
| Ze Rhein-Hof | Nadelberg 12 |
| Zerkinden Frauenhaus | St.-Johanns-Vorstadt, gegenüber von 22 |
| Zerkindenhof | Nadelberg 10 |
| Zerkindenhof | Petersgasse 5 |
| Zerkindenhof | Petersgraben 43 |
| Zesingen, zum | Rümelinsplatz 13/15 |
| Zessingen, zum | Gerbergasse 19 |
| Zessingers Hus | Rebgasse 21 |
| Zettel, zum blauen | Stadthausgasse 12 |

306

*Sinnsprüche*

Gelehrten und frommen Leuthen
Steht Gott bey zu allen Zeiten.
Wer will Christi Diener werden,
Mus Ihm nachfolg'n hier
auf Erden.

Kehr dich nicht an Jedermann,
Der dir vor Augen dienen kann,
Nicht alles geht von
Herzensgrund,
Was schön und lieblich redt
der Mund.

Jakob Meyer (1590–1622)

305

305 *Wappenschilder an einem Arkadenpfeiler im Hof des Zerkindenhofs am Nadelberg 10. Sie zeigen die Wappen des nachmaligen Oberstzunftmeisters Lienhard Lützelmann und seiner Frau Margaretha Wohnlich, die 1603 am ehemaligen Adelshof der vornehmen Ritter Zerkinden offenbar bauliche Veränderungen haben vornehmen lassen.*

306 *Hausinschrift am Lindenberg 21. Für den seit 1754 bekannten Namen zum stillen Wind gibt 1910 der Kleinbasler Arzt Paul Barth folgende Erklärung: ‹Nicht ganz genau verbürgter Nachricht zufolge gehörte das Haus in früherer Zeit einem sogenannten Stillen im Lande, und fanden darin religiöse Privatversammlungen statt.› Mit der letzten Feststellung dachte er wohl an die französische Kirche, welche die Liegenschaft 1729 erworben hatte.*

| | |
|---|---|
| Zeughaus | Petersgraben 44 |
| Zeughaus, großes | Petersplatz 1 |
| Zeughaus, kleines | Petersberg 26 |
| Zeugwartswohnung | Petersgraben 46 |
| Zibellenscheune | Utengasse 50/52 |
| Ziegelhof | Rheingasse 33 |
| Ziegelhof | Schützenmattstraße 22 |
| Ziegelhof | Utengasse 15 |
| Ziegelhof | Utengasse 30 |
| Ziegelhof, alter/innerer/niederer | Rheingasse 31 |
| Ziegelhof, mittlerer | Rheingasse 39/43 |
| Ziegelhof, mittlerer/oberer | Lindenberg 8/12 |
| Ziegelhof, neuer | Rheingasse 53 |
| Ziegelhütte | Schützenmattstraße 18 |
| Ziegelhütte | Utengasse 15 |
| Ziegelmühle | Untere Rheingasse 19 |
| Ziegelscheune | Rheingasse 39/43 |
| Zieglerwohnung | Kirchgasse 1 |
| Ziel, zum kleinen | Aescherstraße 15 |
| Zießchen, zum | Rümelinsplatz 13 |
| Zimmeraxt, zur | Heuberg 2 |
| Zimmeraxt, zur | Leonhardsgraben 20 |
| Zimmeraxt, zur | Steinentorstraße 1 |
| Zimmeraxt, zur | Weiße Gasse 28 |
| Zimmermans Hus | Webergasse 32 |
| Zinzendorf-Haus | Leimenstraße 8 |
| Zobeln Hus | Petersgasse 13 |
| Zober, zum | Spiegelgasse 3/7 |
| Zöckinhaus | Kirchgasse 8 |
| Zofinger Pfrundhaus | Spalenvorstadt 6/8 |
| Zofingers Hus | Rheingasse 19 |
| Zofingers Hus | Rheinsprung 5 |
| Zollers Hus | Blumenrain 23 |
| Zollgebäude | Hintere Bahnhofstraße 13 |
| Zorn, zum | Webergasse 4 |
| Zosse, zur | St.-Alban-Vorstadt 94 |
| Zossenhaus | St.-Alban-Tal 41 |
| Zschalantturm | Schneidergasse 14 |
| Zschapparachs Hus | Neue Vorstadt 3 |
| Zscheggenbürlinshof | Rheinsprung 24 |
| Zscheggenbürlins Hus | Aeschenvorstadt 20 |
| Zscheppelins Hus | St.-Johanns-Vorstadt 39 |
| Zschoppens Hus | Unterer Heuberg 3 |
| Zschupfen, zum | Untere Rebgasse 11 |
| Zuber, zum hintern/schwarzen | Blumenrain 11a |
| Zuber, zum roten | Blumenrain 26 |
| Zuber, zum schwarzen | Spiegelgasse 3/7 |
| Zuckersiederei, zur | Leonhardsgraben 32 |
| Zunfthaus | Münsterplatz 6 |
| Zunzingers Mühle | St.-Alban-Tal 39 |
| Zweibrots Hüser | Pfluggäßlein 15 |
| Zweibrots Hus | Schützenmattstraße 12 |
| Zweibrots Hus | Weiße Gasse 8 |
| Zwingelhof, hinterer | Untere Rheingasse 9 |
| Zwinger, zum | Elisabethenstraße 9 |
| Zwingerhaus | Nadelberg 23 |
| Zwingerhof | Münsterplatz 19 |
| Zwingers Badstube | Andreasplatz 15 |
| Zybellenhof | Rheinsprung 7 |
| Zwingel, auf dem | Oberer Rheinweg 69 |

307

307 *Die Vorderfassaden der Häuser zum Riedschnepf, zum Winkelin und zur Armbrust an der Aeschenvorstadt 60–64. Die schlichten Handwerkerhäuser gehören zum kläglichen Überrest des bis noch vor wenigen Jahrzehnten völlig intakten alten Baubestands des mittelalterlichen Straßenzugs, dem der Äschenschwibbogen (bis 1840) und das Äschentor (bis 1861) malerische Akzente setzten.*

*Ein guot Wort*

Leb wol und recht, befiehl dich Gott,
Sonst ist alles eytel rauch und noth.

Vor zeiten hat die Tugend edel gemacht,
Jetz thuts die Hoffart und die Pracht:
Wer jetzt wohl fressen und sauffen kan,
Der ist ein rechter Edelman.

Tantzen und auch springen,
Darzue mit schönen jungfräulin ringen,
Wer disz ein Cartheuszerorden,
So wer ich lengenst ein Mönch geworden.

Wer ein öpfel schellt und den nit iszt,
Ein schöne Jungfraw am Arm halt und sie nit kiszt,
Wein hatt und nit schencket ein,
Der mag ein fauler Bengel sein.

Lange Kleider, kurtzen Muot
Tragen die schönen Meittlin guoth.

Niklaus Rippel (1594–1666)

▶

308 *Das Haus zum roten Widder am Heuberg 40; rechts das Haus zum Täublein, links das Haus zum roten Mann. Das einachsige Häuschen hat das große Erdbeben offenbar nicht ganz heil überstanden, nehmen 1360 doch Clewi Bischoff und ‹Mezina, sin Husfraw, uff irem Hus, zum Roten Wider genannt›, bei den Herren von St. Leonhard ein Darlehen auf.*

Die Sammlung Basler Häusernamen ist im Katalog 1 nach Straßen geordnet und im Katalog 2 in alphabetischer Reihenfolge. Im Katalog 1 sind die Namen in der natürlichen Wortfolge aufgeführt, im Katalog 2 ist immer das Substantiv den Adjektiven vorangestellt. Die Schreibweise ist in der Regel modernisiert, was eine klare alphabetische Gliederung ermöglicht und das Auffinden der gesuchten Bezeichnung erleichtert. Bei ähnlicher Bedeutung eines Namens derselben Liegenschaft ist nur die gebräuchlichste Form aufgenommen. Erscheint ein Hausname mit und ohne Adjektiv, dann ist nur die mit einem Beiwort umschriebene Bezeichnung vermerkt. Die Sammlung kann keinen Anspruch auf absolute Vollständigkeit erheben, weil die Häusernamen nur sporadisch amtlich erfaßt worden sind. Ein Aufruf in der Basler Presse erbrachte 47 neue Namen; Nachträge nimmt der Autor gerne entgegen. Die Bilder sind im Rahmen der typographischen Gestaltung nach Möglichkeit dem zugehörigen Textteil beigeordnet. Ein nach Straßennamen und Hausnummern dargestelltes Bilderverzeichnis diene auf jeden Fall als ‹Eselsleiter›. Der für die Legenden offenstehende Raum erlaubte meist nur eine fragmentarische Beschreibung. Auf eine ausführliche kunsthistorische Würdigung der Bauten wurde in der Regel bewußt verzichtet, steht hiefür in der Reihe der Basiliensia doch manche Spezialpublikation zur Verfügung.

Zu beachten ist ebenfalls, daß im sogenannten Straßenkatalog auch erfaßbare Namen von Straßen, Gassen und Plätzen erwähnt sind, die längst nicht mehr in Gebrauch stehen. Die Publikation dieser verschwundenen Straßennamen, die zum erstenmal erfolgt, soll eine bessere Orientierung über die topographischen Bezeichnungen der alten Stadt vermitteln.

Zur allgemeinen Betrachtung sind den Katalogen Gedichte (zum Teil gekürzt) und Sinnsprüche aus dem alten Basel beigegeben. Zu den Autoren gehören u.a. Professor Dr. Karl Rudolf Hagenbach, Lehrer Philipp Hindermann, Professor Dr. Jacob Mähly, Spitaldirektor Dr. Theodor Meyer-Merian, Pfarrer Friedrich Oser, Stadtarzt Professor Dr. Felix Platter, Pfarrer Jakob Probst und Professor Dr. Wilhelm Wackernagel.

Für die Nennung von Häusernamen dankt der Verfasser herzlich: Verena Berlinger, Peter Betz, Walter Borner, Angelo Cesana, Ruth Christ, Franz Christen, Dr. Walter Dellers, Emil Dempfle, Dr. Guido Ebner, Matthias Eckenstein, Paul H. Ehmann, Eduard Gruner, Walter Kleyling, Dr. Sylvain Lippmann, Marguerite Matter, Anny Oeschger, Kurt Pauletto, Madeleine Sarasin, Hans-Jörg Scholer, Heinrich-Matthias Schwarber, Louise Stäheli, Stephan Thaler, Raymond A. Wallach und alt Regierungsrat Dr. Peter Zschokke.

Aus dem Basler Staatsarchiv:
Historisches Grundbuch der Stadt Basel
Hausurkunden
Bauakten H 4
Volkszählung A 1
Sammlung topographischer Zeitungsausschnitte mit Aufsätzen von Hans Eppens, Hans Joneli, Gustav Schaefer, Rudolf Suter, Gustaf Adolf Wanner u.a.
Basler Adreßbücher von 1834 bis 1862
Ammann, Hektor: Die Bevölkerung von Stadt und Landschaft Basel, 1950
Basilea poetica. Altes und Neues aus unserer Vaterstadt, 1897
Boos, Heinrich: Urkundenbuch der Landschaft Basel, 1881 ff.
Das Bürgerhaus des Kantons Basel-Stadt, 1926 ff.
Dejung, Emanuel: Die alten Hausnamen von Winterthur, 1944
Eppens, Hans: Baukultur im alten Basel, 1968
Fechter, Daniel Albert: Topographie des mittelalterlichen Basel, 1856
Gmür, M.: Schweizer Bauernmarken und Holzurkunden, 1917
Grohne, Ernst: Die Hausnamen und Hauszeichen, ihre Geschichte, Verbreitung und Einwirkung auf die Bildung der Familien- und Gassennamen, 1912
Guyer, Paul: Zürcher Hausnamen, 1953
Homeyer, Gustav: Die Haus- und Hofmarken, 1853
Koelner, Paul: O Basel du holtselig Statt, 1944
Die Kunstdenkmäler des Kantons Basel-Stadt, 1932 ff.
Lauber Fritz: Jahresberichte der öffentlichen Denkmalpflege Basel, 1963 ff.
Meier, Eugen A.: Johann Friedrich Mähly und sein Vogelschauplan der Stadt Basel, 1969
Müller, Christian Adolf: Basel. Die schöne Altstadt, 1973
Siegfried, Paul: Basler Straßennamen, 1921
Stebler, F. G.: Die Hauszeichen und Tesseln der Schweiz, 1907
Stückelberg, E. A.: Graubündner Hausmarken, 1908
Wackernagel, Rudolf und Thommen, Rudolf: Urkundenbuch der Stadt Basel, 1890 ff.

# Technische Hinweise
# Quellen und Literaturauswahl

|   | | Bild Nr. |   | | Bild Nr. |
|---|---|---|---|---|---|
| **A** | Aeschenvorstadt 13/15 | 64 | | Gemsberg 2/4 | 97 |
|   | Aeschenvorstadt 60–64 | 307 |   | Gemsberg 6 | Frontispiz, 47 |
|   | St.-Alban-Berg 2 | 54 |   | Gemsberg 7 | 234 |
|   | St.-Alban-Berg 2–6 | 65, 68 |   | Gemsberg 8 | 94 |
|   | St.-Alban-Kirchrain 12 | 67 |   | Gerbergäßlein | 96, 99 |
|   | St.-Alban-Kirchrain 14 | 208 |   | Gerbergäßlein 6 | Frontispiz |
|   | St.-Alban-Tal | 69 |   | Gerbergäßlein 10 | 95 |
|   | St.-Alban-Tal 34 | 237 |   | Gerbergäßlein 27 | 215 |
|   | St.-Alban-Tal 37 | 72 |   | Gerbergasse 57 | 210 |
|   | St.-Alban-Tal 40 | 86 |   | Gerbergasse 66 | 98 |
|   | St.-Alban-Tal 46 | 71 |   | Gerbergasse 79 | 57 |
|   | St.-Alban-Vorstadt 13 | Frontispiz |   | Greifengasse 6 | 285 |
|   | St.-Alban-Vorstadt 17 | 77 |   | Greifengasse 9 | 251 |
|   | St.-Alban-Vorstadt 18 | Seite 32 | **H** | Hardstraße 52 | 34 |
|   | St.-Alban-Vorstadt 20 | 272 |   | Hebelstraße 11 | 15 |
|   | St.-Alban-Vorstadt 28 | 73 |   | Hebelstraße 32 | 148 |
|   | St.-Alban-Vorstadt 34 | 70 |   | Henric-Petri-Straße | 66, 275 |
|   | St.-Alban-Vorstadt 35 | 76 |   | Heuberg 4 | 105 |
|   | St.-Alban-Vorstadt 36/38 | 100 |   | Heuberg 6 | Seite 138 |
|   | St.-Alban-Vorstadt 39 | 50 |   | Heuberg 11 | 276 |
|   | St.-Alban-Vorstadt 44 | 223 |   | Heuberg 12 | 103 |
|   | St.-Alban-Vorstadt 46 | Frontispiz, 14 |   | Heuberg 13 | Frontispiz |
|   | St.-Alban-Vorstadt 59 | Frontispiz |   | Heuberg 13–21 | 60 |
|   | St.-Alban-Vorstadt 86 | 74 |   | Heuberg 14 | 59 |
|   | St.-Alban-Vorstadt 94 | 75 |   | Heuberg 15 | 43 |
|   | Andreasplatz 8 | 247 |   | Heuberg 16 | Frontispiz |
|   | Andreasplatz 18 | 225 |   | Heuberg 17 | 102 |
|   | Augustinergasse 5, 7 | 81 |   | Heuberg 18 | 36 |
|   | Augustinergasse 7 | Frontispiz |   | Heuberg 22 | Frontispiz |
|   | Augustinergasse 9 | Seite 138 |   | Heuberg 24 | 101, 262, Seite 138 |
|   | Augustinergasse 11 | Frontispiz |   | Heuberg 25 | 104 |
|   | Augustinergasse 15 | Frontispiz |   | Heuberg 30 | 33 |
|   | Augustinergasse 19 | 40, 79 |   | Heuberg 34 | 232 |
|   | Augustinergasse 21 | Frontispiz, 78 |   | Heuberg 40 | 308 |
| **B** | Bäumleingasse 2 | 52 |   | Heuberg 50 | 227 |
|   | Bäumleingasse 13 | Seite 138 |   | Unterer Heuberg 1 | 12, 234 |
|   | Bäumleingasse 18 | Frontispiz |   | Unterer Heuberg 3 | 106 |
|   | Barfüßerplatz 10 | 80 |   | Unterer Heuberg 11 | 276 |
|   | Blumenrain 1 | 82 |   | Unterer Heuberg 13 | 51 |
|   | Blumenrain 3 | 42 |   | Unterer Heuberg 19 | 11 |
|   | Blumenrain 8 | 253 |   | Holbeinstraße 9 | Frontispiz |
|   | Blumenrain 24 | 83 |   | Hutgasse 4 | 48 |
|   | Blumenrain 28 | 296 |   | Hutgasse 6 | 107 |
|   | Blumenrain 28/30 | 85 | **I** | Imbergäßlein | 108 |
|   | Blumenrain 34 | 288 |   | Imbergäßlein 1 | Frontispiz |
|   | Bundesstraße 19 | 230 | **J** | St.-Johanns-Vorstadt 2 | 112 |
| **E** | Eisengasse 1 | 84 |   | St.-Johanns-Vorstadt 3 | 110, 271 |
|   | Elisabethenstraße 6 | 87 |   | St.-Johanns-Vorstadt 5 | 300 |
|   | Elisabethenstraße 33–37 | 89 |   | St.-Johanns-Vorstadt 7 | 111 |
| **F** | Falknerstraße 31 | 88 |   | St.-Johanns-Vorstadt 14 | 115 |
|   | Freie Straße 25 | 90 |   | St.-Johanns-Vorstadt 15 | 109 |
|   | Freie Straße 51 | 92 |   | St.-Johanns-Vorstadt 18 | 114 |
|   | Freie Straße 74 | 93 |   | St.-Johanns-Vorstadt 20 | Frontispiz |
|   | Freie Straße 84 | 39 |   | St.-Johanns-Vorstadt 21 | 113 |
|   | Freie Straße 107 | Frontispiz |   | St.-Johanns-Vorstadt 23 | Seite 32 |
| **G** | Gartenstraße 93 | 299 |   | St.-Johanns-Vorstadt 25 | Frontispiz |
|   |   |   |   | St.-Johanns-Vorstadt 26 | Frontispiz |

Bildverzeichnis

| | | Bild Nr. | | | | Bild Nr. |
|---|---|---|---|---|---|---|
| | St.-Johanns-Vorstadt 27 | 116 | | **N** | Nadelberg 3 | 141 |
| | St.-Johanns-Vorstadt 28 | Seite 138 | | | Nadelberg 4 | 143, 226 |
| | St.-Johanns-Vorstadt 29 | 117 | | | Nadelberg 6/8 | 241 |
| | St.-Johanns-Vorstadt 31 | Frontispiz | | | Nadelberg 7 | Frontispiz |
| | St.-Johanns-Vorstadt 32 | 244 | | | Nadelberg 10 | 305 |
| | St.-Johanns-Vorstadt 60 | 21 | | | Nadelberg 12 | 63 |
| | St.-Johanns-Vorstadt 72 | 118 | | | Nadelberg 15 | 142 |
| | | | | | Nadelberg 17 | Seiten 32 und 138, 301 |
| **K** | Karl-Jaspers-Allee 4 | 131 | | | Nadelberg 20 | 145 |
| | Kellergäßlein | 62, 266 | | | Nadelberg 33 | 144 |
| | Klosterberg 7 | 56 | | | Nadelberg 37 | 146 |
| | Klosterberg 7–9 | 28 | | | Nonnenweg 21 | 259 |
| | Klosterberg 8 | 23 | | | | |
| | Kohlenberg 2/4 | 119 | | **O** | Ochsengasse 2 | 149 |
| | | | | | Ochsengasse 14 | 147 |
| **L** | Leonhardsberg 4 | Frontispiz | | | | |
| | Leonhardsberg 8 | 123, 293 | | **P** | Petersgasse 23 | 280 |
| | Leonhardsberg 10–16 | 22 | | | Petersgasse 36/38 | 151, 304 |
| | Leonhardsberg 24 | 121 | | | Petersgasse 40 | 152 |
| | Leonhardsgraben 38 | 25 | | | Petersgasse 42 | 150 |
| | Leonhardsgraben 52 | 124 | | | Petersgasse 46 | 155 |
| | Leonhardsgraben 63 | 122 | | | Petersgasse 48–54 | 153 |
| | Leonhardskirchplatz 1 | 122 | | | Petersgraben 19 | 269 |
| | Leonhardskirchplatz 2 | 246 | | | Petersgraben 20 | 49 |
| | Leonhardskirchplatz 3 | 125 | | | Petersgraben 43 | 295 |
| | Leonhardsstraße 2 | 55, 127 | | | Petersgraben 52 | 236 |
| | Leonhardsstraße 8 | Seite 138 | | | Petersgraben 73 | 154 |
| | Leonhardsstraße 14 | 126 | | | Peterskirchplatz 12 | 157 |
| | Lindenberg 5 | 129 | | | Peterskirchplatz 13 | 156 |
| | Lindenberg 13 | 255 | | | Petersplatz | 277 |
| | Lindenberg 15 | 242 | | | Petersplatz 4 | 31 |
| | Lindenberg 21 | 306 | | | Petersplatz 6 | Frontispiz |
| | Lindenweg 6 | 120 | | | Petersplatz 16 | 278 |
| | | | | | Petersplatz 17–20 | 233 |
| **M** | Malzgasse 1–5 | 238 | | | Petersplatz 18 | 289 |
| | Malzgasse 3/5 | 286 | | | Petersplatz 19 | 221 |
| | Malzgasse 17 | 214 | | | Petersplatz 20 | 158 |
| | Marktgasse 8 | 128 | | | Pilgerstraße 13 | 268 |
| | Marktgasse 16 | 130 | | | | |
| | Marktplatz 9 | 132, 270 | | **R** | Rebgasse 16 | 159 |
| | Marktplatz 13 | 91 | | | Rebgasse 40 | 302 |
| | Martinsgasse 13 | 243 | | | Reverenzgäßlein 2 | 297 |
| | Martinskirchplatz 2 | 290 | | | Rheingasse 1 | 160 |
| | Martinskirchplatz 2/3 | 133 | | | Rheingasse 3 | 256 |
| | Mühlenberg 1/3 | 44 | | | Rheingasse 10 | Seite 32 |
| | Mühlenberg 18 | 134 | | | Rheingasse 11–17 | 162 |
| | Münsterberg 12 | 137 | | | Rheingasse 23 | 252 |
| | Münsterberg 13/15 | 136 | | | Rheingasse 28 | 163 |
| | Münsterberg 16 | 138 | | | Rheingasse 33 | 13, 165 |
| | Münsterplatz 1 | Frontispiz, 78 | | | Rheingasse 42 | Frontispiz, 164 |
| | Münsterplatz 2 | 245 | | | Rheingasse 48 | Frontispiz, 166 |
| | Münsterplatz 4/5 | 216 | | | Rheingasse 52 | 211 |
| | Münsterplatz 13 | 258 | | | Rheingasse 64 | Frontispiz, 37 |
| | Münsterplatz 14 | 249 | | | Rheingasse 65 | 283 |
| | Münsterplatz 15 | 282 | | | Rheingasse 70/72 | 207 |
| | Münsterplatz 15/16 | 287 | | | Rheingasse 84 | 167, 212 |
| | Münsterplatz 17 | 139 | | Untere Rheingasse 11 | 168 |
| | Münsterplatz 19/20 | 135 | | | Rheinsprung | 235, 281 |
| | Münsterplatz 20 | 17 | | | Rheinsprung 2 | Frontispiz |
| | Münzgäßlein 3 | 140 | | | Rheinsprung 7 | 171, Seite 32 |

|   |   | Bild Nr. |
|---|---|---|
| | Rheinsprung 8 | Frontispiz |
| | Rheinsprung 10 | 219 |
| | Rheinsprung 14 | 169 |
| | Rheinsprung 17 | 170 |
| | Rheinsprung 18 | 239 |
| | Rheinsprung 20 | Frontispiz |
| | Rheinsprung 21 | 209 |
| | Oberer Rheinweg | 161 |
| | Oberer Rheinweg 17 | 267, Seite 32 |
| | Oberer Rheinweg 29 | 222 |
| | Oberer Rheinweg 31 | Seite 138 |
| | Oberer Rheinweg 49 | 231 |
| | Oberer Rheinweg 79 | 172 |
| | Unterer Rheinweg 26 | 250 |
| | Unterer Rheinweg 46 | 260 |
| | Riehentorstraße 11 | 273 |
| | Riehentorstraße 14–18 | 32 |
| | Riehentorstraße 29 | 254 |
| | Rittergasse | 279, 303 |
| | Rittergasse 1 | 218 |
| | Rittergasse 10 | 224 |
| | Rittergasse 12 | 229 |
| | Rittergasse 17 | Frontispiz, 174 |
| | Rittergasse 19 | 176, 240 |
| | Rittergasse 21 | 291 |
| | Rittergasse 27 | 175 |
| | Rittergasse 29 | 220 |
| | Roßhofgasse | 274 |
| | Rümelinsplatz 15 | 284 |
| | Rütimeyerstraße 58 | 177 |
| S | Sägergäßlein 2 | Frontispiz |
| | Schafgäßlein | 178 |
| | Schifflände 1 | 180 |
| | Schlüsselberg | 181, 261 |
| | Schlüsselberg 3 | 35 |
| | Schlüsselberg 13 | Frontispiz |
| | Schlüsselberg 14 | 263 |
| | Schlüsselberg 15 | Seite 32 |
| | Schlüsselberg 17 | 30 |
| | Schnabelgasse 4 | 179 |
| | Schneidergasse 2 | 206 |
| | Schneidergasse 20 | 182 |
| | Schneidergasse 22 | Frontispiz |
| | Schützenmattstraße 6 | 183 |
| | Schützenmattstraße 6–10 | 61 |
| | Schützenmattstraße 56 | 184 |
| | Spalenberg 2 | 185 |
| | Spalenberg 12 | Seite 32 |
| | Spalenberg 14 | 186 |
| | Spalenberg 16 | 213 |
| | Spalenberg 18 | 45 |
| | Spalenberg 20 | 188 |
| | Spalenberg 22 | 16 |
| | Spalenberg 26 | Frontispiz |
| | Spalenberg 43 | 187 |
| | Spalenberg 45/47 | 292 |
| | Spalenvorstadt | 192 |
| | Spalenvorstadt 2–10 | 190 |
| | Spalenvorstadt 11 | 189, 191 |

|   |   | Bild Nr. |
|---|---|---|
| | Spalenvorstadt 13 | 257 |
| | Spalenvorstadt 37 | 58 |
| | Spalenvorstadt 38 | 193 |
| | Stadthausgasse 11 | 196 |
| | Stadthausgasse 13 | 26 |
| | Stapfelberg 2 | 197 |
| | Stapfelberg 2/4 | 228 |
| | Stapfelberg 5 | 194 |
| | Stapfelberg 9 | Frontispiz |
| | Steinenbachgäßlein | 29 |
| | Steinenbachgäßlein 42 | 41, 53 |
| | Steinengraben 55 | 46 |
| | Steinentorstraße 1 | Seite 32 |
| | Steinentorstraße 7 | 195 |
| | Steinenvorstadt 4 | 38 |
| | Steinenvorstadt 16 | 248 |
| | Steinenvorstadt 44/46 | 199 |
| | Steinenvorstadt 51 | 198 |
| T | Totengäßlein 5 | Frontispiz, 202 |
| | Totentanz 2 | 201 |
| | Totentanz 13 | Frontispiz |
| | Totentanz 15 | Frontispiz |
| | Trillengäßlein 2 | 200 |
| U | Utengasse 22 | 204 |
| V | Vesalgäßlein | 20 |
| W | Webergasse 1 | 205, 294, 298 |
| | Webergasse 5 | 18 |
| | Webergasse 5–9 | 24 |
| | Webergasse 15/17 | 203 |
| | Webergasse 18–26 | 19 |
| | Webergasse 25 | 27 |
| | Webergasse 27 | 173 |
| | Webergasse 29 | 265 |

Weihnachten 1974

G.G.Que

Nochl, ich eine Weihnachtsschau eingeführt je Stadt. Hier auch
Bard bei wir achten Eltern
und stillen Feste.

Ein hohes Weihnachtsfest und
viel Glück im neuen Jahr.